苏通长江大跨越工程

关键技术研究成果专辑

国家电网公司　编

中国电力出版社
CHINA ELECTRIC POWER PRESS

内 容 提 要

本书介绍了苏通长江大跨越工程关键技术中的12项技术研究成果，包括：2600m跨越档距用导线、光缆及配套金具研究与应用，苏通大跨越四管组合主柱塔风洞试验研究，四管组合主柱塔节点受力特性试验研究，内配钢筋/型钢钢管混凝土受拉性能研究，内配钢筋/型钢钢管混凝土平面塔架体系受力性能研究，双层法兰受力性能试验研究，苏通长江大跨越塔线体系气弹模型风洞试验研究，苏通长江大跨越工程10.9级高强度螺栓应用研究，苏通长江大跨越塔与高桩承台基础整体动力性能数值分析研究，船舶撞击作用力标准与防撞方案研究，跨越塔附近床面防护专项研究与设计，大跨越施工关键技术研究。

本书所选研究成果内容丰富，创新点多，既可为输电线路大跨越工程的设计、研究人员提供借鉴和参考，也可作为相关工作人员的参考用书。

图书在版编目（CIP）数据

苏通长江大跨越工程关键技术研究成果专辑／国家电网公司编．—北京：中国电力出版社，2018.6
ISBN 978-7-5198-1641-4

Ⅰ.①苏…　Ⅱ.①国…　Ⅲ.①特高压输电-交流输电-电力工程-华东地区　Ⅳ.①TM726.1

中国版本图书馆CIP数据核字（2017）第331401号

出版发行：中国电力出版社
地　　址：北京市东城区北京站西街19号（邮政编码100005）
网　　址：http：//www.cepp.sgcc.com.cn
责任编辑：刘　薇（010-63412357）
责任校对：李　楠
装帧设计：张俊霞　左　铭
责任印制：邹树群

印　　刷：北京瑞禾彩色印刷有限公司
版　　次：2018年6月第一版
印　　次：2018年6月北京第一次印刷
开　　本：880毫米×1230毫米　16开本
印　　张：24
字　　数：537千字
定　　价：120.00元

编写人员名单

主　　编　喻新强

编委会成员　孙　昕　孟庆强　路书军　尹积军　田　璐　韩先才　袁　骏　王　成　吴　骏　李喜来　黄志高　李　正　文卫兵　郑建华

编写组组长　袁　骏

编写组副组长　董建尧

编写组成员（以姓氏笔画为序）

马人乐　马　龙　尤伟任　王　军　王志华　王怡萍
邓洪洲　尹　鹏　刘洪涛　吕兴龙　吕　铎　孙　岗
孙鸣夏　朱　斌　余　昶　吴　威　宋雪祺　宋智通
张大伟　张永飞　张晓阳　张　鑫　李正良　李　妍
李　芳　李松波　李勇伟　李显鑫　李　峰　李　舜
杨程生　杨靖波　沈国辉　肖文倩　肖　波　肖　树
邱　旭　陆东生　陈　驹　陈振华　陈海波　陈德劲
练其安　查晓雄　赵　建　赵　峥　赵　爽　侯中伟
凌道盛　唐智荣　徐一峰　徐拥军　徐渊函　晏致涛
涂新斌　袁志磊　郭玉珠　钱玉华　钱　龙　高正荣
康晓娟　梁　峰　傅鹏程　温作铭　辜俊波　詹孙吉
廖宗高　蔡　钦　戴如章

前言

2014年，为落实国务院《大气污染防治行动计划》，国家能源局印发《国家能源局关于加快推进大气污染防治行动计划12条重点输电通道建设的通知》。“淮南—南京—上海1000kV交流特高压输变电工程”是12个重点输电通道之一，也是华东特高压主网架的重要组成部分，2014年4月21日获得国家发展改革委核准（发改能源〔2014〕711号）。工程建成后将与2013年9月建成投运的“皖电东送淮南至上海特高压交流输电示范工程”连接形成双环网，可以提高华东电网内部电力交换能力和接纳区外来电能力，提升电网安全稳定水平，有效缓解长三角地区大气污染问题，对促进华东地区经济社会可持续发展具有重要意义。

在“十三五”至“十四五”期间，随着产业结构调整和相关产业的转移，以“扬州—泰州—南通”为核心地区的江北区域将会有长足发展机会。根据江苏省政府颁布的《南通陆海统筹发展综合配套改革试验区总体方案》（苏发〔2013〕23号），南通市将打造“国际港口城市、区域经济中心、历史文化名城、宜居创业城市”，2030年GDP预计达11 000亿~12 000亿元，电力缺口将达到800万kW，规划和建设本工程，既能保证该地区的用电需求，又能通过苏通越江通道与苏州、上海的特高压电网实现互联互通，提高供电可靠性。

基于以上的区域发展要求和特高压站点区域规划，工程设计单位华东电力设计院（简称华东院）在项目前期，从南京以下至太仓以上的长江岸线上，通过向沿岸相关政府、行政、大型企业的踏勘、调研、收资和分析研究，共对9个过江点进行了综合经济技术比较。结合线路对地方规划、涉水涉航影响、拆迁、岸线利用以及社会稳定性影响等因素，跨越点最终推荐利用原江苏2005年规划并保留的500kV过江通道（南通—常熟过江通道），即苏通过江通道。该通道位于G15国家高速苏通长江大桥上游附近，北岸属南通行政区划，南岸属常熟行政区划。北岸跨越点位于苏通产业园长江主江堤与新通海沙围堤之间的吹填区内。

2008年开展可行性研究工作。2009年6月，电力规划设计总院（简称电规总院）对特高压线路路径及过江通道选址进行了预审。2010年6月，电规总院对项目可行性研究报告进行了评审。2012年8月取得国家发展改革委和能源局的关于开展前期工作同意函（路条）后，电规总院在2012年9月下发了可行性研究审查批复意见。2011年5月，水利部长江水利委员会（简称长江委）通过了项目防洪评价报告的专家审查。同年11月，办理了项目的规划选址意见书。2014年4月，项目获得国家发改委和能源局的核准建设批复。

在2013~2014年，为取得水利部门和交通部门（航运、海事等）的行政批复意见，国家电网公司和江苏省人民政府以及涉水、涉航的相关行政部门进行了多次的对接、沟通和会商。2014年6月和10月分别启动开展涉水、涉航相关专题研究工作。同时，经省政府协调，为进一步降低对航运安全的影响、尽量减小对航道及水流条件的影响，同意海事部门提出的加大跨距、提高导线弧垂、按最大船舶设计防撞及线位尽量平行于大桥等技术要求。根据上述要求，华东院对线位和技术方案进行了重新设计，并经与水利、交通部门的多次汇报，形成最终方案：跨距由原设计的2150m增大至2600m以上、通航高度由72m增大至85m（含10m电气安全距离）、船舶按最大通航能力计算和设计防撞，防撞力由50 000kN提高到了120 000kN，北岸塔位也进行了相应的优化。由此，根据设计计算，架空导线的级别由原来的G5提高至G6，型号由500/280增大至500/400；考虑到导线弧垂特性和净空高度要求后，跨越塔塔高由346m增高至455m；由于铁塔规模和基础作用力的加大，基础规模范围由83m×83m增大至120m×130m以上。这些改变，使工程建设规模显著增大，工程设计和建设技术复杂性显著增加。

为了满足上述设计要求，配合工程顺利实施和涉水、涉航行政审批工作的正常开展，国家电网公司委托华东院联合同济大学、浙江大学、重庆大学、哈尔滨工业大学、武汉理工大学、中国电力科学研究院、南京水利科学研究院、江苏送变电公司、中天铝线等科研院所、施工单位、制造单位，先后立项开展了“南通机场净空飞行航行评估研究”“2600m跨越档距用导线、光缆及配套金具研究与应用”“苏通大跨越四管组合主柱塔风洞试验研究”“四管组合主柱塔节点受力特性试验研究”“内配钢筋/型钢钢管混凝土受拉性能研究”“双层法兰受力性能试验研究”“苏通长江大跨越塔线体系气弹模型风洞试验研究”“苏通长江大跨越塔与高桩承台基础整体动力性能数值分析研究”“苏通大跨越10.9级高强度螺栓应用研究”“船舶撞击作用力标准与防撞方案研究”“跨越塔附近床面防护专项研究与设计”“大跨越施工关键技术研究”等28项专项试验和研究，相关成果均已经通过专项评审和验收，编制组在这些成果的基础上选择了12项专项研究汇编成册，系统总结了苏通长江大跨越工程关键技术研究成果，对指导后续工程建设具有重要价值和意义。

研究成果内容丰富，创新点多。提出了四组合钢管塔作为特大型输电线路大跨越塔的有效结构型式，首次开展了四组合钢管的风洞试验研究和四组合钢管柱典型节点试验研究；系统性开展了内配钢筋和内配型钢的钢管混凝土构件以及平面构架的试验研究；首次开展了内外螺栓双层法兰试验研究；基于2600m跨距开发研制了铝钢截面积比为1.25的大拉重比G6等级的特强钢芯铝合金绞线；针对特大跨距、超深水域、超高铁塔的结构和基础工程特点，开展了塔线体系气弹风洞试验研究、塔—基础—桩周土联合作用数值分析研究；结合水流条件、通航要求，开展了船撞力标准、防撞方案、基础附近床面防护方案研究；针对设计提出的跨越方案和跨越塔结构方案，开展了组塔施工、架线施工以及相关工器具的试验和研究。

这些成果在多个方面填补了国内外的研究空白，代表了相关领域研究的领先水平，为超大型跨越塔设计与建设提供了解决方案，部分成果已经在浙江舟山500kV联网工程西堠门大跨越工程中应用。出版本成果专辑的目的，是希望这些研究成果为今后输电线路大跨越工程的设计、研究人员提供借鉴和参考。

编　者

2018年2月

苏通长江大跨越工程关键技术研究成果专辑

目 录

第一章

苏通长江大跨越工程概述

第一节　苏通长江大跨越工程跨越方案简介

苏通长江大跨越工程是淮南—南京—上海 1000kV 交流特高压输变电工程（简称淮南—南京—上海工程）的关键节点。该工程前期按大跨越方案开展工作，并取得了许多开创性的成果。工程方案效果如图 1-1 所示。

图 1-1　苏通长江大跨越工程跨越方案效果图

一、国内外大跨越工程的建设情况

大跨越方案因投资相对较低、施工周期相对较短、建设难度相对较小、运维成本相对较小等诸多优势，成为越江工程的主要选择。据不完全统计，截至 2016 年年底，全球跨越档距超过 1000m、塔高超过 100m 的大跨越工程已经超过 250 项，其中挪威占 45 项，位于世界第一，中国 40 项位居第二，日本 26 项位于第三。随着近几年我国电网建设的飞速发展，这个统计数据还在变化。其中已经建成的 500kV 最大规模的大跨越工程为舟山—大陆联网舟山大跨越工程，跨越耐张段全长 6215m，最大档距为 2756m，跨越塔塔高 370m。已经建成的 1000kV 最大规模的大跨越工程为皖电东送荻港大跨越工程，跨越耐张段全长 3150m，最大档距为 1835m，跨越塔塔高 278.5m。在建最大规模的大跨越为舟山 500kV 联网工程西堠门大跨越，采用“耐—直—直—耐”跨越方式，耐张段长 4.2km，最大跨距 2656m，跨越塔高均为 380m（呼高 293m），采用 500kV+220kV 混压四回路架设，通航 3 万 t 船舶，通航净高 49.5m，2016 年 12 月开工，计划 2018 年建成。国内外在大跨越研究、设计、制造及施工领域积累了丰富的经验，苏通大跨越工程自可研伊始，即按照大跨越过江的技术方案进行了设计研究，且通过严格的设计评审逐步确定每一个关键技术原则。

二、大跨越方案主要设计原则

1. 跨越点选址

自南京以下、至太仓以上的长江岸线，通过踏勘、调研、收资和分析研究，共对 9 个过江点进行了经济技术比较，结合线路对地方规划、拆迁、岸线利用以及社会稳定性影响因素等原因，跨越点最终选择利用了原江苏 2005 年规划并保留的 500kV 过江通道，即南通—常熟过江通道。苏通长江过江通道位于 G15 国家高速苏通长江大桥上游附近，北岸属南通行政区划，南岸属常熟行政区划。北岸跨越点位于苏通产业园长江主江堤与新通海沙围堤之间的吹填区内，北岸跨越点中心距离新通海沙新岸线大堤堤脚 96m，北锚塔基础边缘距离新通海沙新岸线大堤堤脚 65m。南岸跨越点位于常熟电厂和苏通大桥桥堍之间，南岸跨越点中心距离南岸大堤堤脚 90m，南锚塔基础边缘离开南岸大堤堤脚 59m，跨越点布置见图 1-2。

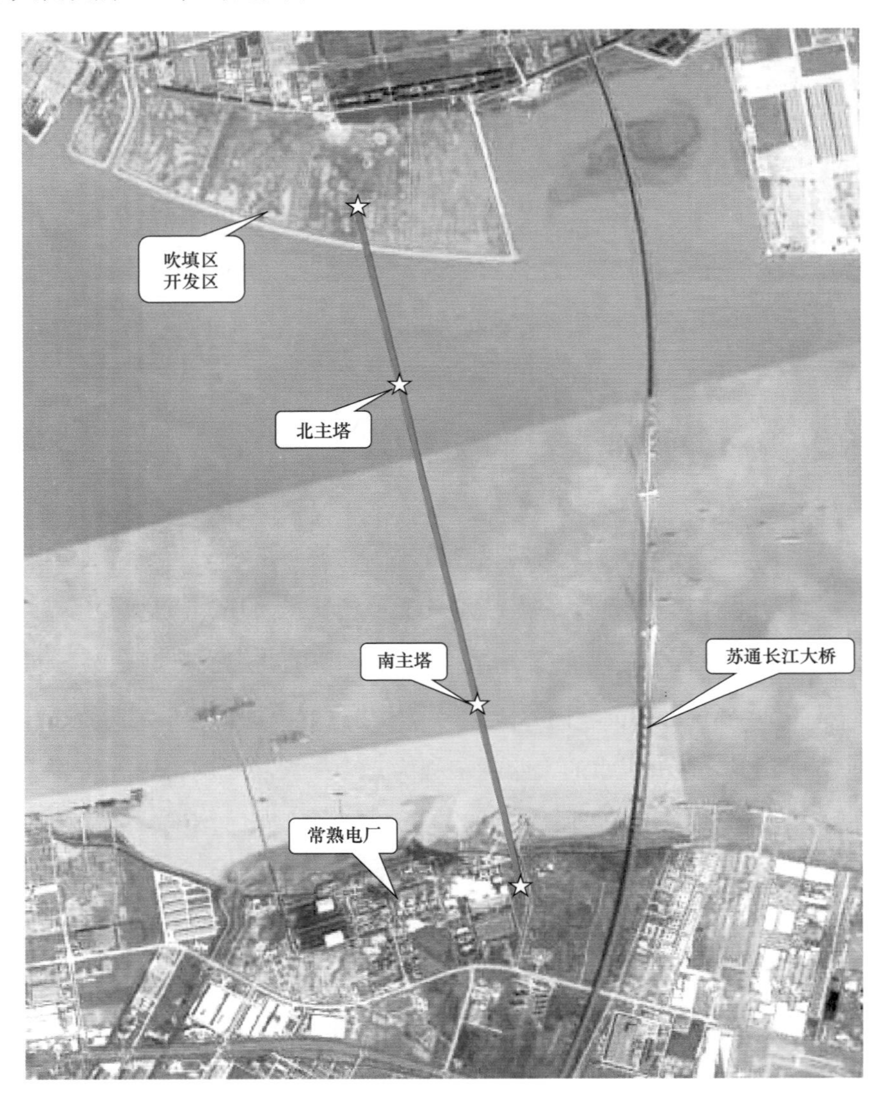

图 1-2 跨越点布置示意图

2. 主要设计参数

跨越耐张段全长 5.057km，江面宽约 4.7km，采用"耐—直—直—耐"跨越方式，档距分布为"1187m—2600m—1270m"。主跨"直—直"档跨距为 2600m，跨越长江主航道，两侧"直—耐"档均跨越专用航道。由北向南四基塔距苏通大桥分别为 1892、1660、1133m 和 702m。全线按同塔双回路设计，在江中立塔 2 基。跨越耐张段断面图如图 1-3 所示。工程主要气象条件为：基本风速 38m/s、设计覆冰 15mm（验算覆冰 25mm、地线较导线提高 5mm）、最高温度 40℃、最低温度-15℃。线路电压等级为交流 1000kV。本区域长江主航道主跨的净空高度要求为 85m，两侧营船港专用航道和常熟电厂专用航道的净空高度满足 49m 要求。最高通航水位为 4.41m，长江百年一遇洪水位为 4.96m。

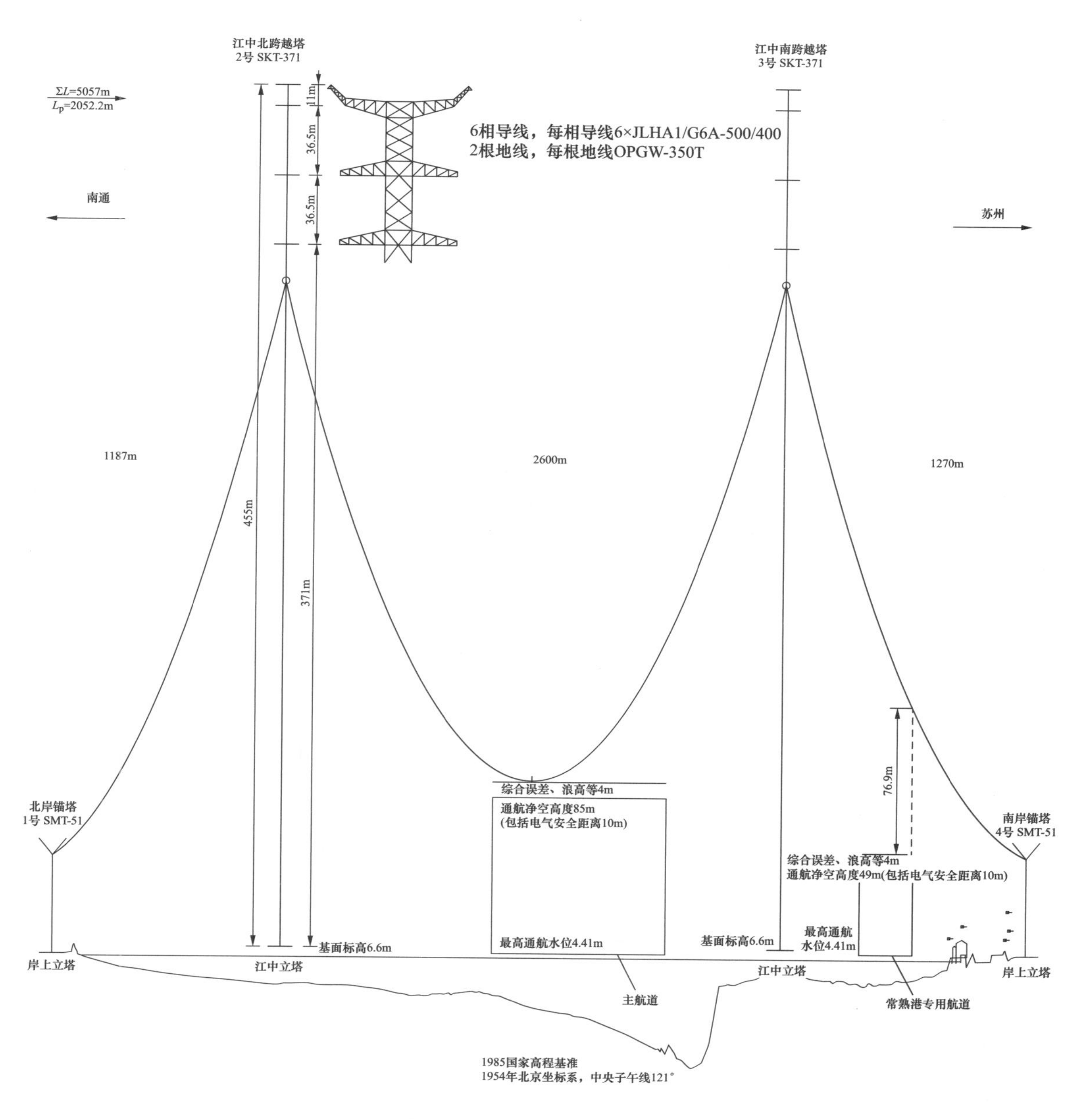

图 1-3　跨越耐张段断面图

3. 主要设计方案

（1）导、地线方案。线路输送两回，共6相，每相导线采用6分裂，分裂间距550mm，每根子导线型号为特强钢芯高强铝合金绞线JLHA1/G6A-500/400，截面积903.73mm^2。该导线铝钢截面积比采用目前最小的1.24，钢芯采用G6A级，结构采用61股特强钢芯和60股高强度铝合金绞制，钢芯层数4层，均为国内首次。在同类导线中，JLHA1/G6A-500/400的额定拉断力最高，达到905.49kN。两根地线采用新型48芯特高强度光纤复合架空地线OPGW-350T，截面积347.5mm^2。该光缆采用的铝包钢线抗拉强度达到1730MPa。导线与OPGW的结构示意图见图1-4和图1-5。

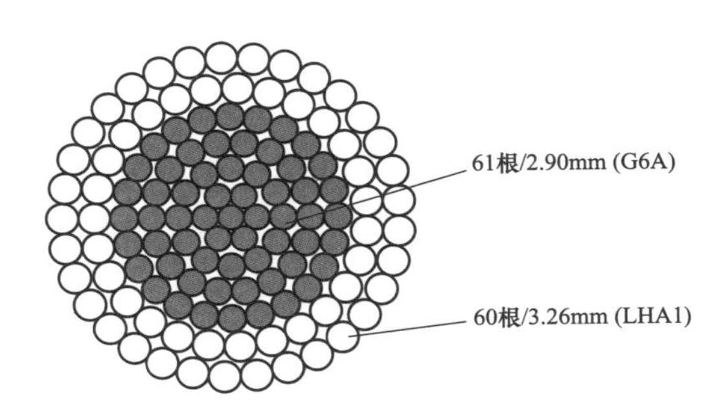

图1-4　JLHA1/G6A-500/400结构示意图

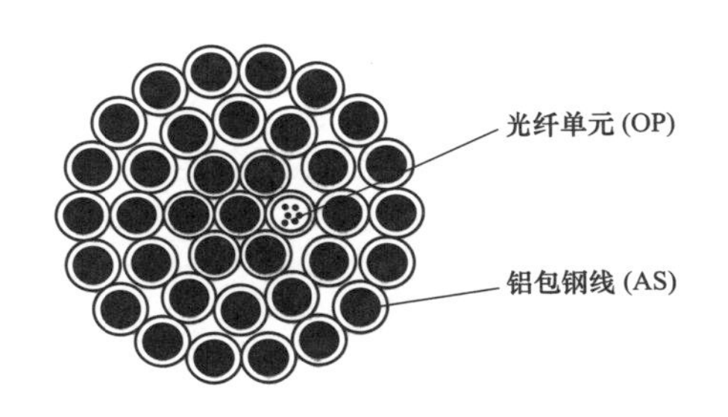

图1-5　OPGW-350T结构示意图

（2）跨越塔结构方案。两基跨越塔等高布置，跨越塔呼高371m，全高455m，跨越塔结构采用内配钢筋/型钢钢管混凝土结构形式（其中下部282m为内配钢筋/型钢钢管混凝土结构、中部78m为钢管混凝土结构、上部95m为纯钢管结构），最大管径ϕ2500×42（Q420C钢Z15）；采用8.8级螺栓，单基塔耗钢量12 200t，单基塔填充混凝土5900m^3（C60级），单基塔质量25 770t，见图1-6。

（3）基础结构方案。考虑到对航道、河流水文条件、施工期及运行期的通航安全影响，并综合考虑工程风险、质量管控、工程投资及施工工期等因素，经物理模型定床和动床试验研究，跨越塔基础采用“钻孔灌注桩+承台连梁”的结构，承台厚度8m，封底厚3m。承台下分布176根2.8～2.5m变径灌注桩，桩长110～115m。基础外轮廓尺寸120m×130m，北塔承台和桩基总混凝土量达22.04万m^3，南塔承台和桩基总混凝土量达18.35万m^3。基础布置见图1-7。

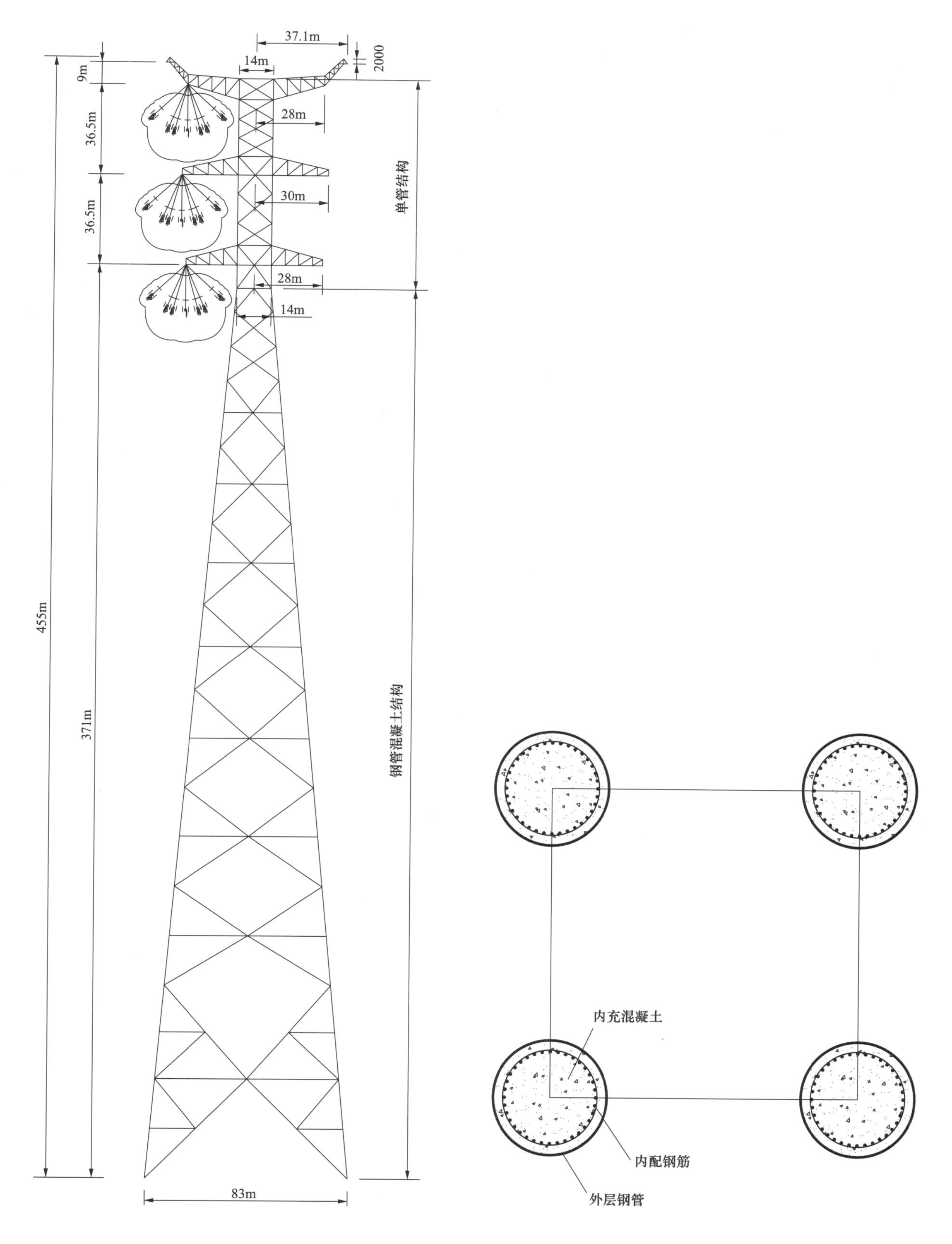

图 1-6　跨越塔单线图（尺寸标注需修改）核实跨越塔呼高及塔头尺寸

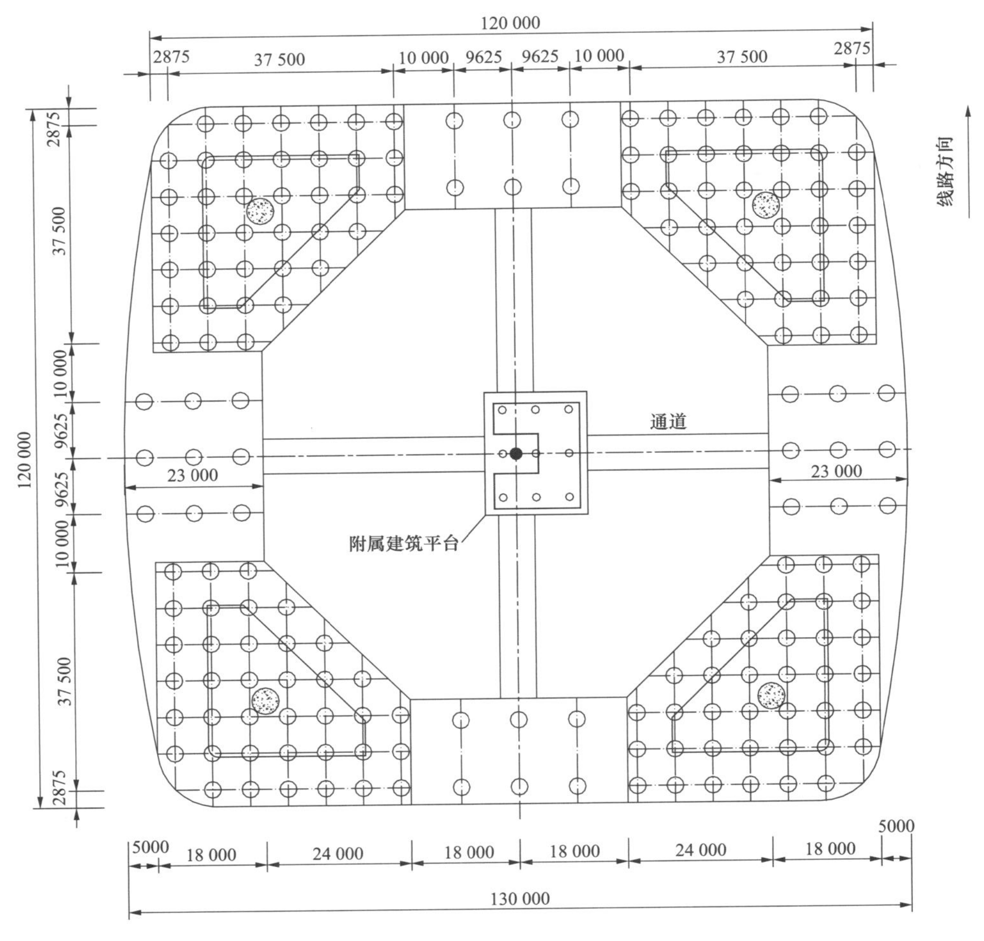

图 1-7 基础布置图

第二节 苏通长江大跨越工程跨越方案主要研究成果

一、方案研究阶段

大跨越方案设计研究可分为两个阶段。2014 年 7 月之前，设计技术方案基于 2150m 跨距、500/280 导线、346m 跨越塔塔高及组合钢管结构方案实施，先后立项开展了“500/280 导线特高强钢芯高强度铝合金绞线试验研究”“四管组合主柱塔风洞试验研究”“四管组合主柱及节点受力特性试验研究”“跨越塔与高桩承台基础整体动力性能数值分析研究”等相关专题研究。

2014 年 7 月后，因海事部门要求，项目方案提出重大调整，主跨距由原来的 2150m 增大至 2600m，通航高度由 72m 增大至 85m（含 10m 电气安全距离），船舶撞击力由 50 000kN 提高到了

130 000kN。据此，跨越塔塔高由 346m 加高至 455m，基础规模范围由 83m×83m 增大至 120m×130m，导线由原来的 500/280 增大至 500/400。为满足上述技术要求，先后立项开展了“南通机场净空飞行航行评估研究”“2600m 跨越档距用导线、光缆及配套金具研究与应用”“内配钢筋/型钢钢管混凝土受拉性能研究”“双层法兰受力性能试验研究”“苏通长江大跨越塔线体系气弹模型风洞试验研究”“苏通大跨越 10.9 级高强度螺栓应用研究”“船舶撞击作用力标准与防撞方案研究”“跨越塔附近床面防护专项研究与设计”“大跨越施工关键技术研究”等专题。

二、主要研究成果

考虑到项目特点以及项目研究对今后类似工程的参考意义，编制组在这些成果的基础上选取了 12 项专项研究汇编成册出版。12 项专项研究主要内容和取得的成果如下：

1. 2600m 跨越档距用导线、光缆及配套金具研究与应用

（1）研究目的。跨越档距由 2150m 增大至 2600m 后，JLHA1/G6A- 500/280 已不适用，需要设计研制满足工程需求的新型导线以及相匹配的光缆和配套金具，为此，开展了“2600m 跨越档距用导线、光缆及配套金具研究与应用”研究。

（2）研究成果。完成了苏通大跨越工程 2600m 跨越档距下导线 JLHA1/G6A-500/400、光缆 OPGW-350T 及配套金具的设计、研制与试验。导线 JLHA1/G6A-500/400-60/61 铝钢截面积比采用目前最小的 1.24，钢芯采用目前最强的 G6A 级，结构采用 61 股特强钢芯和 60 股高强度铝合金绞制、钢芯层数 4 层，均为国内首次。OPGW-350T 采用 1 根抗拉强度 1600MPa 的铝包钢线、35 根抗拉强度 1730MPa 的铝包钢线与 1 根 48 芯光纤单元一次绞合而成，单盘制造长度达到 6000m。导线配套金具的机械性能、电气性能、耐候性能、耐磨损性能、耐腐蚀性能、使用寿命等主要性能指标均达到并超过国内外同类产品。OPGW 配套金具的机械性能满足要求，在特高压大跨越中首次将 OPGW 的应用由 1000～2500m 级提升至 2600m 级。导线、光缆及其配套金具均通过中国电力企业联合会鉴定，达到国内或国际领先水平。课题成果满足了苏通长江大跨越 2600m 跨越档距下的工程使用，可为今后大跨越工程的建设提供技术储备。

2. 苏通大跨越四管组合主柱塔风洞试验研究

（1）研究目的。四管组合主柱塔由四根主柱构成，每根主柱由四根主管组成，由于主管之间相互干扰，所受风荷载复杂。目前各国规范及相关文献中，均没有给出四管组合主柱的风荷载体型系数。为此，开展了“苏通长江大跨越四管组合主柱塔风洞试验研究”。

（2）研究成果。制作了四管组合柱测力试验刚性模型及测压试验刚性模型，并在风洞中调试出了两种不同湍流强度的湍流场，在均匀流场及湍流场内分别开展了四管组合柱测力风洞试验、四管组合柱测压风洞试验，在试验的基础上对四管组合柱进行了 CFD 数值模拟研究。四管组合柱间距比范围 0.3～1.9，风攻角范围 0°～45°，涵盖所有可能的工程设计需求。综合分析试验及数值

模拟结果，提出了四管组合柱的风荷载体型系数推荐值。对于不同攻角、不同间距比的四管组合柱，体型系数范围为1.59～1.93。如果按照单圆柱的风荷载体型系数，将四个圆柱进行累加，可得风荷载体型系数为4×0.6=2.4，与之相比下降20%～34%。课题成果为四管组合主柱塔进行安全可靠且经济合理的结构设计，提供了参考依据。

3. 四管组合主柱塔节点受力特性试验研究

（1）研究目的。四管组合主柱塔在变坡以下采用了四管组合柱的截面型式。由于该截面型式在工程中首次使用，对于塔中的单根主材与四管组合柱的连接方式、四组合柱与双斜材斜材的连接方式、节点承载能力以及四组合柱的受力分配等问题尚不明确。因此，需要开展四管组合主柱塔的节点受力特性试验研究。

（2）研究成果。针对塔中的典型节点——单管与四管组合柱过渡节点和四管组合柱与双斜材连接节点进行了试验研究及有限元分析。其中，单管与四管组合柱过渡节点包含两种节点型式，即锥台管对接焊连接节点和锥形管过渡板连接节点。四管组合柱与双斜材连接节点包含三种节点型式，即主材间一道连梁连接（斜材无偏心）节点、主材间二道连梁连接（斜材无偏心）节点和主材间一道连梁连接（斜材负偏心）节点。

研究结果表明：

1）有限元模拟和试验结果吻合良好，能够对试验展开进一步的拓展研究。

2）从节点承载力、节点受力特点、节点重量和加工等方面，推荐单管与四管组合柱过渡节点采用锥形管过渡板连接节点型式，四管组合柱与双斜材连接节点采用主材间一道连梁连接（斜材无偏心）节点型式。推荐的节点形式具有足够的安全储备，满足工程设计要求。

3）针对推荐的节点型式给出了相应的设计方法。该项目研究为四管组合柱钢管塔的设计提供了可靠依据，填补了国内外在该领域的空白。

4. 内配钢筋/型钢钢管混凝土受拉性能研究

（1）研究目的。苏通长江大跨越工程跨越塔主材轴向拉压力达到150 000～250 000kN，结合工程前期论证结果及工程现阶段外部条件，内配钢筋/型钢钢管混凝土结构方案为主要的跨越塔塔型方案。目前，国内外对于钢管混凝土受拉计算方法有一定的差异，需要进一步开展试验研究，验证相关公式的适用性。

（2）研究成果。通过内配钢筋、内配型钢钢管混凝土构件受拉（轴拉及拉弯）力学性能试验，获得内配钢筋、内配型钢钢管混凝土构件受拉承载力及轴拉刚度的试验数据；了解构件的受拉整体性能、外钢管法兰连接对于构件受力性能的影响以及内部角钢螺栓连接对于构件性能的影响。由于实际工程中大跨越输电塔构架主柱受拉、压荷载循环作用，且混凝土受拉强度低，内部混凝土容易开裂，故需研究试件受拉后内部混凝土开裂的钢管混凝土的受压性能，以指导工程设计。

主要研究结论如下：1）因内配钢筋或钢骨的存在，钢管内的混凝土能够提高钢管混凝土构件

的轴向承载力超10%。

2）跨中的法兰增加了构件的轴向刚度，但对承载力没有影响；内配角钢的长向对接螺栓处存在一定滑移，但对承载力没有影响。

3）钢管与混凝土间的黏接应力随着荷载的增加而增加，且黏接应力在钢管的两端较大，中部较小。

4）提出了轴拉和偏拉工况下内配钢筋或钢骨的钢管混凝土构件的刚度和承载力公式，其计算结果与试验值符合较好，可应用于工程实际。

5. 内配钢筋/型钢钢管混凝土平面塔架体系受力性能研究

（1）研究目的。区别于“内配钢筋/型钢钢管混凝土受拉性能研究”课题，开展平面塔架体系的受力特性试验研究，以掌握内配钢筋/型钢钢管混凝土外钢管—混凝土—内配钢筋/型钢之间的传力特性。

（2）研究成果。通过平面桁架模型试验和建模分析，进一步研究内配钢筋/型钢钢管混凝土钢管结构在平面桁架系统中，节点处的传力特性以及钢管外壁和内部混凝土之间的传力体系，检验其内外之间传力的有效性。通过试验研究，获得了内配钢筋/型钢钢管混凝土平面塔架体系中钢管混凝土构件的受拉性能以及内外钢结构内力分配规律，提出了内配钢筋或型钢的钢管混凝土构件内外钢结构有效的节点连接方式，并依据ABAQUS数值模拟分析结合实验结果，得出了塔架体系中内配钢筋/型钢钢管混凝土构件的抗拉承载力计算方法。研究发现，对于内配钢筋方案，可采用内环锚板连接内部纵筋和外钢管；对于内配型钢方案，可采用肋板连接内部型钢骨架和外钢管，以提高黏接效率。

6. 双层法兰受力性能试验研究

（1）研究目的。由于跨越塔高度达到455m，若采用传统的刚性法兰，存在螺栓直径过大、法兰板层状撕裂等问题。为解决这一问题，本跨越塔主管拟采用双层法兰连接型式。由于双层法兰各组件的受力性能尚不明确，为研究其传力机制并提出相应的设计方法，开展了双层外法兰和双层内外法兰两种节点型式的受力性能研究。

（2）研究成果。课题设计并完成了每种法兰4×3个拉、压试件的受力试验。结果表明：

1）有限元分析和试验结果吻合良好，可以进一步对试验进行补充拓展。

2）双层法兰的上法兰板和螺栓设计由拉力工况控制，下法兰板和肋板设计由压力工况控制，且双层法兰中钢管与肋板是共同传力。

3）试验和有限元分析均证明双层法兰受力性能良好，具有足够的安全储备，能够满足工程设计的要求。

4）对两种型式的双层法兰均提出了相应的设计方法，为大跨越塔主管法兰连接节点的设计提供了可靠依据，可为今后大跨越工程建设提供技术储备。该项目研究成果填补了国内外输电线路领域的空白。

7. 苏通长江大跨越塔线体系气弹模型风洞试验研究

（1）研究目的。因苏通大跨越塔线体系具有以下特点：①铁塔的高度高、柔度较大；②构件为圆形截面，受雷诺数影响较大，风荷载复杂；③导线重量比常规输电导线大得多，在风荷载下，与输电铁塔有耦联作用，对结构可能存在影响。鉴于此，有必要开展塔线体系气弹模型风洞试验研究。

（2）研究成果。研究内容包括：①建立单塔和塔—线耦合体系气弹模型；②开展单塔和塔—线耦合体系的静力特性和动力特性测试、风致振动引起的位移响应风洞试验和加速度响应风洞试验；③开展风致振动引起的输电线动张力测试和位移响应测试；④开展单塔和塔—线耦合体系的气动阻尼比的测试与研究，明确导线对输电塔风振的影响规律，确定风振系数。通过风洞试验和数值模拟的研究，确定了大跨越塔线体系的体型系数、气动阻尼、风振系数等设计参数，提出了相应的设计计算方法，为大跨越塔线体系的设计提供了依据，可指导本工程和同类工程的设计应用。

8. 苏通长江大跨越工程10.9级高强度螺栓应用研究

（1）研究目的。在苏通长江大跨越塔中采用10.9级高强度螺栓，能使法兰螺栓配置做到小直径、密排布，有效减小法兰盘径，提高法兰盘刚度，减小法兰撬力对螺栓的影响，使螺栓的受力状态更合理，从而效降低法兰和螺栓的重量。然而，螺栓强度越高，其硬度和脆性也越大，尤其在热浸镀锌后容易出现氢致延迟断裂。业内对其性能、产品质量和稳定性也缺乏相应的了解，因此，有必要开展10.9级高强度螺栓应用研究。

（2）研究成果。研究内容包括：①螺栓连接副的供货调研；②螺栓连接副技术要求研究；③螺栓连接副的试验研究和验收检查方案研究等。研究提出10.9级高强度螺栓的执行标准、检测方案、验收标准和安装要求等，为在长江大跨越工程中的应用提供可靠的试验依据和涵盖设计、制造、检测和安装全过程的详尽实施方案。

9. 苏通长江大跨越塔与高桩承台基础整体动力性能数值分析研究

（1）研究目的。本项目采用群桩—高承台基础立于江中，地质条件复杂，基础由四个“五边形承台+系梁”组成，整体体系非常复杂。由于受长江径流、涨潮流的双重作用，塔基所在处地形冲淤交替，工程所在河床还存在一定不稳定因素，有必要进行塔体—基础—地基的整体受力分析和研究。

（2）研究成果。研究内容包括群桩高承台基础群桩效应分析、大跨越塔体—基础—地基整体静力分析、大跨越塔体—基础—地基风振、地震和船舶撞击动力分析。通过对塔—基础—地基土的整体模型进行分析，得到了以下结论：

1）总的群桩效应系数为0.51。

2）提出了考虑桩—土结构相互作用的有限元建模方法。

3）提出了“塔体—地基—基础”整体模型的静力内力响应和动力特性计算方法。

4）提出了船舶对输电塔整体结构撞击的有限元建模和计算方法。

10. 船舶撞击作用力标准与防撞方案研究

（1）研究目的。因工程河段航道复杂多变，船舶密度大，船舶（队）航行、作业频繁，航行中船舶（队）受风、流等影响大，通航环境复杂，工程水中基础截面尺寸较大，需研究确定船舶撞击作用力标准与防撞方案。

（2）研究成果。通过对国内外防撞型式的调研，结合国内外的规程规范，针对本工程河道实际情况，通过计算分析，确定了船舶撞击参数，科学地提出了船舶撞击作用力标准。同时，结合国内外防撞材料、工艺最新成果，提出了三种不同的防撞方案，经过比选，推荐适合本工程的防撞方案为“钢质—复合材料浮式柔性防撞设施”。该方案具有可大幅降低船撞力，改变船舶撞击方向，耐腐蚀、免维护的特点，该防撞设施在国内多处桥梁工程中成功运用，具有非常好的防撞效果。

11. 跨越塔附近床面防护专项研究与设计

（1）研究目的。工程河段水文条件复杂，受往复流的影响，水下地形和河床变化较大，局部冲刷也较大。因工程塔基体量巨大，对基础局部冲刷防护是确保塔墩基础安全、工程稳定可靠的关键。

（2）研究成果。通过对国内外大型、特大型桩承台基础防护工程的调研和总结，结合本工程的实际情况，通过有限元建模分析，开展了不同水文条件下、不同防护方案的局部冲刷试验，最终提出了床面防护设计方案和布置，对床面防护的效果进行了分析及评估，提出了防护方案总体施工工艺流程。由于工程区水位、流速变化大，底质极易冲刷，冲刷防护工程实施过程存在一定的不可预测性，防护方案需根据群桩基础施工进展、现场试抛、防护区域的监测情况及时调整设计，确保防护工程的有效性。同时，要加强河床监测，确保防护工程的长治久安。

12. 大跨越施工关键技术研究

（1）研究目的。解决长江深水区组塔、架线施工关键技术难题，研究455m高跨越塔组立施工方案、钢管配筋施工工艺试验、钢管混凝土施工方案、长江不封航架线施工方案、特殊机具设计、高空作业安全防护措施研究。

（2）研究成果。主要形成了7个方面的成果：

1）跨越塔组立采用“履带吊+全坐地式双平臂抱杆”组塔施工方案。

2）跨越主管钢筋笼导向下滑连接设计方案优于整体式钢管—钢筋笼连接设计方案，但为提高管内钢筋笼导向下滑连接就位的可靠性，钢筋笼导向下滑连接设计方案需进一步优化改进，以提高安装工效。

3）跨越塔管内作业可采取沿主管埋设通风导管并接至基础承台面鼓风装置的通风措施，保证管内空气的循环流通，改善作业环境，确保作业人员的施工安全。

4）超高压泵送混凝土技术可应用于跨越塔钢管混凝土施工，实施时可采用泵送导管灌注法。

5）跨越长江不封航架线时，采用直升机展放初级导引绳。导线张力展放采用“一牵 1”方式，分两次牵引展放完每相 6 根子导线（两次 3×“一牵 1”方式）。

6）特制机具经过设计、试制和应用后，效果良好，安全可靠，可应用于苏通长江大跨越和类似特大型输电线路大跨越施工。

7）高空作业可采取高空全方位立体防护体系、管内作业降温、通风及防坠落措施和管内作业应急照明等安全防护措施。

第三节　苏通长江大跨越工程跨越方案工作大事记

一、设计研究工作

由于苏通长江大跨越工程是淮南—南京—上海工程的重要组成部分，故前期工作、可研报告及相关协议工作均是随同淮南—南京—上海工程同步开展。从初步设计开始，苏通长江大跨越工程作为一个重要的单项工程独立开展，包括设计研究工作和行政审批工作两个方面，两方面工作密切相关。随着行政审批工作取得进展，设计研究工作也分为了两个阶段：第一阶段在海事部门同意开展涉航专题之前；第二阶段在海事部门同意开展涉航专题之后，同时因海事部门要求，对方案进行了重大调整。

工程项目于 2012 年 8 月取得国家发改委能源局的前期工作同意函，于 2014 年 4 月获得国家发改委能源局的核准建设批复意见。工程方案按“2150m 跨距、500/280 导线、346m 组合钢管塔、钻孔灌注桩+圆形平台”的主要技术方案开展初步设计工作。2014 年 7～8 月，经多次和交通部门、海事部门和水利部门沟通协调，因行政审批要求，工程方案做出重大调整。工程跨距由原来的 2150m 增大至 2600m，通航高度由 72m 增大至 85m（含 10m 电气安全距离），船舶撞击力由 50 000kN 提高到了 130 000kN，尽量平行于苏通大桥线位布置。根据上述要求，导线由原来的 500/280 增大至 500/400，跨越塔塔高由 346m 加高至 455m，基础规模范围由 83m×83m 增大至 120m×130m，从而导致工程量、工程投资以及技术方案发生较大的变化。调整后的工程方案和投资变化，通过了电力规划设计总院的初步审查，同时根据技术方案的变化，开展了 12 项设计技术专题研究，以支撑工程设计。

二、行政审批工作

由于工程跨越长江及在江中立塔，塔高较高，行政审批涉及民航、水利和交通三个部门，民

航部门通过了飞行程序评估后，取得了 495m 的机场端净空高度许可，而水利部门和交通部门在前期迟迟未允许开展支撑行政审批所需的相关专题研究。

针对涉水涉航，根据国家相关法规，工程须办理两项行政审批（通航、防洪）和两项行政许可（施工、水文站）。其中“通航影响论证”审查在由交通运输部审批、“河道管理范围内建设项目建设方案审查”（简称防洪评估）由水利部长江委审批、“通航水域水上水下施工作业许可”由江苏海事局许可、“国家基本水文测站上下游建设影响水文监测工程同意”由水利部长江委许可同意。

2014 年 9 月～2015 年 9 月，先后启动并完成 8 项涉水专题，包括“水文测验、水下地形测量”“水文分析专题研究”“河势分析专题研究”“二维潮流数学模型计算”“工程建设对水文站影响论证”“潮流泥沙物理模型试验”“塔基局部冲刷断面模型试验”等。2015 年 10 月编制完成《防洪影响评价报告》（含涉河建设方案）并正式上报水利部门。

2015 年 1～10 月，先后启动并完成 8 项涉航专题，包括“通航环境论证”“船舶通航仿真模拟研究”“船舶失控漂移及船撞风险研究”“船舶通航实船试验研究”“河床演变及通航条件分析”“工程对南通 VTS 系统影响分析报告”“通航安全评估报告”等。2015 年 10 月编制完成“通航安全影响论证报告”，并正式上报交通部。

涉水水利行政审批手续办理流程如图 1-8 所示，涉航交通行政审批办理流程如图 1-9 所示。

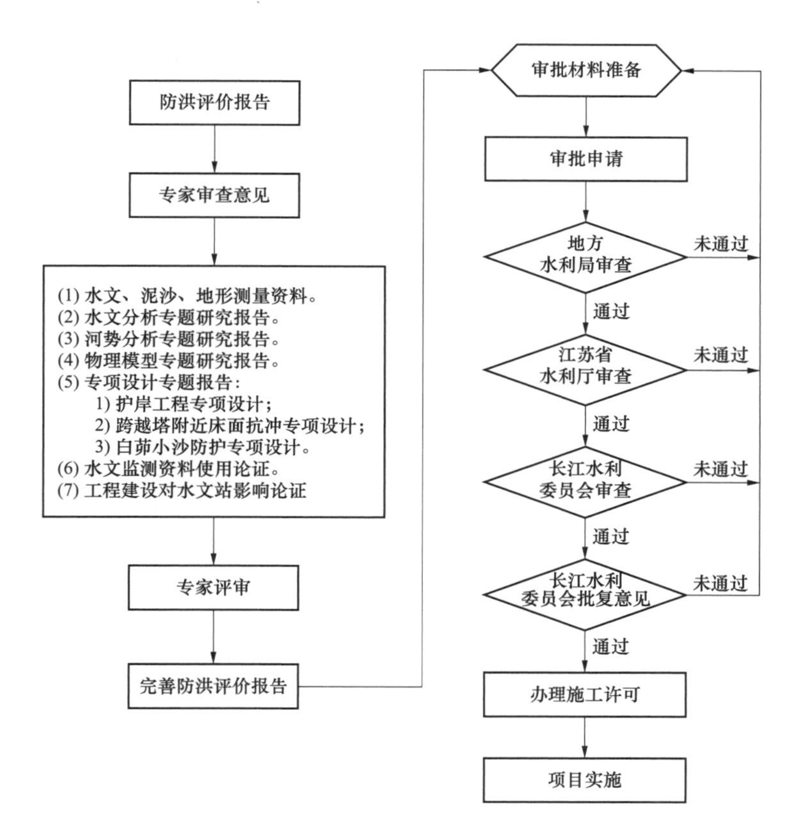

图 1-8　水利行政审批手续办理流程图

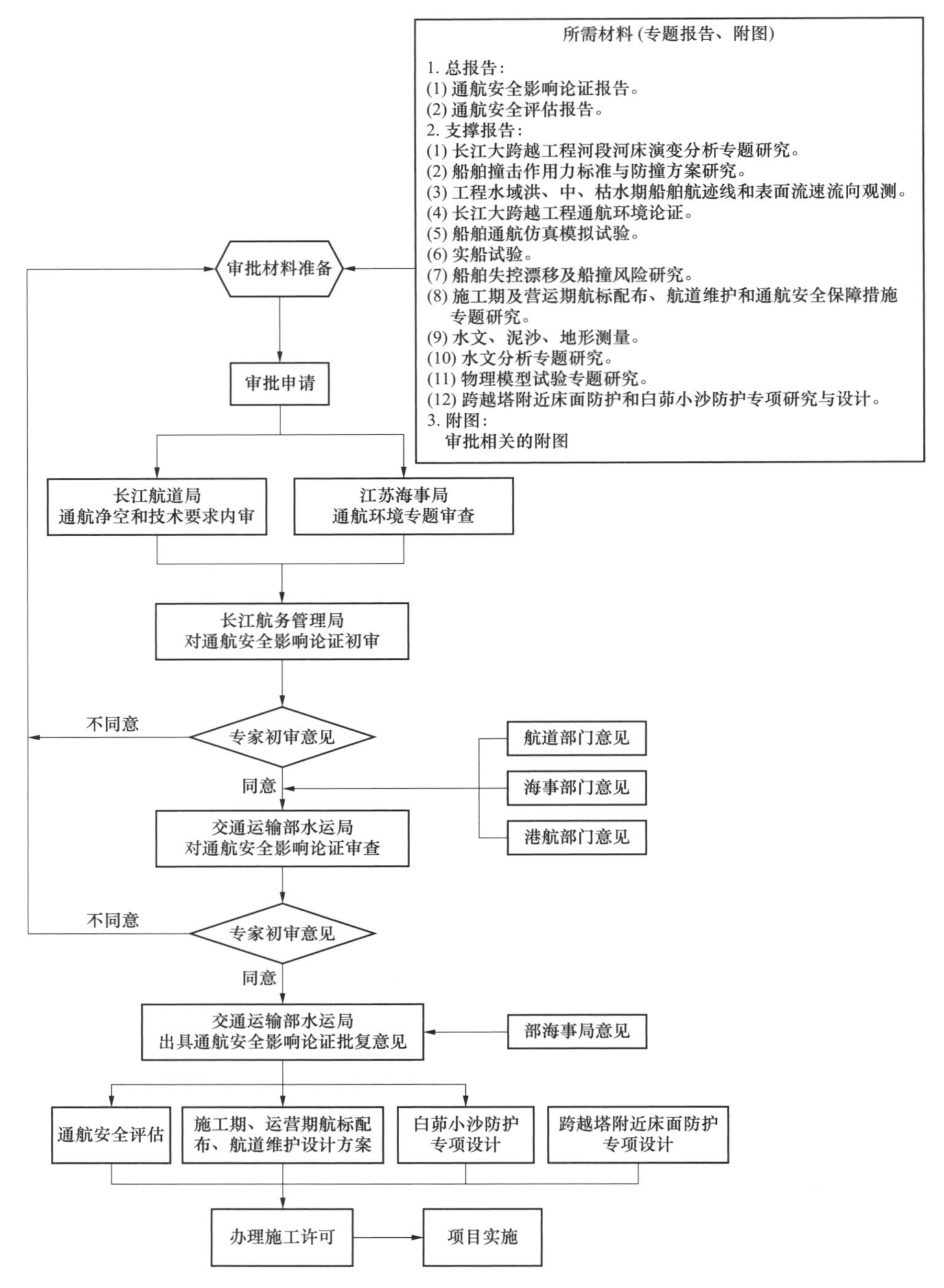

图 1-9　交通行政审批手续办理流程图

第二章

苏通长江大跨越工程设计概要

苏通长江大跨越工程跨越点位于 G15 沈海高速苏通长江大桥上游、长江澄通河段和长江口河段交界处。北岸跨越点位于南通市农场二十三大队以南的苏通科技产业园区西南角吹填区，南岸跨越点位于苏州常熟市新港镇常熟电厂东侧平地。跨越耐张段全长 5.057km，江面宽约 4.7km，采用“耐—直—直—耐”跨越方式，主跨“直—直”档跨越长江主航道，主跨越档距为 2600m，档距分布为“1187m—2600m—1270m”。4 基塔距离苏通大桥分别为 1892、1660、1133m 和 702m（由北往南）。

第一节　气　象　条　件

根据跨越点附近气象资料的数理统计结果，并考虑附近已有工程的运行经验确定，工程设计风速、设计覆冰的重现期取 100 年。

一、设计风速

苏通长江大跨越工程位于南通、常熟两地交界之处，取南通、常熟、昆山、苏州、通州、海门六地气象台站 10min 时距平均的年最大风速作样本，采用极值 I 型分布作为概率模型，计算最大风速统计值。由于工程处距离气象台站较远，无可靠资料，因此将风速统计值换算到工程处历年大风季节平均最低水位以上 10m 处，并增加 10%。

考虑工程大跨越处的水面影响，将历年大风季节平均最低水位以上 10m 处的风速再增加 10%。将水面风速增加 10%后，工程按 B 类粗糙度设计。

另外，根据 GB 50009—2012《建筑结构荷载规范》中“全国基本风压分布图”选取风压，将该风压折算为风速，与风速数理统计结果进行对比，选择较大值。

综合考虑上述计算结果与邻近已建大跨越工程的设计运行情况，大风工况设计风速取 38m/s。

二、设计覆冰

由于附近各气象台站的覆冰记录资料极少，尤其缺乏对导线覆冰的观察与记录，因此无法进行数理统计。

苏通长江大跨越工程设计覆冰较临近段一般线路的设计覆冰增大 5mm，再参考本地区电力线、通信线的某些事故记载与邻近大跨越的设计运行情况，设计覆冰取 15mm。为加强地线顶架的机械强度，计算地线覆冰垂直荷载时，地线设计覆冰增大 5mm。验算覆冰较设计覆冰增大 10mm，计算验算条件时，可变荷载组合系数取 0.75。

三、其他气象参数

平均气温、最高气温、最低气温、年雷暴日等其他气象参数是在南通、常熟气象台站统计数据的基础上，根据设计规范取值。

四、推荐的设计气象条件

推荐的设计气象条件组合见表2-1。

表2-1　推荐的设计气象条件组合表

计　算　条　件	气温 t（℃）	风速 v（m/s）	覆冰厚度 C（mm）
设计覆冰	-5	15	15
验算覆冰	-5	15	25
最大风速	-5	38	0
最高气温	40	0	0
最低气温	-15	0	0
平均气温	15	0	0
安装情况	-10	10	0
雷电过电压	15	15	0
操作过电压	15	19	0
带电作业	15	10	0
舞动情况	-5	15	5
年雷暴日	40		
冰密（g/cm^3）	0.9		

第二节　导线和地线

一、导线和地线选型

在导线和地线选型过程中，因工程的外部条件出现变化，从而造成导、地线选型工作经历了两个阶段：第一阶段，跨越档距为2150m、通航净空高度为72m（含电气安全间隙10m）；第二阶段，跨越档距为2600m、通航净空高度为85m（含电气安全间隙10m）。

1. 第一阶段

特强钢芯铝合金绞线的性能适用于特高压大跨越工程，在大跨越工程中已得到普遍应用。

第一阶段时，从满足输送容量（要求单回线路送电能力不低于 11 000MVA）出发，初选 6×AACSR/EST-500/230 和 8×AACSR/EST-400/180 特强钢芯铝合金导线方案进行比选。对两种导线方案验算电磁环境影响，满足电磁环境要求后，从塔高、水平荷载、垂直荷载、纵向张力、电能损耗、材料价格等方面进行计算，运用最小年费用法按不同电价以及利率水平对年费用进行分析比较，确定 6×AACSR/EST-500/230 较优。

苏通长江大跨越工程输电线路 1000kV 特高压交流同塔双回路，跨越档距大，通航要求高，两岸地形均为平地，导致跨越塔很高；且其两基跨越塔均立于江中，基础及施工费用也很高。因此，本工程本体投资很大，其对全寿命周期年费用的影响较电能损耗大得多。综合来讲，增大导线铝合金截面积没有优势，而增强导线机械性能，则可以降低跨越塔高、减小基础根开、降低工程建设难度和造价、提高运行的安全可靠性。

为进一步优化跨越塔高和基础尺寸，对 AACSR/EST-500/230 进行导线材料与结构方面的优化，分别设计了 JLHA1/G6A-500/230 与 JLHA1/G6A-500/280 特强钢芯铝合金绞线方案。从塔高、荷载及经济性等方面进行比较，相比于 AACSR/EST-500/230，JLHA1/G6A-500/280 的拉重比由 16.4km 提高到 17.8km，最高允许温度 90℃时的弧垂由 214m 减小至 176m，跨越塔基础根开由 74m 减小至 66m，大风工况下的水平荷载基本不变，覆冰工况下的垂直荷载增加了 9.2%。由于跨越塔高度降低超过 38m、基础根开减少 8m，使塔材与基础耗量明显降低，工程造价较低。因此，三种导线方案中，采用 6×JLHA1/G6A-500/280 的年费用最优。

综上所述，在第一阶段跨越档距为 2150m 时，推荐采用 6×JLHA1/G6A-500/280 导线方案，导线性能参数见表 2-2。

表 2-2　　导线 JLHA1/G6A-500/280 性能参数

参　数	数　值	参　数	数　值
铝合金股数×线径（mm）	48×3.64	额定拉断力（kN）	662.9
钢股数×线径（mm）	37×3.12	弹性系数（MPa）	103 810
铝合金部截面积（mm^2）	499.5	线膨胀系数（$\times10^{-6}$/℃）	15.39
钢部截面积（mm^2）	282.88	20℃直流电阻（Ω/km）	0.067 32
总截面积（mm^2）	782.38	铝钢比	1.77
直径（mm）	36.4	拉力重量比（km）	18.73
单位质量（kg/km）	3609.0		

根据通信要求，地线需采用 48 芯 OPGW 光纤复合架空地线。大跨越要求地线具有足够的热容量，机械强度高，耐振、耐腐蚀性能好，因此一般采用铝包钢绞线。地线选型时，主要考虑机械性能，着重导、地线之间的配合，并需有良好的耐雷击性能。

OPGW 光缆推荐采用不锈钢管层绞式全铝包钢结构，铝包钢导电率 14% IACS，性能参数见表2-3。

表2-3　　OPGW-350性能参数

参　数	数值 （匹配JLHA1/G6A-500/280导线）	参　数	数值 （匹配JLHA1/G6A-500/280导线）
芯数	48芯G652D	短路电流容量（$kA^2\cdot s$）	≥402.3
直径（mm）	24.7	单位质量（kg/km）	2553.3
结构（铝包钢线）	1×3.7+5×3.5+12×3.5+18×3.5	线膨胀系数（$\times10^{-6}$/℃）	12.0
总截面积（mm^2）	347.5	弹性系数（MPa）	170 100
额定拉断力（kN）	≥527.4		

2. 第二阶段

跨越档距由2150m增大至2600m，通航净空高度由72m增大至85m，跨越塔高度成为工程的关键性因素，直接决定工程技术与造价的合理性，JLHA1/G6A-500/280已不可行，需要设计一种新型导线，使其在满足电气性能与制造条件的前提下，尽量增大拉重比，减小弧垂，降低塔高，减小基础根开。

若满足工程应用的需要，对于JLHA1/G6A-500/280，导线的机械性能在现阶段已很难再从材料方面进行提升，因此需从导线结构方面入手，总体方向为保持铝合金截面积不变，增大钢芯的截面积。设计导线时，需要对铝合金部和钢部进行匹配，设计出合理的单丝直径、层数和根数等，确定提升机械性能的可行方案。

综上，设计了JLHA1/G6A-500/340、JLHA1/G6A-500/400两种新导线与原导线JLHA1/G6A-500/280进行比选，三种导线的电气性能均能满足要求。导线最高允许温度90℃弧垂：6×JLHA1/G6A-500/280最大，为281.86m；6×JLHA1/G6A-500/400最小，为257.43m。后者比前者小24.43m，相应的塔高减少24m，基础根开减小4m。6×JLHA1/G6A-500/400型导线风荷载、张力最大，但是由于跨越塔很高，导线荷载在铁塔总荷载中的比例较低，因此导线荷载的增大对跨越塔塔材和基础工程量增大的影响较小。三种导线采用的耐张绝缘子串相同，均为8联760kN绝缘子串。

经济性方面，6×JLHA1/G6A-500/400与6×JLHA1/G6A-500/280相比，前者的导线重量增加26.6%，但铁塔耗钢量减少约6.5%，基础混凝土量与耗钢量减少约13.5%，塔身混凝土灌充量减少约10.8%；在本体投资上，前者的导线费用增加约607.3万元，塔材费用降低约2337.2万元，基础费用降低约18 484.6万元，塔身混凝土费用降低约156万元。综合比较后，6×JLHA1/G6A-500/400较6×JLHA1/G6A-500/280降低约20 370.5万元。因此，三种导线方案中，6×JLHA1/G6A-500/400本体投资最低，具有明显的经济效益。

另外，减小跨越塔高度降低了工程的技术风险，提高了工程的安全可靠性。

综上所述，在第二阶段，跨越档距增大到2600m时，推荐采用6×JLHA1/G6A-500/400导线方案。导线的性能参数见表2-4。

表 2-4 导线 JLHA1/G6A-500/400 性能参数

参　数	数　值	参　数	数　值
铝合金股数×线径（mm）	60×3.26	额定拉断力（kN）	905.49
钢股数×线径（mm）	61×2.90	保证拉断力	860.22
铝合金部截面积（mm^2）	500.81	弹性系数（MPa）	115 190
钢部截面积（mm^2）	402.92	线膨胀系数（$\times10^{-6}$/℃）	14.543
总截面积（mm^2）	903.73	20℃直流电阻（Ω/km）	≤0.067 535
直径（mm）	39.14	铝钢比	1.24
单位质量（kg/km）	4567.41	拉力重量比（km）	20.21

同以往特强钢芯铝合金绞线相比，JLHA1/G6A-500/400 导线在结构与材料上进行了三大创新，为国内首创：① 采用 1.24 的铝钢截面积比，目前最小；② 采用 61 股特强钢芯和 60 股高强度铝合金线绞制，钢芯层数 4 层，为我国首次；③ 采用 G6A 级钢芯，目前最强。因此，目前在同类导线中，JLHA1/G6A-500/400 单根拉断力最高，拉力重量比最大。

相对应的，JLHA1/G6A-500/400 的制造难度也是目前同类导线中最高的，主要包括选材的难度、绞制的难度、型式试验的难度等。在建设、设计、制造等各方的努力下，JLHA1/G6A-500/400 成功研制，并通过了专业检测机构的各项型式试验。需要特别指出的是，导线振动疲劳试验的张力取 176.4kN（导线设计保证拉断力 860.22kN×20.5%）。

相对应的，JLHA1/G6A-500/400 的制造难度也是目前同类导线中最高的，主要包括选材的难度、绞制的难度、型式试验的难度等。在导线研制阶段，由江苏中天科技股份有限公司负责制造。对 G6A 钢芯，从钢线到钢绞线进行质量全程跟踪，每道流程完成之后进行性能检验，并针对抗拉强度、扭转等数据进行检测，待合格之后方才进行下一道工序。对高强度铝合金，首先保证铝合金原材料的高品质，并在生产流程和工艺控制上进行严格的监督并进行分析优化，以保证铝合金线的高性能。在绞制上，常规框绞机无法满足该导线结构的生产要求，需采用 127 盘及以上的 630 框绞机，并对其进行技术改进以保证导线绞合紧密、无单线突出、不松股、不散股，导线表面绞合圆整、紧密平服及外径均匀一致。经过严格的质量控制，制造出的导线机械性能和电气性能的各项指标均满足技术条件要求。

对大跨越用导线，其振动疲劳性能随平均运行应力的增大而降低，其振动疲劳特性决定了平均运行应力的选择，按照国内通用的振动疲劳试验方法，需要振动 3000 万次且不发生单线断股。随着钢芯截面的增大和层数的增多，JLHA1/G6A-500/400 的振动疲劳性能较 JLHA1/G6A-500/280 有所降低，因此选取合适的平均运行应力尤为重要，既要体现出导线的机械性能优势，同时还要使用安全可靠。设计以导线铝部应力的计算结果为参考，选取不同的应力情况，由中国电力科学研究院与上海电缆研究所进行多次多组不同应力下的振动疲劳试验，在试验过程中实时监测应变、张力、振动角等。试验结果表明：试验应力取 21%、21.5%保证破断应力时，导线均出现断股，未能通过振动疲劳试验；试验应力取 20%、20.5%保证破断应力时，导线未发生断股，通过振动疲劳试验，结果满足工程设计技术条件，可作为工程设计依据。根据试验结果，设计确定导线平均运行应力取20.5%保证破断应力，即平均运行张力取176.4kN（导线设计保证拉断力860.22kN×20.5%）。实际工程中，由于防振系统的安装，导线的振动水平将较试验时降低，导线的振动疲劳性能将进一步提高。

最终在建设、设计、制造等各方的共同努力下，JLHA1/G6A-500/400成功研制，并通过了专业检测机构的各项型式试验，需要特别指出的是，导线振动疲劳试验的张力取176.4kN（导线设计保证拉断力860.22kN×20.5%）。JLHA1/G6A-500/400导线虽然目前未在实际工程中应用，但为其他类似工程提供了技术储备，在国内外众多跨越大江大河的大跨越线路中具有应用的空间。例如制造单位江苏中天科技股份有限公司在加拿大哈德逊湾大跨越工程中提供的导线产品即采用了JLHA1/G6A-500/400导线的61股钢芯结构。

在档距增大为2600m后，与JLHA1/G6A-500/280相匹配的OPGW-350已无法匹配JLHA1/G6A-500/400。因此，在OPGW-350的基础上，提高铝包钢的单丝强度，设计了一种新型特高强度光纤复合架空地线OPGW-350T（48芯光纤）与JLHA1/G6A-500/400匹配，其采用1根ϕ3.7mm14%IACS特高强度铝包钢线（抗拉强度1600MPa）和35根ϕ3.5mm14%IACS特高强度铝包钢线（抗拉强度1730MPa）与1根光纤单元一次绞合而成。

OPGW-350T的铝包钢线抗拉强度较国内电工用铝包钢线的标准高近200MPa，制造难度大。从钢盘条材料上进行改进，通过调整其微量元素含量及降低危害元素等措施以保证强度和韧性，在设备选择、工艺调整、检测分析等方面进行控制以保证铝包钢线的性能，对绞制设备和工艺进行改进使铝包钢线一次绞合成型。

OPGW-350T的性能参数见表2-5。

表2-5　**OPGW-350T性能参数**

参　　数	数值（匹配JLHA1/G6A-500/400导线）	参　　数	数值（匹配JLHA1/G6A-500/400导线）
芯数	48芯G652D	短路电流容量（$kA^2 \cdot s$）	≥402.3
直径（mm）	24.7	单位质量（kg/km）	2553.3
结构（铝包钢线）	1×3.7+5×3.5+12×3.5+18×3.5	线膨胀系数（$\times10^{-6}$/℃）	12.0
总截面积（mm^2）	347.5	弹性系数（MPa）	170 100
额定拉断力（kN）	≥589.66		

二、防振和防舞

1. 防振

导线为六分裂，分裂间距采用550mm。

导、地线采用阻尼线加防振锤的联合防振措施，使导、地线的各线夹出口及防振方案的各夹固点的动弯应变满足要求，并合理配置阻尼间隔棒次档距布置以抑制导线的次档距振荡。

采用的动弯应变允许标准见表2-6。

表2-6　　　　　　　　　　　　　　　动弯应变允许标准

导地线类型	动弯应变允许标准
钢芯铝合金绞线	±120με
铝包钢绞线	±120με

导、地线的消振阻尼线分别采用了弯曲刚度小、易于谐振的钢芯铝绞线JL/G2A-720/50和JL/G1A-400/50，并根据不同的消振频段，采用剥层的办法改变谐振频率。

导、地线阻尼线花边的长度变化采用递减型，根据不同消振频段确定花边长度，长花边不超过4m，短花边不短于0.5m；导线的阻尼线花边长度总体上较地线的长。

长花边内的导、地线上加装防振锤以弥补低频防护的不足。

阻尼线节点夹固方式采用导、地线外面先加预绞丝护线条、后安装带有阻尼橡胶垫的专用阻尼线线夹。另外，选用的间隔棒握着夹头处也必须有橡胶衬垫以改善握着强度和动弯应变。

导、地线初步防振方案见图2-1～图2-4，最终方案需经模拟试验的验证与优化后确定。

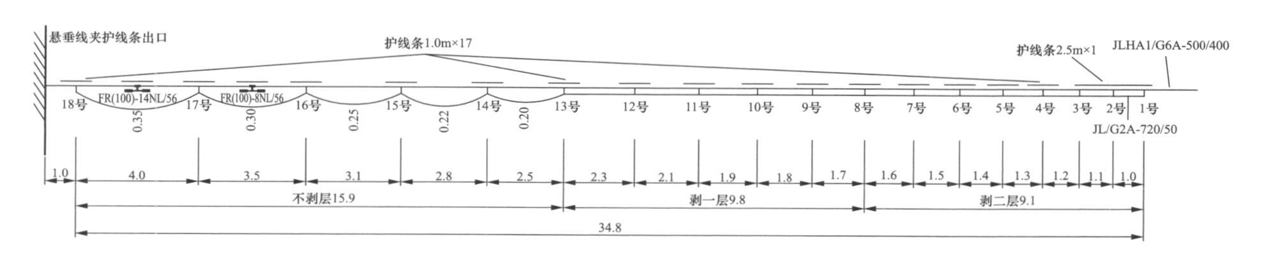

图2-1　导线跨越档初步防振方案

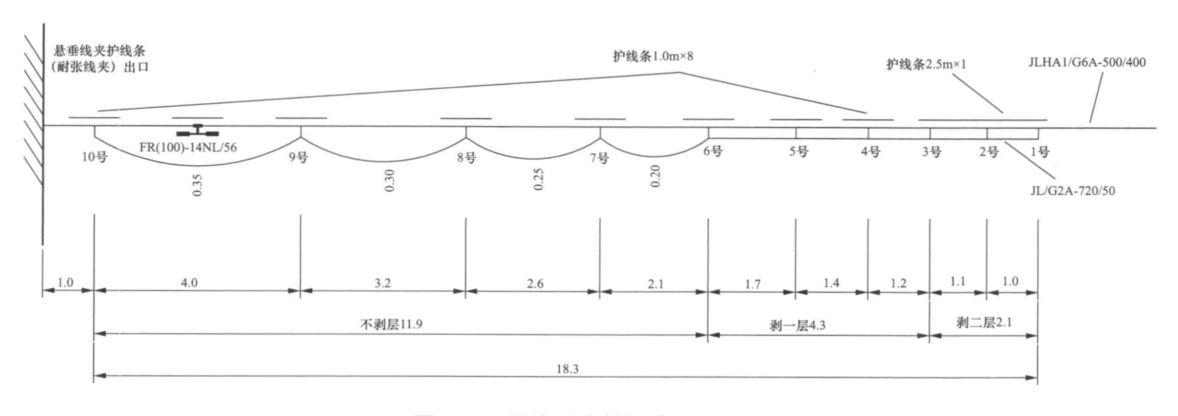

图2-2　导线耐张档初步防振方案

2. 防舞

苏通长江大跨越工程不处于舞动区，但参考邻近大跨越工程的建设经验，采用抗舞设计，即塔头尺寸满足导线发生舞动时运行电压要求的空气间隙值，并考虑导线发生舞动时的附加舞动荷载，对重要连接部件按动荷载验算疲劳强度。

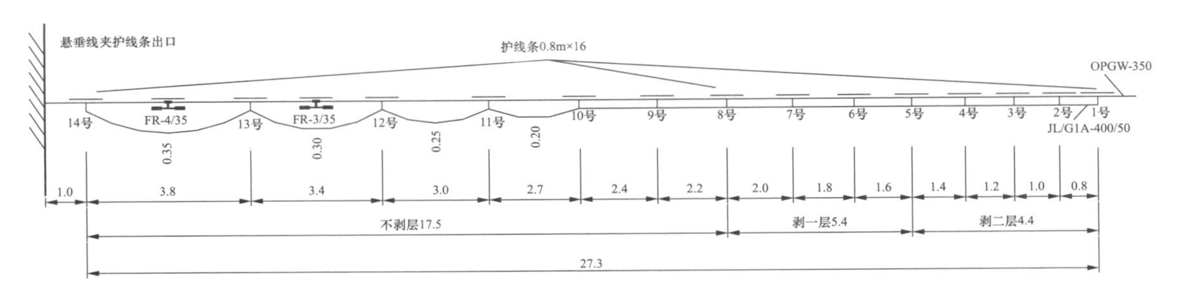

图 2-3　OPGW 直线档初步防振方案

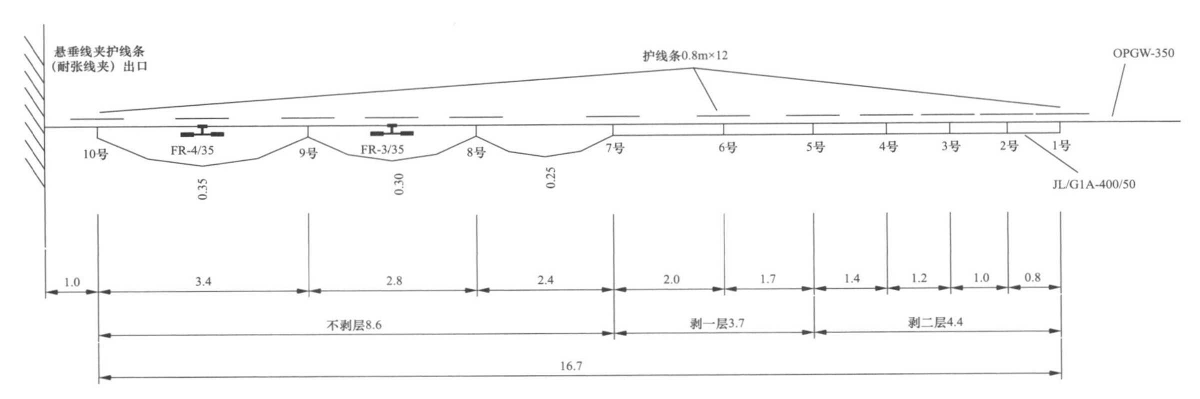

图 2-4　OPGW 耐张档初步防振方案

第三节　绝缘配合及防雷

一、绝缘子片数

1. 污秽等级

长江北岸，按 d 级上限，统一爬电比距 50. 4mm/kV。

江中跨越塔，按 d 级上限，统一爬电比距 50. 4mm/kV。

长江南岸，按 e 级上限，50. 4 爬电比距 59. 8mm/kV。

2. 绝缘子选型

使用大吨位绝缘子，可简化金具串型式，并缩减串长，减小塔高。根据荷载、张力情况，导线悬垂，耐张绝缘子均采用 760kN 级普通盘型瓷绝缘子（结构高度 280mm、爬距 700mm）。当可证明 760kN 级盘型三伞绝缘子产品能安全可靠应用于工程中时，则推荐采用该种型式的绝缘子，因为其防污特性优良，可进一步减少绝缘子片数，有利于减小塔头、降低塔高。

3. 绝缘子片数

工频电压下，因绝缘子联间距较大，不考虑邻近效应的影响；采用污耐压法选择绝缘子片数，

d 级为 52 片，e 级为 54 片。

操作过电压下，过电压倍数取 1.7（标幺值），片数为 29 片，考虑零值再增加 2 片，即为 31 片。

雷电过电压下，跨越塔雷电空气间隙为 10.0m，取匹配系数 0.8，片数为 45 片。

综上所述，北岸锚塔耐张绝缘子串每联 52 片，江中跨越塔悬垂绝缘子串每联 52 片，南岸锚塔耐张绝缘子串每联 54 片。

对跳线绝缘子串，采用复合绝缘子，每联 1 支，结构高度 9000mm、爬电距离不小于 30 400mm。

二、空气间隙

工频电压间隙与操作过电压间隙按 GB 50665—2011《1000kV 架空输电线路设计规范》要求；雷电过电压间隙根据可以接受的同塔双回线路雷击跳闸率来确定。通过对雷击跳闸率的计算，跨越塔雷电过电压间隙取 10.0m；锚塔的雷电过电压间隙要求同一般线路杆塔，取 6.7m。

空气间隙取值见表 2-7。

表 2-7　空　气　间　隙

工　况	跨越塔间隙（m）	锚塔间隙（m）
工频电压	2.7	2.7
操作过电压	6.0	6.0
雷电过电压	10.0	6.7

注　跳线串空气间隙值再增加 10%。

三、防雷

1. 防雷措施

（1）架设双地线，跨越塔地线对导线的保护角不大于-5°，锚塔地线对导线的保护角不大于-3°，对跳线的保护角不大于 0°。

（2）两根地线之间的水平间距小于导地线间垂直距离的 5 倍。

（3）跨越档距中央导地线距离（气温+15℃，无风）按以下公式计算，满足较小值。

$$S = 0.015L + \frac{\sqrt{2}U_m/\sqrt{3}}{500} + 2$$

$$S \geqslant 0.1I$$

式中　S——档距中央导地线距离，m；

L——跨越档距，m；

U_m——系统最高电压，kV；

I——雷击档距中央时耐雷水平，取250kA。

计算结果为25m。

（4）OPGW采用大直径的外层单丝，单丝直径为3.5mm，减少被雷击断股的可能。

（5）铁塔接地电阻小于5Ω。

2. 雷击跳闸率

预期雷击跳闸次数按50年一次考虑，因此预期雷击跳闸率为0.769次/(100km·a)；计算条件中，上行雷发生概率偏严，按80%考虑。

通过建模仿真对10～18.5m雷电间隙以及0.5～99Ω接地电阻条件下的反击跳闸率进行计算，得出：① 反击耐雷水平很低，若要求耐雷水平达到200kA，则空气间隙需要18.5m；② 反击跳闸率及无反击故障安全年均在设计允许范围内，当空气间隙取10m时，分别为0.231次/(100km·a)以及166年；③ 接地电阻对反击耐雷水平及反击跳闸率的影响敏感性较低。

采用电气几何模型对10～18.5m雷电间隙下的绕击跳闸率进行计算，得出：绕击跳闸率及无绕击故障安全年均在设计允许范围内，空气间隙取10m时，分别为0.335次/(100km·a)以及114年。

总雷击跳闸率见表2-8。

表2-8　总雷击跳闸率

间隙距离（m）	绕击跳闸率 次/(100km·a)	反击跳闸率 次/(100km·a)	总雷击跳闸率 次/(100km·a)	平均无雷击故障时间（年）
10	0.335	0.231	0.566	67
10.8	0.307	0.179	0.486	79
11.5	0.281	0.139	0.420	91
18.5	0.089	0.050	0.139	276

雷电空气间隙选择10m，总雷击跳闸率为0.566次/(100km·a)，平均无雷击故障时间为67年，具有足够高的防雷可靠性。

第四节　绝缘子串及金具

绝缘子串的配置由正常工况下的最大荷载控制，不由事故工况控制。串型配置尽量简化并充分考虑经济性，达到安全性与经济性的统一。

对线路金具的要求：尽量降低单件质量和尺寸，便于运输、安装和运行维护；尽量简化金具结构、减少金具数量；金具受力分配均匀、合理，满足线路运行出现的各种荷载要求；使用高强度材料重点考虑材料的延展性，避免脆断；采用成熟的技术、成熟的材料和成熟的加工工艺；绝缘子金具串安装前应进行试组装。

根据张力荷载条件，导线悬垂串可采用两串四联 760kN 级或者两串六联 550kN 级，导线耐张串可采用八联 760kN 级或者 12 联 550kN 级。从技术上看，采用 760kN 级，结构较简洁，金具数量较少，金具连接较简单，金具受力分配均匀，类似结构已有运行经验，安全可靠性更好；从经济上看，采用 550kN 级，金具较重，但绝缘子价格较低，并且串长较短，可降低塔高节约塔材，综合考虑后造价减小约 186 万元。综合比较，考虑 186 万元占工程造价的比例非常低，却带来安全可靠性以及运行维护简易性的提升，因此，在 760kN 级绝缘子批量使用可靠性通过的前提下，推荐导线金具串采用两串四联 760kN 级以及 8 联 760kN 级。

绝缘子串推荐组装示意图见图 2-5～图 2-9。导线悬垂串采用两串四联 760kN 级，每串双挂点，绝缘子联间距 800mm。导线耐张串采用八联 760kN 级（直跳），四挂点，绝缘子联间距 800mm。OPGW 悬垂串采用双联 420kN 级，单挂点。OPGW 耐张串采用双联 420kN 级，单挂点。跳线串采用双联 I 型 210kN 级，铝管式刚性跳线加两侧软跳线的跳线型式。

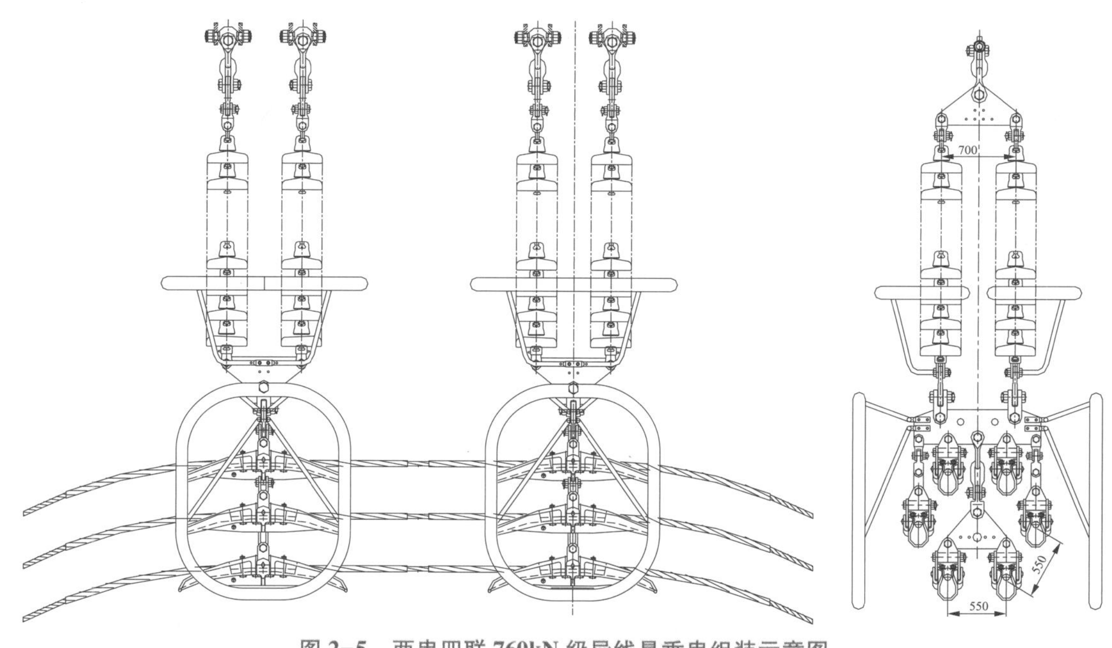

图 2-5 两串四联 760kN 级导线悬垂串组装示意图

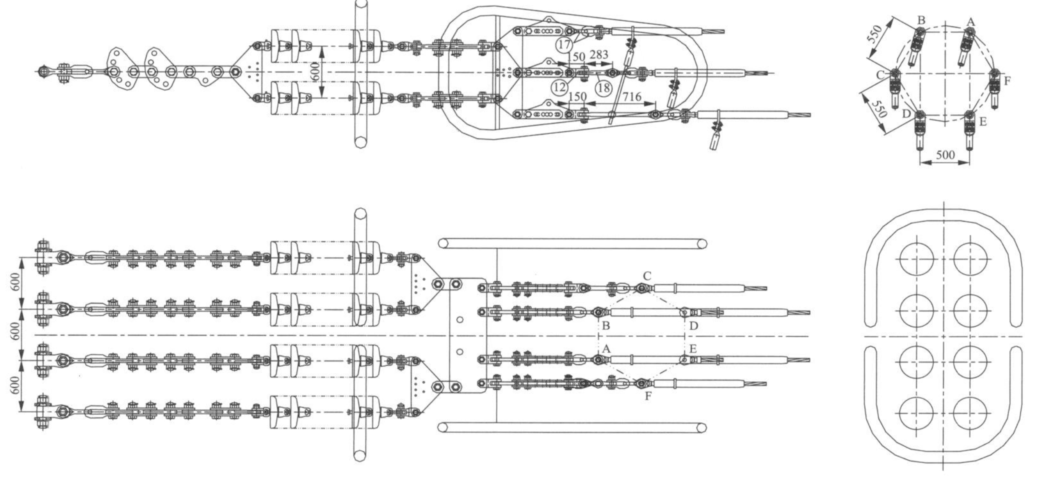

图 2-6 八联 760kN 级导线耐张串组装示意图

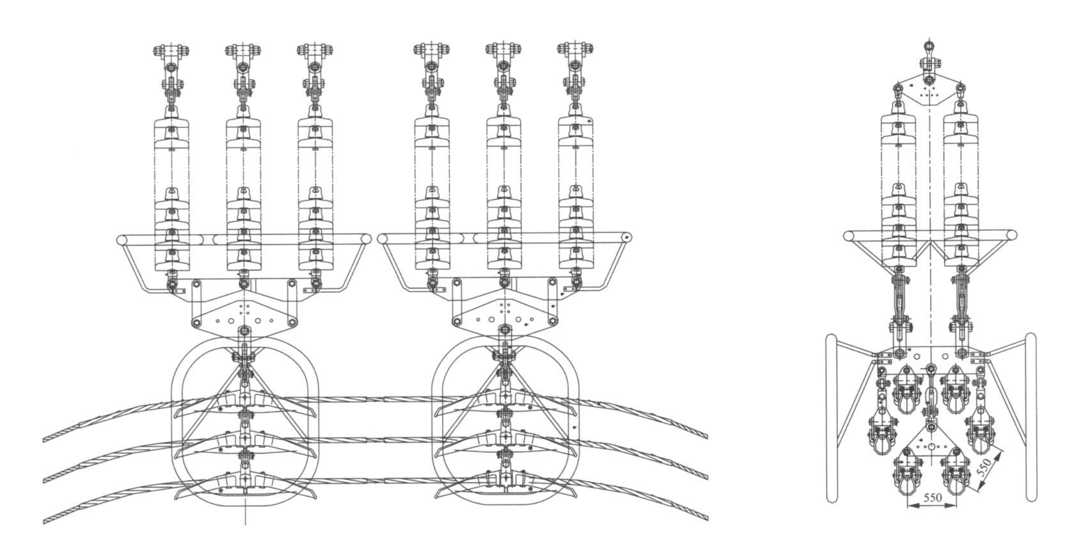

图 2-7　两串六联 550kN 级导线悬垂串组装示意图

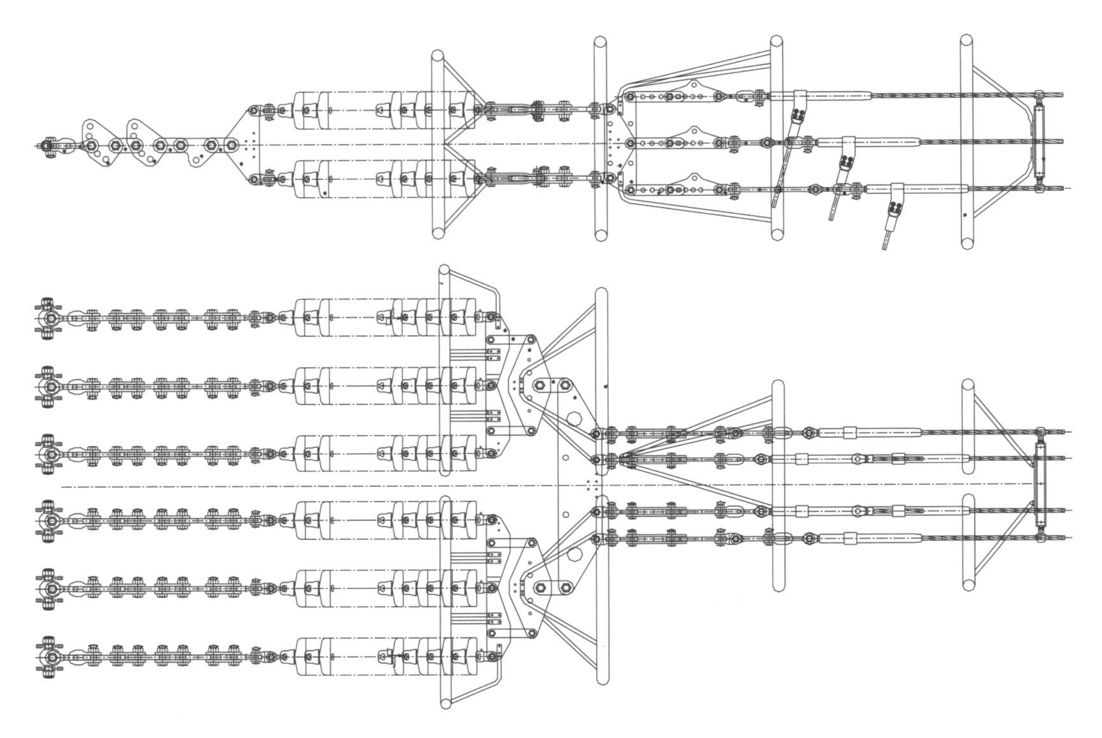

图 2-8　十二联 550kN 级导线耐张串组装示意图

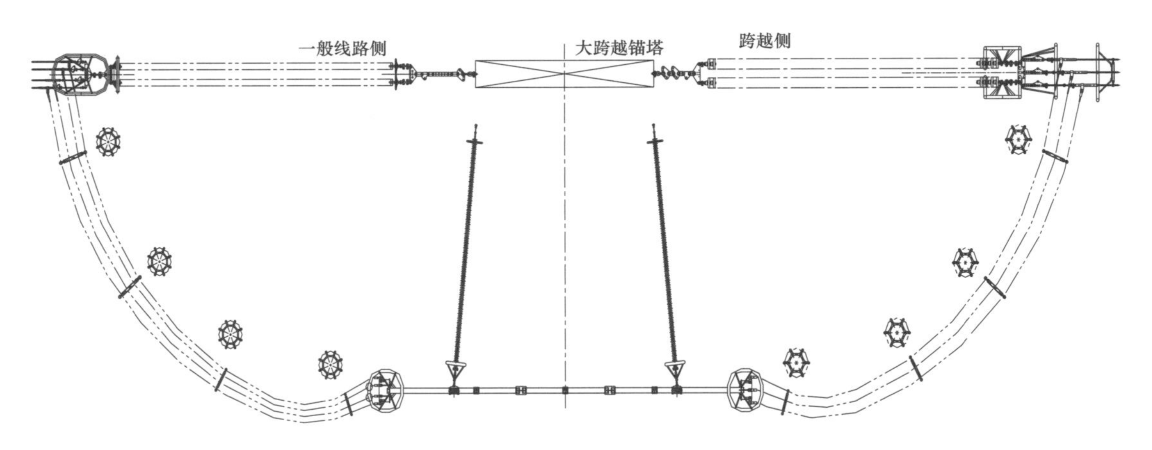

图 2-9　跳线串组装示意图

主要金具型式及部分参数见表2-9。

表2-9　主要金具型式及部分参数

线路	项目	悬垂线夹	耐张线夹	间隔棒
导线	型式	固定式	液压式	环形阻尼式
	参数	ρ=1500mm α=25° L=1450mm	L=950～1100mm	六分裂 分裂间距550mm
OPGW	型式	双支点式	双层外绞丝式	—
	参数	L_1=2000mm（外绞丝） L_3=2600mm（内绞丝）	L_1=2400～2800mm（外绞丝） L_2=2600～2800mm（中绞丝） L_3=3200～3600mm（内绞丝）	—

第五节　塔高及塔头布置

一、塔高

两基跨越塔采用等高，立于江中，锚塔立于岸上。跨越塔呼高由以下因素确定：

（1）最高通航水位：4.41m（1985国家高程）。

（2）通航净空高度：Ⅰ级通航，主航道通航净空高度不低于85.0m（包括电气安全距离10m），专用航道通航净空高度不低于49.0m（包括电气安全距离10m）。

（3）综合误差：4m。

（4）高温弧垂：264.23m。

（5）导线悬垂串长：19m。

（6）基础顶面高程：6.6m（1985国家高程）。

跨越塔呼高等于前五项之和减去第六项，取整为371m。

锚塔呼高51m。

二、塔头布置

1. 导线水平间距

根据经验公式，水平间距要求32.66m，因间隙圆要求，该条件不控制塔头尺寸。

2. 导线垂直间距

（1）根据经验公式，垂直间距要求23.8m。

（2）舞动情况，考虑上下导线有不同步的舞动，垂直间距要求 35m。

（3）不均匀脱冰情况，跳跃接近时垂直间距要求 19.0m，静态接近时垂直间距要求 21.3m。

因间隙圆要求，上述条件不控制塔头尺寸。

3. 间隙圆

间隙圆实际控制导线的水平间距与垂直间距，见图 2-10。

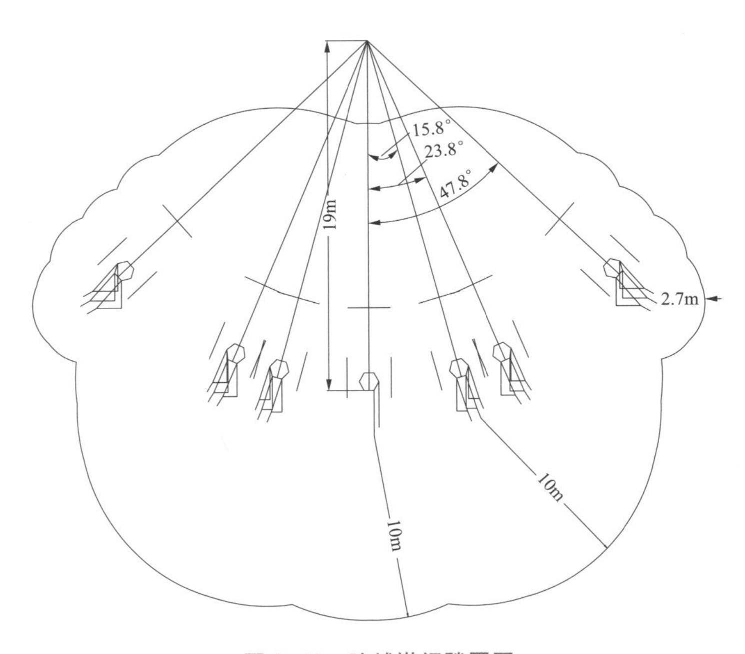

图 2-10 跨越塔间隙圆图

4. 地线顶架高度

地线上安装警航球后，控制地线弧垂不大于导线弧垂，根据导地线悬垂串长度，满足档距中央导地线间距 25m 时，地线顶架高度（导地线悬垂串挂点垂直间距）要求 8.6m。

不均匀脱冰情况，跳跃接近时地线顶架高度要求 3.3m，静态接近时无要求；舞动情况要求 0.6m。

综合上述条件，地线顶架高度取 9m。

5. 导地线水平偏移

大跨越需校验不均匀脱冰时静态接近、跳跃接近的情况和舞动动态接近的情况，结果为三者对导线间、导地线间的水平偏移均无限制。

结合超高压大跨越工程设计经验，跨越塔导线间、导地线间的水平偏移按 2.0m 考虑；由于防雷-5°保护角要求，实际导地线间的水平偏移大于 2.0m。

6. 结论

（1）跨越塔。采用双回路垂直排列，呼高 371m，全高 455m。鼓型布置，导线上相水平间距 56m，导线垂直间距 36.5m，导线间水平偏移 2.0m，地线顶架高度 9m。地线对导线采用-5°保护角。跨越塔塔头布置见图 2-11。

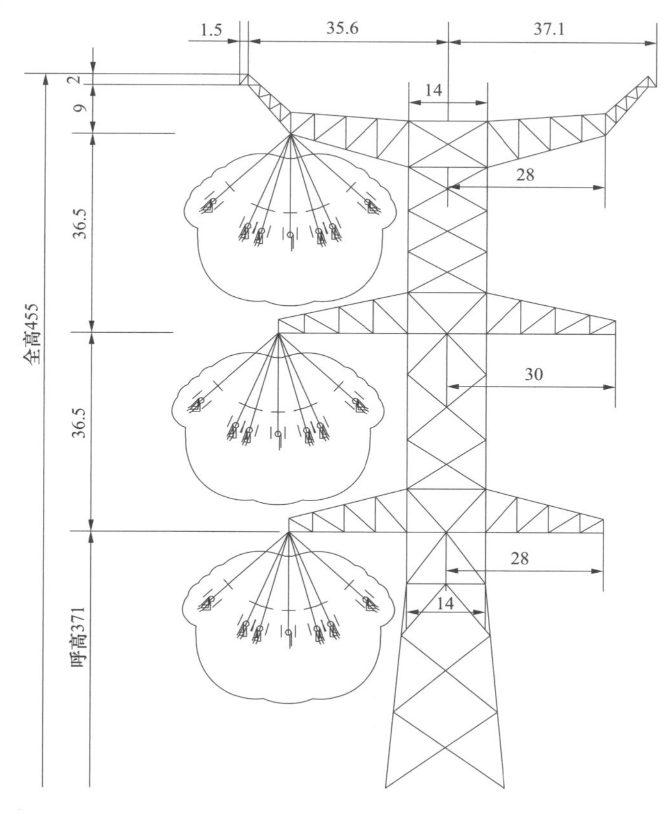

图 2-11　跨越塔塔头布置

（2）锚塔。采用双回路垂直排列，伞型布置，呼高 51m，全高 112m。地线对导线保护角不大于-3°，对跳线保护角不大于 0°。

第六节　跨越塔塔型选择

一、塔型选择综述

1. 工程结构特点

苏通长江大跨越工程跨越点江面宽度将近 5km，优化后主跨越档距 2600m，两基跨越塔全高达到 455m，设计风速 38m/s，塔腿主材轴力设计值达 250 000kN 左右，为特大型大跨越工程。为保证大跨越工程的安全可靠，跨越塔结构和基础设计是关键环节，同时合理选择跨越塔的结构型式是保证结构安全可靠和降低工程造价的决定因素，因此有必要对跨越塔的塔型方案选择开展综合比选和研究。

2. 跨越塔塔型备选方案

随着近几年我国电网建设的飞速发展，我国在输电线路大跨越工程的建设方面取得的成就是举世瞩目的。尤其是江阴大跨越塔（高度346.5m）、舟山大跨越塔（高度370m）以及皖电东送工程荻港长江大跨越塔（高度277m）开创了多个世界第一，分别成为目前世界上最高的格构式大跨越塔、钢管混凝土大跨越塔和钢管结构大跨越塔。

苏通长江大跨越工程跨越塔塔高达到455m，荷载大，主材轴向拉压力达到100 000～250 000kN，常规的钢管塔结构方案无法满足结构受力要求，综合工程设计条件和结构特点，适用于跨越塔的结构方案主要有组合钢管方案、钢管混凝土方案、内配钢筋钢管混凝土结构方案以及内配型钢钢管混凝土结构方案，跨越塔塔型方案选择需对上述结构方案进行综合比选。

二、塔型方案选择

针对苏通长江大跨越工程跨越塔结构特点和受力要求，对组合钢管方案、钢管混凝土方案、内配钢筋钢管混凝土结构方案以及内配型钢钢管混凝土结构方案进行深入计算和比选，各结构方案主材截面型式示意见图2-12。

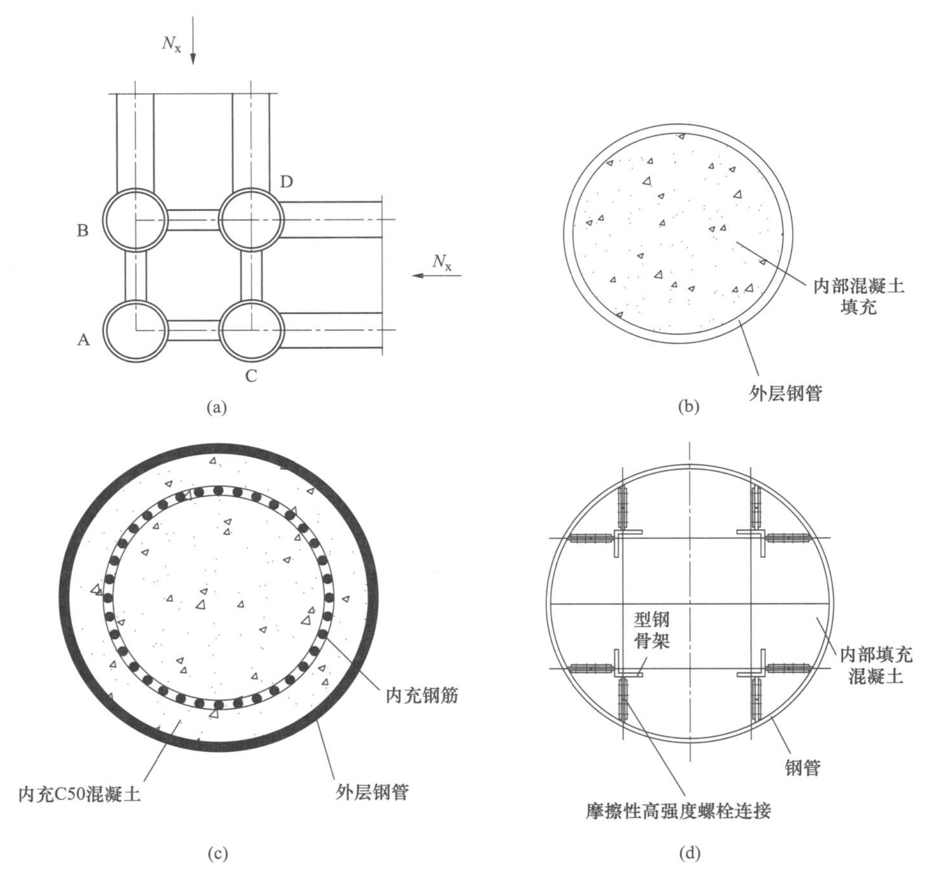

图2-12　跨越塔结构方案主材断面型式

（a）组合钢管方案；（b）钢管混凝土方案；（c）内配钢筋钢管混凝土结构方案；（d）内配型钢钢管混凝土结构方案

汇总各塔型方案的设计参数及成果见表2-10和图2-13，在设计、加工及施工等方面各有其优劣性，工程推荐方案的选择需从设计、加工及施工三种角度进行综合的比选，见表2-11。

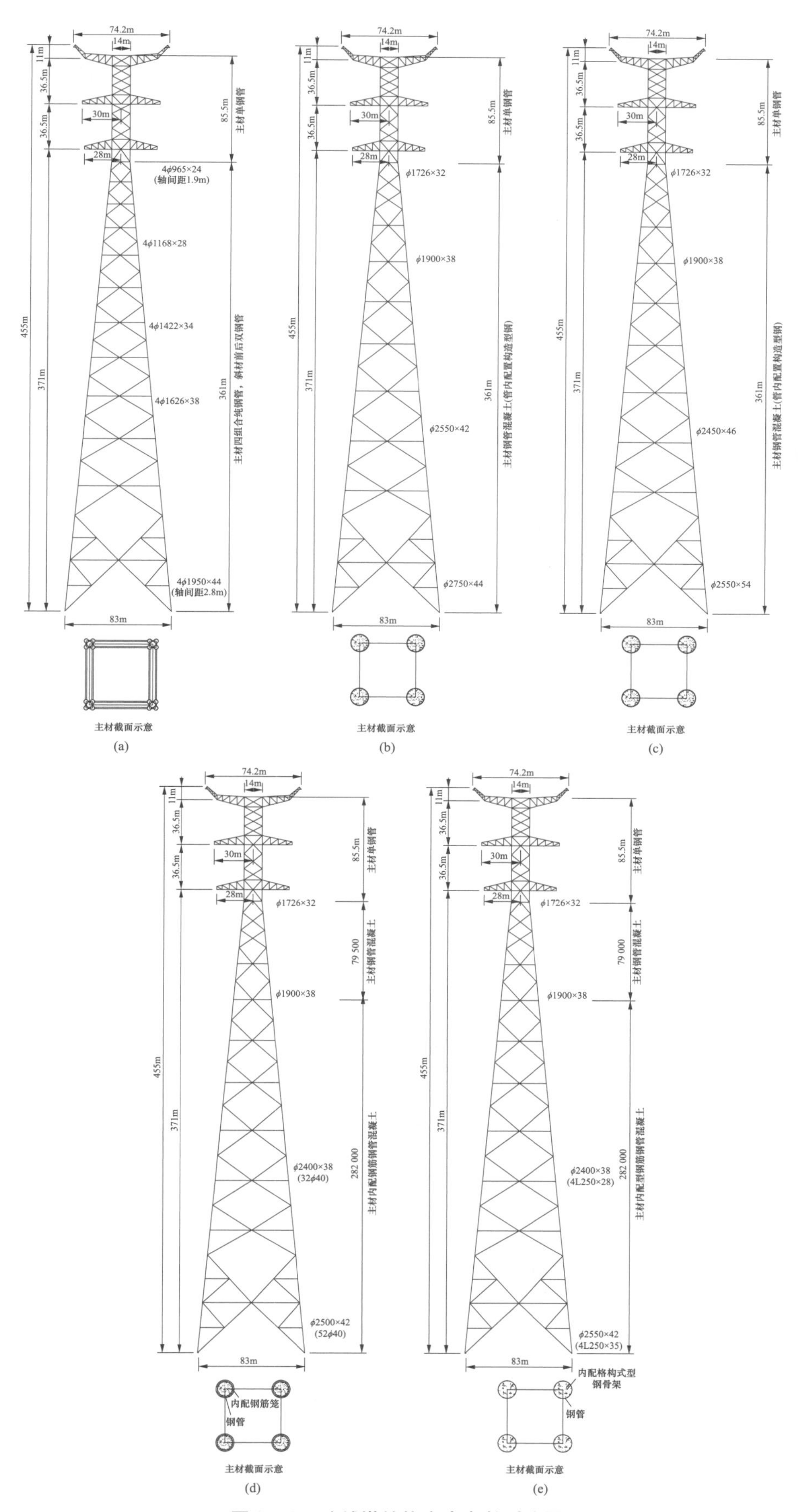

图 2-13　跨越塔结构方案参数对比图

（a）方案 1：四组合纯钢管方案；（b）方案 2-1：钢管混凝土方案 2750（内配构造型钢）；（c）方案 2-2：钢管混凝土方案 2550（内配构造型钢）；（d）方案 3：内配钢筋钢管混凝土方案；（e）方案 4：内配型钢钢管混凝土方案

表 2-10　　内配型钢钢管混凝土结构方案计算结果

方案编号	方案 1	方案 2-1	方案 2-2	方案 3	方案 4
	组合钢管方案	钢管混凝土方案（2750）	钢管混凝土方案（2550）	内配钢筋钢管混凝土方案	内配型钢钢管混凝土方案
最大主管规格	Q420C 4ϕ1950×44	Q420Cϕ2750×44	Q420Cϕ2550×54	Q420Cϕ2500×42	Q420Cϕ2550×42
管内混凝土	无	C60	C60	C60	C60
内配结构	无	构造型钢（普通螺栓连接）	构造型钢（普通螺栓连接）	52ϕ40（钢筋）	4L250×35（型钢）（摩擦型高强螺栓连接）
最大主管螺栓配置（10.9 级，按单层法兰）	32M68（外）	36M68（外）+36M68（内）	32M72（外）+32M72（内）	32M72（外）+32M72（内）	32M72（外）+32M72（内）
法兰板厚度（mm）	56	56	60	60	60
最大节点质量（t）	24.5（单肢节点）93.5（四肢节点合计）	41.5（含构造骨架 5t）	44.5（含构造骨架 4.8t）	40（含钢筋 7.5t）	42.5（含内骨架 11t）
最大节点尺寸（控制锌槽宽）	3.0m（主斜材节点）3.5m×4m（1 变 4 节点）	3.65m	3.4m	3.4m	3.45m
铁塔耗钢量（t）	21 500	12 150	12 300	12 000	12 050
内配结构质量（t）	—	350	300	450	615
混凝土填充量（m^3）	—	6000	5700	5600	5650
全塔质量（t）	21 500	26 300	25 700	25 600	25 700

表 2-11　　跨越塔结构方案比选表

方案编号	方案 1	方案 2-1	方案 2-2	方案 3	方案 4
	组合钢管方案	钢管混凝土方案（2750）	钢管混凝土方案（2550）	内配钢筋钢管混凝土方案	内配型钢钢管混凝土方案
规范支撑	GB 50017《钢结构设计规范》	GB 50936《钢管混凝土结构技术规范》		缺乏规范支撑	CECS 408《特殊钢管混凝土构件设计规程》
结构类型成熟度	缺少类似经验	民用、桥梁行业经验（舟山大跨越）		无相关经验	具备工程经验
设计风险点	（1）铁塔加工公差控制；（2）铁塔组立发生误差的后处理方法（如法兰缝隙过大）	大直径混凝土收缩、徐变控制		（1）大直径混凝土收缩、徐变控制；（2）压弯构件设计方法合理性	大直径混凝土收缩、徐变控制

续表

方案编号	方案 1	方案 2-1	方案 2-2	方案 3	方案 4
	组合钢管方案	钢管混凝土方案（2750）	钢管混凝土方案（2550）	内配钢筋钢管混凝土方案	内配型钢钢管混凝土方案
加工主要难度	（1）加工精度控制；（2）焊接工作量大	（1）大直径钢管加工，直径大；（2）锌槽宽度要求进一步加宽	（1）大直径钢管加工，壁厚大；（2）起吊质量大（40t）	钢筋笼与钢管连接的加工精度要求较高	钢骨摩擦型螺栓连接表面处理
施工主要难度	钢管塔组装精准度控制难度大		起吊质量略大（44.5t）	内配钢筋安装难度大（工效较差）	摩擦型螺栓安装
工程造价（含材料、施工费，万元）		37 545	37 840	37 100	61 682
设计推荐方案排序	5	2	1	3	4

表 2-11 对跨越塔备选方案的优劣性进行了综合比较，同时也对各方案存在的主要设计、加工和施工难度进行论述，其中四组合纯钢管方案（方案 1）对加工和施工的要求特别高，后期施工过程中存在铁塔组装困难和四组合主管间、主斜材间法兰无法精准对接的风险，且缺乏相应的处理办法，因此不推荐采用四组合纯钢管方案。

内配型钢钢管混凝土方案（方案 4）内部配置了受力的型钢骨架，考虑内部型钢骨架与外部钢管受力协调性，要求内部型钢连接采用 10.9 级 M30 摩擦型高强度螺栓，由于螺栓安装需要在高空管内安装，单个螺栓安装扭矩值达到 1600kN，且单层骨架连接螺栓数量达到 160 个（一条腿），螺栓安装施工工效差，另外考虑本方案在设计规范上存在一定的缺陷，因此不推荐采用此方案。

内配钢筋钢管混凝土方案（方案 3）与内配型钢钢管混凝土方案（方案 4）相比，主材的外部钢管相同而设置的加强结构存在差异，方案 3 内部钢筋的安装就位的工效较差，内部钢筋笼的施工可能成为整个组塔施工的控制节点，因此不推荐采用方案 3（内配钢筋钢管混凝土方案）。

钢管混凝土方案中大管径小壁厚方案（方案 2-1）和小管径大壁厚方案（方案 2-2）按钢管混凝土结构设计，通过增大管径和增加壁厚的办法提高构件承载力，内部设置构造性型钢骨架起到提高核心混凝土含钢量控制混凝土收缩、提供施工方面的目的。该方案与方案 1、方案 3 相比，为施工单位提高工效、压缩工期创造了条件。

方案 2-1 由于管径大，对构件镀锌槽的宽度要求略高，而方案 2-2 实现难度主要体现在起重设备要求的提高（近 40t），根据前期调研情况，目前国内铁塔加工企业现有车间具备起重能力达到 50t 的厂家，不会成为控制因素，另外方案 2-2 由于壁厚增加，焊接难度增加对焊接工艺提出更高要求。

从方案 2-1 和方案 2-2 钢管混凝土受力性能角度衡量，由于方案 2-2 核心素混凝土较少，截面套箍系数相对较高，钢管混凝土复合构件整体受力性能更好，虽然对加工和施工设备的能力要求较方案 2-1 略大，但是在加工、施工可实现的前提下，推荐采用受力性能相对更好的方案 2-2 钢管混凝土方案（小管径大壁厚）。

通过综合考虑设计、加工及施工三方面影响，以保证工程安全可靠、经济合理的目标进行技术经济比较，跨越塔推荐采用钢管混凝土塔型结构方案（主材钢管内配构造性型钢骨架）。

第七节　跨越塔深水基础方案选型

一、工程水文及地质条件

1. 地形与地貌

苏通长江大跨越工程位于长江中下游平原，区域上除在跨越点上游长江北岸的狼山、军山、马鞍山、黄泥山及南岸的福山、塔山等由基岩组成的剥蚀残丘外，跨越区为长江三角洲平原。陆域地势平坦开阔，地面自西向东微倾，两岸向江边低倾。北岸地面标高相对较低，一般为 2.0～3.0m（1985 国家高程基准，以下同），南岸地面标高 4.0m 左右。就地貌单元而言，跨越点陆域部分及水域部分地貌单元分别为长江河漫滩和长江河床。

2. 水文条件

苏通长江大跨越工程跨越点位于长江口河段进口段的徐六泾江段，其上游紧邻长江澄通河段的通州沙水道的末端，下游为长江口河段。根据初步推算，工程附近相应设计洪水位为 4.96m。

塔基的局部冲刷试验表明，位于主河槽附近的两个跨越塔基在不同设计频率流量级作用下局部冲刷 10m 的范围及冲刷深度较大。北跨塔基的最大冲刷深度为 28.0m，其冲刷 10m 的范围为 84~218m。南跨塔基的最大冲刷深度为 20.1m，其冲刷 10m 的范围为 77～116m。

3. 地质条件

（1）地基土描述。各地基土埋藏条件见表 2-12。

表 2-12　　地基土埋藏条件一览表

层序号	岩土层名称	层厚（m）	层底高程（m）
①	粉质黏土	0.80～3.00	0.32～2.55
②	淤泥质粉质黏土	1.10～13.00	-18.70～0.28
③	粉砂	3.20～5.30	-8.68～-4.34
④	淤泥质粉质黏土	8.10～17.50	-27.45～-14.95

续表

层序号	岩土层名称	层厚（m）	层底高程（m）
⑤	粉土	6.90～18.40	-37.10～-24.55
⑥	粉砂	6.20～17.50	-20.39～-12.24
⑦	粉、细砂	2.10～8.30	-36.45～-16.24
⑧	粉质黏土夹粉砂	1.20～3.10	-29.95～-18.04
⑨	粉、细砂	3.50～6.00	-30.90～-23.89
⑩	粉土	7.00～14.90	-51.99～-35.96
⑪	粉砂夹粉质黏土	6.00～15.40	-40.60～-29.89
⑫	粉质黏土夹粉砂	8.90～22.10	-66.79～-47.00
⑬	粉、细砂	6.30～27.80	-71.89～-61.96
⑭	中、粗砂	2.40～15.00	-81.79～-64.36
⑮	粉、细砂	3.80～7.30	-89.09～-68.46
⑯	中、粗砂	7.80～23.40	-97.49～-84.30
⑰	中、细砂	2.00～11.70	-104.59～-90.29
⑱	中、粗砂	12.80～20.10	-114.00～-104.15
⑲	粉、细砂	14.80～（25.15）	（-132.94）～-128.80
⑳	粉质黏土	>3.70	未揭穿

（2）不良地质作用及地质灾害。跨越区大部分地面以下 20m 深度范围内存在第四纪全新世的饱和粉土与砂土，状态相对较差，在地震裂度为 7 度的作用下有可能产生地震液化。南岸附近和主航道中部以南区域分布有较厚的软弱土层，为长江新近冲积而成。软弱土层具有触变性、强度低、灵敏度高、渗透性差和排水固结程度不充分等特点，其工程性状较差，在强震作用下具有震陷的可能。

根据目前评估，区域周边存在的主要地质灾害有地面沉降灾害、软土灾害及江岸坍塌灾害。

二、跨越塔基础设计荷载及荷载组合

1. 跨越塔设计荷载

根据 GB 50009—2012《建筑结构荷载规范》，荷载分为永久荷载、可变荷载和偶然荷载。本工程中，永久荷载包括基础自重、水的浮力和土的侧压力；可变荷载包括水流作用力、风荷载、波浪力；偶然荷载包括船舶撞击力和地震力。其中，风荷载包括导地线风荷载、铁塔风荷载和承台所受风荷载，铁塔风荷载与铁塔的形式有关，作用于水上承台。

2. 荷载组合

基础分析主要考虑以下六种荷载组合：① 组合一：恒载+大风荷载+波流力；② 组合二：

恒载+横向船撞；③ 组合三：恒载+纵向船撞；④ 组合四：恒载+横向船撞+0.5×大风荷载+0.5×波流力；⑤ 组合五：恒载+纵向船撞+0.5×大风荷载+0.5×波流力；⑥ 组合六：恒载作用+地震。

大风荷载为90°风、45°风、0°风三种工况的最不利包络。由于船撞属偶然荷载，其与其他荷载组合时需取适当的折减系数，考虑到大风工况以及波流力作用时，长江航道内船舶一般已经封航，不可能同时出现，因此组合四、组合五中风荷载及波流力均乘以0.5的折减系数。

三、深水基础方案比选

1. 钻孔灌注桩基础方案设计

跨越塔基础除承受上部铁塔传递下来的水平力及垂直力外，还将承受波流力、船撞力作用，上述作用均以水平作用为主，因此，基础结构需能承受较大的水平力。钻孔灌注桩桩径、桩长可根据设计需要确定，桩自身抗弯及抗水平力能力较强，较为适合苏通长江大跨越工程中的江中基础。

通过对不同桩径钻孔灌注桩方案比选，确定钻孔灌注桩群桩直径2.8～2.5m变截面钻孔桩方案，采用176根2.8～2.5m变截面钻孔灌注桩，按摩擦桩设计，桩长114m，桩间距6.25m。铁塔基础由4个五边形的承台+系梁组成，整体外轮廓为120m×130m的矩形，四周倒直径10m的圆角。

铁塔四条塔腿下各布置一个五边形的承台，每个承台下布置38根钻孔灌注桩，承台之间采用系梁连接，单个系梁下设置6根钻孔灌注桩。五边形承台厚8m，其上设3.6m高的塔座。为了确保基础在承受水平荷载作用下四条塔腿的基础能共同参与工作，必须保证系梁具有足够的刚度，并且系梁也有直接承受船撞力的风险，根据计算确定系梁宽度16~20m、厚度8.0m。

承台采用C35混凝土，钻孔灌注桩采用C35水下混凝土。桩基布置方案如图2-14所示。

2. 钢管桩基础方案设计

钢管桩基础以其施工效率较高、工期较短、施工质量有保证等优点在国内外深水基础上得到较多的应用。钢管桩根据受力需要可布置成斜桩，其最大特点是能将作用在斜桩上的水平力转化成为轴向力（下压力和上拔力），减小桩身弯矩，从而提高自身抗水平力的能力。

通过对不同桩径、不同斜率钢管桩方案综合比选，确定直径2.8m钢管直桩基础方案，采用192根直径2.8m的钢管桩，桩长103m，全部布置成直桩。铁塔基础由4个五边形的承台+系梁组成，整体外轮廓为135m×135m的矩形，四周倒直径10m的圆角。

钢管桩桩径2.8m，至承台底部以下50m桩长范围内钢管壁厚36mm（计算时取32mm），其余部位钢管壁厚28mm。钢管外侧采用牺牲阳极阴极保护防腐措施。

承台采用C35混凝土，钢管桩采用Q345C钢材。桩基布置方案如图2-15所示。

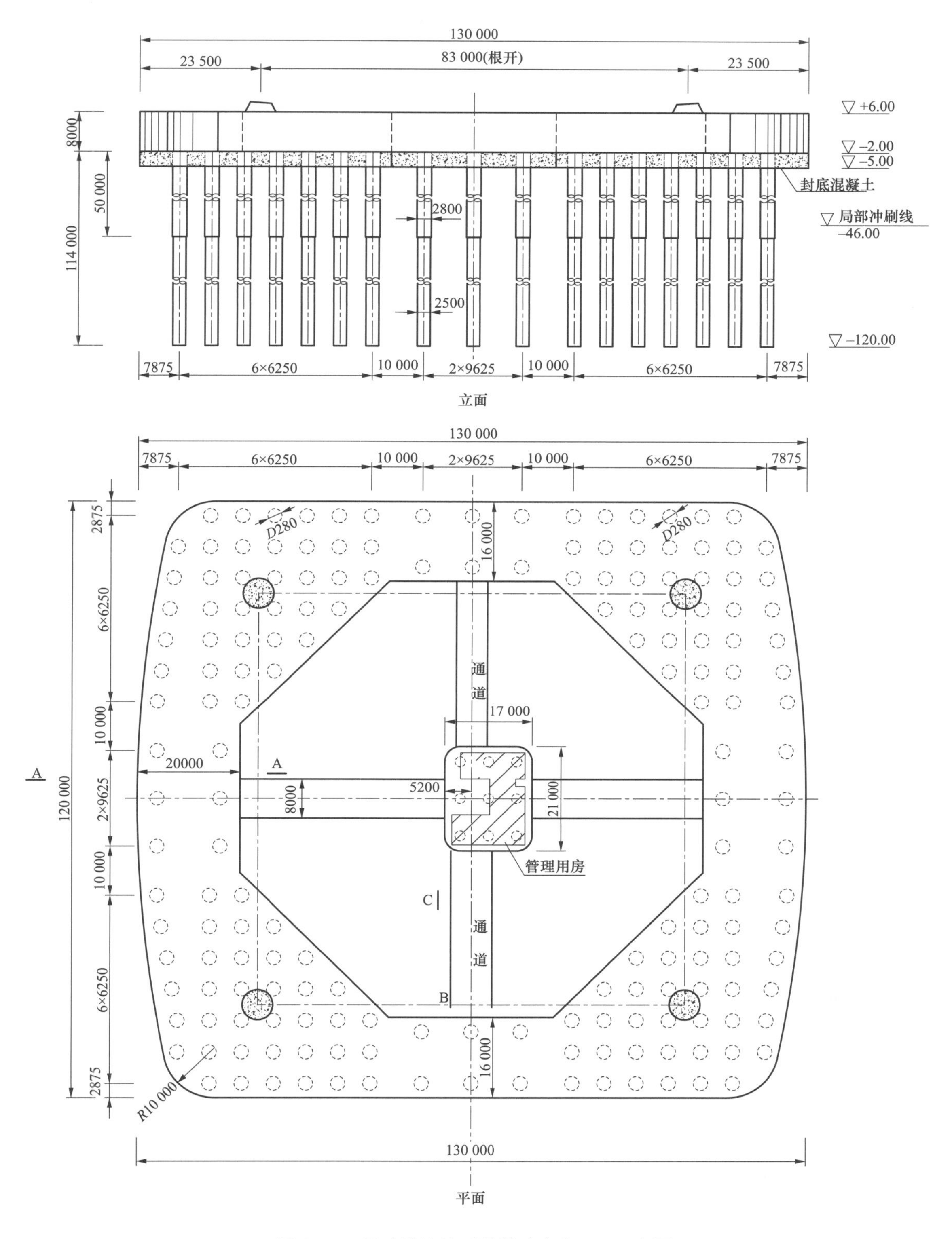

图 2-14　钻孔灌注桩群桩基础方案 2 平面布置

3. 沉井基础方案设计

沉井基础以其整体性好、稳定性好、能承受较大的垂直和水平荷载等优点，在国内外桥梁深水基础上得到了广泛应用。根据苏通长江大跨越工程铁塔基础的特点，通过对分腿式沉井、整体

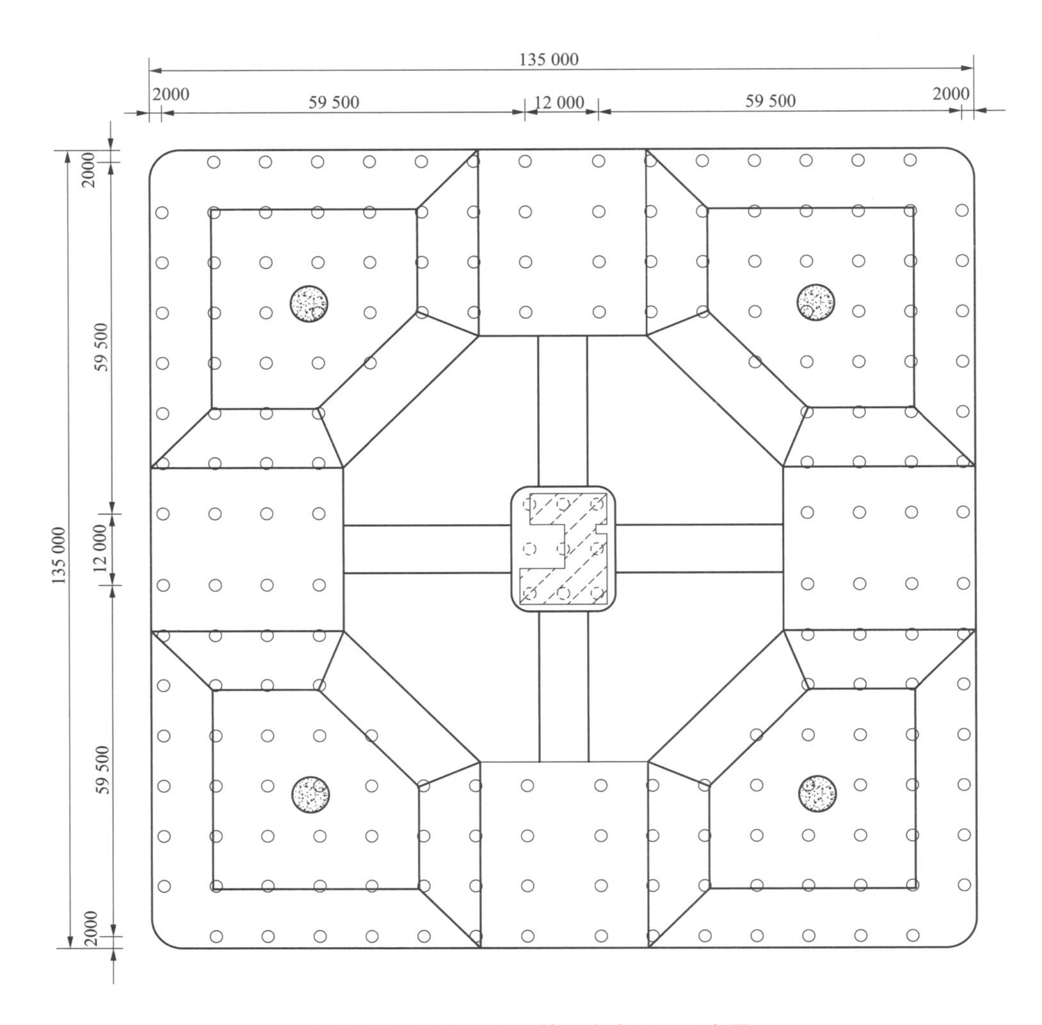

图 2-15　钢管桩群桩基础方案 3 平面布置

式沉井的方案比选，确定整体式沉井平面布置为正方形，平面尺寸为 93m×93m，考虑顺应水流需要，四周倒半径 12.2m 的圆角，为减小材料用量，矩形中间挖空成箱型，内轮廓尺寸为 57m×57m。其中钢壳沉井高度取 38m，−71～−75m 位置处的粗砂层岩性较好，并且较为稳定，适合做持力层，故取沉井底标高为−73m，沉井顶标高取+5.0，总高度 78m。箱型沉井共分 40 个井孔，沉井封底厚度 11m；沉井顶板厚 4m，在铁塔塔腿位置处加厚至 7m。为防止船舶直接撞击铁塔，承台以下 7m 范围内在沉井四周设置了 5.6m 宽的承托。

考虑设置铁塔竖向电梯以及管理用房的需要，在铁塔中心对应位置设置了一个小型基础平台，基础平台结构尺寸与钻孔灌注桩方案 1 相同。

整体式沉井方案构造示意如图 2-16 所示。

4. 深水基础方案综合比选及推荐方案

深水基础方案研究对适合苏通长江大跨越工程建设条件的三种基础方案——钻孔灌注桩群桩基础、钢管桩群桩基础以及沉井基础进行了研究，并提出了各自的推荐方案。三种不同类型基础的综合比较见表 2-13。

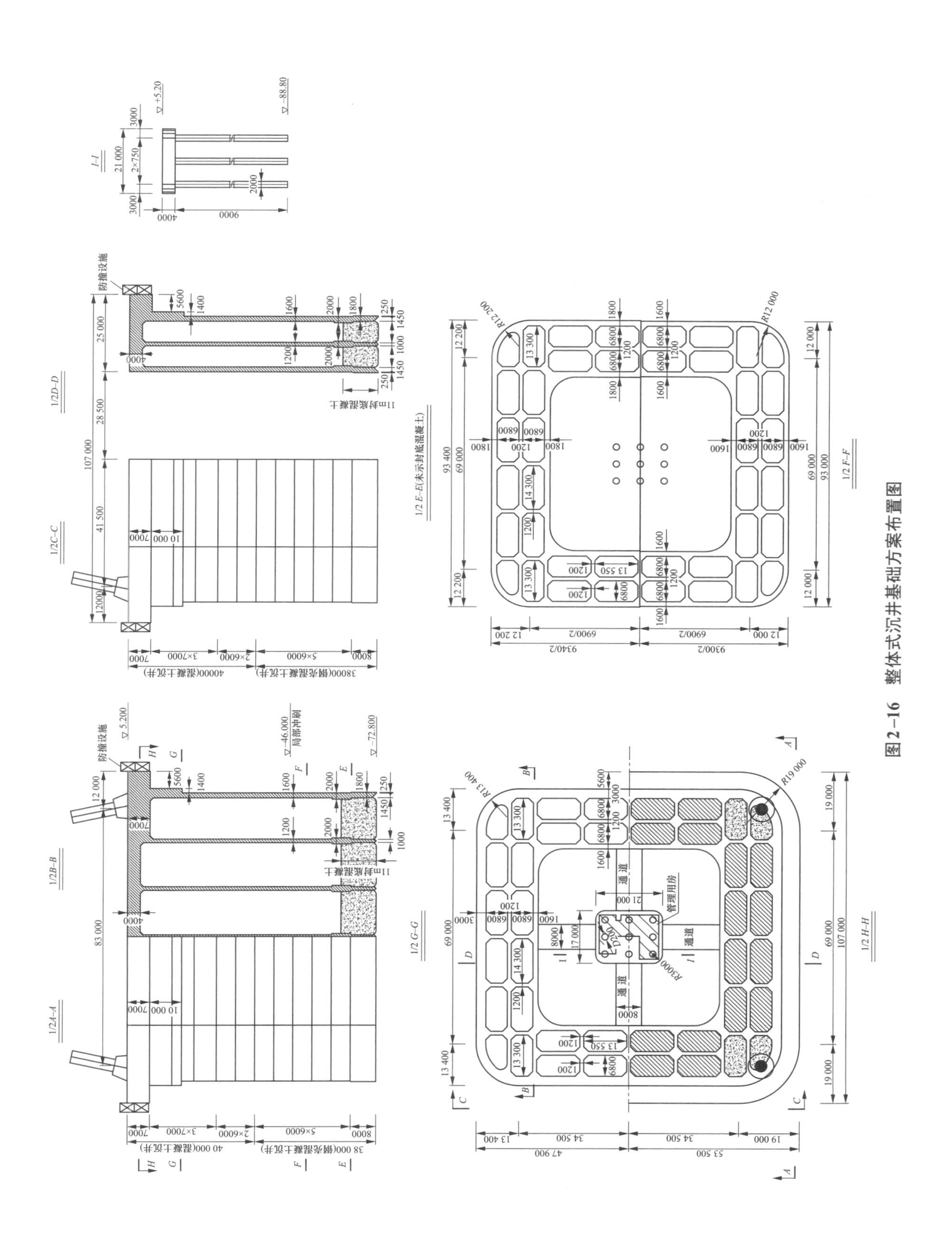

图2-16　整体式沉井基础方案布置图

表 2-13　　深水基础方案综合比较表

方案	钻孔灌注桩方案	钢管桩方案	沉井方案
结构方案概述	176 根直径 2.5～2.8m 变截面钻孔灌注桩，桩长 114m	192 根直径 2.8m 钢管桩，均为直桩，桩长 103m	整体箱型沉井，外轮廓 93m×93m，四周倒半径 12.2m 圆角，内轮廓 57m×57m
水文影响	阻水面积最小，对水文影响最小	阻水面积小，对水文影响相对较小	阻水面积大，局部冲刷大
受力性能	竖向承载力较大，靠桩身抗弯抵抗水平荷载，充分发挥钢与混凝土材料的作用	大直径钢管桩抗弯能力较强，较为适合场地建设条件	基础规模大，抵抗船舶撞击、地震等偶然荷载能力强，考虑到本工程上部荷载较小，基础受力富裕度较大，构造设计控制基础规模
施工难度及设备要求	需要打桩及混凝土施工船舶，搭设施工平台。 施工工艺成熟可靠，有多座桥梁深水基础施工案例可供借鉴；施工周期相对较短；工序转换少；全过程可靠受控	需大型打桩设备以及大型浮吊辅助，对施工设备要求较高，打桩工艺较为复杂。 工厂化制桩，沉桩速度相对较快。 钢管桩沉桩可打性与地质持力层的类型密切相关，需对可打性做试验研究	沉井自身就是施工平台，施工机具单一。 受水深流急及局部冲刷影响，下沉不确定因素众多，易导致下沉偏斜及下沉困难；施工周期长，受不可控因素影响大；工序繁杂
施工工期估算	18 个月	16 个月	18 个月
耐久性	一般不需要特殊的防腐措施，耐久性良好	需采取适当有效防腐措施，如防腐涂料、阴极保护等，耐久性相对较差	一般不需要特殊的防腐措施，耐久性良好
经济性	最优（65084）	略高于钻孔桩（74160）	造价最高（84306）
推荐意见	推荐	不推荐	不推荐

结合工程场区建设条件，钻孔灌注桩基础、钢管桩基础以及沉井基础均能满足结构受力条件，沉井方案虽然具有刚度大、受力好的优点，但本工程沉井方案规模大，施工风险高，且由于沉井阻水面积大引起巨大的局部冲刷，取得涉水及涉航不能协议的难度较大，因此在其他方案可行的前提下不推荐采用沉井方案。

钢管桩与钻孔灌注桩相比，理想状况下工期可少 2 个月，但从工程投资比较，钢管桩由于大幅增加了基础钢料的用量，工程本体投资较灌注桩方案高约 15%。

钢管桩与钻孔灌注桩相比，适用范围相对较窄。钢管桩沉桩可打性与地质持力层的类型密切相关，初步岩土资料表明，采用钢管桩方案持力层约为⑰～⑲层，因此桩身进入持力层需穿透 35～50m 密实砂层，施工难度大，风险高，且桩身质量控制难度大。

综合考虑受力性能、经济性、施工难度及对水文的影响，推荐采用直径 2.8～2.5m 变截面钻孔灌注桩方案。

第三章

2600m跨越档距用导线、光缆及配套金具研究与应用

第一节 概 述

一、研究目的与意义

苏通长江大跨越工程的耐张段长、档距大、跨越铁塔高、基础深，不但工程规模、建设难度前所未有，目前没有相适应的导线及工程应用经验。因此，本研究所用导线 JLHA1/G6A-500/400-60/61、光纤复合架空地线 OPGW-350T（也简称 OPGW 光缆）及其配套金具的设计和研制工作能够为大跨越工程的导线、地线及配套金具的设计、建设提供技术支持。

本研究通过研制出满足技术要求且经济合理的大跨越导线 JLHA1/G6A-500/400-60/61、光纤复合架空地线 OPGW-350T 以及配套的悬垂、耐张线夹，能直接用于淮南—南京—上海 1000kV 特高压交流苏通长江大跨越工程的建设，也可为今后类似大跨越工程的建设提供技术储备。

二、国内外研究现状

在国外，高强度铝合金架空导线已经有 80 多年的应用和运行经验，特别是大跨越线路工程中应用效果好，在世界各地得到广泛应用。据不完全统计，日本和美国输电线路 50% 以上采用了铝合金导线，法国更是高达 80% 以上，即使是印度、孟加拉等发展中国家，铝合金导线的应用比例也在逐渐增加。我国从 20 世纪 60 年代开始应用高强度铝合金导线，目前，我国铝合金导线产品用量达到世界前列，已经实现了国产化，且质量稳定，不仅不需要进口，还能销往世界各地。在大跨越线路上，我国的导线研究技术已经达到世界领先水平，导线截面积最大可以做到 1000/260，大跨越导线的铝钢截面积比一般为 2.21，最小可达到 1.78。本工程研发的特强钢芯铝合金绞线 JLHA1/G6A-500/400-60/61，钢芯的强度、导线的结构、拉断力的计算方法，以及达到 1.25 的铝钢截面积比，均属国际首例。

对于 OPGW 光缆的应用，国外尚未见在特高压线路上应用的记录。苏联 1985 年建成的 1150kV 埃基巴斯图兹—科克切塔夫—库斯坦奈特高压线路，全长 900km，地线采用普通避雷线，其通信通道应用的是载波通信技术。

国内特高压输电线路大跨越工程对 OPGW 光缆的应用，典型的有 1000kV 晋东南—南阳—荆门特高压交流试验示范工程黄河、汉江两个大跨越采用 OPGW-250 光缆，±800kV 向家坝—上海特高压直流输电示范工程、1000kV 皖电东送淮南—上海特高压交流工程、±800kV 宁夏灵州—浙江绍兴特高压直流输电工程等跨越长江、淮河等采用 OPGW-350 光缆，这些大跨越的主跨越档距均小于苏通长江大跨越工程，在1000～2500m之间。本工程采用的OPGW-350T型光缆，为世界上首次采用。

本工程所采用的导线、OPGW光缆及配套金具的设计、制造等方面均存在一定的技术难题，如特强钢芯G6A的研制（要求抗拉强度不小于1960MPa，绞后抗拉强度不小于1862MPa，1%伸长应力不小于1670MPa）、高强度铝合金线的生产、导线结构的60根两层绞的特性及对设备的要求、绞制的难度、OPGW-350T用中高强度铝包钢线的开发以及配套金具的研制等，因此需要专门进行研究加以解决。

第二节　导线和OPGW结构及技术参数

一、导线结构及技术参数

1. 导线结构

特强钢芯高强度铝合金绞线JLHA1/G6A-500/400-60/61采用61根特强钢芯G6A作为加强芯，外层采用60根高强度铝合金线LHA1作为导电基体，其导线结构示意图见图3-1。

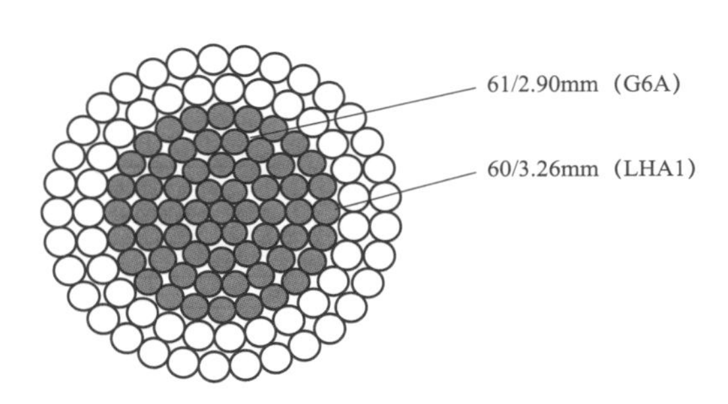

图3-1　JLHA1/G6A-500/400-60/61特强钢芯高强度铝合金绞线结构示意图

2. 导线主要技术参数

JLHA1/G6A-500/400-60/61特强钢芯高强度铝合金绞线标准技术参数见表3-1，高强度铝合金单线（LHA1）技术参数见表3-2，特强镀锌钢线（G6A）技术参数见表3-3。

表3-1　JLHA1/G6A-500/400-60/61特强钢芯高强度铝合金绞线标准技术参数

序号	项目		单位	技术参数
1	型号规格			JLHA1/G6A-500/400-60/61
2	结构	铝合金	No./mm	60/3.26
		钢芯	No./mm	61/2.90
3	计算截面积	铝合金	mm^2	500.81
		钢	mm^2	402.92
		合计	mm^2	903.73

续表

序号	项　　目			单位	技术参数
4	外径			mm	39.14
5	单位长度质量			kg/km	4574.41
6	20℃时直流电阻			Ω/km	≤0.067 535
7	额定拉断力			kN	≥905.49
8	保证拉断力			kN	≥860.22
9	弹性模量			GPa	115.2
10	线膨胀系数			$\times10^{-6}$/℃	14.5
11	节径比	铝合金	外层	—	10～14
			内层		10～16
		钢芯	24 根层		16～20
			18 根层		16～22
			12 根层		16～24
			6 根层		16～26
		对于多层绞线			任何层的节径比应不大于紧邻的内层
12	绞向		外 层	—	右向
			其他层	—	相邻层绞向应相反

表 3-2　　高强度铝合金单线（LHA1）技术参数

序号	项　　目		单位	参　　数
1	直径		mm	3.26
2	直径允许偏差	正	mm	0.03
		负	mm	0.03
3	20℃时直流电阻率		nΩ·m	≤32.84
4	抗拉强度	绞前	MPa	≥325
		绞后	MPa	≥310
5	伸长率		%	≥3.0
6	接头抗拉强度（冷压焊）		MPa	≥130
7	卷绕		—	1 倍直径卷绕 8 圈，铝合金线不得断裂
8	反复弯曲		—	按 GB 4909.5—2009《裸电线试验方法　第 5 部分：弯曲试验》所示方法弯曲 6 次不断裂

表 3-3　　特强镀锌钢线（G6A）技术参数

序号	项　　目		单位	参　　数
1	直径		mm	2.90
2	直径允许偏差	正	mm	0.05
		负	mm	0.05
3	抗拉强度	绞前	MPa	≥1960
		绞后	MPa	≥1862

续表

序号	项　　目	单位	参　　数
4	1%伸长应力	MPa	≥1670
5	伸长率（标距250mm）	%	≥3.5
6	扭转（L=100d）	次/360°	≥12
7	镀锌层质量	g/m^2	≥230
8	卷绕试验		4倍钢丝直径d紧密卷绕8圈，镀锌钢线应不断裂
9	镀锌层附着性		4倍钢丝直径紧密卷绕8圈，镀锌层应牢固附着在钢线上而不开裂，或用手指摩擦锌层不会产生脱落的起皮
10	镀锌层连续性		用肉眼观察镀锌层应没有孔隙，镀锌层应较光洁、厚度均匀，并与良好的商品实践相一致

二、OPGW的结构及技术参数

OPGW-350T结构示意见图3-2，其技术参数见表3-4。

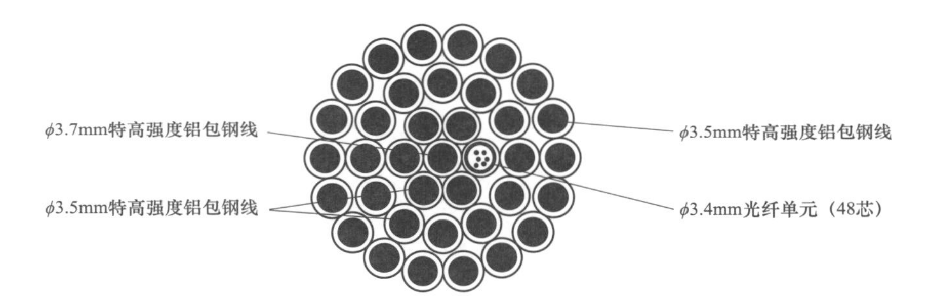

图3-2　OPGW-350T结构示意图

表3-4　　OPGW-350T技术参数及要求

项　　目	OPGW
材质类型	光纤复合架空地线
型号	OPGW-350T
结构	铝包钢：1/3.7/14AS+5/3.5/14AS+12/3.5/14AS+18/3.5/14AS
	光单元：1/3.4/SUS
截面积（mm^2）	347.49
直径（mm）	24.7
单位质量（kg/km）	2553.3
额定拉断力RTS（kN）	589.12
保证拉断力（kN）	559.67
弹性模量（MPa）	170 100

续表

项　目	OPGW
膨胀系数（$\times10^{-6}$/℃）	12.0
20℃直流电阻（Ω/km）	≤0.361 8
拉力重量比（km）	23.52

注　OPGW-350T 的额定拉断力（*RTS*）是 589.12kN，保证拉断力是 559.67kN。保证拉断力是型式试验中导线拉断力试验时导线应能承受的拉断力（见 GB/T 1179—2008《圆同心绞架空线》）。

第三节　导线试制及试验

为了保证特强钢芯高强度铝合金绞线能够研制成功，在导线的生产制造过程中，通过对生产工艺、生产设备选择上进行分析研究，解决生产中的技术难点。

一、特强钢芯高强度铝合金绞线生产工艺分析

导线总体生产工艺流程如图 3-3 所示。

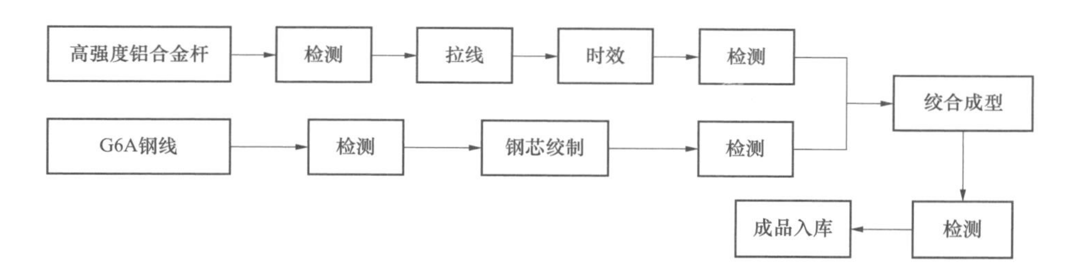

图 3-3　导线总体生产工艺流程图

特强钢芯高强度铝合金绞线的产品研制，不仅有高强度铝镁硅合金线的生产工艺的研究，还有多层线同心绞合工艺的改进优化和特强钢芯 G6A 的选择。

二、特强钢芯高强度铝合金绞线关键质量控制

1. 特强钢芯 G6A 的质量控制

特强钢芯高强度铝合金绞线的加强芯部分为 61 根直径为 2.90mm 的 G6A 钢线，要求镀锌钢芯绞后抗拉强度不小于 1862MPa，镀锌钢芯 1% 伸长应力不小于 1670MPa，其技术要求高于国内常用的架空绞线用镀锌钢标准。在生产过程中，首先确定 G6A 级特强钢线机械性能见表 3-5。

表 3-5　　G6A 级特强钢线机械性能参数

强度级别	标称直径（mm）	1%伸长时应力最小值（MPa）	抗拉强度最小值（MPa）	伸长率最小值（%）	卷绕试验芯轴直径（mm）	扭转次数最小值（次/360°）
G6A	1.5～4.0	1670	1960	3.5	4D	12

其次根据最终确定的参数，对镀锌钢生产工艺进行优化调整，同时为保证最终成品导线的质量，从钢线到钢绞线进行全程跟踪，每道流程完成之后进行性能检验，主要针对 G6A 钢线的抗拉强度、扭转等数据进行检测，待检验合格之后方可进行下一道工序。

2. 高强度铝合金的质量控制

（1）高强度铝合金原材料控制。要保证高强度铝镁硅合金杆的质量，必须优选高品质铝锭。采购过程中对进库铝锭严格按照检测比例进行检测。通过对不同产地的铝锭进行数据分析对比，优选含铝量不小于 99.8%、四小元素（锰、钒、钛、铬）含量低的铝锭，保证铝合金杆的性能。

（2）高强度铝合金杆生产流程控制。生产高强度铝合金杆的主要生产设备是连铸连轧机，配有倾动式保温炉。在高强度铝合金杆生产过程中，其工艺控制要点在于利用 Mg_2Si 的析出强化机理，进行合理的合金元素的配比，并通过快速化光谱分析保证化学成分在设计的工艺范围内，同时优选细化剂，结合先进的在线除气除渣设备，保证铝合金杆的导电率和抗拉强度。

（3）高强度铝合金线热处理工艺控制。高强度铝合金线的热处理工序也是试制铝合金类产品的关键技术，通过热处理，使得铝合金材料中 Mg_2Si 析出强化。其工序主要是通过对热处理温度和时间的控制，保证热处理后高强度铝合金线的抗拉强度、电阻、延伸率达到设计要求。

为了进一步提高高强度铝合金线的性能，江苏中天科技股份有限公司与复旦大学合作，分析热处理的温度、时间对高强度铝合金线性能的影响，通过大数据分析方式提高高强度铝合金线的热处理工艺水平。电阻率直方图如图 3-4 所示，时效电阻率、时长、温度关系如图 3-5 所示。

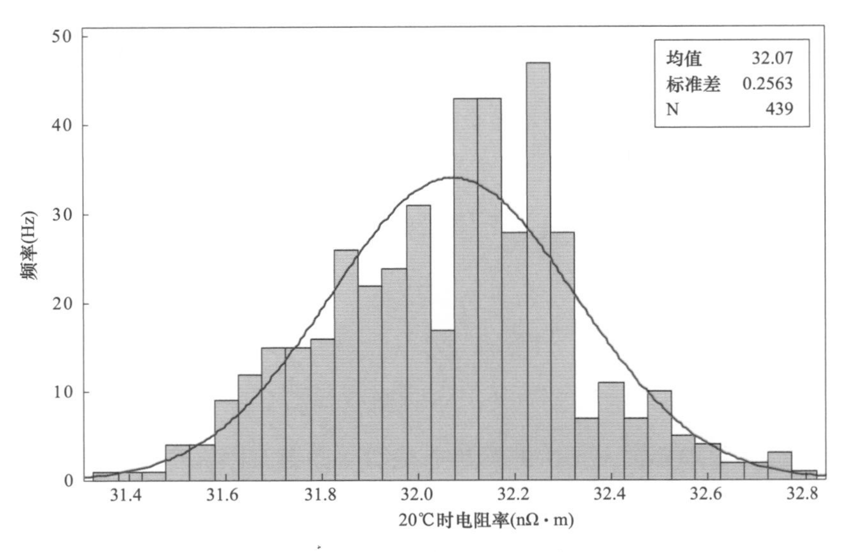

图 3-4　电阻率直方图（正态）

通过电阻率的直方图（见图 3-4），可了解热处理后高强度铝合金线的电阻率的正态分布，直观了解时效对铝合金线的电阻率的影响。通过时效电阻率、时长、温度关系图（见图 3-5），可了解铝合金单线的电阻率的变化为时效时长和时效温度共同作用，从而调整热处理工艺技术。

采用国内先进的时效炉（见图 3-6），保证高强度铝合金线的各项性能指标满足设计要求。

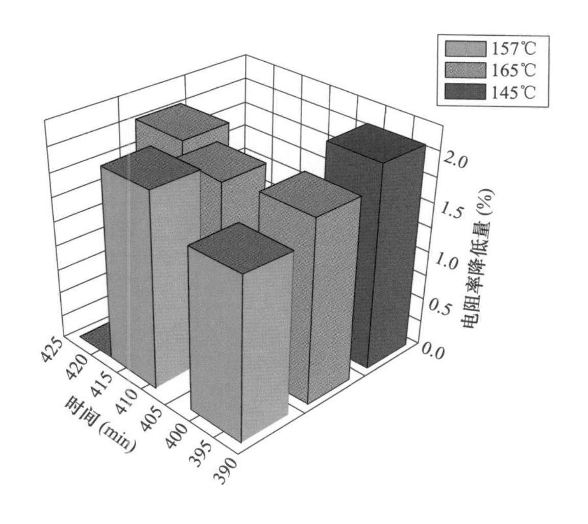

图 3-5　时效电阻率、时间、温度关系图

图 3-6　链式时效炉

3. 特强钢芯铝合金绞线 JLHA1/G6A-500/400 绞制技术控制

与以往的大跨越导线结构不同，本次应用导线的铝合金截面为 27+33 的 60 根结构，常规框绞机无法满足生产制造要求。经研究该导线需采用 127 盘及以上的 630 框绞机（见图 3-7），采用气压比例阀控制放线张力，张力具有自动反馈功能，能保证单线从满盘到浅盘放线张力不变，并具有高精度定位装置，绞线绞合采用预成型工艺技术，保证绞合紧密，无单线突出、不松股、不散股，导线表面绞合圆整、紧密平服，外径均匀一致。

图 3-7　127 盘 JLK-630 框绞机

三、导线性能测试结果

将 JLHA1/G6A-500/400-60/61 特强钢芯高强度铝合金绞线的试样送上海电缆研究所电工材料及特种线缆检测中心进行机械性能、电气性能的型式试验测试，试验结果见表 3-6。

表 3-6　　特强钢芯高强度铝合金绞线主要指标测试数据

序号	项　目	单位	技术要求	检测结果
高强度铝合金线（LHA1）				
1	直径及允许偏差	mm	3. 26±0. 03	3. 27
2	20℃时直流电阻率	nΩ · m	≤32. 84	32. 354
3	抗拉强度（绞前 / 绞后）	MPa	≥325 / ≥310	330（绞后）
4	伸长率	%	≥3. 0	5. 3
特强镀锌钢线（G6A）				
1	直径及允许偏差	mm	2. 90±0. 05	2. 90
2	抗拉强度（绞前 / 绞后/1% 伸长）	MPa	≥1960 / ≥1862 / ≥1670	1963（绞后）/1705
3	伸长率（标距 250mm）	%	≥3. 5	5. 3
4	扭转（L=100d）	次/360°	≥12	16
导线整体				
1	20℃时直流电阻	Ω/km	≤0. 067 535	0. 058 174
2	导线握着力	kN	≥860. 22（905. 49×0. 95）	874. 6，878. 7，878. 2

注　单线检测结果为平均值，本次一共有三组导线样品参加了拉断力试验。

检测数据表明，三组导线与配套金具压接之后，导线的拉断力都超过了设计要求值，其他性能指标均满足技术条件。

第四节　OPGW 试制及试验

一、特高强度 OPGW-350T 生产工艺分析

OPGW-350T 总体生产工艺流程如图 3-8 所示。

特高强度 OPGW-350T 的产品研制，主要包括特高强度铝包钢线生产工艺研究以及三层特高强度铝包钢线大截面 OPGW 一次绞合成型技术。

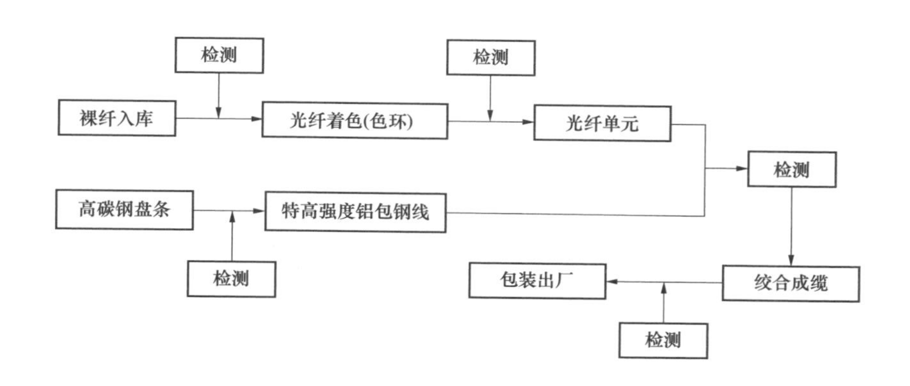

图 3-8 OPGW-350T 总体生产工艺流程图

二、特高强度铝包钢线生产工艺研究

（一）原材料质量控制

1. 钢盘条的选择

钢盘条的选择和开发对特高强度铝包钢线的开发起到至关重要的作用。

铝包钢线抗拉强度 GB/T 17937—2009《电工用铝包钢线》高近 200MPa，虽然可通过提高总压缩率工艺来提升铝包钢线的强度，然而这种工艺会使得铝包钢线在提高强度的同时增加断线次数（随着压缩率的增加而逐步增加），甚至无法满足正常绞合工艺。

为了确保铝包钢线既有高的抗拉强度，又有良好的塑性，需对高碳钢盘条的微量元素进行调整，以保证钢的强度和韧性。常见提升高碳钢强度的主要元素有碳、锰、硅、铬等元素。经综合考虑，选择增加碳、锰元素含量来提升钢盘条的抗拉强度，以满足此次特高强度铝包钢线的开发需求。

另外，磷（P）、硫（S）为高碳钢盘条中最主要的危害元素，要保证特高强度铝包钢线的生产质量，必须选择危害元素 P、S 含量低，而晶粒度等级高、索氏体化率高的钢盘条。

经过大量试验及技术攻关，对比不同钢盘条厂家的试验结果，选用了 P、S 含量低，晶粒度等级高，索氏体化率高，能够解决碳偏析问题的青岛钢铁股份有限公司的优质高碳钢盘条，从而保证铝包钢线的冷加工性能和成品性能。

2. 钢盘条包装和运输

试制选用的钢盘条，碳含量较高，微小的擦伤和摩擦均能引起脆性组织表面马氏体的产生，所以，钢盘条的包装运输把关尤其重要。本次设计的光缆采用双层全包（普通钢为单层包装）、汽车运输方式（普通钢为吊装船运），盘条到厂检查表面质量并进行性能和成分的检测，以确保满足特高强度铝包钢线的生产要求。

（二）特高强度铝包钢线制造控制要点

高强度铝包钢线制造控制要点主要包括设备选择、工艺调整、检测分析等方面。

1. 设备选择

含碳量越高，加热温度的敏感性越高，对热处理设备的炉温均匀性要求越高。天然气明火热处理炉，炉内气氛稳定可控，火焰稳定且直接喷在钢丝表面，炉温均匀性优良，可减小热传导损失和波动，适用于特高强度铝包钢线热处理。

2. 工艺调整

热处理工艺是特高强度铝包钢线稳定生产的关键所在，通过对加热温度、均热温度、铅温、生产速度的控制，得到索氏体90%以上塑性较好的钢丝。同时对拉拔工序进行多道压缩率工艺调整，以减小钢丝拉拔热量的产生，避免加工硬化过度。

3. 检测分析

除基本的性能检测外，对热处理钢丝和特高强度铝包钢线进行金相分析，对钢丝组织的检测结果显示，索氏体转化率达95%以上，且无渗碳体等脆性组织的产生。

（三）特高强度铝包钢线技术参数

由于铝包钢线绞合成缆后强度会有一定损失，因此，必须进一步提高铝包钢线的最小抗拉强度内控指标，以此来弥补铝包钢线绞合成缆所导致的强度损失。

试制使用的 $\phi3.5$ 与 $\phi3.7$ 特高强度铝包钢线提高内控指标后的技术参数见表3-7。

表3-7　　特高强度铝包钢线技术参数

铝包钢线类型	单位	特高强度铝包钢线	
标称直径	mm	3.70	3.50
单线标称截面积	mm^2	10.75	9.62
直径误差	%	±1.5	±1.5
最小抗拉强度	MPa	1600	1730
250mm最小延伸率	%	1	1
最小导电率	%IACS	14	14
最小扭转次数（100*d*）	次	20	20
破坏荷载	kN	17.20	16.64
单位长度质量	kg/km	76.77	68.69
20℃时直流电阻	Ω/km	11.45	12.80
弹性模量	GPa	170	170

续表

铝包钢线类型	单位	特高强度铝包钢线	
线膨胀系数	$\times10^{-6}$/℃	12.0	12.0
铝层的最小厚度	mm	0.092	0.088

三、特高强度光纤复合架空地线 OPGW-350T 生产设备

OPGW-350T 光缆的总截面积为 356.6mm^2，额定拉断力（RTS）为 589.66kN，因其强度大、要求高，在生产过程中须精确控制单丝绞合张力，故在生产时采用特殊的预扭工艺，使 36 根特高强度铝包钢线保持一致的绞合张力及成型高度，一次性绞合成功。OPGW-350T 光缆的单位质量达到 2553.3kg/km，交付盘长 6000m，加上盘具质量，成品缆盘毛重达 16t，对绞合设备要求较高。因此对生产厂家而言，需要具备 37 盘 630 笼式绞线机（1+6+12+18 三段式）和 53 盘 800 笼式成缆机（1+8+20+24 三段式），如图 3-9 所示，才能满足高强度、大截面、三层单丝一次绞合成型的制造要求，以及生产过程中铝包钢线无接头的成品质量要求。

(a)

(b)

图 3-9 笼式绞线机

（a）JLY 630/6+12+18 型；（b）JLY 800/8+20+24 型

四、特高强度光纤复合架空地线 OPGW-350T 试验

将 OPGW-350T 光缆送往中国电力科学研究院进行型式试验，其试验结果见表 3-8。

表 3-8 OPGW-350T 光缆型式试验结果

机械性能试验				
序号	检测项目	标准与要求	检测结果	结论
1	抗拉性能	在承受不小于 100% RTS（589.66kN）拉力下无任何单丝断裂	施加张力至 613.0kN 后光缆断裂	合格
2	应力—应变性能	40% RTS，光纤无应变，光纤无明显附加衰减	光纤无应变，光纤无明显附加衰减	合格
		60% RTS，光纤应变≤0.25%，光纤附加衰减≤0.05dB。拉力取消后，光纤无明显残余附加衰减	光纤无应变，光纤无附加衰减。拉力取消后，光纤无明显残余附加衰减	

续表

机械性能试验					
序号	检测项目	标准与要求	检测结果		结论
3	φ3.50 14% ACS 铝包钢线单线性能	绞前：抗拉强度>1730MPa 绞后：抗拉强度>1700MPa	绞前抗拉强度		合格
			1 2 3	1760.0MPa 1753.0MPa 1758.0MPa	
			绞后抗拉强度		
			1 2 3	1714.5MPa 1730.7MPa 1720.5MPa	

第五节　导线和 OPGW 配套金具的研究试制

一、导线、OPGW 悬垂和耐张线夹的技术要求

1. 导线悬垂线夹技术要求

（1）设计的悬垂线夹首先要有足够的垂直载荷强度来满足线路运行的要求。

（2）架空导线受风振动后，导线疲劳断股一般发生在悬垂线夹出口处，这是因为导线在悬挂点受到很大的静压力和动态弯曲应力。为降低线夹出口处的应力，需要加大悬垂线夹出口的曲率半径。

（3）大跨越悬垂线夹的曲率半径要求不小于被安装导线直径的 35 倍，握力不小于导线的 14% RTS（适用于 JLHA1/G6A-500/400 导线，则握力不小于 126.77kN）。

（4）悬垂线夹要具备一定的防电晕和抗无线电干扰的性能。

2. 导线耐张线夹技术要求

（1）耐张线夹承受导线张力，其握力不小于导线 95% RTS，若适用于 JLHA1/G6A-500/400 导线，则握力不小于 860.22kN。

（2）耐张线夹作为导电体，铝管及引流板的载流量应不小于导线的载流量，铝管电阻应不大于相同长度导线的电阻。

（3）耐张线夹的引流板采用双板接触形式，并采用双螺母防松。

3. OPGW 光缆悬垂线夹技术要求

OPGW-350T 配套悬垂线夹垂直载荷需达到 420kN，根据经验采用双支点结构设计（见图 3-10），

由两个悬垂套壳强度大于 210kN 共同承担载荷，强度高，性能稳定。套壳本体采用高强度铝合金，抱箍采用镀锌钢材质。

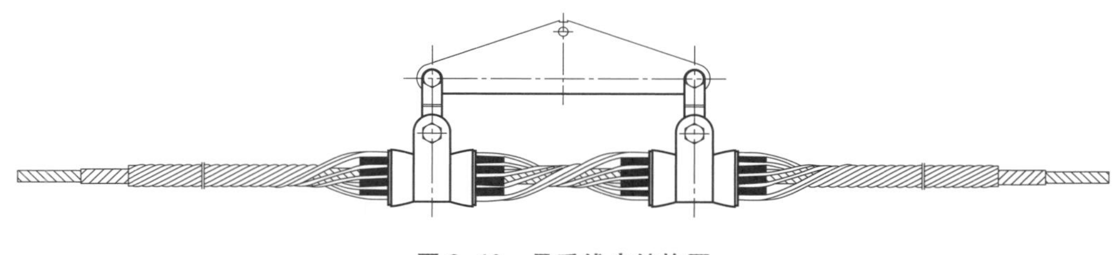

图 3-10　悬垂线夹结构图

4. OPGW 光缆耐张线夹技术要求

根据经验，OPGW 强度不大于 160kN 时，可采用单层外绞丝耐张线夹；若强度大于 160kN 时，应使用双层外绞丝耐张线夹。苏通长江大跨越工程 OPGW-350T 光缆额定抗拉强度为 589.66kN，远大于 160kN，所以该耐张线夹需要采用三层绞丝（两层外绞丝，一层内绞丝）结构，如图 3-11 所示。

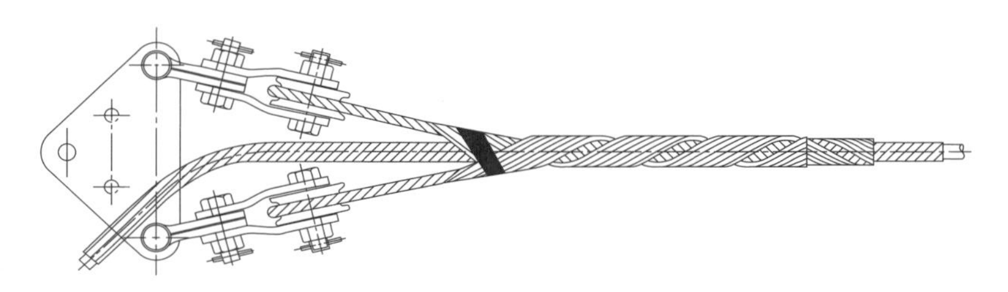

图 3-11　耐张线夹（三层绞丝）结构图

二、导线、OPGW 光缆悬垂和耐张线夹的设计和试制

1. 导线悬垂线夹的设计和试制

参考国内以往大跨越工程设计经验，并结合苏通长江大跨越工程实际情况，选择固定型悬垂线夹 CGJ-55062。悬垂线夹如图 3-12 所示，其结构尺寸见表 3-9。

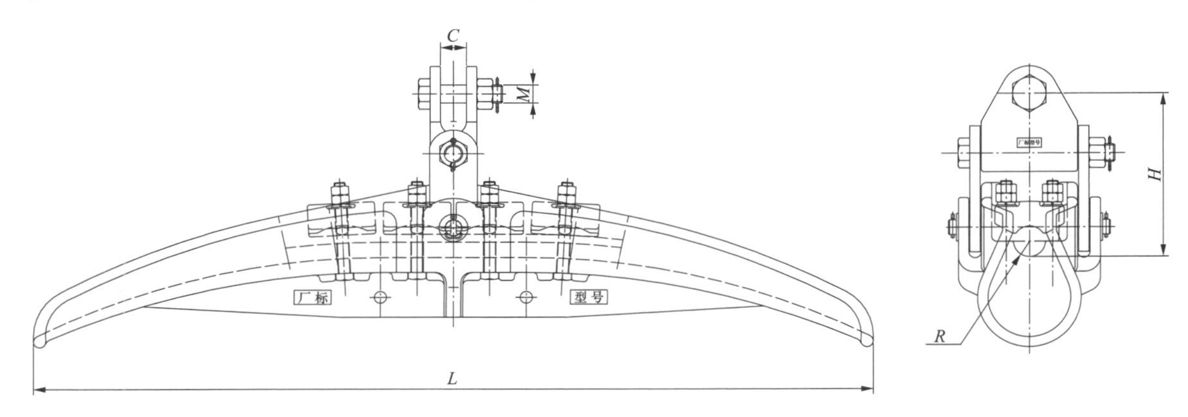

图 3-12　CGJ-55062 悬垂线夹

表 3-9 悬垂线夹结构尺寸表

型号	主要尺寸（mm）					标称荷重（kN）	备 注
	L	*H*	*C*	*M*	*R*		
CGJ-55062	1620	362	50	36	31	550	破坏载荷>1.2 倍标称载荷

2. 导线耐张线夹的设计和试制

根据经验设计法，钢锚和钢芯压接后的摩擦力及铝管与导线压接后的摩擦力足够大，且可以保证在握力达到导线额定拉断力时不发生滑移。因此对摩擦力不作计算校核，只对强度方面进行计算校核。

根据经验设计法，压接成正六边形后的钢锚强度由于被压缩变形，强度远大于被压缩前的强度，因此钢锚危险截面为没有压缩部位的钢锚孔，需要对其强度进行校核。钢锚结构如图 3-13 所示。

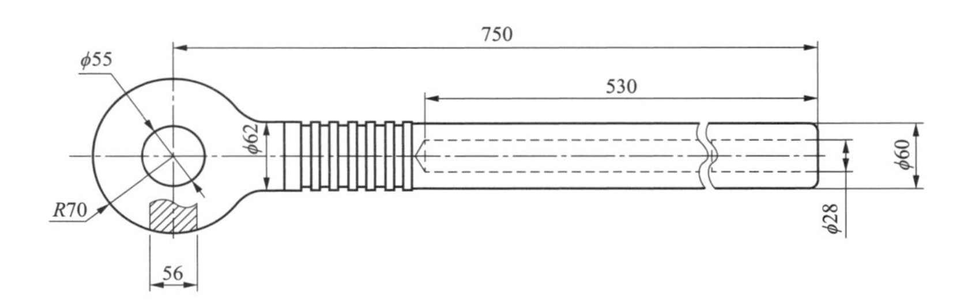

图 3-13 钢锚

根据经验设计法，压接成正六边形后部位的铝管强度由于被压缩变形，强度远大于被压缩前的强度，因此危险截面为没有压缩部位的铝管。铝管结构如图 3-14 所示。

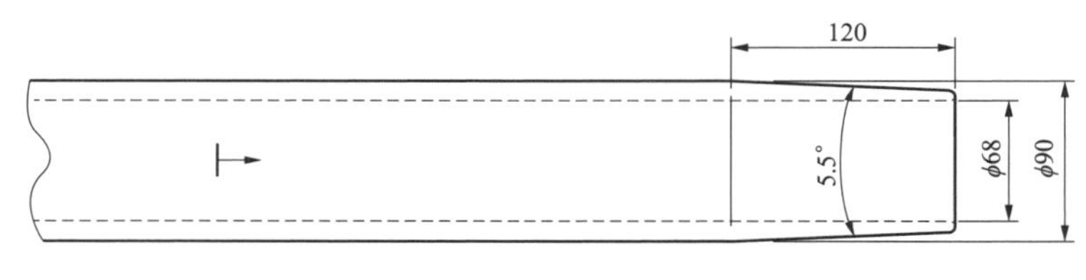

图 3-14 铝管

耐张线夹是一种十分重要的电力输电线路金具，要求在承受导线张力的同时还要有良好的电气性能。以往大量使用的耐张线夹，其引流板与引流端子间的连接采用单板—单板结构，运行中时有耐张线夹引流处因受力不均匀，出现引流板或引流端子变形、断裂的情况；运行中还出现过耐张线夹引流板与引流端子接触处温度较高，以致发热甚至熔断，给输电线路的安全运行带来隐患。

经过调研，综合施工制造、施工、运行、检修等单位的建议，形成了耐张线夹引流板的设计方案，见图 3-15。

（1）采用双板型引流板，通过螺栓连接压紧三平板，增加引流板与设备线夹的电气接触面，提高接触可靠性。

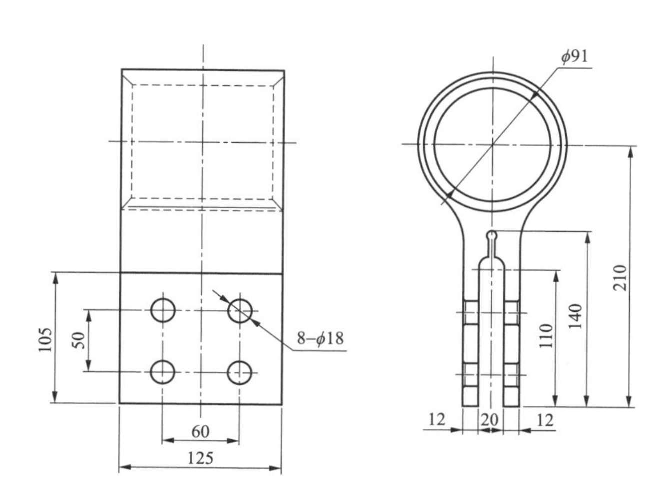

图 3-15　引流板

（2）在双板型引流板槽中设置伸缩孔，确保引流板与设备线夹接触面在温升时有自行调整功能，既避免引流板与设备线夹产生安装误差，又降低了局部点接触的可能。

3. OPGW 光缆悬垂线夹的设计和试制

苏通长江大跨越工程 OPGW-350T 配套悬垂线夹握力超过 OPGW 的 15% RTS，即大于 88.5kN（远大于常规 OPGW-350 光缆悬垂线夹不大于 50kN 的握力），若要增加悬垂线夹的握力，必须要增大绞丝之间的摩擦力，悬垂外绞丝采用并丝喷砂工艺，增强悬垂线夹对绞丝的握力。

OSC-2470-0737 悬垂绞丝工艺参数见表 3-10。

表 3-10　　OSC-2470-0737 悬垂绞丝工艺参数表

绞丝	材料名称	单丝直径	旋转方向	成型高度		成型长度	成型配置
内绞丝	铝合金	6.0	左	31.7	±0mm -0.3mm	4050	14
外绞丝	铝合金	9.3	右	50.3	±0mm -0.3mm	3450	13

通过对试制的悬垂绞丝参数进行测量，确定最终的工艺参数，并且对试制悬垂线夹过程中的一些生产工艺参数进行了固化，确定本工程 OPGW-350T 光缆用悬垂线夹的专用工艺技术参数，并按照此工艺，在第三方权威检测机构——中国电力科学研究院进行全套型式试验，悬垂线夹握力试验结果见表 3-11。

表 3-11　　悬垂线夹握力试验结果

产品名称	样品编号	握力（kN）	试　验　现　象	检测机构
悬垂线夹	1	115.2	未滑移	江苏中天科技股份有限公司检测中心
	2	120.6	未滑移	
	3	125.0	88.5kN 保载未滑移，125kN 开始滑移 达到 135kN 时滑移超过 5mm	
	4～6	96.3	试验过程中，达到规定握力值（89.0kN）后，保持 60s，金具与线缆之间，预绞丝内外层之间无滑移现象，线缆和金具均未发生破坏，继续加载至 96.3kN 时发生滑移	中国电力科学研究院

4. OPGW 光缆耐张线夹的设计和试制

通过研究，耐张线夹采用四层绞丝，即两层外绞丝、一层结构加强层和一层内绞丝，这种独特的结构设计是由两支耐张线夹绞丝共同承担载荷，其强度高、性能稳定。

对耐张线夹进行五组试验，结果见表 3-12。

表 3-12　悬垂线夹垂直载荷试验结果

产品名称	样品编号	垂直载荷（kN）	试　验　现　象	检测机构
悬垂线夹	1	486.2	铸铝套壳挂耳断裂	江苏中天科技股份有限公司检测中心
	2	518.3	铸铝套壳挂耳断裂	
	3	512.1	铸铝套壳挂耳断裂	
	4～6	466.0	试验过程中达到规定的机械破坏载荷时（420kN），金具没有发生破坏，继续加载致 466.0kN 时线夹发生破坏	中国电力科学研究院

从上述五组试验可以看出，OPGW 光缆用耐张线夹取得了很好的试验效果，拉断力都大于585kN，一致性好，证明该设计结构及绞丝工艺配置满足性能要求，产品可以初步定型。

通过对试制的耐张线夹（四层绞丝：两层外绞丝，一层结构加强层，一层内绞丝）的铝包钢单丝进行测试，确定最终的铝包钢参数。并且对试制耐张线夹过程中的一些生产工艺参数进行了固化，确定为工程用 OPGW-350T 光缆用耐张线夹的专用工艺技术参数，并按照此工艺，在第三方权威检测机构——中国电力科学研究院进行全套型式试验。耐张线夹试验结果见表 3-13。

表 3-13　耐张线夹试验结果

产品名称	样品编号	拉断力（kN）	试　验　现　象	检测机构
耐张线夹	1、2	613.4	绞丝未滑移，光缆在耐张线夹出口断裂	江苏中天科技股份有限公司检测中心
	3、4	608.2	绞丝未滑移，光缆在耐张线夹出口断裂	
	5、6	593.4	绞丝未滑移，光缆在耐张线夹出口断裂	
	7～12	619.7	试验过程中，在达到标称破坏载荷 590.0kN 后，金具没有发生破坏，继续加载至 619.7kN 时耐张线夹出口光缆断裂	中国电力科学研究院

三、导线、OPGW 光缆悬垂和耐张线夹的型式试验

（一）导线悬垂和耐张线夹的型式试验

1. 悬垂线夹型式试验

试验标准。GB/T 2317.4—2000《电力金具机械试验方法》和 GB/T 2315—2000《电力金具标称破坏载荷及连接型式尺寸》。

试验结果：悬垂线夹的握力和破坏载荷试验结果见表 3-14 和表 3-15。悬垂线夹的破坏载荷

和握力试验均满足实际使用要求。

表 3-14　　悬垂线夹握力试验结果

样品编号	样品名称	型号规格	要求握力（kN）	检测结果（kN）	检测情况
1	悬垂线夹	CGJ-64062	≥126.8（905.49×14%）	147.9	线夹滑移
2				148.3	线夹滑移
3				148.6	线夹滑移

表 3-15　　悬垂线夹破坏载荷试验结果

样品编号	样品名称	型号规格	要求载荷（kN）	检测结果（kN）	检测情况
1	悬垂线夹	CGJ-64062	≥640	768	未破坏
2				768	未破坏
3				768	未破坏

2. 耐张线夹型式试验

（1）握力试验。按照 GB/T 2314—2008《电力金具通用技术条件》的要求，压缩型金具（耐张线夹、接续管）对绞线的握力应不小于绞线额定拉断力（RTS）的 95%，表 3-16 中给出了各导线 95% 的计算拉断力的数值。从试验结果来看，耐张线夹的握力试验结果满足标准要求。

表 3-16　　耐张线夹和接续管握力要求值

样品编号	样品名称	型号规格	要求握力（kN）	检测结果（kN）	检测情况
1	耐张线夹	NY-JLHA1/G6A-500/400	≥860.2（905.49×95%）	887.7	耐张线夹出口铝合金线断
2				886.3	耐张线夹出口铝合金线断
3				889.2	耐张线夹出口铝合金线断

（2）温升试验。导线配套耐张线夹的温升的表面温度应符合标准要求，耐张线夹的温升试验结果见表 3-17，金具的表面温度显著低于导线表面温度，试验合格。

表 3-17　　耐张线夹温升试验结果（环境温度 20℃±1℃）

型号规格	试验电流（A）	导线表面温度（℃）	金具表面温度（℃）
NY-JLHA1/G6A-500/400	1570	93.16	41.11
			43.38
			41.60
			40.34
判定：温升通电中，样品表面温度均未超过相应导线表面温度，符合标准要求。			

（3）电阻试验。导线配套耐张线夹的电阻试验应符合标准要求，耐张线夹温升前、后的接续电阻试验结果分别见表 3-18 和表 3-19，金具的接续电阻小于等长导线电阻，试验合格。

表 3-18　　耐张线夹温升前耐张线夹电阻

金具型号规格	环境温度（℃）	接续长度（mm）	等长导线 20℃时电阻（μΩ）	实测样品 20℃时接续电阻（μΩ）
NY-JLHA1/G6A-500/400	17.5	1530	102.45	24.33
		1525	102.11	23.40
		1525	102.11	26.09
		1530	102.45	23.56
判定：样品的接续电阻值不应超过相应等长导线电阻值，符合标准要求。				

表 3-19　　耐张线夹温升后耐张线夹电阻

金具型号规格	环境温度（℃）	接续长度（mm）	等长导线 20℃时电阻（μΩ）	实测样品 20℃时接续电阻（μΩ）
NY-JLHA1/G6A-500/400	18.0	1530	102.45	24.39
		1525	102.11	23.46
		1525	102.11	26.12
		1530	102.45	23.61
判定：温升后，样品接续电阻均未超过相应导线等长电阻，符合标准要求。				

（4）热循环试验。热循环试验执行 GB/T 2317.2—2000《电力金具　热循环试验方法》。导线温升 150°C、100 次热循环试验后，通过试验数据（具体数据见试验报告）分析计算得出：试制的 NY-JLHA1/G6A-500/400 耐张线夹满足 GB/T 2317.2—2000 的相应标准要求，热循环试验合格。

（二）OPGW 光缆悬垂和耐张线夹的型式试验

OPGW 光缆采用的双耐张线夹型号为 OSN-590-2470，双悬垂线夹型号为 OSC-2470-0737。

OPGW 光缆用双悬垂和双耐张线夹型式试验依据 DL/T 766—2013《光纤复合架空地线（OPGW）用预绞式金具技术条件和试验方法》进行，包括机械性能、电气性能等试验，所检项目符合标准的要求，产品质量合格。

第六节　结　　论

通过对 2600m 跨越档距用导线、光缆及配套金具的研究与应用，完成了导线 JLHA1/G6A-500/400—60/61 和配套光纤复合架空地线 OPGW-350T 及相应配套金具的设计、研制与试验，得到了以下结论：

（1）研制出了满足苏通长江大跨越 2600m 跨越档距下的导线和 OPGW 光缆，导线 JLHA1/G6A-500/400-60/61 在 20% 保证拉断力下进行疲劳试验，试验结果合格，可满足实际工程使用需要。

（2）研制出各项性能满足相关标准的大跨越导线用悬垂和耐张线夹，并提出耐张线夹压接工艺以指导工程实施。

（3）研制出各项性能满足相关标准的大跨越 OPGW 光缆用悬垂、耐张线夹。

（4）目前，我国部分镀锌钢线厂家可以实现导线的批量化生产，为慎重使用，需对镀锌钢线厂家进行厂验是否具备大长度的生产能力，同时在生产过程中，需严格把关每道工序。

（5）导线的铝合金层采用 60 根高强度铝合金线，结构为 27+33，对生产设备和工艺要求较高，因此导线生产厂家需要提供具备生产该导线的证明，如绞线设备。

第四章

苏通大跨越四管组合主柱塔风洞试验研究

第一节　概　　述

一、研究的目的和意义

四管组合主柱塔是苏通长江大跨越工程中跨越塔的推荐方案之一，该种形式的跨越塔在输电线路工程中属首次提出。四管组合主柱塔由四根主柱构成，每根主柱由四根主管组成，主管之间相互干扰，并且圆形截面受雷诺数（*Re*）效应影响较大，所受风荷载复杂。且由于输电塔自身具有细柔、小阻尼的特点，对风荷载的静力和动力作用十分敏感，因此风荷载已成为其结构设计的控制荷载之一。四管组合柱风荷载体型系数的取值，将影响到整个输电塔结构的风荷载计算，进而直接关系到输电塔自身结构及其基础结构的工程造价。因此有必要通过风洞模型试验及数值模拟分析来确定四管组合柱的风荷载体型系数，以便对该种形式的输电塔进行合理及安全可靠的设计。

准确评估四/三管组合柱的风荷载体型系数，不仅在多圆柱绕流特性的研究方面具有理论意义，而且对实际输电塔结构的设计也更有工程指导价值。

本章在总结四管组合柱风荷载体型系数研究成果的同时，也对三管组合柱的研究做了简要介绍。

二、国内外研究现状

1. 国内外文献综述

圆柱绕流问题是流体力学研究中的经典问题，吸引了很多学者对其开展了大量的研究工作。目前，对于单圆柱绕流的气动特性，人们已经有了一个比较全面且清晰的认识。对于多圆柱绕流问题，由于圆柱间的相互影响及干扰，流动形态及气动特性更为复杂。学者们在双圆柱绕流方面取得了一定的成果，但对于三圆柱与四圆柱绕流问题的研究成果仍相对较少。

在过去的二十余年中，Sayers、K. Lam 等人运用试验及数值模拟等分析手段，对四圆柱绕流问题开展了大量的工作。但他们的工作主要集中在层流区（$Re=100\sim200$，流场可视化试验技术为主要研究手段）和次临界区域（$Re=10^3\sim10^4$，主要运用测压、测力及流速测量等试验技术）。而工程结构处于超临界区域，目前尚没有学者对四圆柱结构在超临界区域的气动力特性开展研究。

国内外对于三圆柱绕流特性的研究，多集中于等边三角形排布的三圆柱。对等腰直角三角形排布的三管组合主柱，目前尚未有学者开展过相关研究。

2. 国内规范中的相关规定

各国规范对于塔架风荷载体型系数的取值不尽相同。对于由角钢（或板状）构件组成的塔架，各国规范均只给出了一种体型系数。对于由圆管（或圆钢）组成的塔架，由于圆形截面的阻力系数受雷诺数影响较大，在次临界区域和超临界区域内，阻力系数相差较大，GB 50135—2006《高耸结构设计规范》、GB 50545—2010《110kV～750kV 架空输电线路设计规范》、EN 1991-1-4：2005《欧洲规范 1：结构上的作用》、BS 8100-1：1986《英国铁塔及桅杆结构规范》、AN/NZS 1170.2：2011《澳大利亚及新西兰结构设计规范 2：风荷载》等规范根据构件雷诺数的不同给出了两种相应的体型系数（分别对应于次临界区和超临界区），而 ASCE 7—2010《建筑物和其他结构最小设计荷载》、ASCE 74—2009《输电线路结构荷载导则》、IEC 60826—2003《架空输电线路的设计》、JEC-127—1979《送电用支持物设计标准》等规范则偏于保守地只给出了构件处于次临界区域内的风荷载体型系数。可见，研究者们已意识到雷诺数对于圆柱结构气动力特性的重要性，并已在若干规范中加以体现。对于常规形式的塔架结构，各国规范中均给出了风荷载体型系数的推荐值，但对于四/三管组合柱这种新型的结构，各国规范中均未给出明确的风荷载体型系数的取值。

综上所述可知，对于四/三管组合柱，目前的文献及规范中尚没有可供参考的风荷载体型系数值。

本章基于苏通长江大跨越塔，对四/三管组合柱模型开展了风洞测力试验、测压试验及 CFD 数值模拟分析，多种分析手段所得的结果相互印证，确定了四/三管组合柱的风荷载体型系数。为探究前四管组合塔柱对于后塔柱的遮挡效应，也对前后遮挡塔柱开展了风洞测力试验及数值模拟分析，提出了前塔柱对后塔柱的遮挡系数推荐值。

第二节　试　验　设　计

为研究四/三管组合柱的风荷载体型系数，制作了大比例刚性测力、测压模型，测量了塔柱模型的基底阻力及表面风压分布，进而计算得到了塔柱的整体阻力系数。同时，设计制作了前后遮挡四管组合柱测力试验模型。

一、试验设备

苏通长江大跨越工程中，四管组合主柱塔风洞试验在同济大学土木工程防灾国家重点实验室——风洞试验室的 TJ-2 大气边界层风洞中进行。TJ-2 大气边界层风洞为闭口回流式矩形截面风洞，试验段尺寸为3m宽、2.5m高、15m长。风速范围为1.0～68m/s连续可调。建筑转盘直径为1.85m，其转轴中心距试验段入口11.5m。流场性能良好，试验区流场的速度不均匀性小于1%、湍流强度小于0.46%、平均气流偏角小于0.5°。

在风洞试验中使用眼镜蛇三维脉动风速测量仪（见图4-1）、高频测力天平（见图4-2）、电子压力扫描阀模块（见图4-3）等设备用于测量风场特性及结构受力情况。

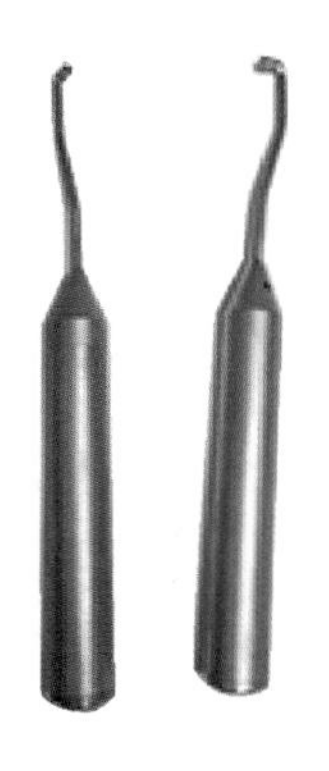

图4-1　眼镜蛇三维脉动风速测量仪

图4-2　高频测力天平

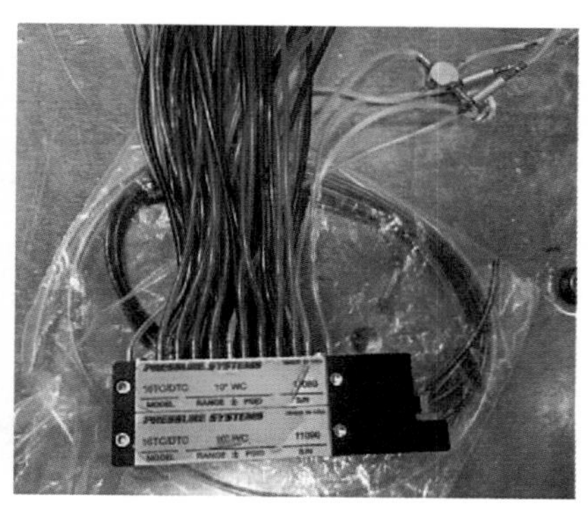

图4-3　电子压力扫描阀模块

二、试验模型

（一）测力模型（四管/三管）

跨越塔四管组合主柱塔风洞测力试验模型为刚体模型，原型结构的外形得到精细模拟。为了减少模型系统的振动，提高试验结果的精度，一方面，要保证模型具有足够的刚度；另一方面，要尽量减轻模型质量，使天平—模型系统的固有频率远高于作用荷载的主要频率范围。将四/三管组合柱模型放置于建筑转盘上（见图4-4），通过转盘的转动，可模拟不同风攻角下的模型受力。

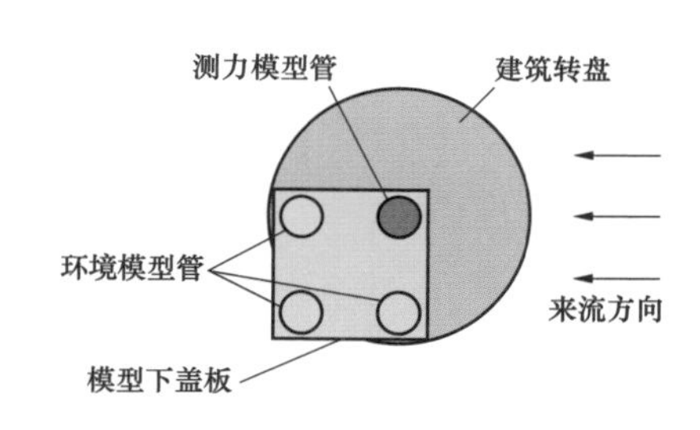

图4-4　四管组合柱在风洞中的布置平面图

由于测力天平量程所限，无法同时测量四/三管柱模型的受力情况，故采用单独测量每根单管的受力情况，通过测量四/三根单管所受阻力均值累加的方式来推算四/三管组合柱在风荷载下的受力情况。例如，对于四管组合柱15°风攻角工况，可将转盘分别转至15°、105°、195°、285°，将四种转盘转角下所测得的基底力求和，即可获得四圆柱模型的整体受力，见表4-1。同理，可获得三管组合柱的整体受力情况，见表4-2。

表 4-1　　四圆柱模型风攻角（β）与转盘转角（γ）的关系

四管柱位形	采用单管柱测量时模型需旋转的角度			
4 3 1 2 风向 β=15°	建筑转盘 γ=15°	γ=105°	γ=195°	γ=285°

表 4-2　　三圆柱模型风攻角（β）与转盘转角（γ）的关系

三管柱位形	采用单管柱测量时模型需旋转的角度		
	测力模型管在顶点	测力模型管在角点	
3 1 2 风向 β=45°	γ=45°	γ=135°	γ=315°

四/三管模型主要由模型测力管、模型环境管、上下盖板组成。模型测力管由有机玻璃管制成，模型环境管由铝合金管制成，具有足够的强度和刚度。模型上下底板上设置有多处螺栓孔，可调节周边环境模型同测力段模型的位置关系，来模拟四/三管间不同的间距比。模型测力管由上补偿段、测力段、下补偿段三部分组成，如图 4-5 和图 4-6 所示。测力天平置于模型下补偿段内，并同模型测力段相连，用于测量模型的基底力。模型测力管外径为 300mm，测力段高度为 600mm，下补偿段高度为 215mm，上补偿段高度为 297mm。模型环境管外径为 300mm，高度为 1115mm。

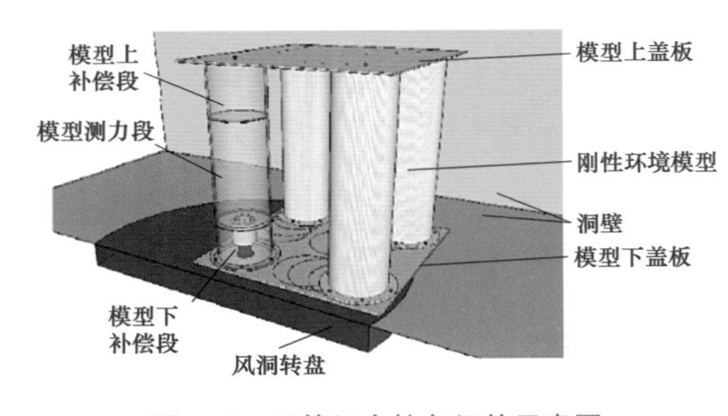

图 4-5　四管组合柱各组件示意图

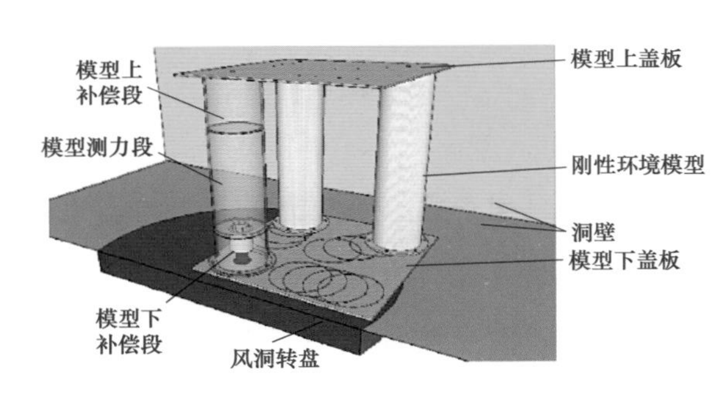

图 4-6　三管组合柱各组件示意图

（二）测压模型（四/三管）

测压试验模型为刚体模型，如图 4-7 和图 4-8 所示，由有机玻璃管制成，具有足够的强度和刚度，在较高的试验风速下不发生变形，并不出现明显的振动现象，以保证压力测量的精度。模型与原型结构在外形上保持几何相似。

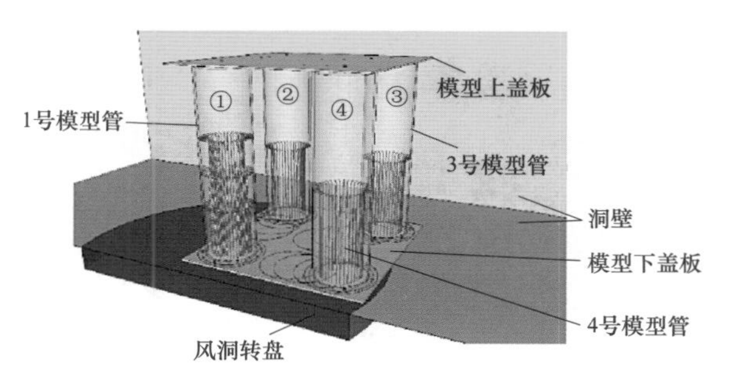

图 4-7　四管测压模型组件图

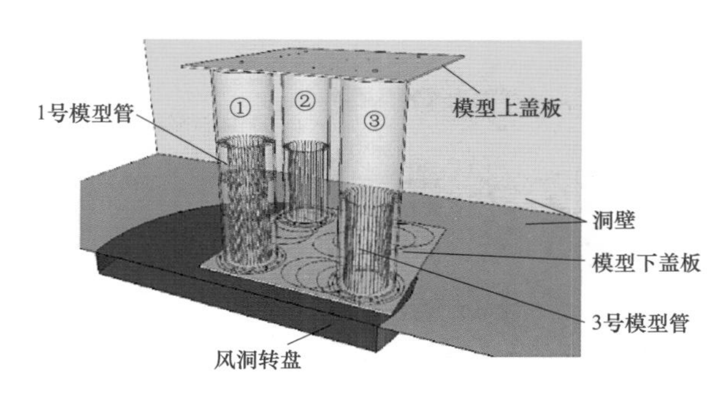

图 4-8　三管测压模型组件图

四/三管测压模型通过螺栓同上、下盖板连接成整体。上、下盖板上设置有多处螺栓孔，可调节四/三个测压模型管间的相对位置，来模拟四/三管结构不同的间距比。测压模型管外径均为300mm，高度均为1115mm，同测力模型总高度相同。其中，① 号测压模型管上布置有 3 排测压孔，测压孔中心同法兰上表面的距离分别为 300、500mm 和 700mm，②～④号测压模型管上均只布置一排测压孔，测压孔中心同法兰上表面的距离为 500mm；每个测压面内布置有 36 个测压孔，测压孔沿圆周均匀分布（间隔 10°）。

（三）前后遮挡四管测力模型

为研究前四管塔柱对后四管塔柱的遮挡效应，在四管组合柱测力模型的前方布置遮挡模型。如图 4-9～图 4-10 所示，遮挡模型由上、下盖板和四个遮挡模型管组合，上、下盖板的尺寸同测力模型上、下盖板，遮挡模型管的尺寸同测力模型环境管。遮挡模型管之间的距离也可通过上下盖板的孔位来调节。

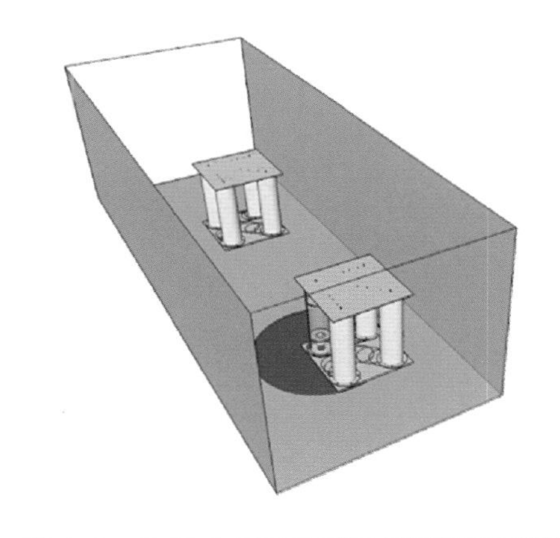

图 4-9　0°风攻角下前后遮挡模型示意图

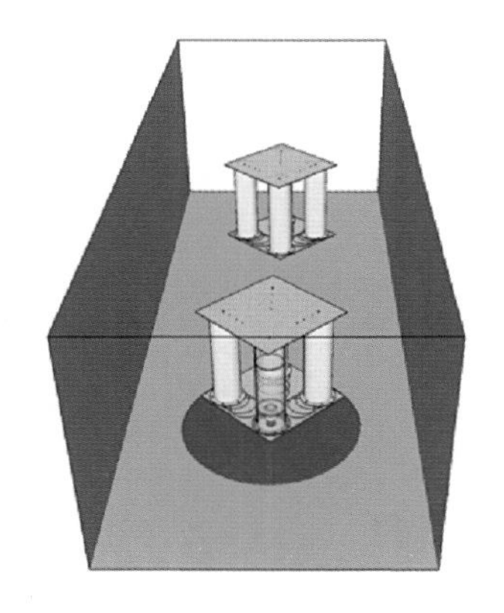

图 4-10　45°风攻角下前后遮挡模型示意图

三、风场模拟

为研究四管组合柱在湍流下的结构相应，需准确模拟湍流场。湍流场是将格栅湍流装置固定在节段模型上游形成的。为获得不同湍流强度的湍流场，搭建并测试有两种不同排列形式的均匀格栅形成的湍流场（见图 4-11 和图 4-12），其湍流强度分别为 8% 和 15%。

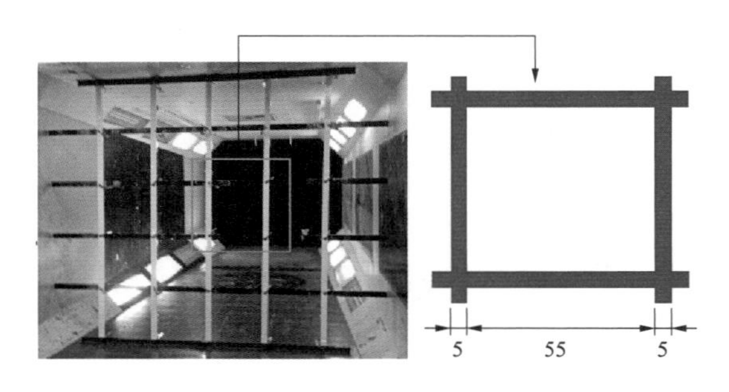

图 4-11　湍流强度为 8%的格栅湍流场（单位：cm）

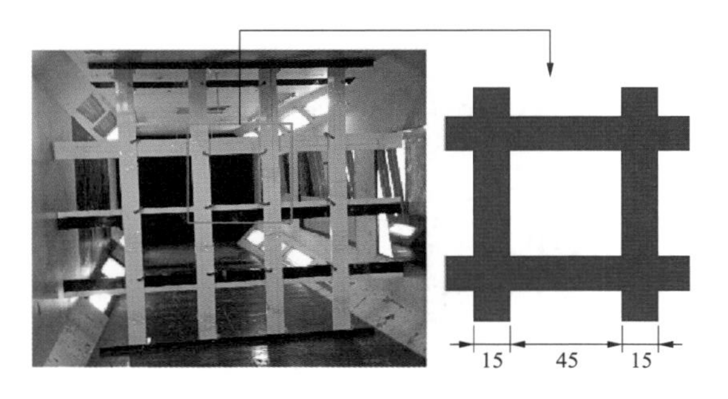

图 4-12　湍流强度为 15%的格栅湍流场（单位：cm）

第三节　四管组合柱风洞试验研究

一、测力试验

图 4-13 给出了四管组合柱的几何布置形式，其中，S 为两相邻管间净距，D 为单管外径，β 为风攻角。

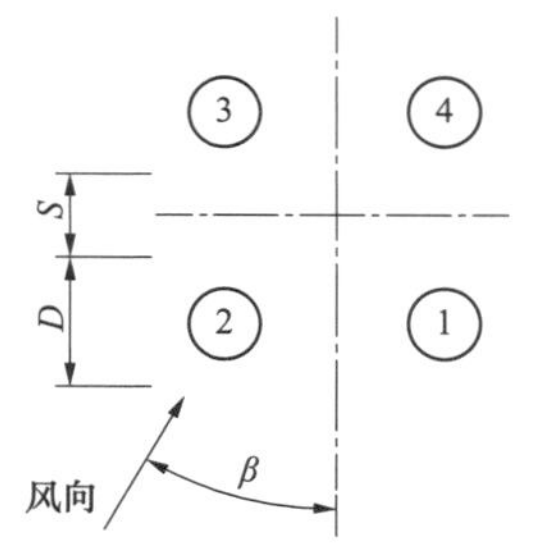

图 4-13　四管组合柱几何布置

为满足实际工程设计，几何参数的取值定为：① 间距比 S/D 为 0.3、0.6、1.0、1.3；② 风攻角 β 为 0°、15°、30°、45°。

为检验四圆柱结构的雷诺数效应，在均匀流及湍流场中选取了多种风速工况开展试验。

在测力天平获得了气动力信号后，可按下列各式计算无量纲的气动力系数

$$C_D = \frac{F_X}{\left(\frac{1}{2}\rho v^2 HD\right)} \tag{4-1}$$

$$C_L = \frac{F_Y}{\left(\frac{1}{2}\rho v^2 HD\right)} \tag{4-2}$$

式中　C_D——阻力系数；

C_L——升力系数；

F_X——顺风向下，天平测得的模型基底水平力；

F_Y——横风向下，天平测得的模型基底水平力；

v——试验风速；

ρ——空气密度；

H——模型的高度，本试验中为600mm；

D——模型的特征尺寸，本试验中为300mm。

将对应于同一风攻角的四/三种位形下所测得的风荷载体型系数进行累加，即可得对应风攻角下四（三）管组合柱的风荷载体型系数：

$$C_{D,Tol} = C_{D1} + C_{D2} + \cdots + C_{Dj} \tag{4-3}$$

$$C_{L,Tol} = C_{L1} + C_{L2} + \cdots + C_{Lj} \tag{4-4}$$

式中　$C_{D,Tol}$——四/三管组合柱整体阻力系数；

$C_{L,Tol}$——四/三管组合柱整体升力系数；

C_{Dj}——j 号圆管的阻力系数，j 为 4 或 3；

C_{Lj}——j 号圆管的升力系数，j 为 4 或 3。

其中，j 为 4 或 3，分别对应四管组合柱和三管组合柱的情况。

测力试验所得四管组合柱的整体风荷载体型系数见表 4-3。

表 4-3　　测力试验所得四管组合柱风荷载体型系数

风攻角 β（°）	工况	风速（m/s）	整体阻力系数			
			间距比=0.3	间距比=0.6	间距比=1.0	间距比=1.3
0	均匀流工况	5	2.074 6	1.571 3	1.732 4	1.779 1
		10	1.699 8	1.496 7	1.435 8	1.466 3
		15	2.333 0	1.564 4	1.677 6	1.821 4
	I=8%湍流工况	10	1.633 6	1.465 2	1.610 8	1.625 3
		15	1.537 2	1.463 9	1.602 4	1.607 5
	I=15%湍流工况	10	1.891 2	1.584 3	1.799 0	1.825 9
		15	1.933 4	1.554 9	1.764 5	1.829 7
15	均匀流工况	5	2.686 4	2.293 8	2.439 3	2.381 4
		10	2.407 6	1.897 3	2.335 7	2.495 9
		15	2.252 6	2.299 1	2.360 8	2.707 6
	I=8%湍流工况	10	1.448 5	1.375 4	1.424 4	1.468 4
		15	1.402 2	1.402 8	1.437 3	1.486 6
	I=15%湍流工况	10	1.520 5	1.556 4	1.650 2	1.676 0
		15	1.502 3	1.555 4	1.636 8	1.688 1
30	均匀流工况	5	2.869 5	3.056 1	3.069 0	3.175 8
		10	2.841 2	2.564 4	2.705 9	3.001 4
		15	2.710 6	2.657 2	2.457 9	2.808 8
	I=8%湍流工况	10	1.520 1	1.403 7	1.403 5	1.433 6
		15	1.459 0	1.431 2	1.435 1	1.475 1
	I=15%湍流工况	10	1.576 8	1.591 7	1.655 7	1.649 7
		15	1.547 6	1.583 3	1.646 4	1.671 8

续表

风攻角 β（°）	工况	风速（m/s）	整体阻力系数			
			间距比=0.3	间距比=0.6	间距比=1.0	间距比=1.3
45	均匀流工况	5	2.927 1	2.839 1	2.993 7	3.008 1
		10	3.120 3	2.608 5	2.939 2	2.930 7
		15	2.870 1	2.348 0	2.130 4	2.519 7
	I=8% 湍流工况	10	1.574 9	1.453 2	1.424 9	1.451 9
		15	1.588 8	1.481 4	1.478 3	1.478 3
	I=15% 湍流工况	10	1.686 8	1.613 2	1.666 8	1.657 6
		15	1.659 3	1.621 2	1.660 3	1.669 3

二、测压试验

四管测压试验中，模型的间距比、风攻角等参数选择同四管测力试验所述。在空气动力学中，物体表面的压力通常用无量纲压力系数 C_{Pi}来表示，即

$$C_{Pi} = \frac{P_i - P_\infty}{P_0 - P_\infty} \tag{4-5}$$

式中 C_{Pi}——测点 i 处的压力系数；

P_i——测点 i 处的压力；

P_0——参考点处的总压；

P_∞——参考点处的静压。

运用式（4-6）、式（4-7），对各测压点风压系数沿圆周路径上积分，可得各单圆管的风荷载体型系数，即

$$C_{Dj} = \sum_{i=1}^{n} C_{Pi}\cos(\theta_i)\ \pi/n \tag{4-6}$$

$$C_{Lj} = \sum_{i=1}^{n} C_{Pi}\sin(\theta_i)\ \pi/n \tag{4-7}$$

式中 i——测压孔编号；

j——单圆管编号；

θ——测压管方向同来流方向相交夹角；

n——同一圆周上测压孔总数，本试验为 36。

测压试验所得四管组合柱的整体风荷载体型系数见表 4-4。

表 4-4 测压试验所得四管组合柱风荷载体型系数

风攻角 β（°）	工况	风速（m/s）	整体阻力系数			
			间距比=0.3	间距比=0.6	间距比=1.0	间距比=1.3
0	均匀流工况	5	2.210 8	1.490 0	1.628 3	1.587 6
		10	2.072 8	1.523 2	1.404 8	1.415 0
		15	1.739 9	1.630 0	1.563 3	1.657 3
		20	1.631 0	1.658 4	1.691 6	1.555 4
		25	1.683 1	1.147 1	1.323 8	1.375 5
		30	1.700 3	1.160 8	1.345 6	1.370 3
	I=8%湍流工况	10	1.668 4	1.173 4	1.113 0	1.207 8
		15	1.570 6	1.159 8	1.130 8	1.224 4
	I=15%湍流工况	10	1.726 8	1.395 1	1.502 1	1.658 8
		15	1.681 8	1.323 5	1.475 8	1.529 2
15	均匀流工况	5	2.202 1	2.256 7	2.495 5	2.584 1
		10	2.221 1	2.049 1	2.295 4	2.377 1
		15	2.118 2	2.047 6	2.234 4	2.388 0
		20	1.427 2	1.374 9	1.217 9	1.229 1
		25	1.466 1	1.181 2	1.174 5	1.257 7
		30	1.496 3	1.222 3	1.175 6	1.203 5
	I=8%湍流工况	10	1.299 1	1.116 0	1.023 9	1.045 9
		15	1.234 6	1.120 5	1.038 3	1.075 6
	I=15%湍流工况	10	1.238 6	1.356 0	1.383 7	1.400 1
		15	1.304 0	1.256 7	1.313 1	1.393 3
30	均匀流工况	5	2.613 1	3.218 4	3.079 2	3.145 4
		10	2.866 9	2.139 9	3.042 9	2.969 0
		15	2.704 0	2.087 9	2.747 8	2.856 1
		20	1.688 6	1.305 9	1.084 9	1.028 5
		25	1.700 8	1.089 0	1.064 2	1.112 0
		30	1.675 7	1.063 5	1.249 2	1.219 5
	I=8%湍流工况	10	1.319 4	1.131 2	1.093 1	1.073 0
		15	1.271 4	1.164 1	1.149 8	1.114 3
	I=15%湍流工况	10	1.399 1	1.312 1	1.354 8	1.462 8
		15	1.350 9	1.297 6	1.404 0	1.463 2
45	均匀流工况	5	2.699 2	2.787 7	2.960 2	2.903 7
		10	3.085 9	2.654 4	2.944 5	2.902 0
		15	2.976 3	2.080 3	2.720 6	2.592 8
		20	1.566 1	1.141 4	1.142 1	1.164 1
		25	1.583 7	1.393 0	1.361 3	1.301 0
		30	1.643 7	1.413 3	1.460 6	1.400 5
	I=8%湍流工况	10	1.351 7	1.138 4	1.139 7	1.078 9
		15	1.358 1	1.196 7	1.174 2	1.131 8
	I=15%湍流工况	10	1.363 5	1.340 3	1.461 2	1.546 7
		15	1.359 6	1.275 1	1.386 3	1.451 7

三、前后遮挡四管模型测力试验

对同一塔段平面开展0°风攻角工况及45°风攻角工况前后遮挡模型（见图4-14和图4-15）测力试验。45°风工况的前后塔柱中心距B_2为0°风工况的前后塔柱中心距B_1的$\sqrt{2}$倍。

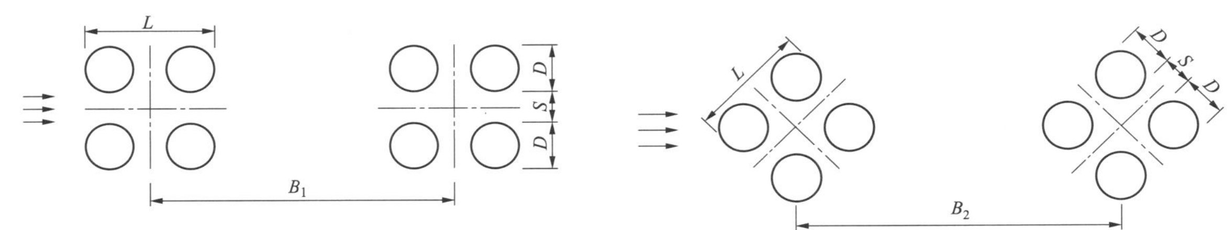

图4-14　0°风攻角工况前后遮挡模型

图4-15　45°风攻角工况前后遮挡模型

前后遮挡模型测力试验在均匀流场中开展，风速分别为10～20m/s，间隔5m/s。选取以下位形开展试验，分别是：

（1）间距比$S/D=0.3$时，B_1/L取为4、6、8，$B_2=\sqrt{2}B_1$。

（2）间距比$S/D=1.3$时，B_1/L取为4，$B_2=\sqrt{2}B_1$。

定义遮挡系数（Shielding Factor，SF）k_{SF}为

$$k_{SF}=\frac{\text{受遮挡后塔柱阻力系数 }C_{Db}}{\text{无遮挡塔柱阻力系数 }C_D} \tag{4-8}$$

均匀来流经过前塔柱后，受前塔柱扰动形成湍流，后塔柱所在位置处的流场为湍流场。将本章试验测试所得结果，同无遮挡情况下四管组合柱在湍流场中的阻力系数进行比较，可得遮挡系数k_{SF}，见表4-5。

表4-5　遮挡系数k_{SF}

工况	0°风攻角			45°风攻角		
	后塔柱阻力系数C_{Db}	前塔柱阻力系数C_D	遮挡系数k_{SF}	后塔柱阻力系数C_{Db}	前塔柱阻力系数C_D	遮挡系数k_{SF}
$S/D=0.3$　$B_1/L=4$	1.1347	1.5372	0.7382	1.1227	1.5749	0.7129
$S/D=0.3$　$B_1/L=6$	1.2687	1.5372	0.8253	1.2082	1.5749	0.7672
$S/D=0.3$　$B_1/L=8$	1.5364	1.5372	0.9995	1.3571	1.5749	0.8617
$S/D=1.3$　$B_1/L=4$	1.3862	1.6075	0.8623	1.2574	1.4519	0.8660

第四节　四管组合柱数值模拟分析

为更全面地确定四管组合柱的风荷载体型系数，运用计算流体动力学（Computational Fluid

Dynamic，CFD）工具对四管组合柱开展数值模拟分析。除对风洞试验中已开展的工况进行模拟分析，加以印证试验结果外，本节还将对由于风洞尺寸限制，无法开展的较大间距比（S/D）进行模拟分析，补充完善四管组合柱风荷载体型系数。

一、数值模拟方法

对于圆柱绕流问题，较适宜采用 $RNG\ k-\varepsilon$ 湍流模型来处理。该湍流模型在计算速度梯度较大的流场时精度较高。对于微分方程的离散使用有限体积法，压力速度耦合迭代选用 SIMPLE 方法，动量方程使用二阶迎风格式离散，扩散项采用中心差分离散，离散得到的代数方程组用高斯-赛德尔迭代法求解。为配合使用标准壁面函数，根据 $30 \leqslant y^{+} \leqslant 600$ 这一控制条件来调整近壁面第一层网格的高度。计算模型的边界条件，见表 4-6 和图 4-16。

表 4-6　　边　界　条　件

位　　置	边　界　条　件
入口面	速度入口（Velocity-inlet），根据不同工况设置风速值及湍流强度
出口面	流量出口（Outflow）
流域左右壁面	对称边界（Symmetry）
圆管壁面	无滑移壁面（No Slip Wall）

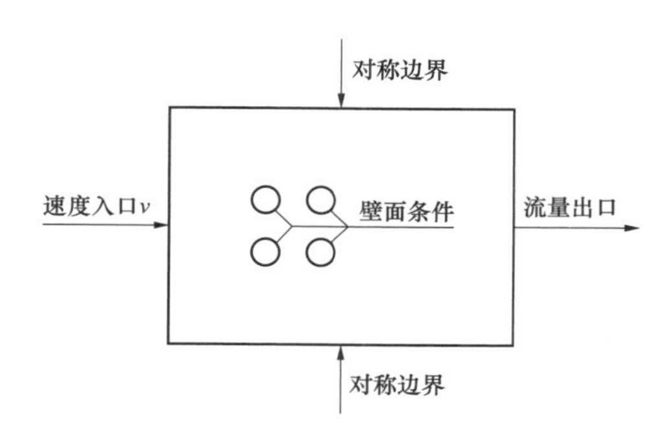

图 4-16　CFD 计算模型边界条件

二、四管组合柱 CFD 数值分析

本节选用两种湍流强度（$I=8\%$、$I=15\%$），两种风速（$v_e=10\text{m/s}$、15m/s），对四圆柱绕流开展 CFD 数值模拟分析。风攻角选为 $\beta=0°$、15°、30°、45°，间距比 S/D 选为 0.3、0.6、1.0、1.3，1.6 和 1.9，同测力及测压试验相比，间距比 S/D 增加了 1.6 和 1.9 两种工况。计算区域取为矩形，圆柱直径 D 为 300mm。上游边界距最近圆柱群中心 $8D$，下游边界距最近圆柱群中心 $15D$，左右两侧边界距圆柱群中心均为 $8D$。

CFD 模拟得四管组合柱的整体风荷载体型系数见表 4-7。

表 4-7　　CFD 模拟所得四管组合柱风荷载体型系数

风攻角 β（°）	工况	风速（m/s）	整体阻力系数					
			间距比=0.3	间距比=0.6	间距比=1.0	间距比=1.3	间距比=1.6	间距比=1.9
0	$I=8\%$ 湍流工况	10	0.388 7	0.388 7	0.218 4	0.388 7	1.214 2	1.214 2
		15	0.425 3	0.425 3	0.196 3	0.425 3	1.243 1	1.243 1
	$I=15\%$ 湍流工况	10	0.476 8	0.476 9	0.177 8	0.476 9	1.308 5	1.308 5
		15	0.443 7	0.444 5	0.194 9	0.444 5	1.266 5	1.266 5

续表

风攻角 β（°）	工况	风速（m/s）	整体阻力系数					
			间距比=0.3	间距比=0.6	间距比=1.0	间距比=1.3	间距比=1.6	间距比=1.9
15	I=8%湍流工况	10	0.343 1	0.474 7	0.327 6	0.474 7	1.147 5	1.147 5
		15	0.312 7	0.453 5	0.321 4	0.453 5	1.083 6	1.083 6
	I=15%湍流工况	10	0.386 5	0.514 2	0.362 7	0.514 2	1.327 4	1.327 4
		15	0.359 0	0.494 3	0.358 9	0.494 3	1.268 5	1.268 5
30	I=8%湍流工况	10	0.302 0	0.585 3	0.368 9	0.585 3	1.180 8	1.180 8
		15	0.274 6	0.577 5	0.351 2	0.577 5	1.102 7	1.102 7
	I=15%湍流工况	10	0.368 0	0.633 1	0.413 5	0.633 1	1.375 9	1.375 9
		15	0.341 6	0.649 2	0.430 4	0.649 2	1.349 2	1.349 2
45	I=8%湍流工况	10	0.343 4	0.636 2	0.344 0	0.636 2	1.283 9	1.283 9
		15	0.323 8	0.639 6	0.323 8	0.639 6	1.228 5	1.228 5
	I=15%湍流工况	10	0.404 2	0.734 9	0.406 0	0.734 9	1.538 4	1.538 4
		15	0.393 8	0.737 4	0.395 6	0.737 4	1.502 2	1.502 2

三、前后遮挡四管组合柱 CFD 数值分析

为研究前塔柱对后塔柱的遮挡效应，建立前后遮挡四管组合柱计算模型。对于每种工况，分别建立有遮挡、无遮挡两种二维数值计算模型，二者几何尺寸及边界条件均一致，区别仅在于是否有前四管柱的遮挡（见图 4-17）。将有遮挡的后塔柱阻力系数同无遮挡塔柱阻力系数进行相比，可获得遮挡系数。计算区域取为矩形区域，圆管直径 D 为 300mm。入口边界距最近的圆柱群中心为 $8D$，下游边界距最近的圆柱群中心 $15D$，左右两侧边界距最近圆柱群中心分别为 $8D$。

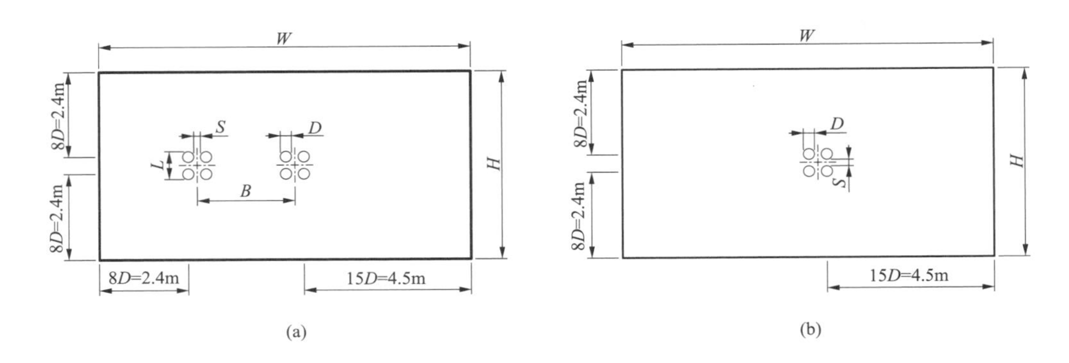

图 4-17　前后遮挡四管组合柱 CFD 计算布置图

（a）有遮挡模型；（b）无遮挡模型

前后遮挡四管组合柱 CFD 数值分析计算工况的选取如下：

（1）风攻角选取为 0°、45°。

（2）四管柱间距比 S/D 选取为 0.3、0.6、1.0、1.3、1.6、1.9。

（3）前后两塔柱距离比 B/L 选取为：4、6、8、10，并在部分间距比下增加了 $B/L=12.5$ 及 $B/L=15$ 的工况。

（4）风速及湍流强度：$v_e=15\text{m/s}$，$I=15\%$。

CFD 模拟得前后四管组合柱的遮挡系数如图 4-18 所示。从图中可以看出，随着距离比（B/L）的增大，遮挡效应减小，随着间距比（S/D）的增大，遮挡效应也呈减小的趋势。

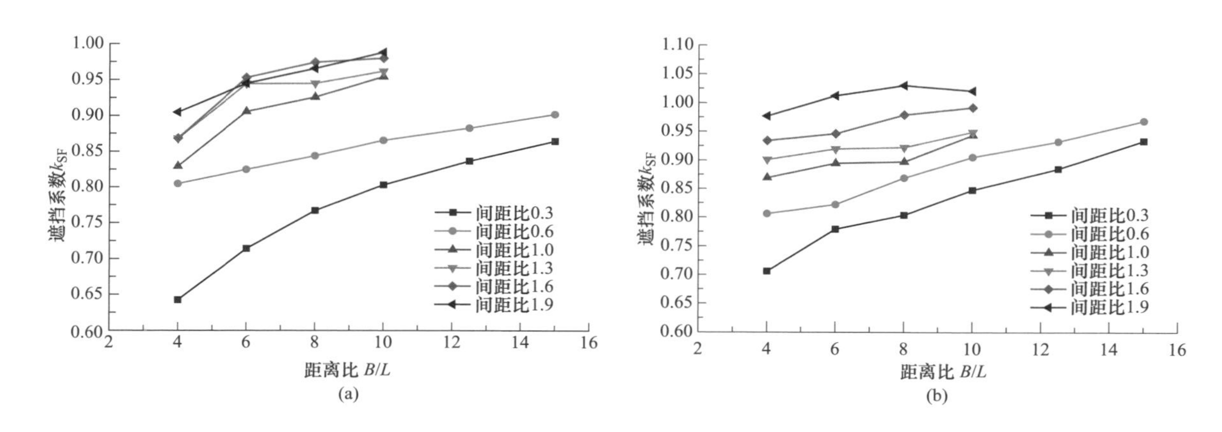

图 4-18 CFD 模拟所得前后四管组合柱遮挡系数

（a）风攻角 $\beta=0°$；（b）风攻角 $\beta=45°$

第五节 三管组合柱风洞试验研究

一、测力试验

图 4-19 给出了①～③三管组合柱的几何布置形式，其中，S 为两相邻管间净距，D 为单管外径，β 为风攻角。

为满足实际工程设计，几何参数的取值定为：

（1）间距比 S/D：0.3、0.6、1.0、1.3。

（2）风攻角 β：0°、45°、135°、180°、315°。

为检验三圆柱结构的雷诺数效应，选取了均匀流和湍流多种风速工况开展试验。各工况下气动力系数计算方法同本章第三节所述。测力试验所得三管组合柱的整体风荷载体型系数见表 4-8。

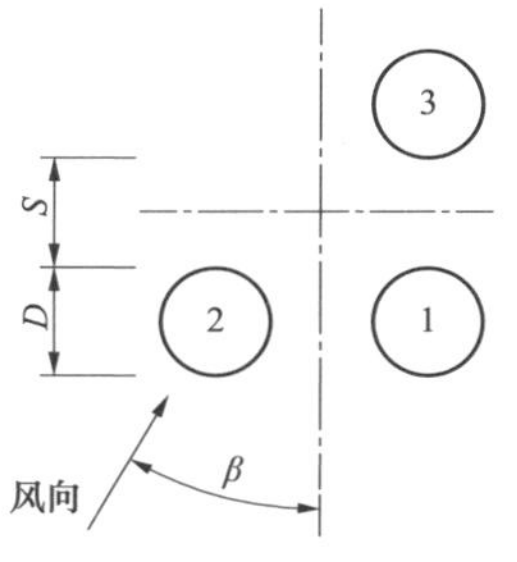

图 4-19 三管组合柱几何布置

表 4-8　测力试验所得三管组合柱风荷载体型系数

风攻角 β (°)	工况	风速 (m/s)	整体阻力系数			
			S/D=0.3	S/D=0.6	S/D=1.0	S/D=1.3
0	均匀流工况	5	2.210 2	1.778 0	1.657 6	1.680 3
		10	2.916 7	2.101 5	1.552 7	1.578 3
		15	2.297 6	1.797 4	1.566 9	1.670 0
	I=8% 湍流工况	10	1.336 8	1.014 6	1.461 8	1.319 3
		15	1.319 7	1.526 0	1.263 9	1.411 6
	I=15% 湍流工况	10	1.348 1	1.213 6	1.262 7	1.218 0
		15	1.296 7	1.227 9	1.241 1	1.226 7
45	均匀流工况	5	1.620 3	1.917 1	2.040 8	1.988 5
		10	1.549 8	1.745 6	1.797 9	1.886 7
		15	1.636 9	1.745 2	1.663 6	1.814 8
	I=8% 湍流工况	10	1.099 3	1.149 9	1.236 0	1.174 9
		15	1.071 7	1.087 1	1.033 6	1.149 3
	I=15% 湍流工况	10	1.109 4	1.095 8	1.056 0	1.055 4
		15	1.092 7	1.090 1	1.033 4	1.062 8
135	均匀流工况	5	2.671 5	2.748 2	2.587 0	2.649 7
		10	2.745 5	2.716 9	2.643 8	2.632 2
		15	2.552 2	2.549 2	2.309 3	2.449 3
	I=8% 湍流工况	10	1.302 4	1.282 1	1.378 7	1.324 7
		15	1.307 0	1.249 6	1.177 7	1.288 2
	I=15% 湍流工况	10	1.524 3	1.132 0	1.205 3	1.162 6
		15	1.558 4	1.198 3	1.315 9	1.195 9
180	均匀流工况	5	1.733 3	1.714 1	1.698 1	1.679 8
		10	1.719 2	1.698 7	1.608 2	1.733 2
		15	1.620 2	1.648 7	1.714 8	1.820 9
	I=8% 湍流工况	10	1.232 6	1.326 2	1.357 2	1.327 9
		15	1.256 7	1.274 8	1.197 0	1.137 6
	I=15% 湍流工况	10	1.263 2	1.136 4	1.225 0	1.193 5
		15	1.263 9	1.156 3	1.129 5	1.214 7
315	均匀流工况	5	3.319 0	2.814 0	2.733 4	2.685 7
		10	2.456 9	2.434 5	2.616 0	2.562 0
		15	2.380 8	2.037 8	2.301 8	2.474 0
	I=8% 湍流工况	10	1.472 1	1.325 0	1.359 9	1.253 5
		15	1.431 5	1.234 1	1.187 6	1.229 0
	I=15% 湍流工况	10	1.485 1	1.316 0	1.197 3	1.176 4
		15	1.478 6	1.312 4	1.225 3	1.186 3

二、测压试验

三管测压试验的间距比及风攻角参数选择同测力试验。各工况下气动力系数计算方法同本章第三节所述。

测压试验所得三管组合柱的整体风荷载体型系数见表4-9。

表4-9　测压试验所得三管组合柱风荷载体型系数

风攻角 β（°）	工况	风速（m/s）	整体阻力系数			
			间距比=0.3	间距比=0.6	间距比=1.0	间距比=1.3
0	均匀流工况	10	2.164 2	1.991 9	1.738 1	1.827 2
		15	2.172 8	1.782 6	2.113 3	2.093 4
		20	1.857 7	1.154 4	1.404 6	1.281 2
		25	1.772 9	0.850 2	1.005 1	1.013 0
		30	1.008 0	0.868 7	1.035 9	1.032 4
	I=8% 湍流工况	10	1.010 7	0.839 8	0.905 2	0.934 1
		15	0.997 0	0.826 3	0.946 2	0.937 8
	I=15% 湍流工况	10	1.098 9	1.022 2	1.111 4	1.171 7
		15	1.191 6	1.008 4	0.998 6	1.127 6
45	均匀流工况	10	1.357 2	1.641 9	1.857 2	1.871 8
		15	1.491 7	1.414 3	1.879 0	1.767 0
		20	1.063 7	1.000 7	0.836 3	0.818 3
		25	1.112 5	0.986 0	0.997 5	0.947 0
		30	1.203 1	0.988 3	1.029 7	0.985 0
	I=8% 湍流工况	10	0.974 3	0.922 4	0.891 5	0.810 3
		15	0.962 1	0.940 0	0.908 4	0.829 3
	I=15% 湍流工况	10	1.005 3	1.042 5	0.997 7	1.001 8
		15	0.967 7	0.974 6	1.048 7	0.999 2
135	均匀流工况	10	2.510 8	2.407 1	2.231 0	2.142 7
		15	2.314 8	2.231 7	1.925 7	1.872 2
		20	1.607 1	0.820 0	0.858 2	0.879 9
		25	1.390 0	0.869 0	0.835 4	0.804 8
		30	1.403 6	1.051 2	0.950 2	0.906 2
	I=8% 湍流工况	10	1.181 1	0.975 8	0.958 3	0.926 0
		15	1.145 1	1.033 6	1.010 1	0.935 0
	I=15% 湍流工况	10	1.272 7	1.175 4	1.160 2	1.189 9
		15	1.221 5	1.121 6	1.154 7	1.204 7

续表

风攻角 β（°）	工况	风速（m/s）	整体阻力系数			
			间距比=0.3	间距比=0.6	间距比=1.0	间距比=1.3
180	均匀流工况	10	1.530 7	1.467 1	1.339 4	1.220 0
		15	1.381 4	1.352 7	1.221 3	1.210 0
		20	1.197 9	1.076 4	1.095 7	1.118 2
		25	1.135 8	0.916 3	0.937 4	0.982 8
		30	1.149 2	0.960 8	0.924 4	0.945 9
	I=8% 湍流工况	10	1.037 9	0.861 7	0.774 4	0.811 3
		15	0.970 8	0.871 4	0.784 6	0.820 1
	I=15% 湍流工况	10	1.193 0	1.054 0	1.137 0	1.175 5
		15	1.123 6	1.058 8	1.107 2	1.133 4
315	均匀流工况	10	2.553 4	2.208 8	2.186 7	2.140 5
		15	2.439 0	1.765 3	2.005 3	1.829 1
		20	1.371 6	0.870 3	0.796 7	0.806 4
		25	1.331 6	0.995 1	0.899 0	0.864 1
		30	1.327 7	1.029 0	0.923 1	0.853 0
	I=8% 湍流工况	10	1.213 6	1.040 5	0.987 3	0.859 0
		15	1.192 5	1.083 3	1.011 1	0.901 4
	I=15% 湍流工况	10	1.256 7	1.169 7	1.087 6	1.128 0
		15	1.318 4	1.172 0	1.134 3	1.107 7

第六节　三管组合柱数值模拟分析

一、计算模型

三圆柱 CFD 数值计算模型的求解策略、湍流模型的选择和边界条件的设置同本章第三节。在工况选择上，本节选用两种湍流强度（I=8%、I=15%）、两种风速（v_e=10m/s、15m/s）开展三圆柱 CFD 数值模拟分析。风攻角选为 β=0°、45°、135°、180°、315°共五种角度。间距比 S/D 选为 0.3、0.6、1.0、1.3、1.6 和 1.9，同测力及测压试验相比，间距比 S/D 增加了 1.6 和 1.9 两种情况。

二、计算结果分析

CFD 模拟得三管组合柱的整体风荷载体型系数见表 4-10。

表 4-10　CFD 模拟所得三管组合柱风荷载体型系数

风攻角 β (°)	工况	风速 (m/s)	整体阻力系数					
			间距比=0.3	间距比=0.6	间距比=1.0	间距比=1.3	间距比=1.6	间距比=1.9
0	I=8% 湍流工况	10	0.925 7	0.843 5	0.908 6	1.082 4	1.003 3	1.052 8
		15	0.865 4	0.780 3	0.789 1	1.037 2	0.948 8	0.986 9
	I=15% 湍流工况	10	1.021 0	0.934 5	0.924 6	1.011 4	1.005 4	1.046 3
		15	0.962 1	0.902 5	0.923 6	0.963 7	0.978 7	0.980 1
45	I=8% 湍流工况	10	0.956 7	0.980 9	0.833 5	0.885 7	0.835 8	0.791 9
		15	0.896 2	0.901 1	0.826 8	0.829 0	0.800 2	0.757 8
	I=15% 湍流工况	10	1.099 9	1.152 0	1.020 1	0.995 6	0.992 5	0.959 4
		15	0.925 0	1.094 2	0.976 5	0.978 0	0.963 3	0.931 3
135	I=8% 湍流工况	10	1.340 4	1.202 1	0.999 9	1.028 2	0.872 7	0.838 1
		15	1.290 7	1.162 4	0.961 2	0.998 7	0.836 6	0.796 0
	I=15% 湍流工况	10	1.443 7	1.294 7	1.146 9	1.170 4	1.166 8	1.125 3
		15	1.397 5	1.263 3	1.110 9	1.142 3	1.016 2	0.974 3
180	I=8% 湍流工况	10	1.032 0	0.935 5	0.959 0	0.922 2	1.063 8	0.902 3
		15	1.019 3	0.898 0	0.874 7	0.882 9	1.005 7	0.855 4
	I=15% 湍流工况	10	1.171 3	1.096 1	1.048 6	1.046 9	1.038 8	1.036 0
		15	1.121 9	1.060 3	0.982 3	1.001 1	1.078 9	1.004 4
315	I=8% 湍流工况	10	1.247 3	1.164 2	1.167 1	0.966 8	0.915 2	0.864 4
		15	1.353 6	1.208 4	1.139 9	1.092 9	0.861 8	0.812 0
	I=15% 湍流工况	10	1.337 5	1.340 2	1.243 2	1.221 5	1.197 9	1.140 8
		15	1.425 0	1.280 8	1.207 9	1.185 8	1.013 7	0.964 3

第七节　结　　论

对于四/三管组合柱，在湍流工况下其处于超临界区，且测力试验所得结果可更全面、直观地反映出结构的整体受力情况，故采用湍流工况下的测力试验结果作为推荐体型系数。对于同一几何位形，采用在两种湍流工况下，通过测力试验所得的四个结果中的最大值，作为此几何位形下四/三管组合柱的风荷载体型系数。对于间距比 S/D=1.6 或 1.9 的工况，由于未开展试验，仅开展了 CFD 数值模拟，故采用数值模拟的结果作为其风荷载体型系数。

对于不同风攻角、不同间距比的四圆柱结构，其体型系数范围为 1.59～1.93，按照单圆柱的风荷载体型系数，将四个圆柱进行累加，可得其风荷载体型系数为 4×0.6=2.4，与之相比下降 20%～34%。

对于不同风攻角、不同间距比的三圆柱结构，其体型系数范围为 1.06～1.56。按照单圆柱的风荷载体型系数，将三个圆柱进行累加，可得其风荷载体型系数为 3×0.6＝1.8，与之相比下降 15%～41%。

对于前后塔柱的遮挡系数，由于开展的试验工况较少，所开展的试验工况主要用于标定 CFD 数值计算结果的正确性，故遮挡系数采用 CFD 模拟所得的结果，参数（间距比、距离比）区间内线性插值。

一、四管组合柱风荷载体型系数

四管组合柱风荷载体型系数推荐值见表 4-11。

表 4-11　　　四管组合柱风荷载体型系数表

不同风攻角示意图	间距比	阻力系数	升力系数
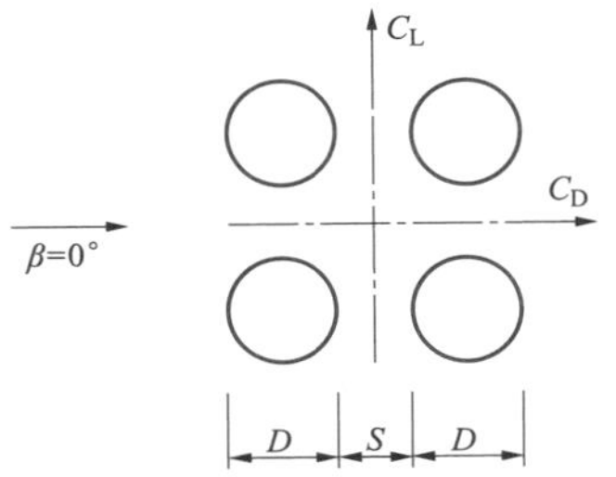 $\beta=0°$	0.3	1.93	—
	0.6	1.58	—
	1.0	1.80	—
	1.3	1.83	—
	1.6	1.83	—
	1.9	1.83	—
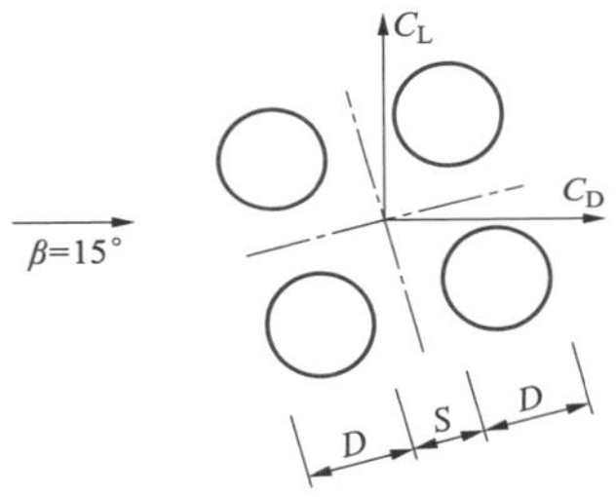 $\beta=15°$	0.3	1.52	1.02
	0.6	1.56	0.42
	1.0	1.65	-0.17
	1.3	1.69	-0.26
	1.6	1.69	0.15
	1.9	1.69	0.12
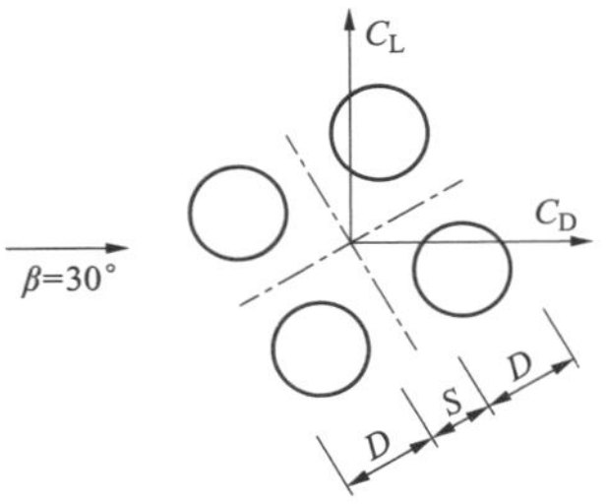 $\beta=30°$	0.3	1.58	0.18
	0.6	1.59	0.22
	1.0	1.66	0
	1.3	1.67	0
	1.6	1.67	0
	1.9	1.67	0
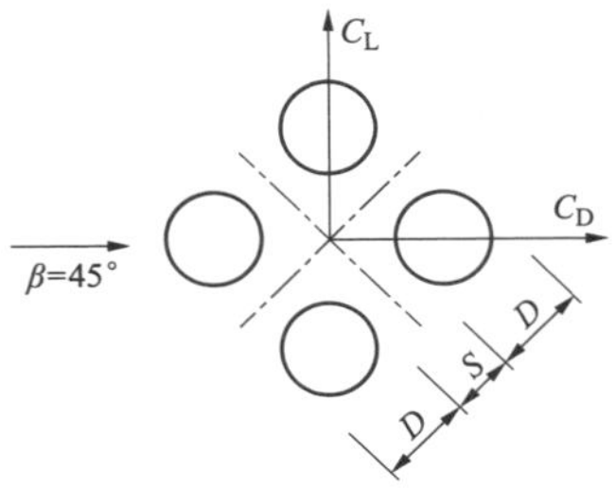 $\beta=45°$	0.3	1.69	—
	0.6	1.62	—
	1.0	1.67	—
	1.3	1.67	—
	1.6	1.67	—
	1.9	1.67	—

二、四管组合柱前后遮挡系数

四管组合柱前后塔柱遮挡系数推荐值见表 4-12 和表 4-13。

表 4-12　　$\beta=0°$时 CFD 模拟所得遮挡系数 k_{SF}

距离比 \ k_{SF} \ 间距比	0.3	0.6	1.0	1.3	1.6	1.9
4	0.642 3	0.804 7	0.829 6	0.868 1	0.868 6	0.905 1
6	0.714 2	0.824 9	0.906 2	0.944 7	0.953 2	0.945 3
8	0.766 9	0.844 1	0.926 4	0.945 2	0.974 8	0.966 0
10	0.803 2	0.865 8	0.954 7	0.962 2	0.980 4	0.988 7
12.5	0.836 9	0.883 1				
15	0.864 6	0.902 7				

表 4-13　　$\beta=45°$时 CFD 模拟所得遮挡系数 k_{SF}

距离比 \ k_{SF} \ 间距比	0.3	0.6	1.0	1.3	1.6	1.9
4	0.706	0.806 4	0.869 9	0.901 7	0.934 7	0.977 7
6	0.779 3	0.822 5	0.895 6	0.920 3	0.946 9	1.013 3
8	0.803 6	0.869 5	0.898 2	0.923 1	0.980 1	1.031 1
10	0.847 8	0.906 3	0.944 7	0.950 2	0.993 2	1.022 1
12.5	0.885 2	0.933 3				
15	0.933 9	0.969 6				

对于间距比为 0.3 和 0.6 的四圆柱，当距离比大于 15 后可认为前塔柱对后塔柱没有遮挡效应；对于间距比为 1.0～1.9 的四圆柱，当距离比大于 10 以后可认为前塔柱对后塔柱没有遮挡效应。

三、三管组合柱风荷载体型系数

三管组合柱风荷载体型系数推荐值见表 4-14。

表 4-14　　三管组合柱风荷载体型系数表

不同风攻角示意图	间距比	阻力系数	升力系数
C_L C_D β=0° D S D	0.3	1.35	-0.93
	0.6	1.27	-0.36
	1.0	1.26	0
	1.3	1.28	0
	1.6	1.28	0
	1.9	1.28	0

续表

不同风攻角示意图	间距比	阻力系数	升力系数
C_L, C_D, β=45°, D, S, D	0.3	1.11	—
	0.6	1.15	—
	1.0	1.06	—
	1.3	1.06	—
	1.6	1.06	—
	1.9	1.06	—
C_L, C_D, β=180°, D, S, D	0.3	1.26	-0.32
	0.6	1.24	-0.10
	1.0	1.22	0
	1.3	1.22	0
	1.6	1.22	0
	1.9	1.22	0
C_L, C_D, β=135°, D, S, D	0.3	1.56	—
	0.6	1.45	—
	1.0	1.37	—
	1.3	1.38	—
	1.6	1.38	—
	1.9	1.38	—
C_L, C_D, β=315°, D, S, D	0.3	1.49	—
	0.6	1.36	—
	1.0	1.23	—
	1.3	1.19	—
	1.6	1.19	—
	1.9	1.19	—

注 以一个圆管的直径计算挡风面积。

参考文献

[1] UMER B M. 圆柱结构流体力学 [M]. 香港：世界科技出版社，2006.

[2] ZDRAVKOVICH M M. 圆柱绕流（第一卷）[M]. 牛津大学出版社，1997：377-378.

[3] SAYERS A T. 四圆柱和三圆柱涡脱频率的研究 [J]. 结构风工程和工业空气动力学．1990，34（2）：213-221.

[4] LAM K，ZOU L. 四圆柱绕流的试验研究及大涡模拟研究 [J]. 国际热流体学报．2009，30（2）：276-285.

第五章

四管组合主柱塔节点受力特性试验研究

第一节　概　　述

一、研究目的与意义

长江大跨越塔身主材在变坡以下采用了四管组合柱的截面型式（见图 5-1），该截面型式在输电线路工程中属首次使用。组合柱由于刚度大、节点构造复杂，在工程设计中需要考虑诸多关键问题，例如整塔受力的合理分析方法、四柱肢主材与斜材的连接方式、主材单根变四根组合柱的节点处理方案、节点连接处的次弯矩问题以及四柱肢的受力不均匀性等。因此对组合钢管塔整体建立空间有限元模型，进行有限元分析，得到组合柱和关键节点分析计算的内力，在此基础上，针对钢管塔设计中关键的主斜材连接节点和主材一变四节点进行深入的理论和试验研究及有限元分析，最终确定可靠的节点连接型式，为工程设计提供依据，确保特高压大跨越杆塔结构的设计、结构及建造顺利实施。

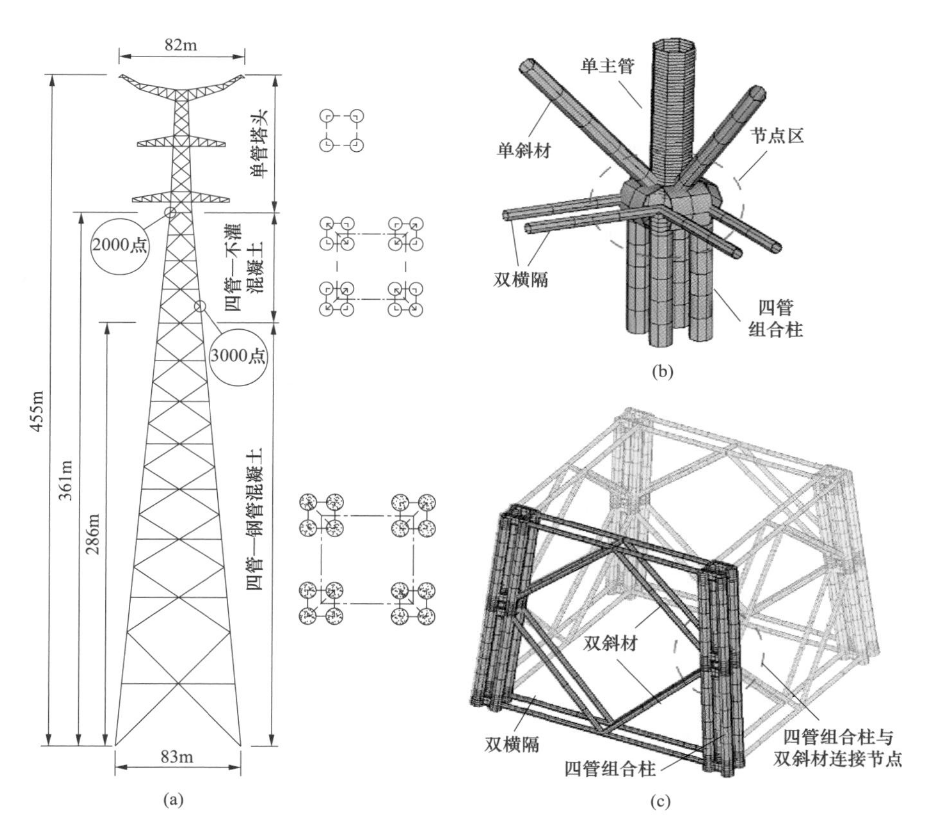

图 5-1　单管与四管组合柱过渡节点和四管组合柱与双斜材连接节点位置图

（a）整塔单线图；（b）2000 点；（c）塔段示意图，3000 点

二、国内外研究现状

随着特高压工程的建设，钢管塔逐渐在输电塔结构上得到普遍应用，相关的钢管节点试验和理论研究工作也得到开展。对单管钢管塔进行了大量的科学研究，取得了丰硕的成果。但对组合柱钢管塔，尚未检索相关的研究文献。

本课题对单管与四管组合柱过渡节点［见图 5-1（b）］和四管组合柱与双斜材连接节点［见图 5-1（c）］两种典型节点型式进行试验研究，结合有限元分析结果，确定用于跨越塔的两种典型节点的构造形式和设计参数。节点位置如图 5-1（a）中所示。

第二节　节点方案选型

针对单管与四管组合柱过渡节点提出了 5 种节点型式，针对四管组合柱与双斜材连接节点提出了 4 种节点型式，通过有限元分析比较，最终分别确定了 2 种单管与四管组合柱过渡和 3 种四管组合柱与双斜材连接的性能优越的节点型式用于模型加载试验。

一、单管与四管组合柱过渡节点

1. 球节点

球节点如图 5-2 所示，该节点型式为上主管、下主管通过中间的大球进行连接，上、下主管焊接到中间的大球上，球内部加径向和纬向肋板。考虑四管间距收进，大球直径为 3828mm。

通过有限元分析可知，球节点的应力分布比较均匀，节点变形表现良好。从加工方面考虑，国内现有最大的热浸锌池子不能满足球节点整体镀锌的要求；如果分成上下两个半球，则会降低球体强度。

2. 半球节点

半球如图 5-3 所示。该节点型式为上主管、下主管通过中间的一个半球进行连接，上、下主管焊接到中间的半球上，球内部加径向和纬向肋板。

从重量方面考虑，半球节点是球节点重量的一半；通过有限元分析可知，半球节点的应力分布比较均匀，但是半球节点的稳定很难得到保证；从加工方面考虑，半球节点解决了球节点镀锌的问题。

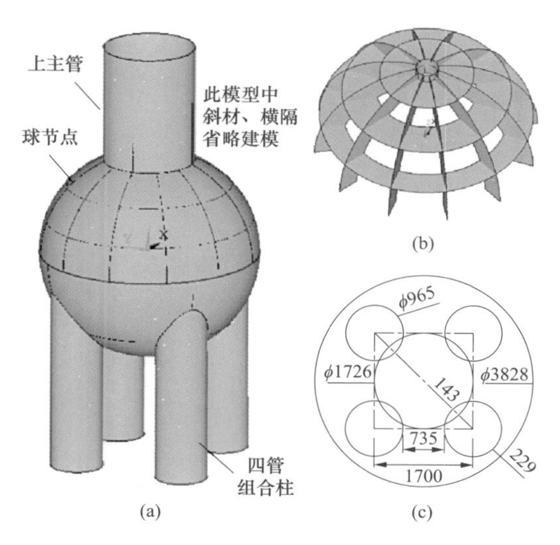

图 5-2　球节点示意图

（a）节点示意图；（b）球节点内肋板；（c）球面上投影

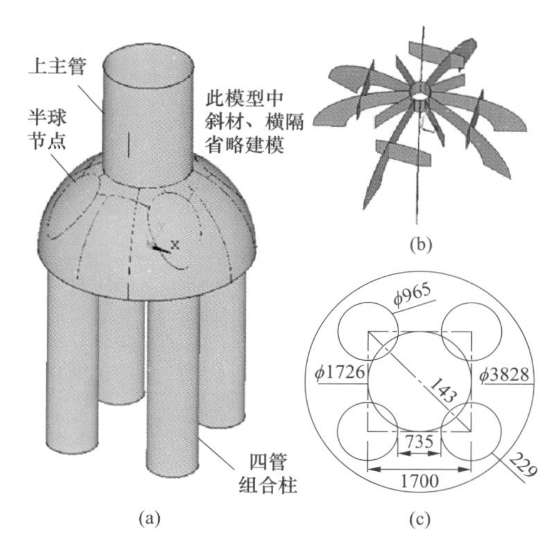

图 5-3　半球节点示意图

（a）节点示意图；（b）半球节点内肋板；（c）半球面上投影

3. 锥台管对接焊连接节点

锥台管对接焊接连接节点如图 5-4 所示。该节点型式为上主管、下主管通过中间的一个锥台管和四根弯折管进行连接，上主管与锥台管通过对接焊连接，四根弯折管与锥台管通过相贯焊连接，下主管与对应弯折管通过对接焊连接。

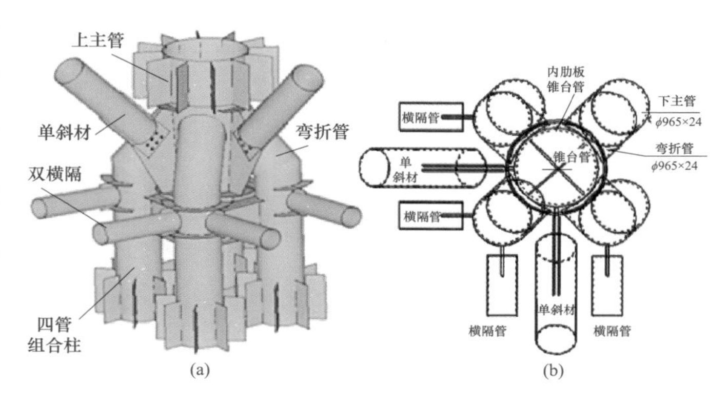

图 5-4　锥台管对接焊连接节点示意图

（a）节点示意图；（b）节点平面图

锥台管对接焊连接节点构造简单，传力途径清晰明了，荷载经由上主管和斜材传递给弯折管和锥台管，再传递给下主管，并且该节点型式肋板数量少，整个节点的重量小，经济性强。通过有限元分析可知，锥台管对接焊连接节点在下主管与弯折管交接处有应力集中现象，达到屈服应力，节点变形表现为弯折管的内凹现象，需要特别注意弯折管的应力发展情况和变形发展情况。从加工方面考虑，锥台管对接焊连接节点加工简单，施工方便。

4. 大板节点

大板节点如图 5-5 所示。该节点型式为上主管、下主管通过中间的一块四边形大板进行连接，上、下主管焊接到中间的大板上，主管周围加肋。横隔钢管通过节点板与大板连接，其力的轴线与下主管轴线相交。斜材钢管的轴线交于四根下主管轴线中心。

大板节点构造简单，传力途径清晰明了，上主管荷载和斜材荷载经由大板传递给下主管。该节点形式上、下主管相互搭接，大板上下侧均匀布置加劲肋，这样大板的受力就比较均匀，但是也存在上、下主管搭接太少、传力不均匀的问题。通过有限元分析可知，上、下主管应力集中现象显著，主要分布在节点板与主管交接处以及上主管外侧；节点变形表现为上主管在外侧受压，四根下主管变形为大板内侧方向受压，外侧受拉，大板凸凹变形较小。从加工方面考虑，大板节点构造简单，加工方便，但是焊接工作量较大。

5. 锥形管过渡板连接节点

锥形管过渡板连接节点如图 5-6 所示。该节点型式为上主管、下主管通过中间的锥形管进行连接，锥形管的上端通过法兰与上主管连接，下端通过一块圆形大板与四根下主管连接。锥形管和上、下主管周围加肋。横隔钢管通过节点板与下面的圆大板连接，其力的轴线与下主管轴线相交。斜材钢管的轴线交于四根下主管轴线中心。

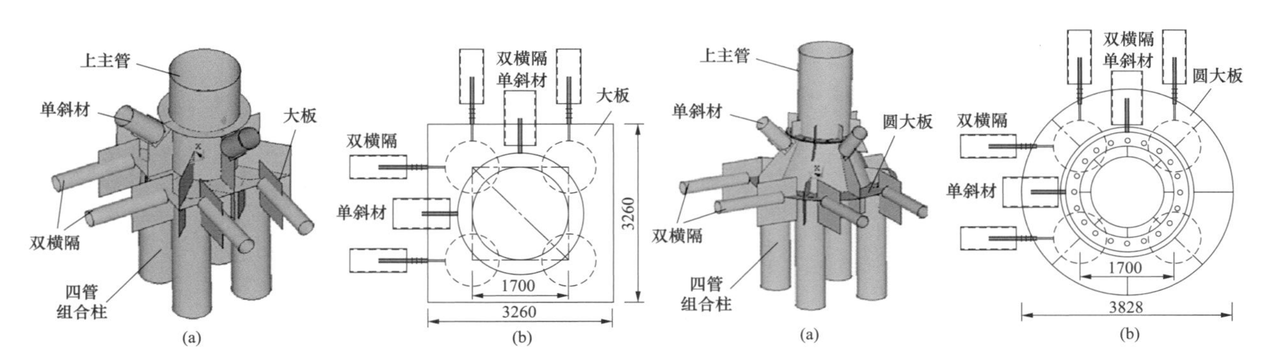

图 5-5　大板节点示意图

（a）节点示意图；（b）节点平面图

图 5-6　锥形管过渡板连接节点示意图

（a）节点示意图；（b）节点平面图

锥形管过渡板连接节点构造简单，传力途径清晰明了，上主管荷载和斜材荷载经由锥形管和大板传递给下主管。与大板节点相比，上、下主管相互搭接面积变大，大板的受力更加均匀。通过有限元分析可知，节点的应力发展和变形与大板节点基本一致，但是圆大板上的凹凸变形并没有大板节点明显。从加工方面考虑，锥形管过渡板连接节点构造简单，加工方便，但是焊接工作量较大。

单管与四管组合柱过渡节点选型对比见表 5-1。通过对比最终确定一变四变坡节点试验研究的两种节点型式为锥台管对接焊连接节点和锥形管过渡板连接节点。

表 5-1　　单管与四管组合柱过渡节点选型对比分析

节点名称	原型质量（$\times10^3$kg）	节点高度（mm）	连接构件尺寸（mm）	节点特点
球节点	32.6	5730	ϕ3828×50（球）	受力均匀、镀锌困难
半球节点	21.5	3750	ϕ3828×50（半球）	存在稳定问题
锥台管对接焊连接节点	20.6	3900	2088（高）×40（厚）（锥台管）	连接简单、传力明确
大板节点	16.0	3900	3260×3260×40（方大板）	应力集中现象显著
锥形管过渡板连接节点	21.8	3900	ϕ3828×45（圆大板）	构造简单，传力途径清晰，受力均匀

二、四管组合柱与双斜材连接节点

1. 四管钢管连接（二道）

四管钢管连接（二道）节点如图 5-7 所示。该节点型式为四根主管两两之间通过两道圆形钢管进行连接，对角线方向也通过一道钢管连接，相应位置的双斜材直接连接到相应的主管上。

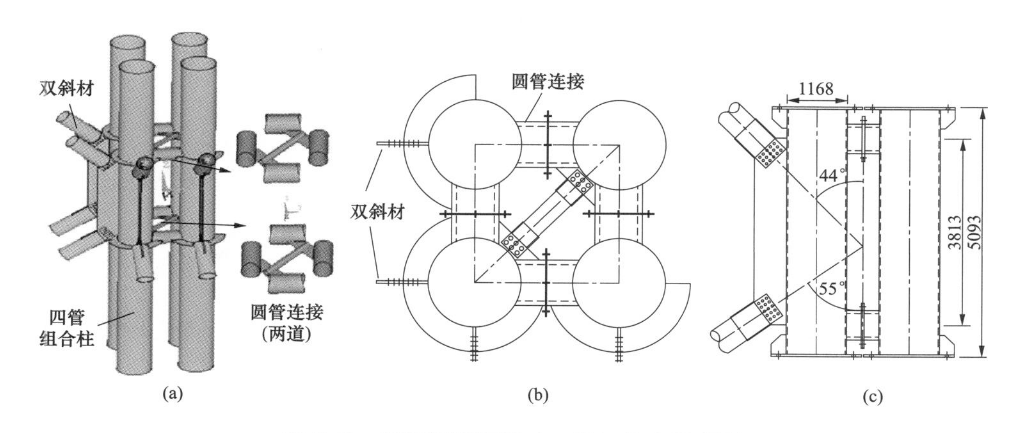

图 5-7 四管钢管连接（二道）节点示意图

（a）节点示意图；（b）节点平面图；（c）节点立面图

通过有限元分析可知，该节点应力分布均匀，节点整体应力都很小，只有主管与连接钢管相连接的部位有部分应力集中现象，节点变形也非常小。从加工方面考虑，圆形钢管之间会出现干涉现象，节点板的长度过大。

2. 四管 H 型钢连接（一道）

四管 H 型钢连接（一道）节点如图 5-8 所示。该节点型式与四管钢管连接节点相同，区别在于四管的连接方式由钢管连接变成了 H 型钢连接，在上、下斜材轴线交点的位置连接一道。

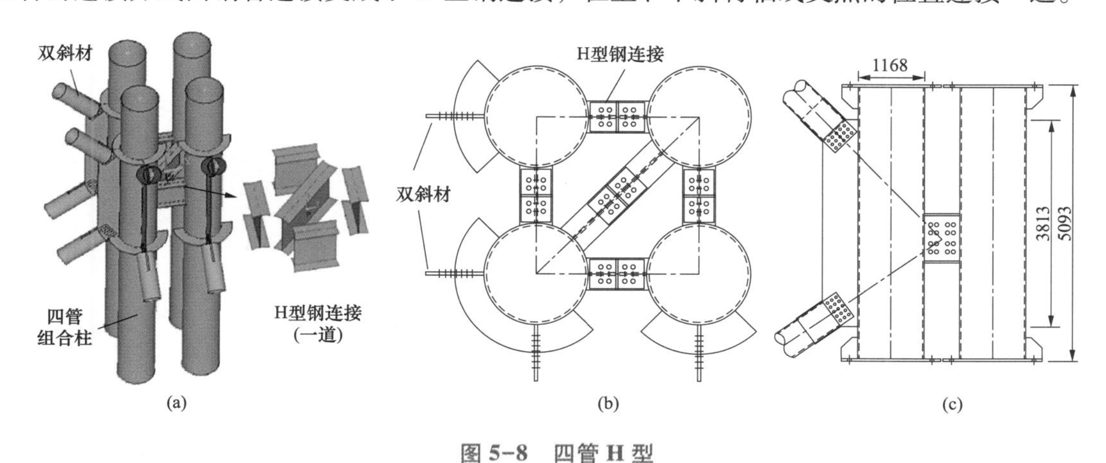

图 5-8 四管 H 型

（a）节点示意图；（b）节点平面图；（c）节点立面图

通过有限元分析可知，该节点整体应力都很小，只有主管与 H 型钢相连接的部位有部分应力集中现象，节点变形也非常小。缀材使用 H 型钢代替圆形钢管，可以有效解决圆形钢管干涉的问题，并且能够更加充分地利用材料。从加工方面考虑，该节点型式加工简单，但是也存在节点板过长的问题。

3. 四管 H 型钢连接（二道）

四管 H 型钢连接（二道）节点如图 5-9 所示。该节点型式与一道中节点型式相同，区别在于工字型连接 H 型钢由一道变成两道，布置在上、下两斜材轴线与主管外侧管壁交点的位置。

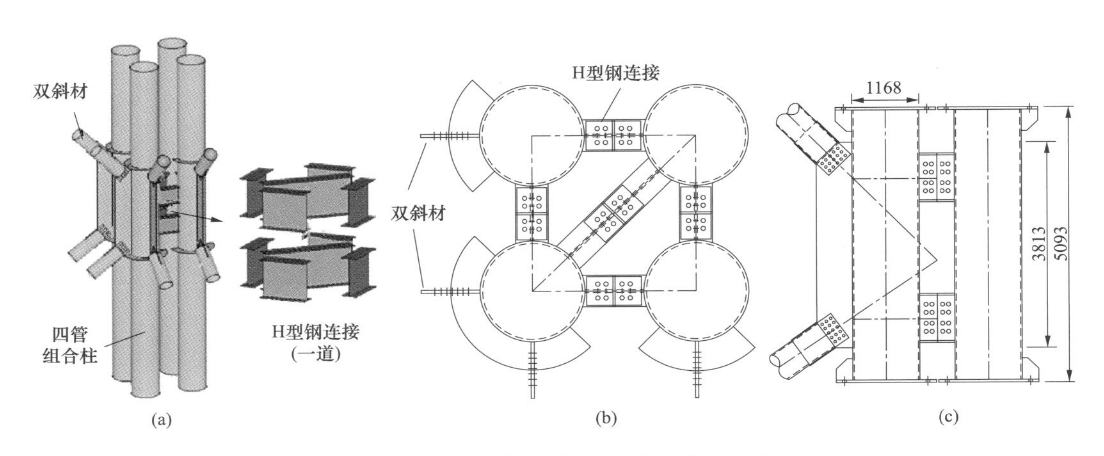

图 5-9 四管 H 型钢连接（二道）节点示意图

（a）节点示意图；（b）节点平面图；（c）节点立面图

通过有限元分析可知，二道 H 型钢连接与一道 H 型钢连接的应力和变形情况基本一致。从加工方面考虑，二道 H 型钢连接比一道 H 型钢连接复杂一些，整体加工也比较简单，也存在节点板过长的问题。

4. 负偏心四管 H 型钢连接（一道）

负偏心四管 H 型钢连接（一道）节点如图 5-10 所示。负偏心四管 H 型钢连接节点在上、下斜材轴线交点的位置布置一道 H 型钢，偏心距 $e=(C+D)/2$（C 为主管间净距，D 为主管直径）。负偏心可以有效减小节点板的尺寸，由原来的节点板高度 3813mm 减小为 2241mm。

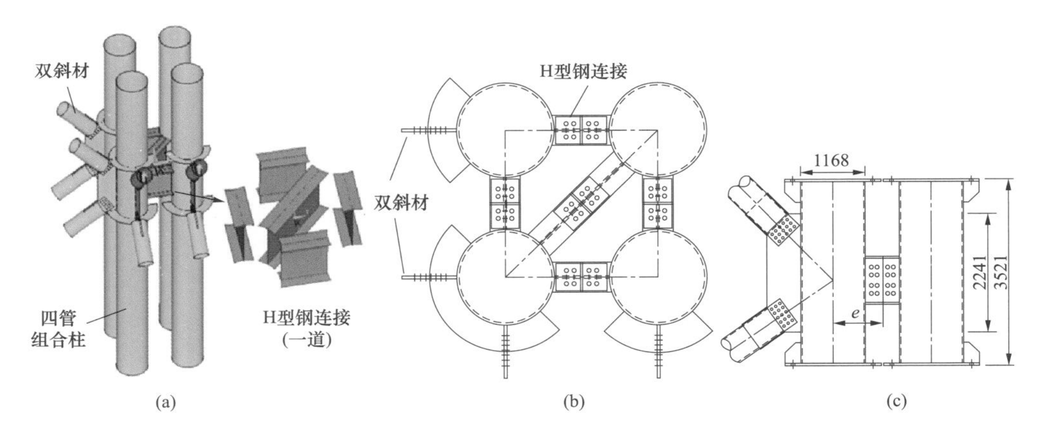

图 5-10 负偏心四管 H 型钢连接（一道）节点示意图

（a）节点示意图；（b）节点平面图；（c）节点立面图

通过有限元分析可知，负偏心一道 H 型钢连接与四管 H 型钢连接（一道）和四管 H 型钢连接（二道）所述的节点型式在应力和变形方面基本一致，节点整体应力和变形都很小。从加工方面考

虑，加工比较简单，而且节点板长度比较小。

四管组合柱与双斜材连接节点选型对比见表5-2。通过对比分析，最终确定双斜材四管组合K型试验研究的三种节点形式为四管H型钢连接（一道）、四管H型钢连接（二道）和负偏心四管H型钢连接（一道）。

表5-2　　四管组合柱与双斜材连接节点选型对比分析

节点名称	原型质量（$\times10^3$ kg）	节点高度（mm）	斜材节点板尺寸（mm×mm×mm）	节点特点
四管钢管连接（二道）节点	30.8	5100	3813×680×35	圆形钢管之间会出现干涉现象
四管H型钢连接（一道）节点	24.3	5100	3813×680×35	节点型式简单，施工方便快捷
四管H型钢连接（二道）节点	25.3	5100	3813×680×35	比一道H型钢连接复杂一些
负偏心四管H型钢连接（一道）节点	18.2	3520	2241×680×35	减小了节点板长度和节点重量

第三节　试　验　设　计

一、节点荷载

试验设计针对45°大风最不利荷载工况，开展节点试验研究。单管与四管组合柱过渡节点试验模型缩尺比为1∶3.59，相应荷载的轴力缩尺比为1∶12.89，弯矩缩尺比为1∶46.27。四管组合柱与双斜材连接节点试验模型缩尺比为1∶4.28，相应荷载的轴力缩尺比为1∶18.32，弯矩缩尺比为1∶78.40。

1. 单管与四管组合柱过渡节点荷载

图5-11（a）和图5-11（b）分别为单管与四管组合柱过渡节点简化前、后的荷载示意图。节点缩尺荷载详见表5-3。

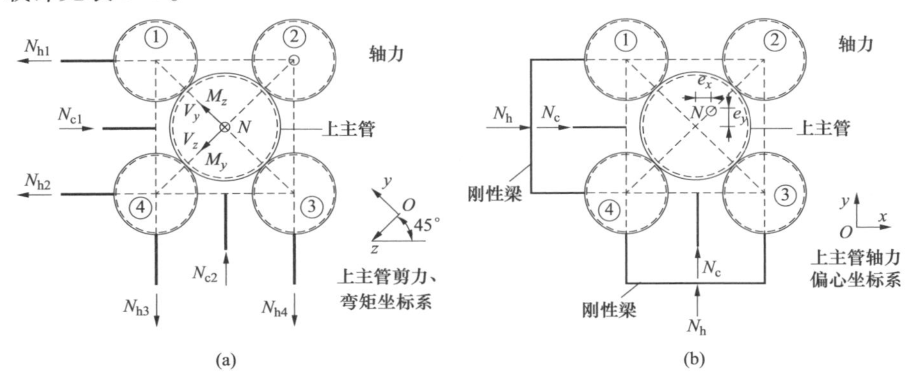

图5-11　单管与四管组合柱过渡节点荷载平面示意图

（a）简化前；（b）简化后

表 5-3　　单管与四管组合柱过渡节点缩尺荷载（简化后设计荷载）

工况	位置	缩尺荷载	工况	位置	缩尺荷载
压力工况	上主管	$N=-3700\text{kN}$ $e_x=30\text{mm}$ $e_y=30\text{mm}$	拉力工况	上主管	$N=2820\text{kN}$ $e_x=18\text{mm}$ $e_y=18\text{mm}$
	斜材	$N_c=-434\text{kN}$		斜材	$N_c=408\text{kN}$
	横隔	$N_h=145\text{kN}$		横隔	$N_h=-274\text{kN}$

2. 四管组合柱与双斜材连接节点荷载

图 5-12（a）和图 5-12（b）分别为四管组合柱与双斜材连接节点简化前、后的荷载示意图。节点缩尺荷载详见表 5-4。

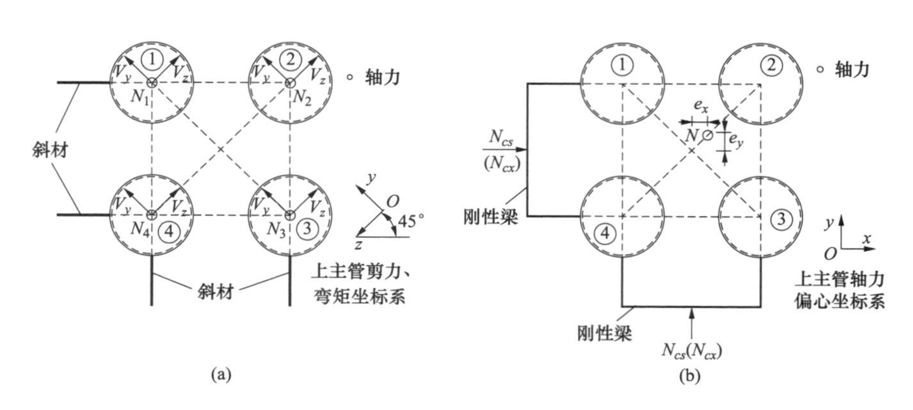

图 5-12　四管组合柱与双斜材连接节点荷载平面示意图

（a）简化前；（b）简化后

表 5-4　　四管组合柱与双斜材连接节点荷载（缩尺后设计荷载）

SGC-1 和 SGC-2 节点			SGW-3 节点		
工况	位置	缩尺荷载	工况	位置	缩尺荷载
压力工况	四主管之和	$N=\sum_{i=1}^{4}N_i=-4460\text{ kN}$ $e_x=e_y=8\text{mm}$	压力工况	四主管之和	$N=\sum_{i=1}^{4}N_i=-4520\text{ kN}$ $e_x=e_y=8\text{mm}$
	斜材	$N_{cs}=-266\text{kN}$、$N_{cx}=226\text{kN}$		斜材	$N_{cs}=-328\text{kN}$、$N_{cx}=280\text{kN}$

二、加载系统

本次节点试验在同济大学建筑结构试验室 10 000kN 大型多功能结构试验机上进行。为实现节点的空间加载，设计了空间加载系统。图 5-13 所示为单管与四管组合柱过渡节点荷载示意图，图 5-14 所示为四管组合柱与双斜材连接节点荷载示意图。

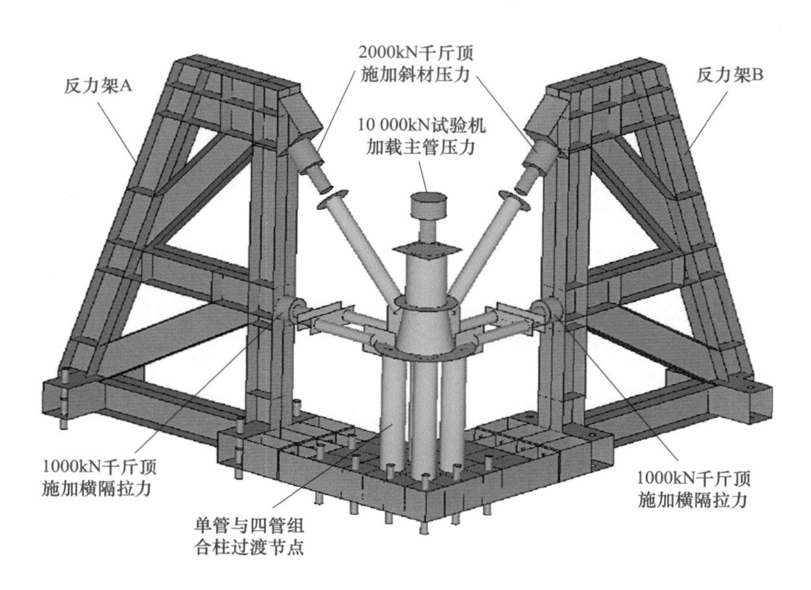

图 5-13　单管与四管组合柱过渡节点荷载平面示意图

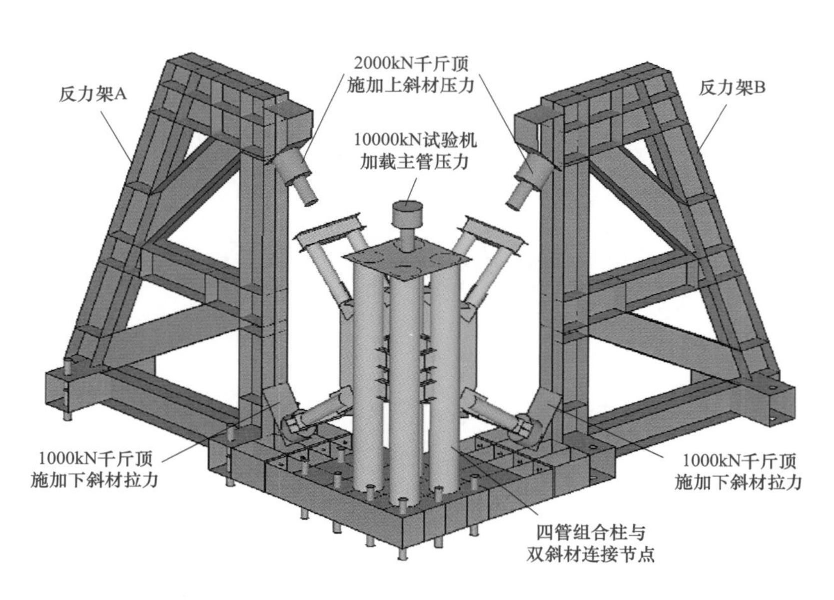

图 5-14　四管组合柱与双斜材连接节点荷载平面示意图

三、试件设计

1. 单管与四管组合柱过渡节点

单管与四管组合柱过渡节点共 2 种节点形式，即锥形管过渡板连接节点（SCJ-1）和锥台管对接焊连接节点（SCJ-2），每种节点形式有 3 件构件，均为空间节点，共 2×3＝6（个）试件，缩尺比为 1∶3.59，缩尺前主管材性 Q420，其余等材性 Q345，缩尺后各构件材性不变。

SCJ-1 和 SCJ-2 的节点示意图分别见图 5-15 和图 5-16。

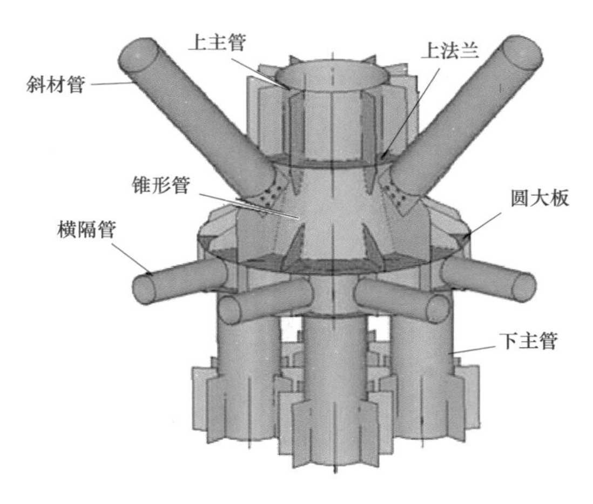

图 5-15　锥形管过渡板连接节点示意图

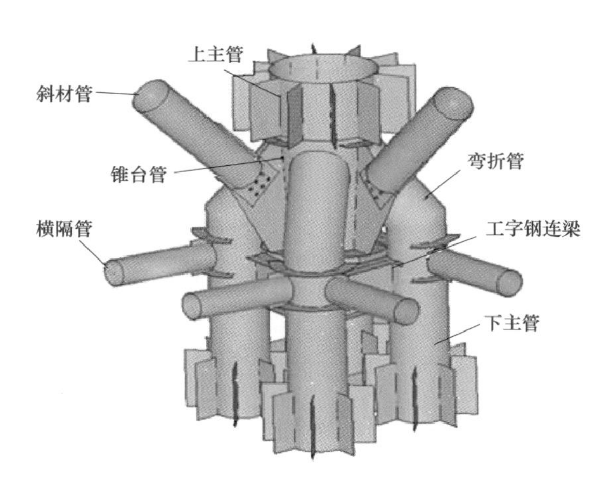

图 5-16　锥台管对接焊连接节点示意图

2. 四管组合柱与双斜材连接节点

四管组合柱与双斜材连接节点共 3 种节点形式，即主材间一道连梁连接（斜材无偏心）节点（SGC-1）、主材间二道连梁连接（斜材无偏心）节点（SGC-2）和主材间一道连梁连接（斜材负偏心）节点（SGW-3），每种节点形式有 3 件构件，均为空间节点，共 3×3＝9（个）试件，缩尺比为 1∶4.28。缩尺前主管材性 Q420，其余构件材性 Q345，缩尺后主管 Q345，其余构件 Q235。

SGC-1、SGC-2 和 SGW-3 的平面图相同，见图 5-17。SGC-1、SGC-2 和 SGW-3 的 *A*—*A* 剖面图，分别见图 5-18～图 5-20。

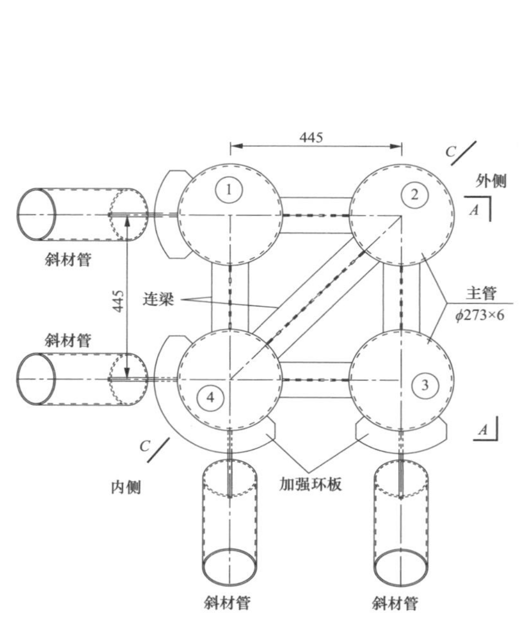

图 5-17　SGC-1、SGC-2 和 SGW-3 的平面图

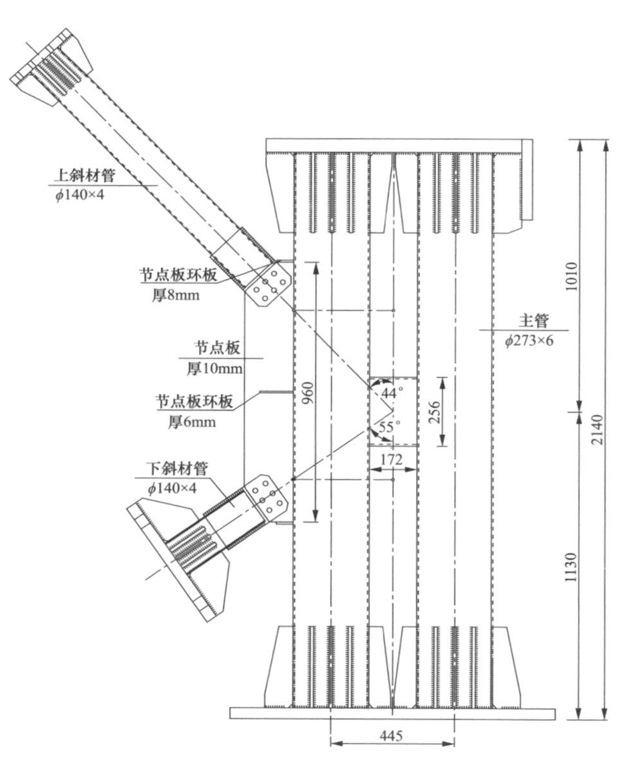

图 5-18　SGC-1 *A*-*A* 剖面图

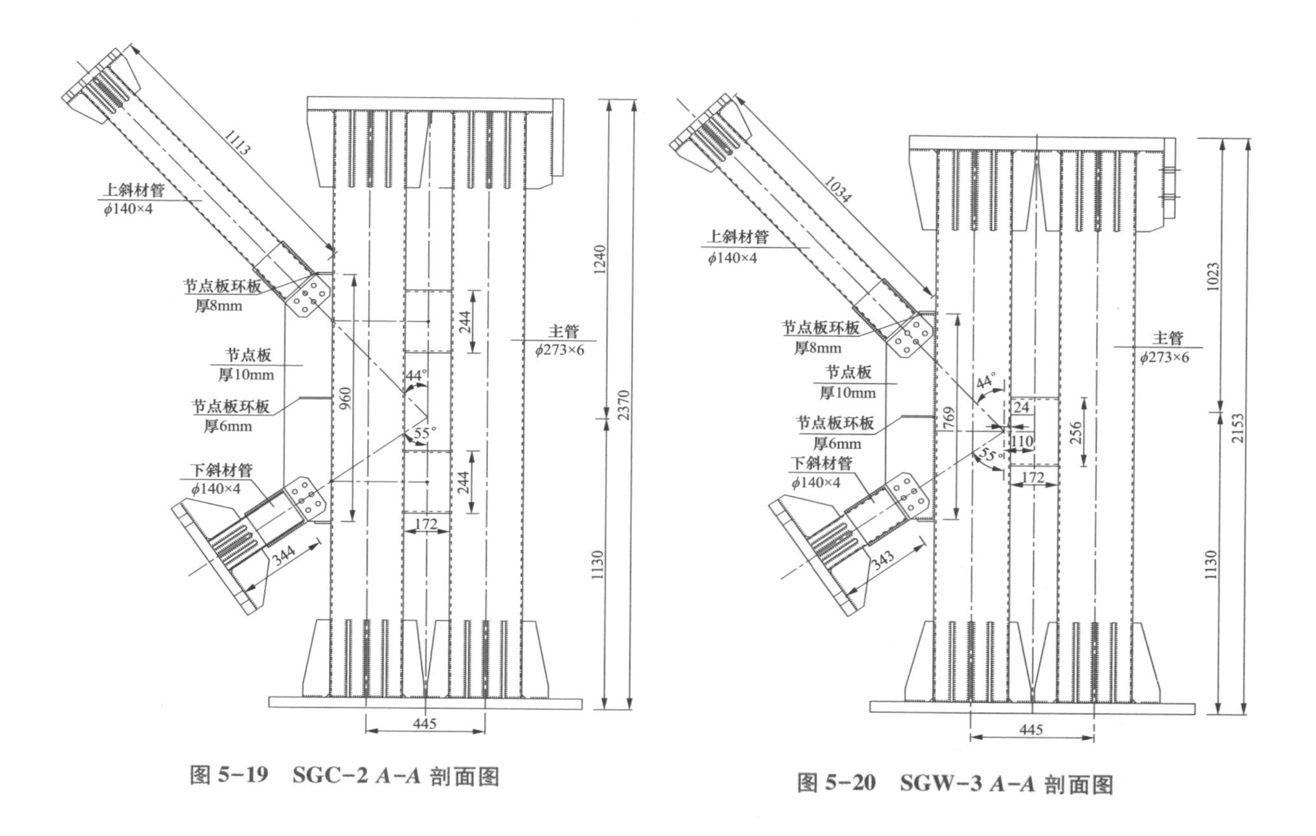

图 5-19　SGC-2 *A*-*A* 剖面图

图 5-20　SGW-3 *A*-*A* 剖面图

四、材料性能试验

材性试验在同济大学建筑结构试验室材性试验机进行，单轴拉伸试验结果见表 5-5。

表 5-5　　单轴拉伸试验结果

材性	试件厚度（mm）	屈服应力 f_y（N/mm^2）	屈服应变 ε_y（$\mu\varepsilon$）	材性	试件厚度（mm）	屈服应力 f_y（N/mm^2）	屈服应变 ε_y（$\mu\varepsilon$）
Q420B	6	466	2200	Q345B	4	400	1900
	10	440	2100		5	420	2000
	12	530	2550		6	440	2100
	14	440	2100		7	425	2060
	16	480	2300		8	400	1900
	4	310	1500		10	400	1900
Q235B	5	270	1300		12	416	2000
	6	310	1500		16	400	1900
	8	270	1300	—	—	—	—
	10	275	1300	—	—	—	—

注　表中屈服应力 f_y 由拉伸试验得出，屈服应变通过 $\varepsilon^e=\sigma/E$ 计算得出。

第四节　单管与四管组合柱过渡节点

一、锥形管过渡板连接节点

1. 试验分析

SCJ-1 节点有三件试验构件，SCJ-1-1 和 SCJ-1-2 下主管厚 6mm，SCJ-1-3 下主管厚 10mm。

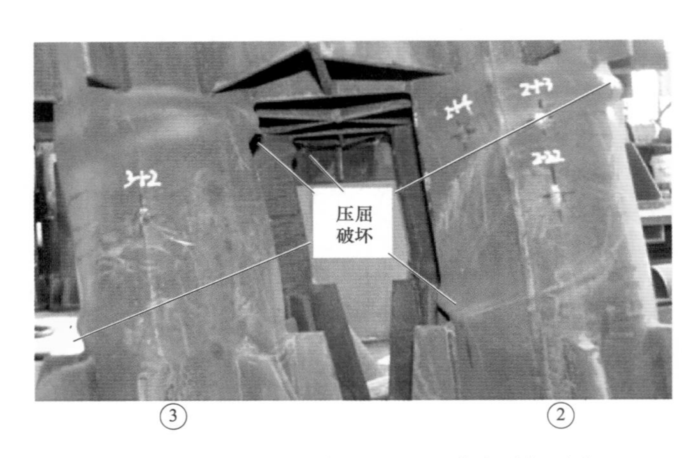

图 5-21　SCJ-1-1 和 SCJ-1-2 节点破坏形式

（1）节点破坏形式。如图 5-21 所示，SCJ-1-1 和 SCJ-1-2 节点的破坏形式为下主管压屈破坏，主要位于支座肋板上端和圆大板下肋板下端。SCJ-1-3 节点由于下主管管壁加厚（从 6mm 加厚到 10mm），又由于试验加载机最大加载荷载的限制，加载到最终荷载时，节点未出现破坏现象。

（2）始屈荷载、设计承载力和极限承载力。《钢结构设计规范》（GB 50017—2003）中允许构件截面出现一定程度的塑性发展深度，并通过塑性发展系数 γ 来简化处理。其中，5.21 条给出了常用截面的塑性发展系数取值。对于圆管截面，γ 取值为 1.15，即圆管截面的塑性发展深度不宜超出 0.15 倍的截面高度。通过计算可知，当屈服面扩大到截面圆周的 1/4 时，截面的塑性深度达到规范中规定的限值。本文以钢管屈服面扩展到 90°时的荷载作为节点的设计承载力，以任一测点应变达到屈服应变时的荷载作为始屈荷载，以节点能够承担的最大荷载作为极限承载力。

通过对试验数据进行综合分析，得到了各个试件的始屈荷载、设计承载力和极限承载力，分析数据详见表 5-6。

表 5-6　　SCJ-1 节点承载力（设计荷载百分比）

分析因素	试件编号	始屈荷载（%）	设计承载力（%）	极限承载力（%）
SCJ-1	SCJ-1-1	106	114	199
	SCJ-1-2	106	114	199
	SCJ-1-3	182	212	—

（3）下主管。四根下主管的应变发展，均是从主管内侧（四根主管中心侧）向主管外侧发

展。4 号下主管应变发展最快，紧接着是 1、3 号下主管，2 号下主管应变发展最慢。

（4）锥形管。应变从节点外侧（2 号下主管侧）开始发展，沿 $C—C$ 对称面向两侧依次减小，且节点破坏时，锥形管除节点外侧局部屈服外，大部分区域仍处于弹性状态。

（5）圆大板上肋板。位于下主管的正上方的肋板等效应变发展迅速，受力较大；位于下主管之间正上方的肋板，其应变发展缓慢，受力较小。在设计时，应考虑加强下主管正上方的肋板。

（6）圆大板和圆大板下肋板。圆大板和圆大板下肋板在加载过程中一致处于弹性状态，应变发展水平较低。

（7）斜材节点板、横隔节点板和环板。斜材节点板、横隔节点板和环板在加载过程中一致处于弹性状态，环板保证节点板平面外的稳定性能。

（8）SCJ-1-1 和 SCJ-1-2 下主管破坏时斜材管、环板、节点板、螺栓均没有破坏，也未见明显的变形，均处于弹性状态。所有焊缝未见裂纹。SCJ-1-3 没有发现破坏现象。

2. 数值分析

（1）有限元模型建立。为了验证试验结果，采用有限元软件 ANSYS 对 SCJ-1 进行了数值分析，有限元分析中下主管壁厚采用 6mm，与 SCJ-1-1 和 SCJ-1-2 节点相同。建模采用 4 节点 SHELL181 壳单元进行精细建模。泊松比 $\nu=0.3$，弹性模量 $E=2.06\times10^5\mathrm{N/mm^2}$。为简化分析，有限元建模时省略斜材管、横隔管及 U 插板建模，相应斜材轴力等效施加在斜材节点板和横隔节点板的螺栓孔上，如图 5-22 所示。支座处固结，上主管加载端只有竖向位移。

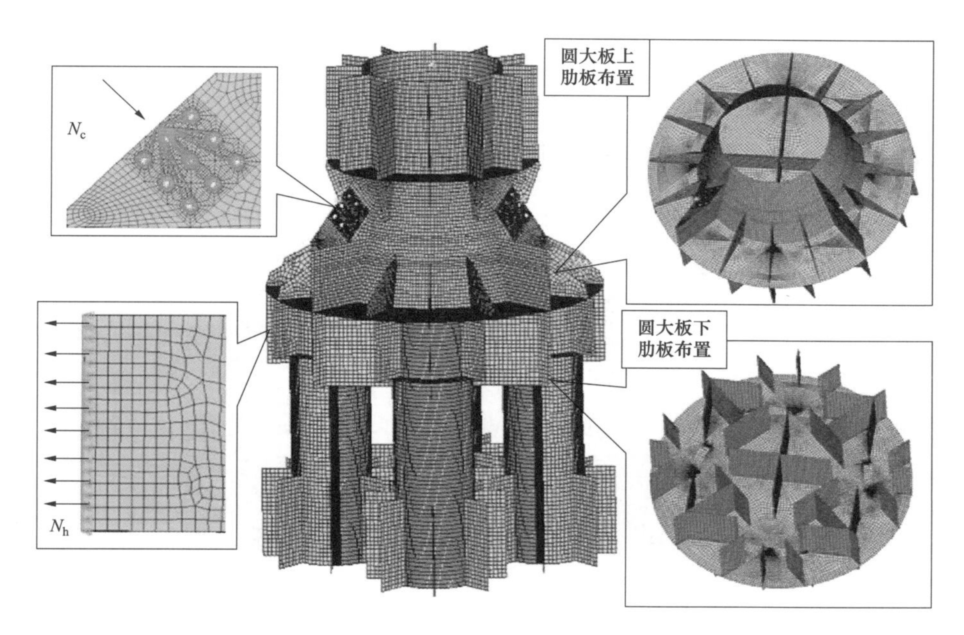

图 5-22　SCJ-1 节点有限元模型

（2）压力工况分析结果，主要从以下几点进行分析：

1）节点破坏形式。如图 5-23 所示，在节点焊缝、螺栓均满足受力要求的前提下，SCJ-1 节点受压工况的破坏形式为下主管达到极限承载力压屈破坏，与试验结果相同。

2）四根主管轴力分配。四根下主管支座反力值基本相等，说明经过 SCJ-1 节点传力后，竖向

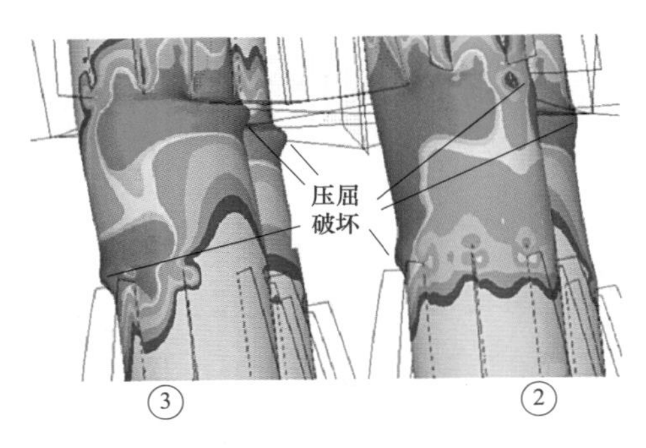

图 5-23　SCJ-1 有限元破坏图（压力工况）

力在四根下主管上的分配基本相等。且在节点整个加载过程中至节点破坏，四根下主管轴力分配比例基本保持不变。

3）下主管。四根下主管的应变发展，均是从主管内侧（四根主管中心侧）向主管外侧发展。4 号下主管应变发展稍快，紧接着 1、2、3 号下主管。分析结果与试验结果相同。

表 5-7 为有限元提取的始屈荷载、设计承载力和极限承载力，发现始屈荷载和设计承载力比试验值偏大，极限承载力和试验基本一致。结果偏大可能是构件制作缺陷和测点布置稀疏等因素造成的。

表 5-7　有限元提取的 SCJ-1 节点承载力（设计荷载百分比）

分析因素	始屈荷载	设计承载力	极限承载力
SCJ-1	170%	183%	195%

4）圆大板。锥形管和圆大板相交圆周一圈部位出现应力集中现象，圆大板其余部分的等效应力仍在 310MPa 以内，因此节点破坏时，圆大板整体仍处于弹性范围内。分析结果与试验结果相同。

5）锥形管。设计荷载下，锥形管的应力在 310MPa 以内，在弹性范围内。继续加载，圆大板上部的肋板与锥形管连接处局部出现应力集中现象，节点破坏时，锥形管整体仍处于弹性范围内。

6）圆大板上、下肋板。设计荷载下，圆大板上、下肋板均处于弹性状态。继续加载，四根下主管正上方的肋板开始进入屈服，说明四根下主管上方的肋板受力较大，设计时应重点考虑。圆大板下侧肋板与四根下主管相交部位有应力集中现象，大部分应力仍在 310MPa 以内，在弹性范围内，说明圆大板下肋板在受压工况中受力较小。

7）斜材节点板、横隔节点板和环板。节点破坏时，斜材节点板、横隔节点板和横隔环板有应力集中现象，但整体仍处于弹性状态，尤其是横隔环板，受力较小。

（3）拉力工况分析结果。如图 5-24 所示，在节点焊缝、螺栓均满足受力要求的前提下，SCJ-1 节点受拉工况的破坏形式为下主管达到极限承载力拉屈破坏。有限元分析表明，上部荷载作用传递给四根下主管，四根下主管的轴力基本相同，且整个加载过程中，四根主管分配的轴力百分比保持不变。

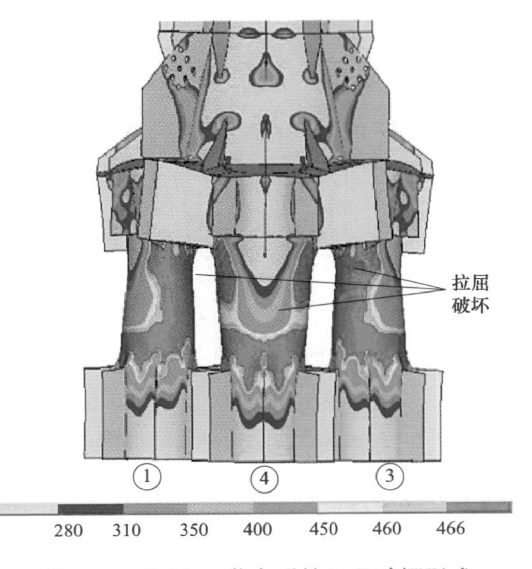

图 5-24　SCJ-1 节点受拉工况破坏形式

在拉力工况下：锥形管一直处于弹性状态，应变发展较慢；圆大板除了应力集中屈服，大部分区域处于弹性状态；下主管正上方的圆大板上肋板受力较大，其余肋板受力较小，与受压工况一致；圆大板下肋板一直处于弹性状态，应变发展较慢；下主管应变发展较快，起控制作用；始屈荷载为210%设计荷载，设计承载力为230%设计荷载，极限荷载为260%设计荷载。

二、锥台管对接焊连接节点

1. 试验分析

该节点有SCJ-2-1、SCJ-2-2和SCJ-2-3三个试件，规格相同，下主管和弯折管的壁厚均为10mm。

（1）节点破坏形式和承载力分析。如图5-25和图5-26所示，SCJ-2节点的破坏形式为弯折管压屈破坏：四根弯折管两侧向内凹陷，弯折管和下主管对接焊内侧向里凹陷。试验分析表明，SCJ-2节点的始屈荷载为147%设计荷载，设计承载力为162%设计荷载，极限荷载为204%设计荷载，均为3号（1号）弯折管控制。

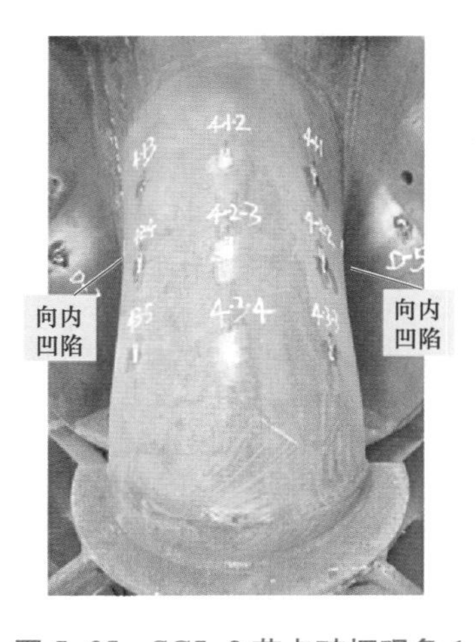

图5-25　SCJ-2节点破坏现象1

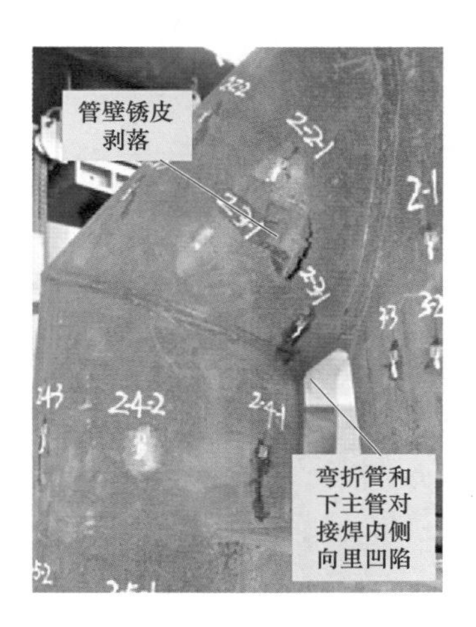

图5-26　SCJ-2节点破坏现象2

（2）弯折管。弯折管上离焊缝较近的区域，应变发展较快，较远区域应变发展较慢。三件试验件的试验结果基本一致，3号（1号）弯折管起控制作用，但与4、2号弯折管差别不大。

（3）锥台管和工字钢连梁。锥台管上侧与弯折管交界处应变发展迅速，下侧应变发展缓慢。说明锥台管上侧受力较大，下侧受力较小。工字钢连梁上应变较小，节点破坏时处于弹性状态。

（4）下主管。工字钢连梁以上的下主管区域应变发展最快，其次是工字钢连梁以下的下主管区域，工字钢连梁中间高度处下主管区域应变发展最慢。总体来说，下主管内侧（四根主管中心侧）应变大于外侧应变。

（5）斜材节点板、横隔节点板和环板。斜材节点板、横隔节点板和环板在加载过程中一直处于弹性状态，环板保证了节点板平面外的稳定性能。

（6）弯折管破坏时斜材管、环板、节点板、螺栓均没有破坏，也未见明显的变形，均处于弹性状态。所有焊缝未见裂纹。

2. 数值分析

（1）有限元模型建立。为了比较试验结果，采用大型有限元软件 ANSYS 对 SCJ-2 进行了数值分析，采用四节点 SHELL181 壳单元进行精细建模。为简化分析，有限元建模时省略斜材管、横隔管及 U 插板建模，相应斜材轴力等效施加在斜材节点板的螺栓孔上，如图 5-27 所示。支座处固结，上主管加载端只有竖向位移。

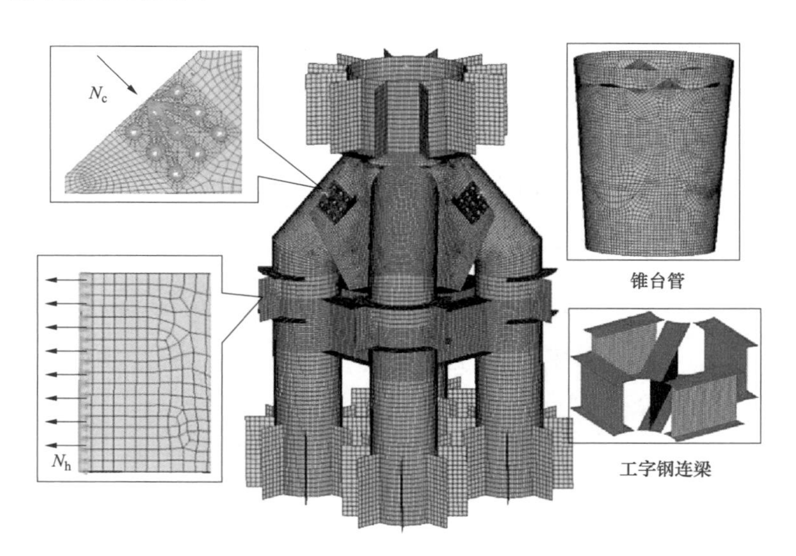

图 5-27　SCJ-2 有限元模型图

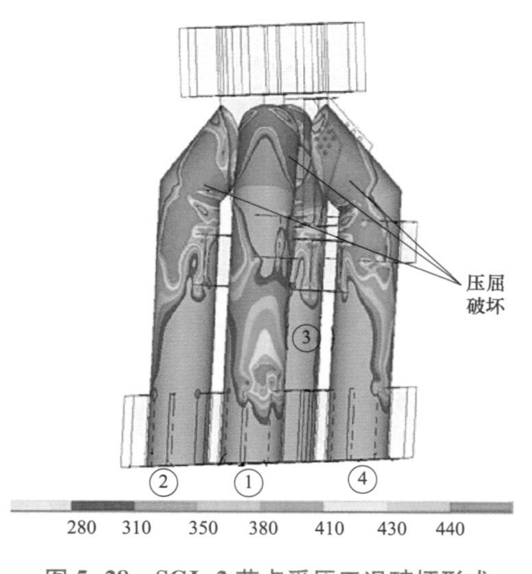

图 5-28　SCJ-2 节点受压工况破坏形式

（2）压力工况分析结果，主要从以下几个方面分析：

1）节点破坏形式。如图 5-28 所示，在节点焊缝、螺栓均满足受力要求的前提下，SCJ-2 节点受压工况的破坏形式为弯折主管达到极限承载力压屈破坏。

2）四根主管轴力分配。四根下主管支座反力值基本相等，说明经过 SCJ-2 节点传力后，竖向力在四根下主管上的分配基本相等，且在节点整个加载过程中至节点破坏，四根下主管轴力分配比例基本保持不变。

3）弯折管。3 号弯折管的测点应变发展最快（1 号弯折管和 3 号弯折管对称），其次是 2 号弯折管，4 号弯折管应变发展最慢。当超载至 190% 设计荷载时（上主管轴压力 7030kN，斜材轴压力 826kN，横隔轴拉力 275kN），3 号弯折管发生明显凹陷现象（1 号弯折管和 3 号弯折管对称），3 号弯折管逐渐失去承载能力，进而导致 2、4 号弯折管内力突然增大，不能继续承担荷载，节点达到承载力极限状态。

通过数据分析发现，弯折管上离焊缝比较近的区域，应变发展比较快，较远区域应变发展比

较慢。这说明弯折管和锥台管对接区域，由于截面变化剧烈，导致该区域的受力比较复杂。这与试验分析结果吻合。

4）下主管。加载到弯折管破坏，下主管没有破坏现象，仅有个别测点进入屈服，下主管整体处于弹性状态。

5）锥台管。锥台管与弯折管相交上侧的第1行测点应变较大，位于锥台管下半部分第2行和第3行的测点应变很小。节点破坏时，锥台管下侧仍处于弹性状态。说明锥台管上只有与弯折管相交部位应力集中，其余部位仍在弹性范围内。

6）工字钢连梁。节点破坏时，工字钢连梁的应力整体很小，在280MPa以内，但在与下主管连接处有局部应力集中现象。工字钢连梁中内力较小，剪力值稍大于轴力值。

7）斜材节点板、横隔节点板和环板。节点破坏时，斜材节点板、横隔节点板和横隔环板有应力集中现象，但整体仍处于弹性状态，尤其是横隔环板，受力较小。

（3）拉力工况分析结果。如图5-29所示，在节点焊缝、螺栓均满足受力要求的前提下，SCJ-2节点受拉工况的破坏形式为弯折主管达到极限承载力拉屈破坏，变形为弯折管和下主管侧边和内侧向内凹陷。有限元分析表明，上部荷载作用传递给四根下主管，四根下主管的轴力基本相同，且整个加载过程中，四根主管分配的轴力百分比保持不变。

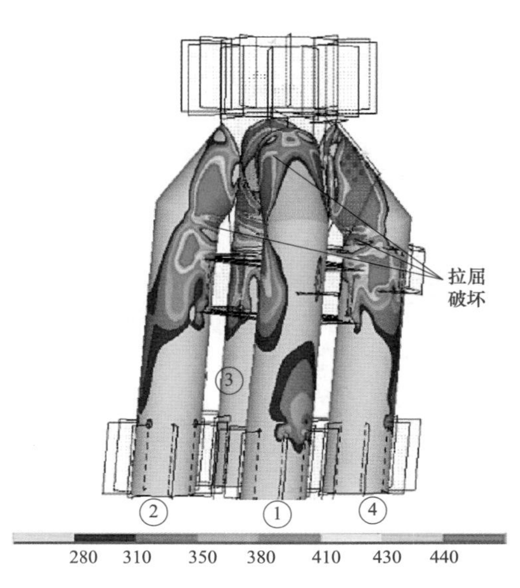

图5-29　SCJ-2节点受拉工况破坏型式

在拉力工况下：锥台管外侧应力发展较快，内侧应力发展较慢，上侧应力较大，下侧应力较小；1、3号弯折管的测点应变发展最快，其次是4号弯折管，2号弯折管应变发展最慢；工字钢连梁以上的下主管区域应变发展最快，其次是工字钢连梁以下的下主管区域，工字钢连梁中间高度处下主管区域应变发展最慢；始屈荷载为177%设计荷载，设计承载力为213%设计荷载，极限荷载为290%设计荷载。

三、SCJ-1和SCJ-2两种节点对比分析

通过以下几个方面对单管与四管组合柱过渡节点的两种节点型式（SCJ-1和SCJ-2）进行对比分析，确定最终节点型式。

（1）节点承载力。对比分析试验所得的SCJ-1和SCJ-2节点承载力，在下主管规格相同情况下，SCJ-1的承载力是SCJ-2的1.26倍。

（2）受力特点、节点区质量和加工。表5-8从受力特点、破坏形式、节点区重量和加工施工难易程度等方面详细分析了SCJ-1和SCJ-2两种型式的变坡节点。

表 5-8　　两种节点受力特点等对比分析

节点型式	受力特点	破坏形式	节点区质量(kg)	加工、施工
SCJ-1	上主管荷载与斜材管荷载作用在锥形管上，通过肋板加强的圆大板进而传递给四根下主管。锥形管外侧应变发展较快，并且锥形管的应变发展从对称面 C-C 向两侧依次减小；圆大板应变发展较慢；在下主管正上方的圆大板上肋板应变发展较快，圆大板受力不均匀；圆大板下肋板应变发展较慢；下主管部分表现为 4 号下主管受力较大，1 号下主管和 3 号下主管次之，2 号下主管受力最小	4 号下主管与圆大板下肋板交界处从内侧先屈服，向外侧发展。4 号下主管压屈破坏后，由于力的重新分配，紧接着 1、3 号下主管也开始屈服，再接着 2 号下主管也开始屈服。节点承载力由 4 号下主管控制	681	焊接工作量大，镀锌难度较小，施工难度较小
SCJ-2	上主管荷载和斜材管荷载通过锥台管上部传递给四根弯折管，通过弯折管进而传递给下主管，横隔管荷载通过横隔管节点板直接传递给下主管。锥台管上半部分应力较大，荷载只通过锥台管上半部分传递；弯折管和锥台管以及各对应下主管焊接连接处应变发展较快；下主管应变发展情况表现为上侧与弯折管连接处应变发展较快，连梁下侧应变发展次之，在连梁截面应变发展较慢	1、3 号弯折管与锥台管交界处先屈服，3 号弯折管压屈破坏后，由于力的重新分配，紧接着 2、4 号弯折管也开始屈服。节点承载力由 1、3 号弯折管控制	676	焊接难度较大，弯折管镀锌难度较大，定位困难，施工难度较大

综合以上分析，最后推荐锥形管过渡板链接节点（SCJ-1）。

第五节　四管组合柱与双斜材连接节点

四管组合柱与双斜材连接节点包含三种节点型式：主材间一道连梁连接（斜材无偏心）节点（SGC-1）、主材间二道连梁连接（斜材无偏心）节点（SGC-2）和主材间一道连梁连接（斜材负偏心）节点（SGW-3）。

一、试验分析

通过试验数据分析可知，三种型式节点的破坏形式、主管的应力发展、工字钢连梁应力发展、节点板应力发展和环板应力发展等具有相同的规律。

1. 节点破坏型式

三种节点破坏型式为主管压屈破坏，均为 4 号主管（连接两方向斜材）控制。4 号主管支座处主管从外侧先屈服，向内侧发展，4 号主管压屈破坏后，由于力的重新分配，紧接着 1、3 号主管也在支座处屈服，再接着 2 号主管也在支座处屈服。图 5-30 所示为 SGC-1 节点破坏时的图片。

SGC-2 和 SGW-3 节点的破坏形态与 SGC-1 节点相同。

2. 主管应力应变发展特点

通过三种节点试验数据的整合分析，总结出四根主管的应力应变发展特点如下：沿主管长度方向，4 号主管从节点板下环板以下部位开始发展，下环板以上部位往上发展应变依次减小；1、3 号主管从节点板下环板以下部位开始发展，在与 2 号主管连接的工字钢连梁侧的测点应变较大；2 号主管除支座处应变较大，其余高度应变几乎一致。圆周方向，4 号主管从主管外侧向内侧发展；1、3 号主管在与 2 号主管连接的工字钢连梁侧的测点应变较大；2 号主管圆周方向应变大小几乎一致。

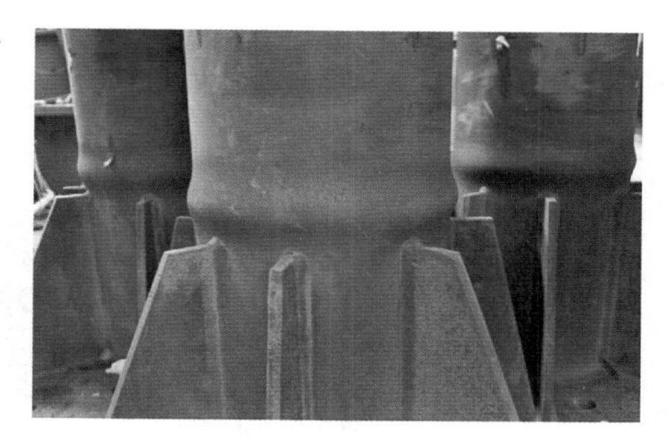

图 5-30 SGC-1 节点破坏照片

（主管支座处局部压屈破坏）

3. 始屈荷载、设计承载力和极限承载力

三种型式节点的始屈荷载、设计承载力、极限承载力见表 5-9。

表 5-9 三种型式节点荷载及承载力（设计荷载百分比）

节点型式	始屈荷载（%）	设计承载力（%）	极限承载力（%）
SGC-1	106	120	151
SGC-2	108	123	152
SGW-3	94	110	139

注 SGC-1 和 SGC-2 节点设计荷载为，四管组合柱轴压力和 4460kN，上双斜材轴压力 266kN，下双斜材轴拉力 226kN。SGW-3 节点设计荷载为，四管组合柱轴压力和 4520kN，上双斜材轴压力 328kN，下双斜材轴拉力 280kN。

4. 工字钢连梁、节点板和环板

节点破坏时，三种节点的工字钢连梁、斜材节点板和环板应变值均在弹性范围内。且试验过程中，工字钢连梁、斜材节点板和环板没有明显变形。工字钢连梁的轴力和剪力都很小。

二、数值分析

1. 有限元模型建立

为了验证试验结果，采用大型有限元软件 ANSYS 对 SGC-1、SGC-2 和 SGW-3 进行数值分析，采用 4 节点 SHELL181 壳单元进行精细建模。弹性模量 $E=2.09\times10^5$，泊松比 $\nu=0.3$。为简化分析，有限元建模时省略斜材管及 U 插板建模，相应斜材轴力等效施加在斜材节点板的螺栓孔上。支座处固结，加载端限制两个方向水平位移。

图 5-31 所示是 SGC-1 节点有限元模型。SGC-2 和 SGW-3 节点的有限元模型也是按照上述条件建立。

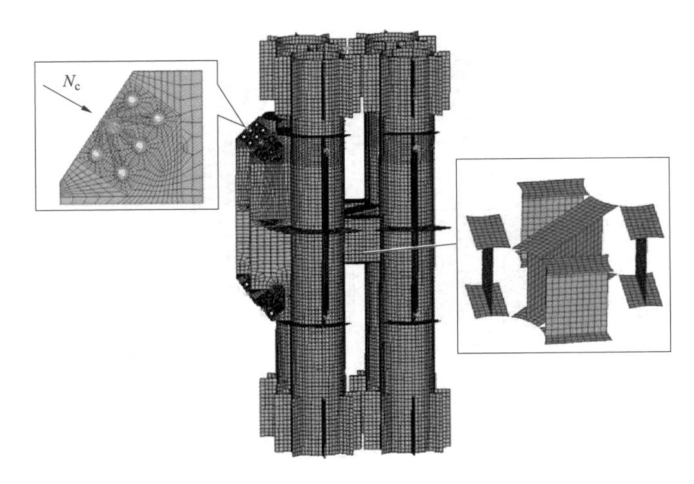

图 5-31　SGC-1 节点有限元模型

2. 四根主管轴力分配

以 SGC-1 节点为例进行分析。

四根主管的支座反力，理论值计算假设单根主管上的斜材竖向力全部传递到该主管。下面从理论值和有限元提取值两个方面对比分析四根主管轴力的分配情况。取荷载为设计荷载（四管组合柱轴压力和 4460kN，上双斜材轴压力 266kN，下双斜材轴拉力 226kN）时的结果对比见表 5-10。

表 5-10　　SGC-1 节点在设计荷载时四根主管轴力分配　　kN

位置	计算方法	主管 1（N_1）	主管 2（N_2）	主管 3（N_3）	主管 4（N_4）
加载端	理论值	1120	1190	1120	1030
	有限元提取值	1111	1206	1111	1032
支座端	理论值	1281	1190	1281	1351
	有限元提取值	1271	1199	1271	1360

由表 5-10 可知，节点的加载端，有限元提取的四根主管轴力大小与理论加载值略有偏差。节点的支座端，理论值计算假设单根主管上的斜材竖向力全部传递到了该主管，四根主管之间轴力没有相互作用计算而得。从有限元计算结果和理论计算值可以看出，假设成立，即单根主管上的斜材竖向力全部传递到了该主管。整个加载过程中，四根主管分配的轴力百分比保持不变。

采用上述方法分析 SGC-2 和 SGW-3 节点，可以得到相同的结论。

3. 破坏形式

三种节点的破坏形式均为节点区以下部位（节点板下环板以下部位）主管压屈破坏。从有限元分析来看，三种型式节点呈现出相同的规律：4 号主管轴力最大，最先压屈破坏，4 号主管破坏后，由于力的重分配，紧接着 1、3 号主管和 2 号主管也发生压屈破坏。图 5-32 所示为 SGC-1 节点破坏时的应力云图。

4. 节点区应力发展

通过对三种节点进行有限元分析，可以得到相同的节点区应力发展规律：节点达到设计承载力时，可以看到节点区的等效应力工字钢以下部位比以上部位大；4 号主管较大应力主要集中在内侧（有连梁侧），因外侧有两块节点板，刚度较大，所以应力较小；1、3 号主管较大应力主要集中在与 2 号主管连接的工字钢连梁下侧；2 号主管整体应力分布较均匀。

5. 节点始屈荷载和设计承载力

通过有限元分析，可以得到三种型式节点的始屈荷载和设计承载力如下：SGC-1 和 SGC-2 节点始屈荷载、设计承载力相同，分别为 110%设计荷载、130%设计荷载；SGW-3 节点的始屈荷载、设计承载力分别为 104%设计荷载，120%设计荷载。可以发现，有限元结果均比试验结果偏大。这与试验存在初始缺陷及试验加载误差有关，而有限元分析为理想状态，因此分析结果偏大。

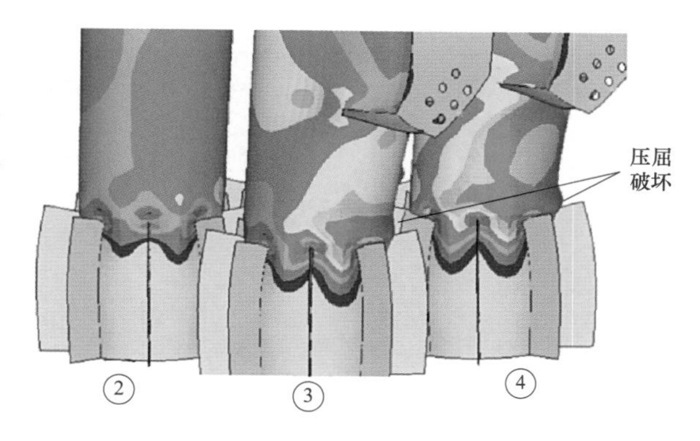

图 5-32　SGC-1 节点破坏时的应力云图

6. 工字钢连梁、节点板和环板分析

通过有限元分析，三种型式节点均可得到如下结论：工字钢连梁和节点板与主管连接处有应力集中现象，但整体应力在弹性范围内，环板上的等效应力也在 300MPa 以下，尤其是中间环板应力很小，未出现屈服区域，可见工字钢连梁、节点板和环板的设计是安全可靠的；工字钢连梁中内力较小，剪力值稍大于轴力值。

三、SGC-1、SGC-2、SGW-3 三种节点对比分析

通过以下几个方面对四管组合柱与双斜材连接节点的三种型式（SGC-1、SGC-2、SGW-3）进行对比分析，确定最终节点型式。

1. 节点承载力

对比分析三种节点的承载力，SGC-1 与 SGC-2 节点承载力基本相等，SGW-3 节点的承载力较小。表 5-11 对比分析了三种节点的设计荷载，SGC-1 与 SGC-2 节点设计荷载基本相等，SGW-3 节点斜材轴力较大。

表 5-11　三种节点设计荷载对比分析

项　目	主管轴力	上双斜材轴压力	下双斜材轴拉力
SGC-1/ SGC-2	4460kN	266kN	226kN
SGW-3	4520kN	328kN	280kN
$\frac{N_{SGW-3}-N_{SGC-1}}{N_{SGC-1}}$	1. 4%	23. 3%	23. 9%

通过有限元分析，发现斜材力对节点承载力影响较大。因此，SGC-1、SGC-2 节点与 SGW-3 节点相比，安全系数更高。因此，从节点承载力方面，推荐 SGC-1 和 SGC-2 节点。

2. 受力特点、节点质量、破坏形式和加工难度

表 5-12 从受力特点、节点重量、破坏形式和加工、施工难易程度等方面详细对比分析了三种型式节点的异同点。

表 5-12　　三种节点受力特点等对比分析

节点型式	受力特点	破坏型式	节点质量(kg)	加工、施工
SGC-1	（1）竖向：1、3、4号主管从节点板下环板以下部位开始向上发展；2号主管除支座处应变较大，其余高度应变几乎一致。（2）圆周反向：1、3、4号主管下环板以下节点板下侧受力较大。节点区，工字钢以下部位应力比以上部位要大，1、3、4号主管有节点板侧应力较小；2号主管整体应力分布较均匀。（3）连梁力很小	4号主管支座处主管从外侧先屈服，向内侧发展。4号主管压屈破坏后，由于力的重新分配，紧接着1、3号主管也在支座处屈服，再接着2号主管也在支座处屈服。节点承载力由4号主管控制	2123	在斜材轴线交点处布置一道工字钢连梁，加工和施工方便
SGC-2	（1）竖向：1、3、4号主管从节点板下环板以下部位开始向上发展；2号主管除支座处应变较大，其余高度应变几乎一致。（2）圆周反向：1、3、4号主管下环板以下节点板下侧受力较大。节点区，下层工字钢以下部位应力比以上部位要大，1、3、4号主管有节点板侧应力较小，2号主管整体应力分布较均匀。（3）连梁力很小		2139	在上、下斜材管轴线与主管外壁交点位置各布置一道工字钢连梁，相对SGC-1节点施工较麻烦
SGW-3	（1）竖向：1、3、4号主管从节点板下环板以下部位开始向上发展，2号主管除支座处应变较大，其余高度应变几乎一致。（2）圆周反向：1、3、4号主管下环板以下节点板下侧受力较大。节点区，工字钢以下部位应力比以上部位要大，1、3、4号主管有节点板侧应力较小，2号主管整体应力分布较均匀。（3）连梁力很小		2120	在斜材轴线交点处布置一道工字钢连梁，加工和施工方便

综合以上分析，最后推荐主材间一道连梁连接（斜材无偏心）节点（SGC-1）。

第六节　结　　论

通过试验和有限元分析，最终确定用于实际工程的典型节点型式为锥形管过渡板连接节点和主材间一道连梁连接（斜材无偏心）节点。

一、锥形管过渡板连接节点设计建议

锥形管过渡板连接节点如图 5-33 所示。

1. 锥形管

锥形管设计如图 5-34 所示，锥形管上侧直径D_s建议与上主管直径相等；锥形管下侧直径D_x建议取为$\sqrt{2}s$（s为下主管轴线间距）；锥形管高度H应满足斜材节点板构造要求，还应满足一定的坡度要求；锥形管厚度取值为上主管壁厚的 1.4 倍，并应满足钢结构设计规范中径厚比限值要求。

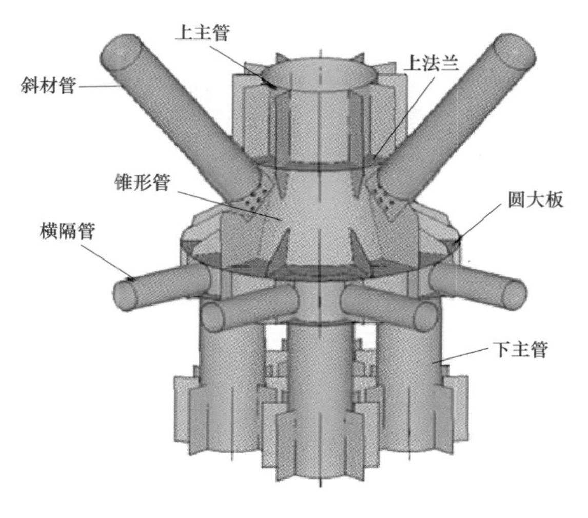

图 5-33　锥形管过渡板连接节点

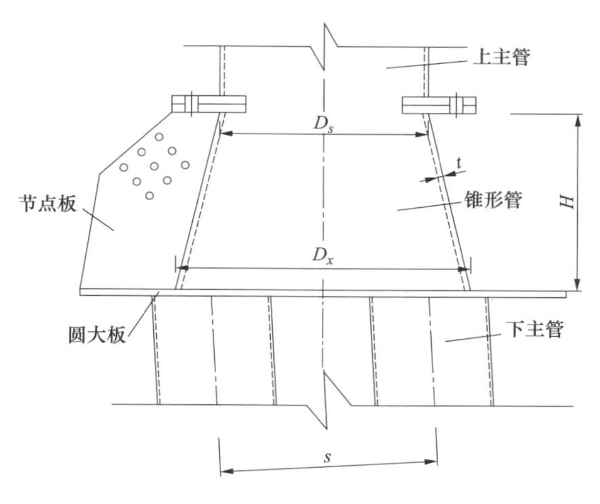

图 5-34　锥形管设计示意图

2. 圆大板

（1）圆大板直径d_{plate}。按公式$d_{\text{plate}}=\sqrt{2}s+d_x+16\,t_x$进行计算，其中，$s$为下主管轴线间距，$d_x$为下主管直径，$t_x$为下主管壁厚。按上式计算时，在满足构造要求的基础上，保证圆大板直径最小。

（2）圆大板厚度估算流程。

1）确定圆大板中受力最大的区格。通过试验和有限元分析，下主管正上方区格受力最大。

2）确定受力最大区格所承担的荷载。通过试验和有限元分析，四根下主管所承担的荷载基本相等，根据下主管正上方的区格数，并考虑一定的安全系数，就可以得到区格所承担的最大荷载。

3）计算圆大板厚度。根据有限元分析结果，可以偏于安全地按照均布荷载的两邻边固支两邻边简支板进行估算圆大板板的厚度。可以按照 Q/GDW 1391—2015《输电线路钢管塔构造设计规定》提供的公式计算圆大板的厚度。

4）根据计算所得的圆大板厚度，进行有限元分析，保证圆大板的变形满足相应的要求。

3. 圆大板上、下肋板

圆大板上、下肋板的主要作用是约束圆大板的变形，保证圆大板的稳定性。因此，肋板不仅应该满足相应的高厚比限值，还应通过有限元分析验算圆大板的变形是否满足要求。

以上设计理念仅是 SCJ-1 类型节点的初步设计参考，在实际的工程设计中，该节点应通过详细的有限元分析进一步优化设计参数，以确定最佳的节点构造及几何参数。

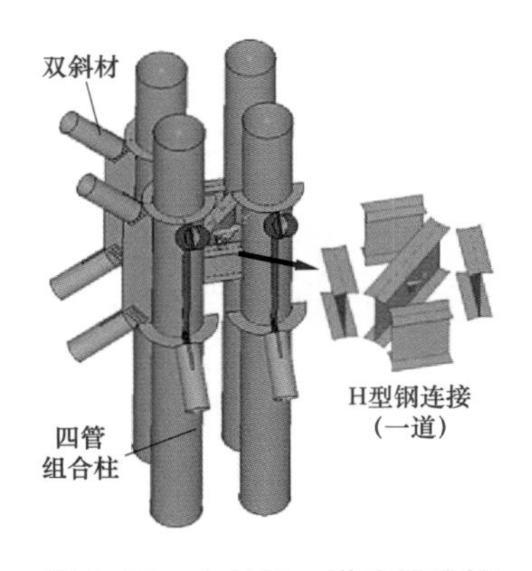

图 5-35　主材间一道连梁连接
（斜材无偏心）节点

二、四管组合柱与双斜材连接节点设计建议

主材间一道梁连接（斜材无偏心）节点如图 5-35 所示。

1. 斜材管布置

1、3 号主管分别连接一根上斜材管和一根下斜材管，4 号主管连接两根上斜材管和两根下斜材管，2 号主管没有斜材管连接。上、下斜材管轴线交于组合柱中心，无偏心。

2. 工字钢连梁布置

在上、下斜材管轴线交点位置布置一道工字钢连梁，连梁尺寸根据该 K 型节点上、下节段主管的三倍线刚度确定。本试验中由于构件缩尺后空间限制和节点简化，连梁与四根主管之间焊接在一起，但实际工程中连梁通过螺栓连接。

3. 环板布置

根据 Q/GDW 1391—2015《输电线路钢管塔构造设计规定》，当连接板自由边的长度与厚度之比值大于 $60\sqrt{235/f_y}$（f_y为钢材屈服强度）时，应沿板长方向设置竖向加劲板。因此斜材节点板上下端各布置一道环板，中间位置布置一道环板，共三道环板。有限元分析发现，中间一道环板受力较小，厚度可以比端部环板小一级。

参考文献

[1] 王蔚佳，刘红军，李正良．负偏心对钢管-插板 K 型节点承载力的影响［J］．土木建筑与环境工程，2012，(04)：91-98.

[2] 金晓华，傅俊涛，邓洪洲．输电塔十字插板连接节点强度分析［J］．钢结构，2006，(05)：41-44.

[3] 廖邢军，邓洪洲．钢管塔法兰螺栓连接式变坡节点有限元分析［J］．电力建设，2013，(10)：34-39.

[4] 邓洪洲，姜琦，黄誉．输电钢管塔 K 型管板节点承载力试验及参数［J］．同济大学学报（自然科学版），2014，(02)：226-231，314.

[5] 朱雯瑞，黄斌，邓洪洲，吴昀．500/220kV 多回窄基钢管塔塔脚节点极限承载力有限元分析［J］．电网与清洁能源，2014，(10)：60-65.

第六章

内配钢筋/型钢钢管混凝土受拉性能研究

第一节　概　　述

一、研究目的与意义

苏通长江大跨越工程中，跨越塔高达455m，主材轴向拉压力达到150 000～250 000kN，根据跨越塔塔型方案初步选择结果，常规的钢管塔结构方案无法满足本工程要求。结合工程前期论证结果及工程现阶段外部条件，内配钢筋/型钢钢管混凝土结构方案由于承载能力相对较大、加工条件等较为成熟，可作为主要的跨越塔塔型的主要备选方案。

输电铁塔结构水平风荷载作用下产生的塔底弯矩将转化为塔腿的拉、压力，因此塔身主材需抵抗较大的轴向拉、压力。在受拉条件下，由于混凝土抗拉强度低，设计中基本不参与抵抗拉力，通过内部增加型钢或者钢筋可以有效地增加构件抵抗拉力的能力，但是需要保证型钢或钢筋与外部钢管的协同受力性能。本研究主要针对内配钢筋/型钢钢管混凝土构件的受拉性能开展。

二、国内外研究现状

目前，GB 50936—2014《钢管混凝土结构技术规范》关于钢管混凝土构件受轴拉作用的承载力N_{ut}的计算公式为

$$N_{ut}=1.1A_sf \tag{6-1}$$

式中　A_s——外钢管横截面面积；

f——外钢管受拉屈服强度。

式（6-1）中，系数1.1是考虑钢管受拉时出现紧缩变形，而内部混凝土抵抗钢管的紧缩变形，从而使得钢管处于双向受拉状态，提高了钢管的受拉承载力。

美国规范AISC和欧洲规范Eurocode4中关于内配钢筋/型钢钢管混凝土构件受轴拉作用的承载力N_{ut}的计算公式为

$$N_{ut}=A_sf+A_{sr}f_{sr} \tag{6-2}$$

式中　A_{sr}——内配钢筋/钢骨横截面面积；

f_{sr}——内配钢筋/钢骨受拉屈服强度。

但美国规范AISC和欧洲规范Eurocode4缺乏对于内配钢筋/型钢钢管混凝土构受拉刚度计算的规定，且在钢管混凝土的承载力部分，与我国规范比较缺少1.1的系数。而在美国和欧洲规范中

没有提及该公式是基于任何的试验结果，也需要试验验证其适用性。

因此，须通过内配钢筋、内配型钢钢管混凝土构件受拉（轴拉及拉弯）力学性能试验，获得内配钢筋、内配型钢钢管混凝土构件受拉承载力及轴拉刚度的试验数据，了解构件的受拉整体性能、外钢管法兰连接对于构件受力性能的影响以及内部角钢螺栓连接对于构件性能的影响。同时，由于实际工程中大跨越输电塔构架主柱受拉、压荷载循环作用，且混凝土受拉强度低，内部混凝土容易开裂，故应研究试件受拉后内部混凝土开裂的钢管混凝土的受压性能，以指导工程设计。

第二节　拉伸构件试验

一、构件制作

本次试验共设计制作了 24 根试件，试件的命名规则如下：KG：取空钢管的汉语拼音的首字母；GH：取钢管混凝土的汉语拼音的首字母，内配钢筋（RGH）或者内配等边角钢（BGH）的试件分别在 GH 前面冠以 R 和 B 以示区分；区分出试件的类型之后，在试件的名称后面，以符号“-”加数字 4 或 6 来区分各个试件的管壁厚度（本次试验所有试件的管壁厚度 t 只有 4mm 和 6mm 两种规格）。对于带法兰的试件，则在试件的名称和管壁厚度的中间以符号“-”和 F 来表示。

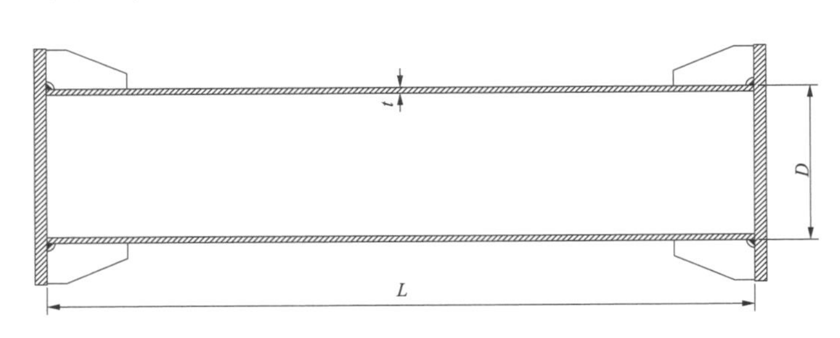

图 6-1　试件的尺寸示意图

需要指出的是，JKD-6 试件是指内部角钢通过螺栓连接的构件，具体为内配等边角钢且钢管壁厚为 6mm 的轴向受拉试件，等边角钢在试件中心处截断，然后用拼接板和螺栓拼接而成，来测试内部的角钢的长向连接对试件的受力的影响。对于 3 根用来做先拉伸后压缩试验的试件（其长度均为 3m，钢管壁厚均为 4mm），由于数量少，分别以 GH、RGH 和 BGH 来命名并区分出其试件的类型即可。

本次试验的所有试件的钢管的外经 D 均为 400mm，而在 24 根试件中，有 3 根试件的长度 L 为 3m，这 3 根试件用来做先拉伸后轴压试验；其余 21 根试件的长度均为 4m，它们用来做轴心受拉或者偏心受拉试验。试件的尺寸示意如图 6-1 所示。

试件的命名及尺寸规格如表 6-1 所示。

表 6-1　试件的尺寸规格

构件类型	试件名称	钢筋直径 ϕ（mm）	角钢规格（mm）	偏心距（mm）	数量	备　注
轴拉构件	GH-4	—	—	—	1	
	GH-6	—	—	—	2	
	RGH-4	8×ϕ16	—	—	2	
	RGH-6	8×ϕ16	—	—	1	
	RGH-F-6	8×ϕ16	—	—	1	带法兰
	BGH-4	—	4×L56×5	—	1	
	BGH-F-4	—	4×L56×5	—	1	带法兰
	BGH-6	—	4×L56×5	—	1	
	JKD-6	—	4×L56×5	—	1	角钢对接
	KG-4	—	—	—	1	空钢管
	KG-6	—	—	—	1	空钢管
偏拉构件	GH-6 偏 20	—	—	20	1	
	RGH-6 偏 20	8×ϕ16	—	20	1	
	RGH-6 偏 40	8×ϕ16	—	40	1	
	RGH-F-6 偏 20	8×ϕ16	—	20	1	带法兰
	BGH-6 偏 20	—	4×L56×5	20	2	
	BGH-6 偏 40	—	4×L56×5	40	1	
	BGH-F-6 偏 20	—	4×L56×5	20	1	带法兰
先轴拉后轴压构件	GH	4	—	—	1	长度 3m
	RGH	4	8×ϕ16	—	1	长度 3m
	BGH	4	4×L56×5	—	1	长度 3m
合　计					24	

试验构件的外钢管统一采用 ϕ400×4 或 ϕ400×6 的直缝焊接圆钢管。需要说明的是，试件的截面尺寸是根据实际工程的 1/5～1/6 进行缩尺得到的，试件截面的选取主要考虑了相似比例和试验条件等因素。

内配型钢或钢筋的钢管混凝土的剖面形式分别如图 6-2 和图 6-3 所示。

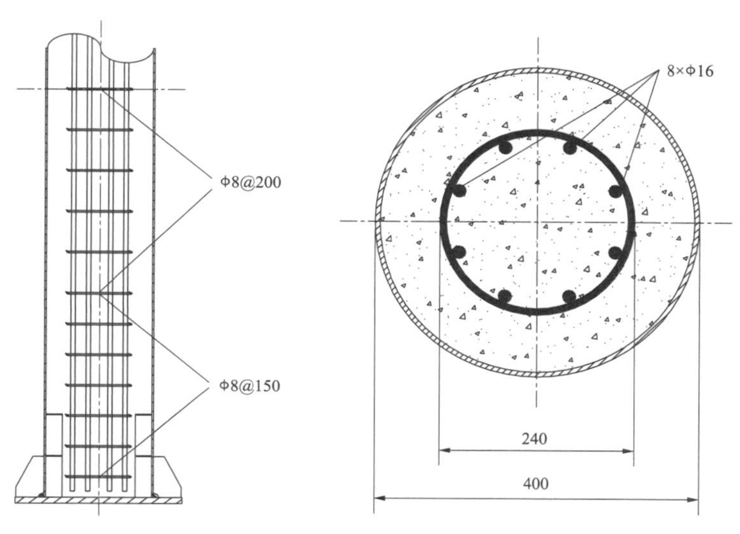

图 6-2　内配钢筋钢管混凝土纵、横剖面图（单位：mm）

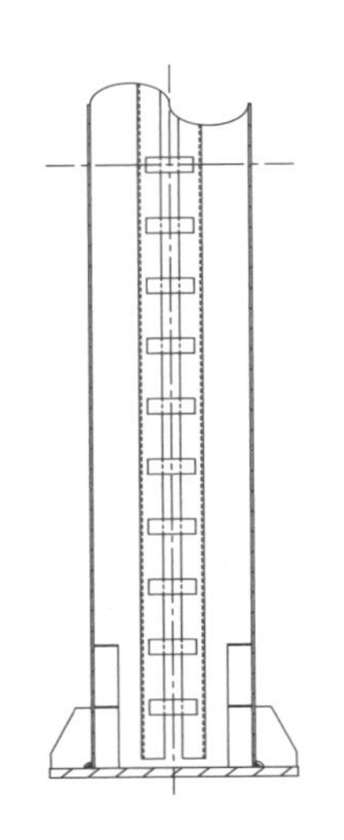

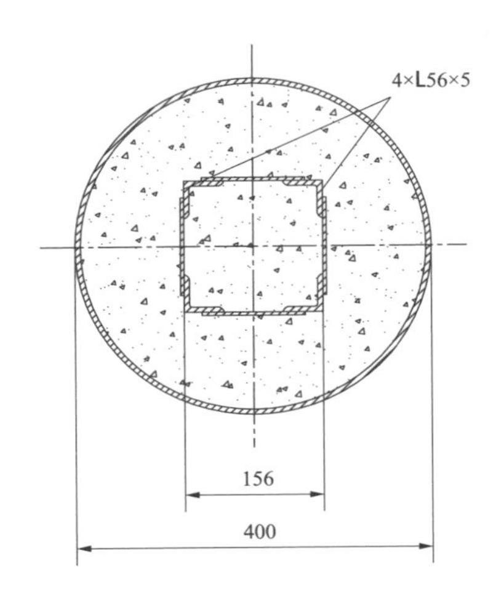

图 6-3　内配型钢钢管混凝土纵、横剖面图（单位：mm）

图 6-4　角钢的对接节点型式

内配对接角钢的钢管钢骨混凝土的对接节点形式如图 6-4 所示。

由于苏通长江大跨越工程荷载巨大，实际工程中对于钢材和混凝土均采用了高强材料。为保证和实际工程的一致性，本次试验的所有钢管材料为 Q420B 级钢材，混凝土材料为 C60 混凝土。而对于试件的端板、端板与钢管外壁的加劲肋、法兰及其法兰连接螺栓等都采用 Q345B 级钢材。

由于试验试件的长度有限，因此在试件钢管靠近两端部位处的内部加焊两条横向加劲肋和八条纵向加劲肋，以提高钢管和混凝土的黏结力传递。钢管内部加劲肋的布置及其具体尺寸如图 6-5 所示，所有试件的内部加劲肋（横肋和纵肋）的厚度均为 4mm，且材料均为 Q345B 钢材。

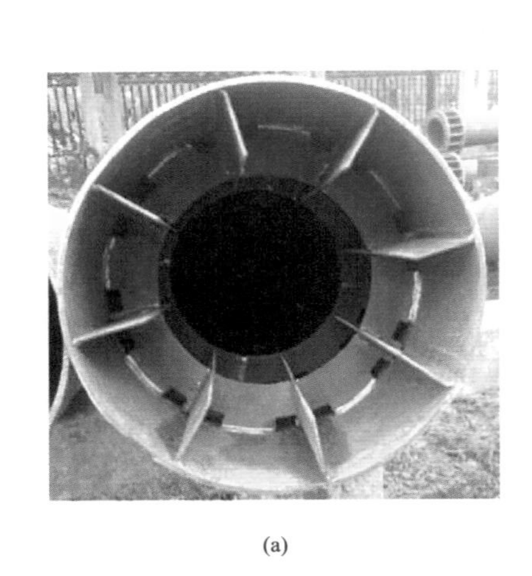

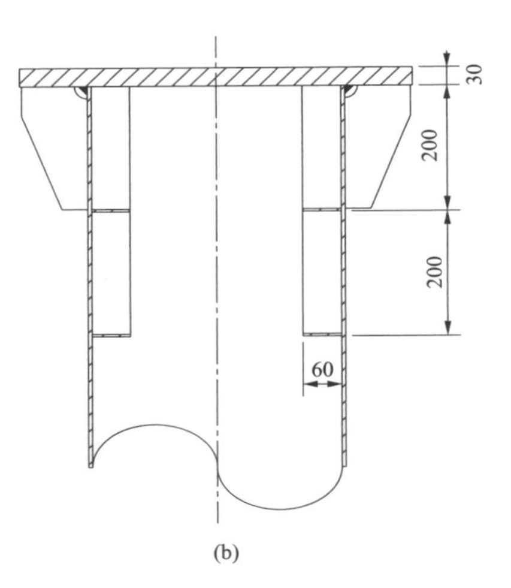

(a)　　(b)

图 6-5　钢管内部加劲肋的布置及其具体尺寸

（a）内部加劲肋实体图；（b）内部加劲肋位置及尺寸图

二、试验加载及测试

本次试验采用位移加载控制模式，加载速度则控制为 1.2mm/s。对于轴拉试件，待试件跨中纵向应变片读数大于5000με之后，停止试验，此时试件的外钢管已完全进入屈服阶段；对于偏拉试件，待试件跨中偏拉侧纵向应变片读数大于5000με之后，停止试验。轴拉试件以其跨中应变为5000με所对应的轴拉荷载作为试件的极限荷载，偏拉试件以其偏拉侧钢管达到5000με所对应的荷载作为试件的极限荷载。对于先轴拉后轴压试件，先把试件拉伸到其预估轴拉极限荷载的 1/3 之后再卸载，最后进行轴心受压试验。预估极限荷载取与其同尺寸、同材料的 4m 长试验柱的轴拉极限荷载的试验值。

轴拉试件与偏拉试件的百分表测点布置如图 6-6 所示。图 6-6（a）为实拍图，图 6-6（b）为轴拉试件的位移测点布置示意图，图 6-6（c）为偏拉试件的位移测点布置示意图。

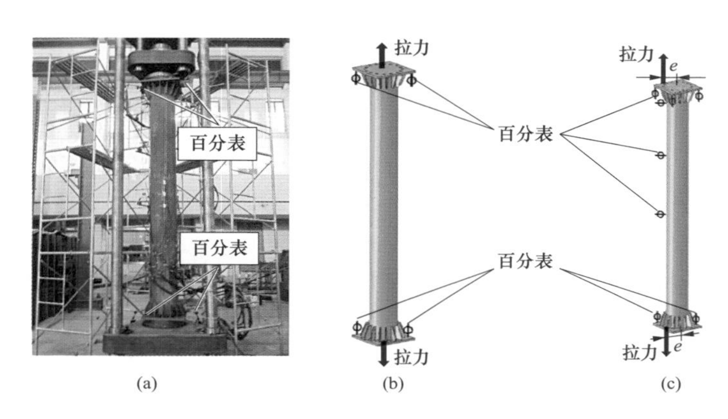

图 6-6 轴拉试件的百分表测点布置

（a）实拍图；（b）轴拉示意图；（c）偏拉示意图

三、钢材及混凝土材性试验

钢材的材料特性的测试试件采用从钢管壁上切割下来的标准拉伸试件，钢材的材料特性的试验结果如表 6-2 所示。

表 6-2 钢材的材性试验结果

钢　材	S_0(mm^2)	R_{el}(MPa)	R_m(MPa)	A(%)	Z(%)	E(GPa)
等边角钢拉伸试件（材料：Q345），$L_0=50$mm	75.53	376	555	31.0	69.0	205.2
外钢管拉伸试件 $t=4$mm（材料：Q420），$L_0=45$mm	60.59	558	639	24.0	65.0	220.0
外钢管拉伸试件 $t=6$mm（材料：Q420），$L_0=55$mm	87.54	458	560	30.8	70.7	215.0
螺纹钢筋拉伸试验（材料：HRB400），$L_0=80$mm	192.55	418	573	29.5	38.5	205.0

注　L_0为材性试验试件的标距；S_0为横截面面积；R_{el}为下屈服强度；R_m为极限强度；A 为断面收缩率；Z 为断后伸长率；E 为弹性模量。

根据测量的结果知：4×L56×5 角钢的横截面面积为 21.66cm^2；8×ϕ16 钢筋的横截面面积 16.08cm^2。根据表 6-2 的结果可知，使得 8×ϕ16 钢筋屈服时所需的外荷载为 N_R=672.1kN，使得 4×L56×5 在屈服时所需的外荷载为 N_B=814.4kN。

混凝土材料的材性试验试块采用与受拉试件浇筑时的同批次混凝土浇筑成的 150mm×150mm×150mm 的立方体标准试件，并使混凝土试块与拉伸试件处在相同的环境中进行养护 28 天，之后再进行混凝土的劈裂抗拉强度试验及立方体抗压强度试验。其中测试混凝土劈裂抗拉强度的试件有 3 个、测试混凝土的立方体抗压强度的试件有 3 个。根据试验结果，混凝土材料的材性试验结果如表 6-3 所示。

表 6-3　　混凝土材性试验结果

测试项目	劈裂抗拉强度（MPa）	立方体抗压强度（MPa）
强度	4.06	61.6

四、轴拉构件试验

（一）荷载-位移曲线

轴拉试件的荷载-位移曲线分别如图 6-7 和图 6-8 所示。图 6-7 所示为外钢管壁厚为 6mm 的轴拉试件的荷载-位移曲线及其荷载-初始位移曲线，而图 6-8 所示为壁厚为 4mm 的轴拉试件的荷载-位移曲线及其荷载-初始位移曲线。

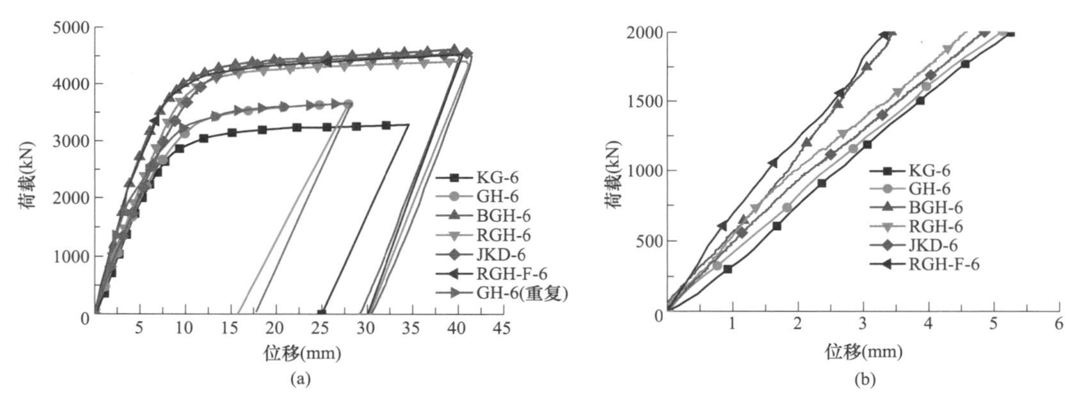

图 6-7　壁厚 6mm 轴拉试件荷载-位移关系图

（a）荷载-位移图；（b）荷载-初始位移图

从荷载-位移曲线可以看出，每个轴拉试件的荷载-位移曲线均有相同的特征，即曲线包括了弹性段、弹塑性段、塑性段等，其中在塑性段的试件的荷载还有上升，只是上升的幅度较慢。每个试件在拉到一定长度之后进行卸载，卸载之后均有不同程度的残余变形，而卸载路径近似与初始加载路径平行。

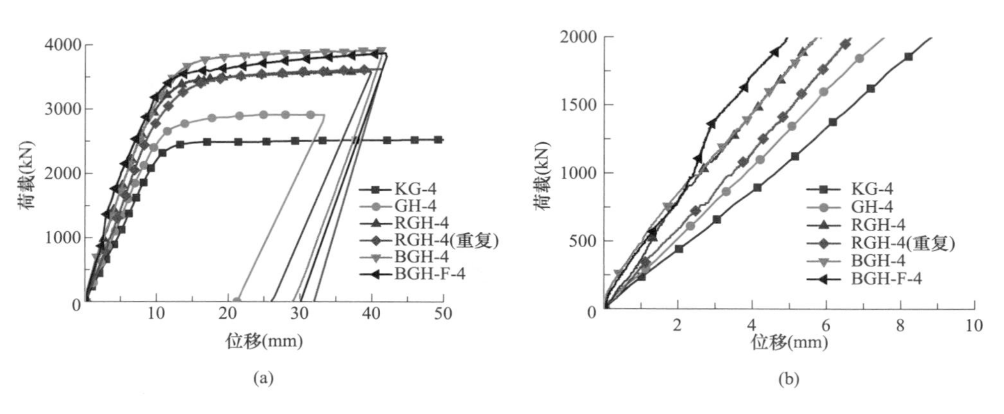

图 6-8　壁厚 4mm 轴拉试件荷载-位移关系图

（a）荷载-位移图；（b）荷载-初始位移图

（二）荷载-应变曲线

KG-4 与 KG-6 是空钢管，对其纵向应变和环向应变进行平均，得到的其荷载-纵向平均应变与其荷载-环向平均应变的结果分别如图 6-9 和图 6-10 所示。

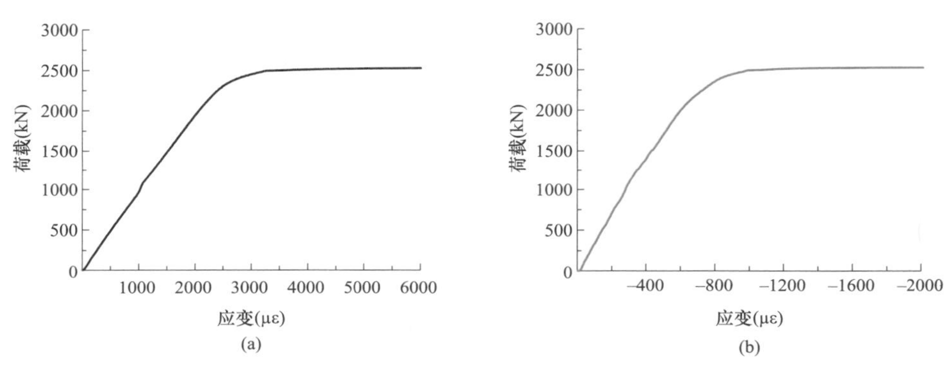

图 6-9　KG-4 荷载-平均应变关系图

（a）KG-4 荷载-纵向平均应变图；（b）KG-4 荷载-环向平均应变图

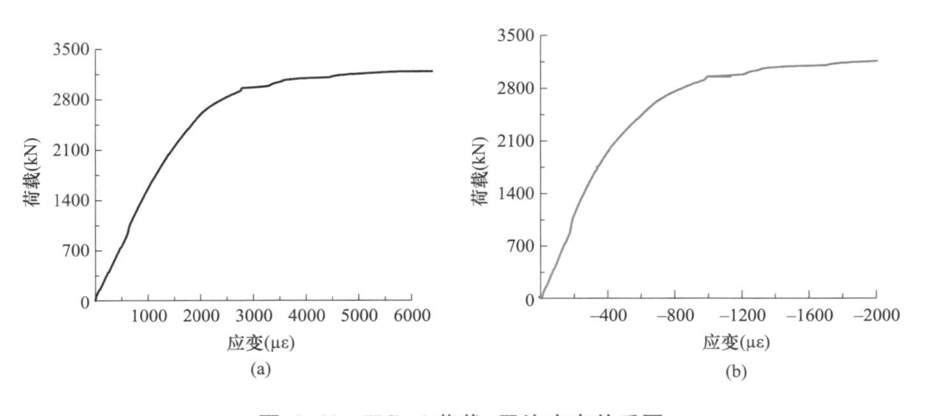

图 6-10　KG-4 荷载-平均应变关系图

（a）KG-6 荷载-纵向平均应变图；（b）KG-6 荷载-环向平均应变图

将 GH-4 试件的跨中处的纵向应变及环向应变的结果进行平均，得到的其荷载-平均应变关系如图 6-11 所示。

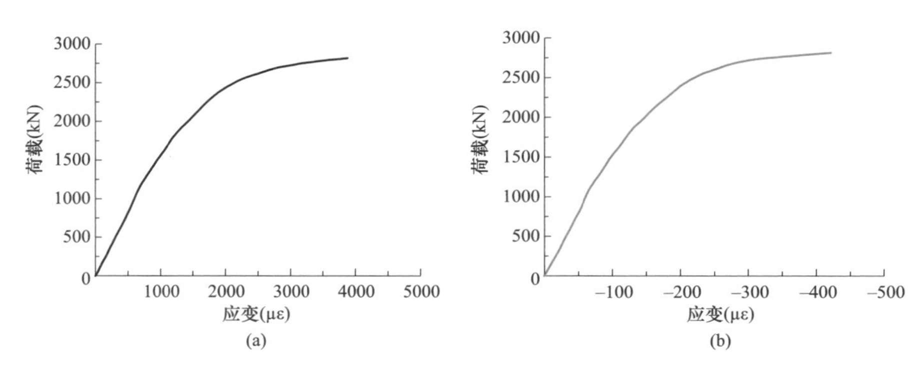

图 6-11　GH-4 荷载-跨中平均应变图

（a）GH-4 荷载-跨中纵向平均应变；（b）GH-4 荷载-跨中环向平均应变

所有试件在受拉过程中，外钢管跨中处应变均拉到 5000με 以上，以捕捉试件的极限荷载，从各个试件的荷载-应变曲线来看，各个试件在跨中部位的应变基本一致，即试件的荷载-应变曲线基本重合。但部分试件在加肋处的荷载-应变曲线的差异性较大，这说明试件在受拉过程中，加劲肋发挥了作用，而且部分试件的加劲肋处的外钢管管壁处也达到了屈服应变。

试验中，所有试件的环向应变均未超过 1000με，这与空钢管的环向应变有着明显的不同，因为空钢管的环向没有混凝土的约束，所以其环向变形是自由的，而其他试件的环向均受到了核心混凝土的约束，致使其环向应变相比空钢管较小。

（三）轴拉构件极限承载力

取外钢管为 5000με 所对应的荷载为极限荷载，各个试件所对应的极限荷载如表 6-4 所示。

表 6-4　轴拉试件所对应的极限荷载

试件	极限承载力 N_{ut}（kN）	N_{ut}/N_1	N_{ut}/N_2	$(N_{ut}-N_2)/N_R$	$(N_{ut}-N_2)/N_B$
KG-4	2523.8（N_1）	1.000	—	—	—
GH-4	2870.6（N_2）	1.137	1.000	—	—
RGH-4	3592.9	1.424	1.252	1.075	—
RGH-4（重复）	3577.8	1.418	1.246	1.052	—
BGH-4	3907.3	1.548	1.361	—	1.273
BGH-F-4	3805.4	1.508	1.326	—	1.148
KG-6	3158.0（N_1）	1.000	—	—	—
GH-6	3648.6（N_2）	1.155	1.000	—	—
GH-6（重复）	3617.8				
RGH-6	4324.0	1.369	1.185	1.005	—
RGH-F-6	4397.0	1.392	1.205	1.114	—
BGH-6	4509.3	1.428	1.236	—	1.057
JKD-6	4539.8	1.438	1.244	—	1.094

注　N_R—钢筋计算承载力；N_B—钢骨计算承载力。

对于配筋/钢骨构件的承载力与钢管混凝土构件承载力的差值，即钢筋/钢骨发挥的作用，从

表 6-4 可见该差值大于钢筋/钢骨的屈服承载力，可以表明在试件达到其极限荷载时，内配钢筋或型钢的试件，内部的钢筋及型钢均已经达到屈服，表明钢筋/钢骨能够很好地参与了试件的受拉过程，钢管壁与混凝土之间，以及钢筋/钢骨与混凝土之间的黏结有效地使得内配的钢筋/钢骨与外部钢管共同作用。

（四）先轴拉后轴压构件承载力

此外，三根先轴拉后轴压柱的试验是先将试件拉伸到其预估的极限荷载的 1/3，使其内部混凝土开裂，然后再对其做轴心受压试验，轴心受压时，试件两端铰接。试件拉伸和压缩时的荷载-位移曲线如图 6-12 所示。

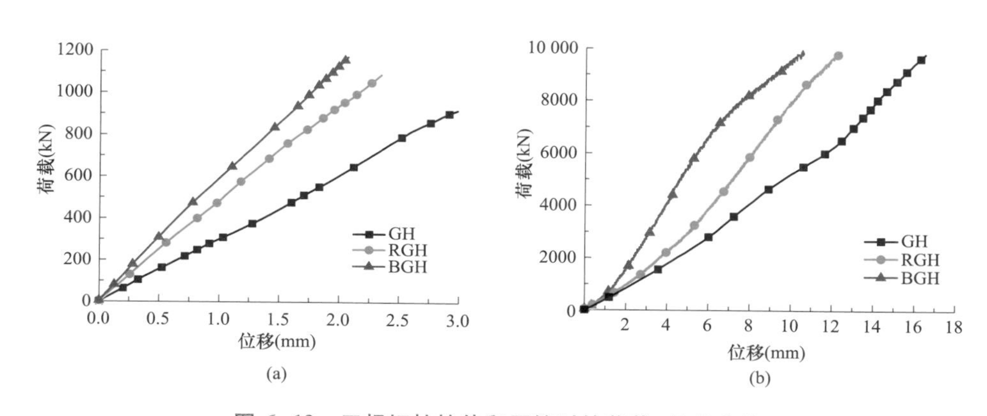

图 6-12　三根短柱拉伸和压缩时的荷载-位移曲线

（a）三根短柱受拉试验结果；（b）三根短柱受压试验结果

由于浙江大学结构试验大厅的试验机荷载只能加到 10 000kN，所以三根短柱在受压时的极限荷载均未得到。不过还是可以从图 6-12 中可以看出，三根试件在受拉及受压时的刚度排列顺序是 BGH>RGH>GH，这说明受拉试件的受拉刚度受内配钢筋或者钢骨的影响，而且这种影响在试件受力的初始就可以显现出来，即受拉试件的钢管和内部核心混凝土的相互作用在受拉一开始就可以作用。根据 CECS 408：2015《特殊钢管混凝土构件设计规程》计算得到的三根轴压柱的承载力分别为：GH，8301kN；RGH，8921kN；BGH，9052kN。可以看出，试验承载力显然大于设计承载力。

（五）角钢长向连接构件

角钢长向连接构件与普通角钢构件的破坏后裂缝分布情况分别如图 6-13 和图 6-14 所示。从两图的对比可以看出，由于角钢长向连接构件 JKD-6 使用了螺栓连接，使得角钢参与程度减少，从而增加了裂缝间距。

从图 6-15 所示的 BGH-6 和 JKD-6 的荷载位移比较图也可以看出，在荷载到达 1000kN 以上时，角钢长向连接构件 JKD-6 的变形明显增大，这是中部角钢连接处滑移导致的，与裂缝模式结论一致。从图 6-15 可见，角钢的对接并不影响构件的轴拉承载力。

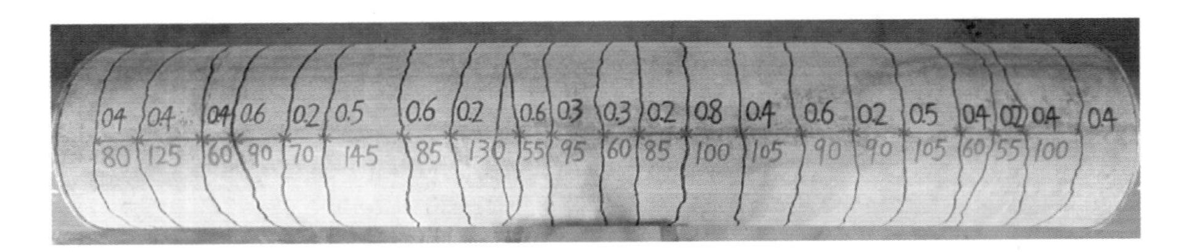

图 6-13　BGH-6 试件内部混凝土裂缝间距及裂缝宽度示意图

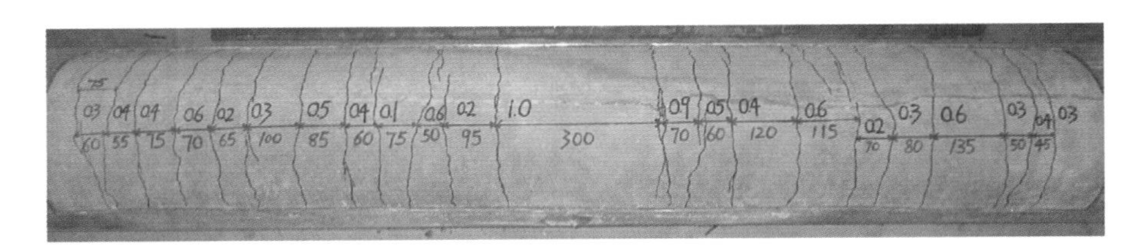

图 6-14　JKD-6 试件内部混凝土裂缝间距及裂缝宽度示意图

（六）钢筋/钢骨与混凝土的黏结分析

图 6-16～图 6-18 分别是 GH-4、RGH-4、BGH-4 构件的裂缝间距和宽度示意图，可见钢管壁能够将黏结力传给混凝土，使得混凝土受拉开裂，钢管混凝土构件的核心混凝土裂缝间距较大，裂缝宽度较小，表明混凝土参与受拉程度低，而钢筋/钢骨混凝土构件的核心混凝土裂缝间距小，宽度大，表明内部钢筋/钢骨有效地参与了受拉，使得混凝土受拉开裂。由于钢筋/钢骨与外钢管无直接联系，因此钢筋/钢骨所受的力是由混凝土传来的，一部分通过两端的加劲肋压缩混凝土，然后通过端部混凝土和钢筋/钢骨的黏结传递给钢筋/钢骨；另一部分则是通过钢管壁传给混凝土，混凝土再传递至钢筋/钢骨，如图 6-19 所示。

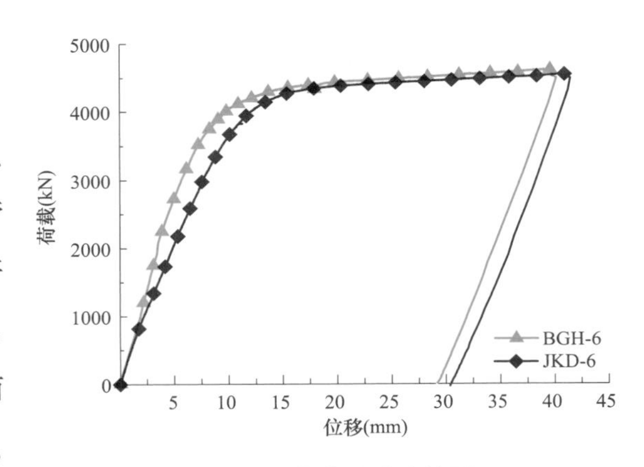

图 6-15　荷载位移比较图

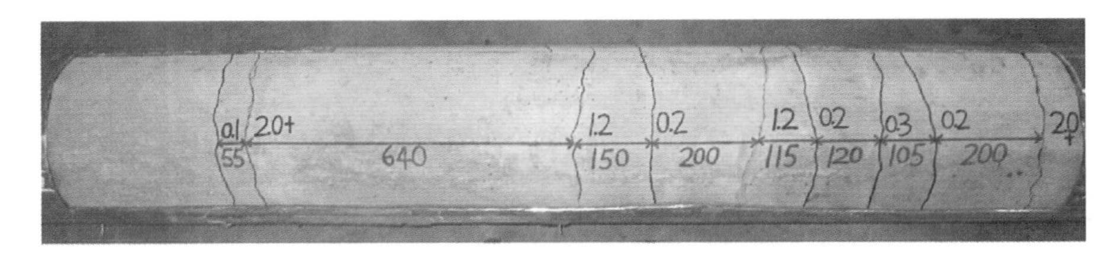

图 6-16　GH-4 试件内部混凝土裂缝间距及裂缝宽度示意图

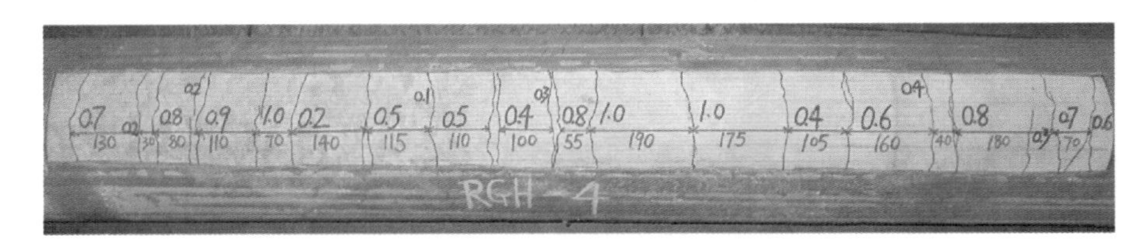

图 6-17　RGH-4 试件内部混凝土裂缝间距及裂缝宽度示意图

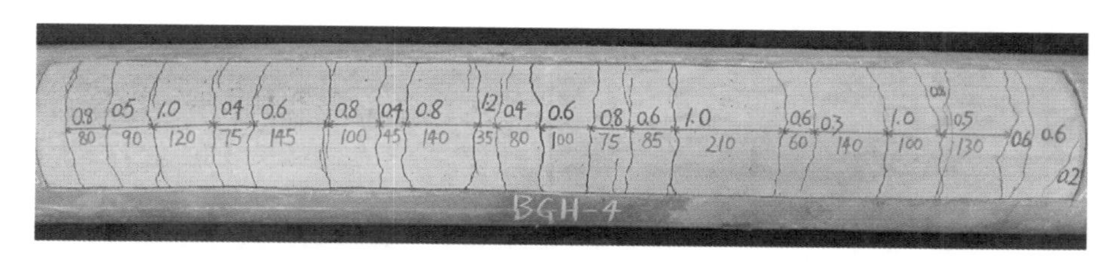

图 6-18　BGH-4 试件内部混凝土裂缝间距及裂缝宽度示意图

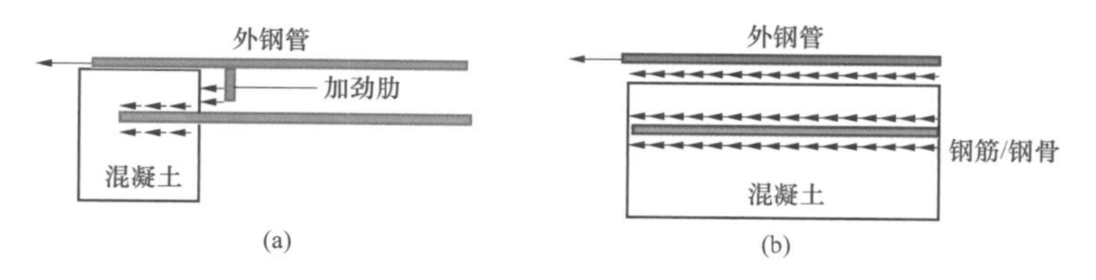

图 6-19　试件的传力机理

（a）试件端部拉力传递机理；（b）试件中部拉力传递机理

五、偏拉构件试验

本次偏拉试验的偏心距分为 20、40mm 两种，偏心率分别是 10% 和 20%，一共 8 个偏拉试件，且所有偏拉试件的外钢管壁厚均为 6mm。

（一）荷载-位移曲线

本次试验过程中的所有的偏拉试件的荷载-位移曲线及其与轴拉试件的荷载-位移曲线的对比分别如图 6-20～图 6-22 所示。

从图 6-20～图 6-22 可以看出，所有偏拉试件的初始刚度要比轴拉试件小，且试件的刚度也随着偏心距的增加而减小，偏拉试件也有一定的残余变形。

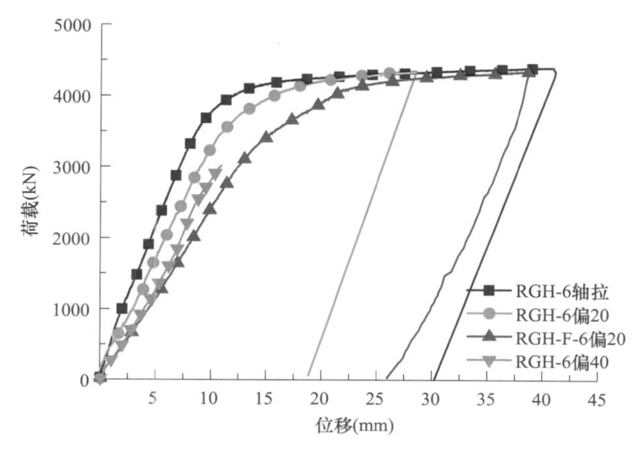

图 6-20　RGH-6 试验组荷载-位移曲线

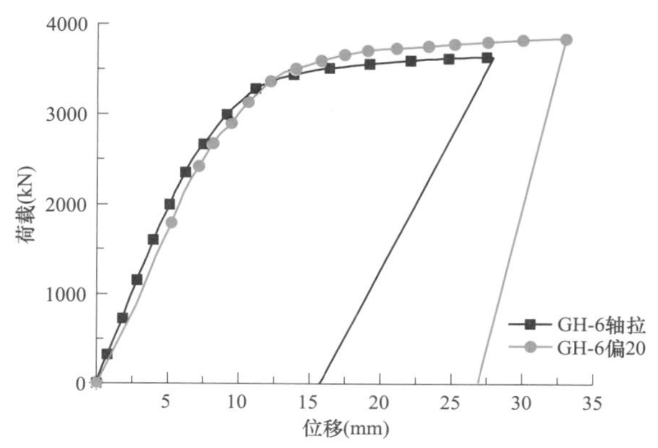

图 6-21　GH-6 试验组荷载-位移曲线

（二）荷载-应变曲线

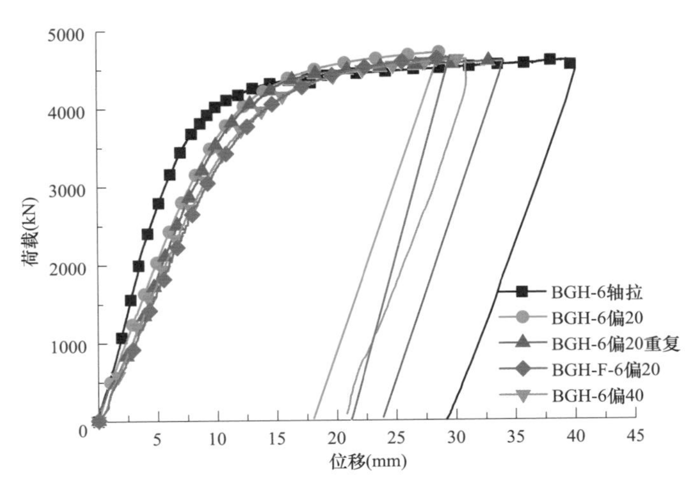

图 6-22　BGH-6 试验组荷载-位移曲线

从偏拉试件的荷载-位移曲线、荷载-应变曲线可以看出，偏拉试件的初始刚度要比轴拉试件的初始刚度要低；偏拉试件偏心力所在侧（偏拉侧）的纵向应变要比同一荷载水平下另一侧的纵向应变要大，且这一差距逐渐减小，可认为试件在偏拉过程中服从平截面假定。

对于带法兰的试件，偏拉侧到偏压侧的螺杆应变分布很不均匀且螺杆应变很小，尚未屈服，这说明带法兰的试件在偏拉过程中，其螺杆受力产生了重分布。究其原因，可能是由于各螺栓预紧力大小不同、锻造法兰的加工误差以及焊接残余应力的影响等，导致了螺杆应变的分布不同于不带法兰试件的应变分布。

（三）偏拉构件极限承载力

对于偏拉试件，取偏拉侧 5000με 所对应的荷载定义为其极限荷载，根据这种定义，试件的极限承载力对比如表 6-5 所示。

表 6-5　偏拉试件的极限承载力及其与轴拉试件的比较

RGH-6（偏 20）	偏拉/轴拉	BGH-6（偏 20）	偏拉/轴拉
4151.2	0.960	4460.4	0.989
RGH-F-6（偏 20）		BGH-6（偏 20 重复）	
4134.7	0.940	4308.9	0.956
GH-6（偏 20）		BGH-F-6（偏 20）	
3529.0	0.967	4397.3	0.975
RGH-6（偏 40）	偏拉/轴拉	BGH-6（偏 40）	
—	—	4321.2	0.958

从表 6-5 可以看出，偏拉试件的极限承载力要比轴拉试件小，偏 20mm 的钢管混凝土试件 GH-6 的极限承载力约为轴拉试件的 0.967 倍；偏 20mm 的内配钢筋的钢管混凝土试件 RGH-6 的极限承载力约为轴拉试件的 0.960 倍；偏 20mm 的内配钢骨钢管混凝土试件 BGH-6 的极限承载力约为轴拉试件的 0.956 倍和 0.989 倍；带法兰的构件影响最大，偏 20mm 的带法兰钢管混凝土试件 RGH-F-6 的极限承载力约为轴拉试件的 0.940 倍；偏 40mm 的内配钢骨钢管混凝土试件 BGH-6 的极限承载力约为轴拉试件的 0.958 倍。

（四）核心混凝土裂缝

图 6-23 和图 6-24 所示为 BGH-6 偏 40mm 试件在破坏后的内部混凝土的裂缝间距及裂缝宽度

示意图。可见偏压侧的裂缝间距比偏拉侧的要大，而裂缝宽度则比偏拉则要小。

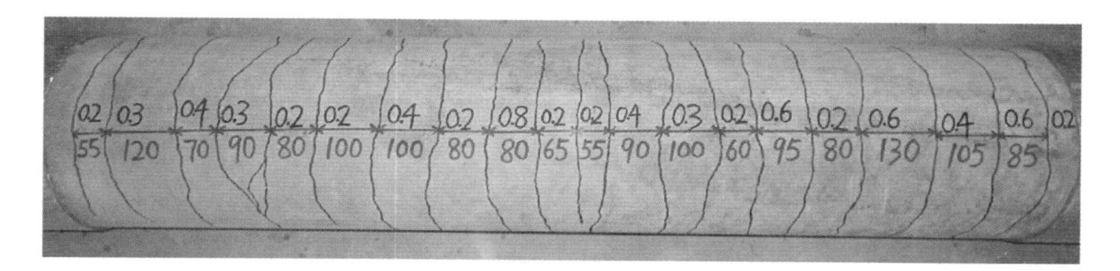

图 6-23　BGH-6 偏 40mm 试件内部混凝土偏拉侧裂缝间距及裂缝宽度示意图

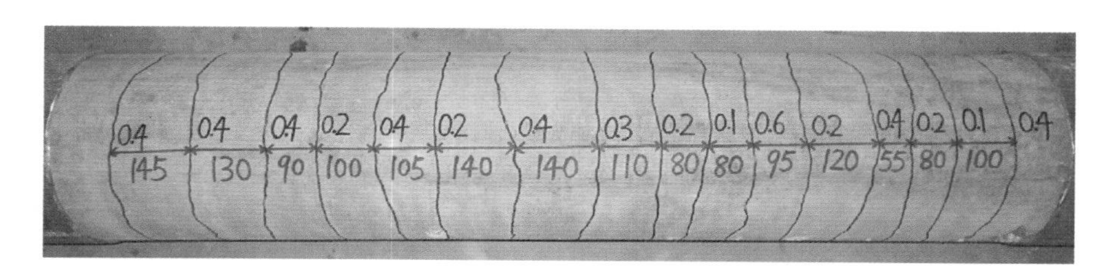

图 6-24　BGH-6 偏 40mm 试件内部混凝土偏压侧裂缝间距及裂缝宽度示意图

第三节　钢-混凝土界面黏结试验

一、构件制作

试验一共准备 17 个圆形截面的试件在轴向拉力作用下进行测试。其中包含空钢管混凝土、纯钢管混凝土以及内加不同钢骨的钢管混凝土，具体尺寸及编号见表 6-6。当同样类型的试件有多根时，在试件标记后加编号以示区分，如第一根壁厚为 5mm，钢管直径为 159mm 的纯钢管混凝土标记为 H159-5-1。

表 6-6　试件尺寸表

构件标记	外径（mm）	壁厚（mm）	内加钢骨类型	混凝土型号	试件数量
H159-5	159	5	无	无	1
H159-6	159	6	无	无	1
P159-5	159	5	无	C30	3
P159-6	159	6	无	C30	1
P139-5	139	5	无	C30	2
Sb159-16-5	159	5	ϕ16 钢筋	C30	3
Sb159-32-5	159	5	ϕ32 钢筋	C30	2
An159-5	159	5	40×60 角钢	C30	3
Cr159-5	159	5	160×6 十字角钢	C30	1

钢材的力学性能测得的结果见表 6-7。

表 6-7　钢材料的力学性能　MPa

力	f_y	f_u	E_s
数值	307	475	204 000

试验采用静力加载方法对钢管混凝土进行轴拉，为保证钢管混凝土在整个试验过程中处于较为理想的受力状态，在准备试件时，在试件的两端焊 15mm 厚的方钢板，并且为了使试验过程中构件不会在连接处破坏，采用 4 块 10mm 厚的钢板加劲肋加固钢板与钢管之间的连接。构件剖面图如图 6-25 所示。

二、试验加载及测试

对于各个试件，研究的对象均为中部 200mm 的钢管混凝土段，因此测点的布置也都位于中部 200mm 范围内。

对于钢管，不仅需要纵向应变计算黏结应力和滑移，还需要横向应变计算混凝土对钢管及钢筋的压力，因此在钢管的外部同时粘贴纵向和横向的应变片，具体如图 6-26（a）所示。纵向从上到下分别编号为分别为 L-1、L-2、L-3、L-4、L-5、L-6、L-7，横向则在钢管的中间位置粘贴一片，记为 T。对内加钢骨的试件，在钢骨上与外钢管对应的位置粘贴 7 片应变片，自上而下分别标记为 IL-1、IL-2、IL-3、IL-4、IL-5、IL-6 、IL-7，具体如图 6-26（b）所示。

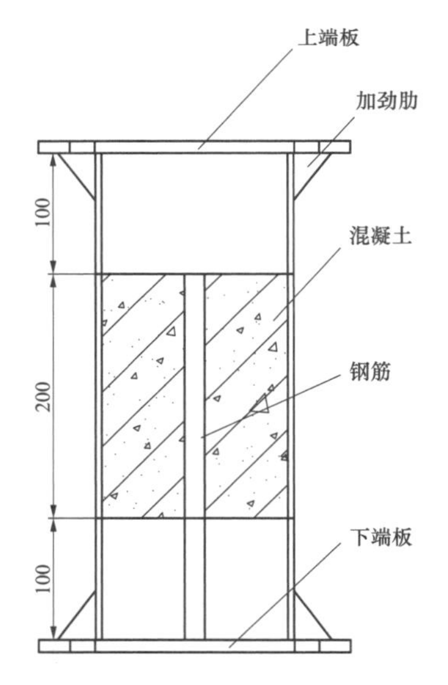

图 6-25　钢管混凝土构件设计示意图

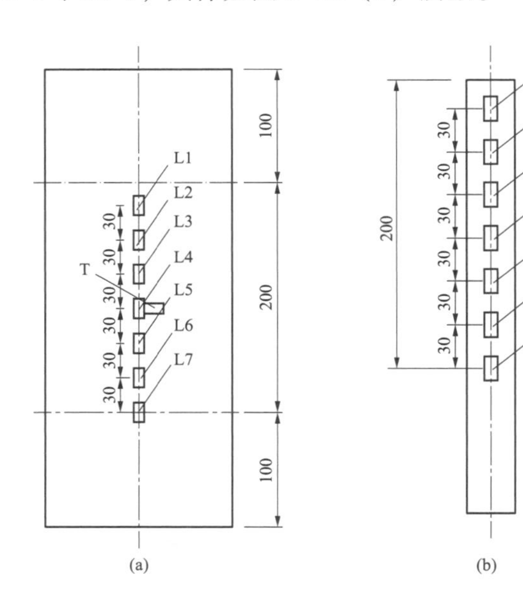

图 6-26　应变片布置图

（a）钢管外应变片布置图；（b）钢筋应变片布置图

在之后的分析中，用测点 1 代表钢管上的 L-1 位置，在钢筋上则代表 IL-1 的位置，其他位置以此类推。同时，在钢管的四角安装 4 个百分表用于记录钢管的纵向位移，记为 D_1、D_2、D_3、

D_4，并计算平均值作为钢管的平均位移。

试验装置如图 6-27 所示，试验采用位移控制的方法，速度为 0.5mm/min 恒定不变，直到到达助动头的加载值上限。

图 6-27　试验装置

三、试验现象及结果

试验中所加的拉荷载最大值为 400kN 左右，小于试件钢管的屈服荷载，空心钢管和钢管混凝土中的钢材均未达到屈服，试验结束后，从外观上看，构件并未破坏，钢管无明显变形。

（一）内加钢骨材料对于整体刚度的影响

如图 6-28 所示为钢管纵向荷载-应变曲线和荷载-位移曲线，可以看到，在试验所在的荷载范围之内，钢管的纵向应变和荷载均随着荷载的增加而大致呈线性增加。并且可以看到在同一水平的荷载作用下，纯钢管混凝土与空钢管的纵向应变要大于内加钢骨的钢管混凝土，纯钢管混凝土的位移也大于内加钢骨的钢管混凝土的位移。由此可见，在试验荷载范围内，钢管混凝土内加钢骨可以有效提高钢管混凝土的刚度，减小试件的变形。

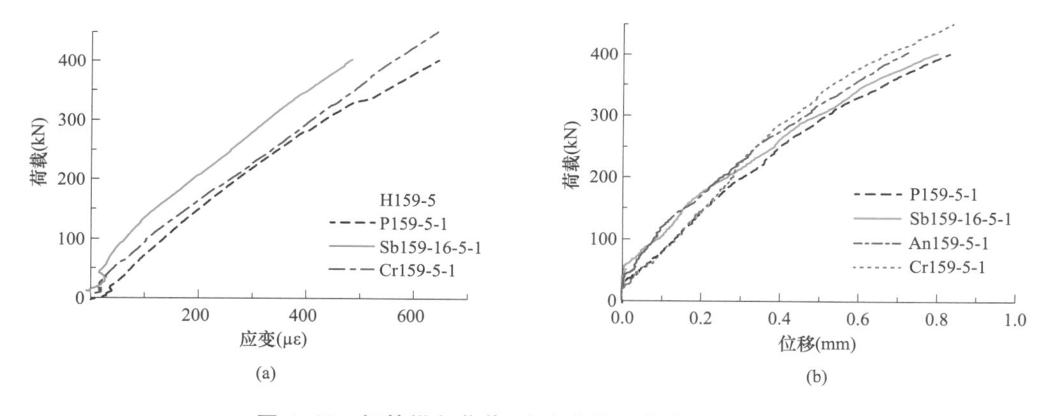

图 6-28　钢管纵向荷载-应变曲线和荷载-位移曲线

（a）各钢管纵向应变随荷载变化；（b）各位移纵向应变随荷载变化

（二）钢筋和钢骨的黏结滑移曲线

图 6-29 所示为内加直径为 16mm 的钢筋试件和 40×6 角钢试件中的黏结滑移曲线。从图中可以看到，在试验的荷载范围内，钢筋/角钢与混凝土之间的黏结滑移曲线可以分为两个阶段：在第一个阶段，即荷载不大，钢筋/角钢和混凝土之间的滑移也不大时，钢筋/角钢和混凝土之间的黏结应力随着滑移的增加而增加。在第二阶段，即随着荷载的增加，钢筋/角钢和混凝土之间的滑移也跟着增加，而此时钢筋/角钢和混凝土之间的黏结应力随着钢筋/角钢和混凝土之间的滑移增加而减小。这说明当荷载增加到一定程度时，钢筋/角钢和混凝土之间已经开始脱开，黏结应力不再

能继续增加。在图 6-29（a）中可以看到，在下降段之后还有一段接近水平的第三阶段，在这阶段，钢筋和混凝土之间的黏结应力保持不变，不再随着滑移变化，可能钢筋和混凝土之间已经完全脱开。角钢的黏结性能比钢筋弱一些，但角钢的试验结果离散性较大，有待更多地数据支持。

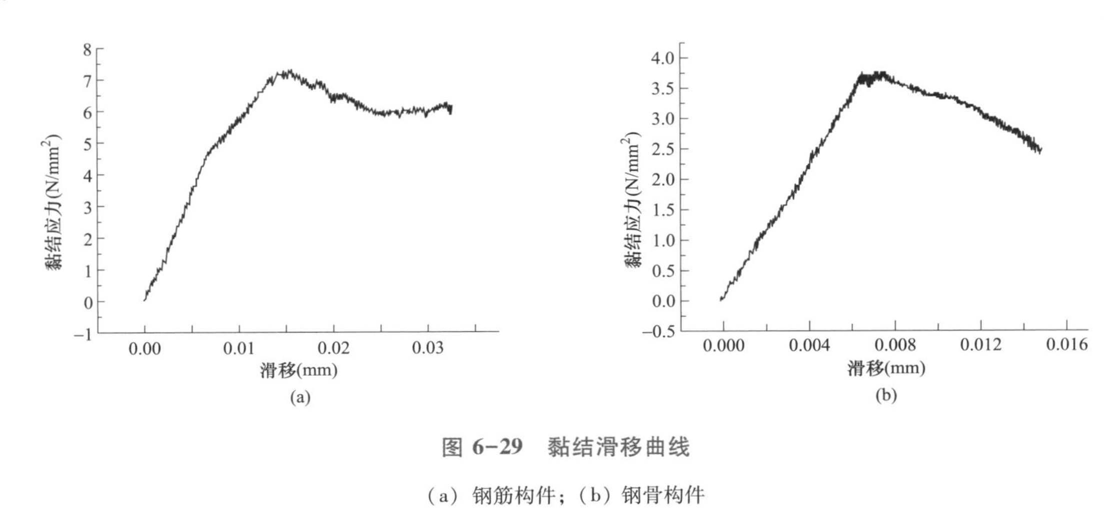

图 6-29　黏结滑移曲线

（a）钢筋构件；（b）钢骨构件

（三）钢管与混凝土之间黏结应力随荷载的变化

图 6-30 所示为各钢管与其内部核心混凝土之间黏结应力随荷载的变化曲线。从图中可以看到，对于每一个钢管混凝土，各个区段内黏结应力的大小都随荷载的增加而增加，且黏结应力的大小在钢管的两端较大，中部较小，最后到达的最大值在 5～8N/mm^2。如对于 2 号纯钢管混凝土来说，在钢管的两端，即测点 12 和测点 67 之间的黏结应力随着荷载的增加而一直增加，而中部的几个测点之间的黏结应力在荷载不大时几乎不增加，当荷载到达 200kN 左右时黏结应力开始随着荷载的增加而增加，直到加载完成。

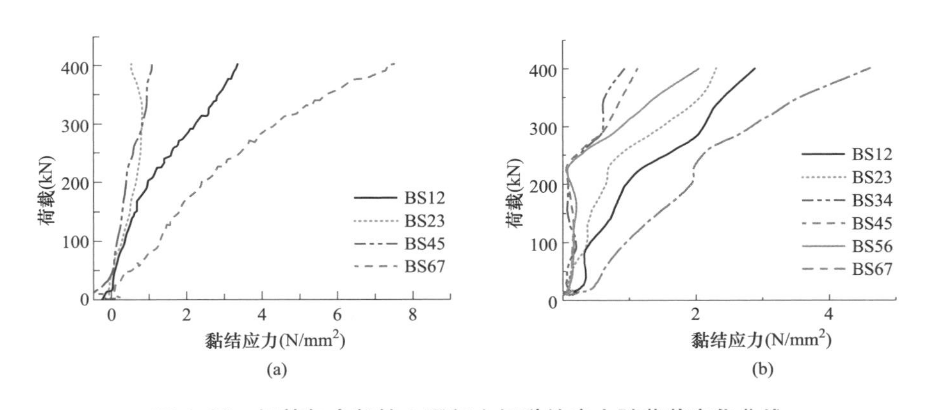

图 6-30　钢管与内部核心混凝土间黏结应力随荷载变化曲线

（a）H159-5-1；（b）H159-5-2-1

（四）钢管和混凝土之间的黏结滑移曲线

图 6-31 所示为各种钢管混凝土外钢管与混凝土之间的黏结滑移曲线。从图中可以看出，在试验荷载范围内，外钢管和混凝土之间的黏结应力随着滑移的增加而增加。在不同的钢管中做出的

曲线略有不同，如在纯钢管混凝土中的黏结滑移曲线接近为直线，而在内含角钢的试件中，黏结应力随着滑移的增加而增加的速率慢慢增加。对于同一试件不同测点间的黏结滑移变化也有差别，如在 Cr159-5-1 试件中各个测点间黏结应力随滑移变化速率有明显差别，在测点 23、测点 34 和测点 56 间速率一次降低。

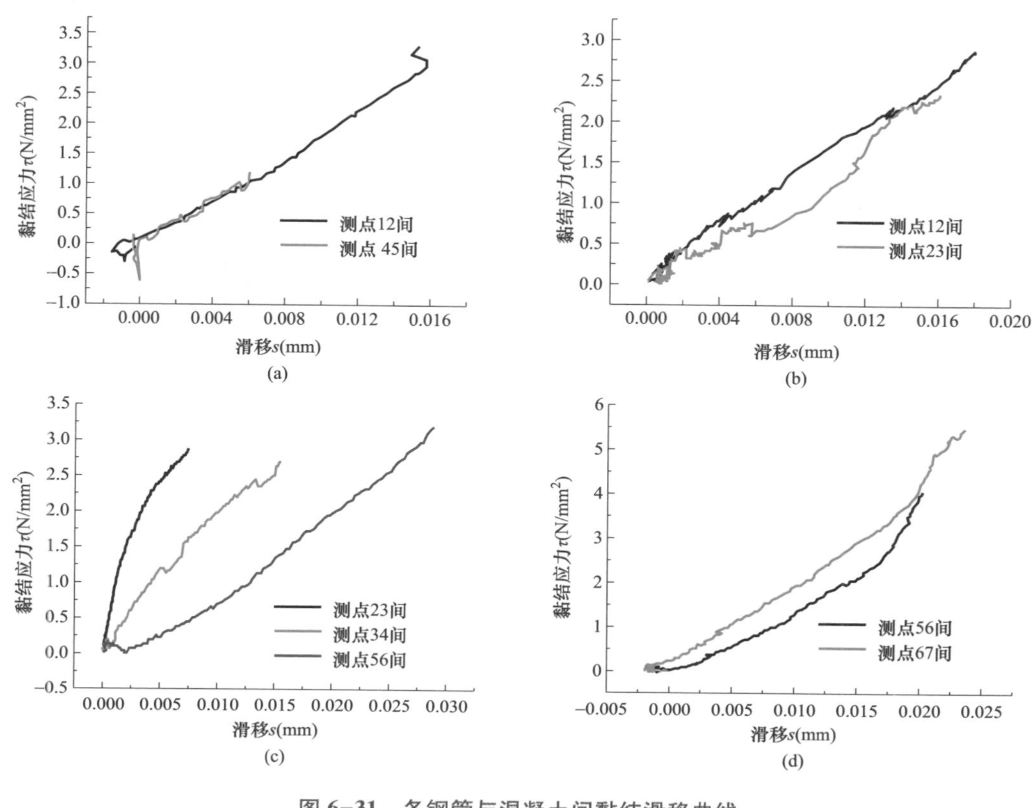

图 6-31　各钢管与混凝土间黏结滑移曲线

(a) P159-5-1；(b) P159-5-2；(c) Cr159-5-1；(d) An159-5-1

（五）外钢管的 τ-s-p 曲线

将各混凝土外钢管的黏结应力 τ、钢管与混凝土之间的滑移 s 以及钢管的与混凝土之间的环向压力 p 绘制成三维曲线，如图 6-32 所示。

再截取不同的环向压力值做出不同的环向压力下的 τ-s 曲线，如图 6-33 所示。可以看到，钢管和混凝土之间的黏结滑移曲线大致都可分为 3 个阶段，即缓慢上升段、迅速上升段和下降段。在第一阶段，滑移较小时，曲线处于缓慢上升段，钢管和混凝土之间的黏结应力随着滑移的增加而增加，增加速度较缓。当滑移达到一定量之后，进入迅速上升段，在此阶段内滑移量变化不大而黏结应力迅速增大。当滑移量达到第二个特定值后，曲线进入下降段，黏结应力随着滑移的增加而下降，钢

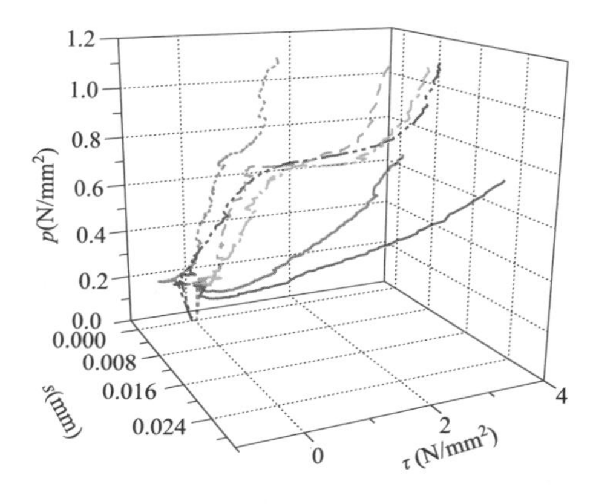

图 6-32　钢管与混凝土间 τ-s-p 曲线

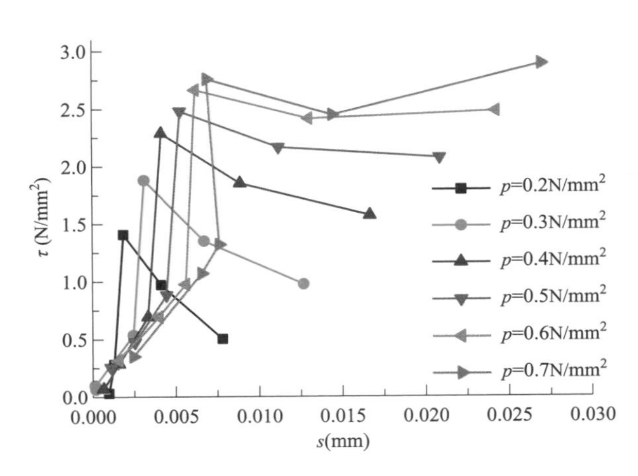

图 6-33　不同环向压力下钢管与混凝土间 $\tau-s$ 曲线

管和混凝土之间进入破坏阶段。

另外，在不同的环向压力下的黏结滑移曲线之间有显著不同。环向压力越大，达到两个分界点所需要的滑移量越大。而在下降段，可以看到当压力增加时，黏结应力随滑移的增大而减小的趋势在放缓，说明压力越大，钢管和混凝土之间黏结应力的破坏延性越好。而在缓慢上升段与迅速上升段中，黏结应力随滑移的变化速率则与环向压力没有显著关系。

根据图 6-33，可拟合出如下公式

$$\tau=\begin{cases}190s \\ 190s_1+1940(s-s_1) \\ 190s_1+1940(s_2-s_1)+K(s-s_2)\end{cases} \tag{6-3}$$

$$K=-700p^2+870p-300$$

$$s_1=0.008p$$

$$s_2=0.01p$$

第四节　拉伸构件有限元分析

一、单元选取和模型构建

有限元模型中，考虑到钢管壁厚较小，采用四节点缩减积分壳单元 S4R，沿着壳单元厚度方向采用 9 节点 Simpson 积分；内部混凝土及钢骨采用 8 节点缩减积分六面体实体单元 C3D8R；柱两端加载端板采用刚性壳平面。试验模型按照实际测量尺寸建模，忽略外钢骨焊缝及残余应力影响。实际模型见图 6-34。

外钢管和核心混凝土界面的接触在切线方向定义为各向同性，采用 Mohr-Coulomb 摩擦模型考虑该方向上界面力的传递，当界面传递的剪应力达到临界值（τ_{limit}）时，钢管与核心混凝土开始发生相对滑动，而两者之间传递的剪力不再增加，剪应力临界值（τ_{limit}）计算见式（6-4）。钢管与核心混凝土界面摩擦系数一般取 0.6。钢管与核心混凝土界面的接触在法线方向定义为面-面的硬接触，同时允许在接触后分离。钢管与核心混凝土接触面定义为面-面接触，钢管为主面，混凝土为从面，允许滑移定义为 Small Sliding。

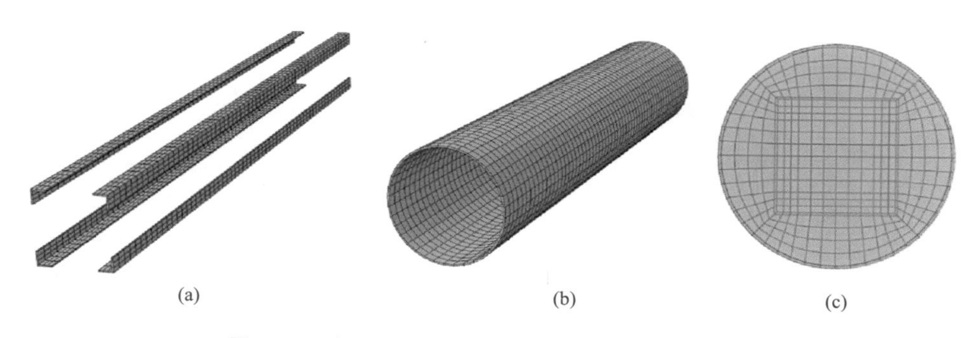

图 6-34　钢骨-钢管混凝土柱有限元模型网格划分

（a）内配角钢；（b）钢管；（c）内配钢骨钢管混凝土截面

$$\tau_{\text{limit}} = 2.314 - 0.0195(D_c/T_c) \quad \text{N/mm}^2 \tag{6-4}$$

核心混凝土及钢骨与刚面端板不施加约束，钢管与刚面端板采用绑定约束，边界约束条件施加在两端刚面上。模型边界条件与试验一致，采用两端铰接，只约束两端沿长度方向的转角。模型加载采用位移加载。

二、有限元结果验证

表 6-8 为模型计算极限承载力值（T_{FEA}）与试验值（T_e）对比，T_{FEA}/T_e的平均值为 1.00，变异系数为 0.0298。对比结果表明有限元模型计算极限承载力与试验结果吻合且波动性小。

表 6-8　轴拉试验柱极限承载力与有限元计算值比较

试件	轴拉承载力试验值 T_e（kN）	轴拉承载力有限元值 T_{FEA}（kN）	T_{FEA}/T_e
KG-4	2523.8	2568.8	1.02
GH-4	2870.6	3012.5	1.05
RGH-4	3592.9	3468.5	0.97
BGH-4	3907.3	3765.8	0.96
KG-6	3158.0	3200.2	1.01
GH-6	3648.6	3701.4	1.01
RGH-6	4324.0	4278.5	0.99
BGH-6	4509.3	4489.2	1.00
平均值			1.00
变异系数			0.029

图 6-35 所示为各有限元模型轴拉典型荷载-位移曲线对比图。其中空钢管和钢管混凝土试验构件的模拟曲线与试验曲线吻合较好。而内配钢筋和内配角钢构件在弹塑性段的模拟曲线仅与试验曲线有所差异，这可能是钢管对混凝土的压力导致钢筋或钢骨与混凝土的摩擦效果更强导致，从而造成该段曲线的差异，但是这并不影响试件极限承载力和计算刚度。

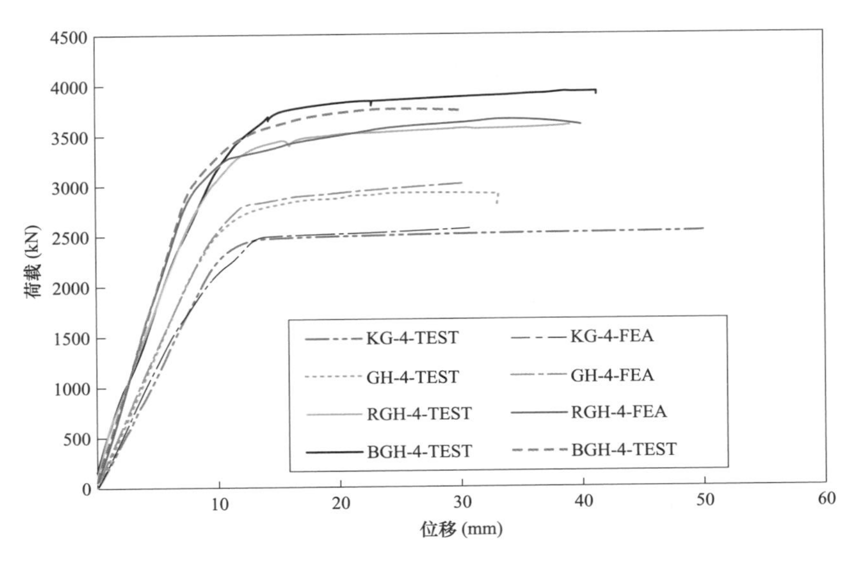

图 6-35　轴拉典型荷载-位移曲线比较

第五节　拉伸构件的刚度和承载力

一、轴拉构件的刚度计算

（一）轴拉试件的刚度试验值确定方法

方法一：基于应变片数据的荷载-应变曲线。对于轴拉试件的抗拉刚度的试验结果，根据对于钢管混凝土受拉构件的刚度数值确定方法，取图 6-36 中 A 点和 B 点之间的割线刚度为构件的刚度，其中 A 点为混凝土刚开裂时的状态，B 点为外钢管的比例极限。其中 A 点根据混凝土材料的受拉开裂应变确定，B 点根据钢材的拉伸试验结果确定。取构件中部分布的应变片 A1-1～A1-9 数据的均值，可以得到构件的刚度见表 6-9。因为应变片反映的是局部的变形，因此方法一获得刚度可认为是局部刚度。

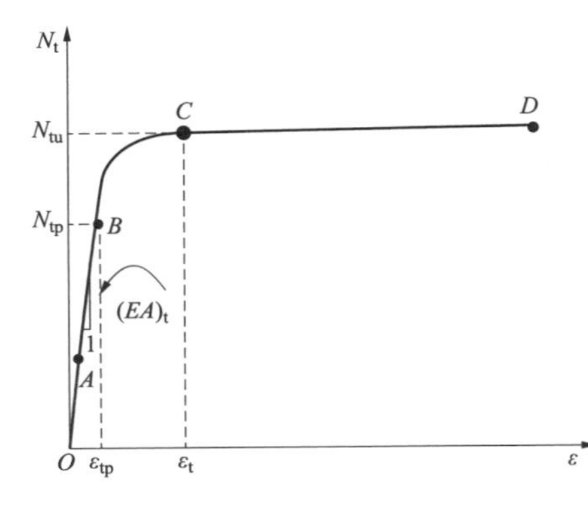

图 6-36　基于荷载-应变曲线刚度定义图

方法二：基于荷载-位移曲线。根据构件的荷载-位移曲线，取初始切线斜率，并除以构件总长。方法二是基于构件整体的变形，获得的刚度可认为是构件的整体刚度，得到的构件的刚度见表 6-9。

表 6-9　　轴拉试件的刚度计算结果

试件	方法一试验值 $(EA)_{e1}$ (kN)	方法二试验值 $(EA)_{e2}$ (kN)	公式计算值 $(EA)_c$ (kN)	$(EA)_c/(EA)_{e1}$	$(EA)_c/(EA)_{e2}$
KG-4	0.972×10^6	0.922×10^6	1.007×10^6	1.036	1.092
GH-4	1.502×10^6	1.241×10^6	1.459×10^6	0.971	1.185
RGH-4	1.556×10^6	1.456×10^6	1.492×10^6	0.959	1.025
RGH-4 (r)	1.444×10^6	1.275×10^6	1.492×10^6	1.033	1.170
BGH-4	1.550×10^6	1.378×10^6	1.504×10^6	0.970	1.091
BGH-F-4	1.426×10^6	1.468×10^6	1.504×10^6	1.055	1.025
KG-6	1.401×10^6	1.453×10^6	1.476×10^6	1.054	1.016
GH-6	1.958×10^6	1.641×10^6	1.901×10^6	0.971	1.158
GH-6 (r)	2.031×10^6	1.891×10^6	1.901×10^6	0.936	1.005
RGH-6	2.036×10^6	1.784×10^6	1.934×10^6	0.950	1.084
RGH-F-6	1.958×10^6	1.973×10^6	1.934×10^6	0.988	0.980
BGH-6	2.066×10^6	1.968×10^6	1.946×10^6	0.942	0.989
JKD-6	1.982×10^6	1.690×10^6	1.946×10^6	0.982	1.151
平均值				0.988	1.075
变异系数				0.041	0.066

由表 6-9 可见，总体上方法一获得的刚度值比方法二获得刚度值偏大，这可能是因为应变片的位置在构件的中部，钢管与混凝土之间的黏结充分，混凝土（包括内部钢筋和钢骨）可以发挥完全的作用，而构件两端的混凝土参与作用较小。

（二）轴拉试件的刚度的计算方法

有文献提出的圆钢管混凝土构件的轴拉刚度计算公式为

$$(EA)_t = E_{so}A_{so} + 0.1E_cA_c \tag{6-5}$$

由于内配钢骨或钢筋的影响，本次试验的试件的抗拉刚度的不能简单地按照式（6-5）进行计算，需要考虑内配钢骨或钢筋以及钢管和混凝土之间的相互作用对于试件刚度的影响。由于内配钢筋或钢骨与混凝土之间的滑移在加载初始阶段并不明显，可以认为内配钢筋或钢骨与混凝土具有较好的协同工作，因此提出内配钢筋或钢骨的钢管混凝土构件的轴拉刚度计算公式如下：

内配钢筋

$$(EA)_t = E_{so}A_{so} + 0.1(E_cA_c + E_{sb}A_{sr}) \tag{6-6}$$

内配钢骨

$$(EA)_t = E_{so}A_{so} + 0.1(E_cA_c + E_{sb}A_{sb}) \tag{6-7}$$

式中　E_{so}——外钢管弹性模量；

A_{so}——外钢管横截面面积；

E_c——核心混凝土弹性模量；

A_c——核心混凝土横截面面积；

E_{sb}——内配钢骨或钢筋弹性模量；

A_{sr}——内配钢筋横截面面积；

A_{sb}——内配钢骨横截面面积。

按式（6-6）和式（6-7）计算所得的结果与试验结果比较见表6-9，可见计算结果基本符合试验结果，式（6-6）和式（6-7）可以用于受轴拉作用的内配钢筋/钢骨构件的刚度计算。

二、偏拉构件的刚度计算

对于偏拉试件的抗拉刚度的计算，当试件的偏心距较小时，试件全截面受拉。根据试验结果，本次试验的所有试件在受力过程中均为全截面受拉，所以试件均为小偏心受拉试件，因此对于小偏心受拉构件的偏拉刚度的计算，根据式（6-8）和式（6-9），考虑试件偏心距的影响，得到的内配钢筋或钢骨的钢管混凝土构件的偏拉刚度的计算公式如下：

内配钢筋

$$(EA)_t' = (1-\lambda)^2 (EA)_t = (1-\lambda)^2 [E_{so}A_{so}+0.1(E_cA_c+E_{sr}A_{sr})] \tag{6-8}$$

内配钢骨

$$(EA)_t' = (1-\lambda)^2 (EA)_t = (1-\lambda)^2 [E_{so}A_{so}+0.1(E_cA_c+E_{sb}A_{sb})] \tag{6-9}$$

$$\lambda = 2e/D$$

式中 λ——偏拉构件的偏心率；

e——偏拉构件的偏心距。

对于偏拉试件的抗拉刚度的试验结果，根据钢管混凝土的研究成果，用同样的方法，定义内配钢骨或钢筋的钢管混凝土的偏拉刚度为外钢管偏拉侧达到比例极限（$0.8f_y$）时对应的点B和混凝土开裂时的点A之间的割线刚度。

B点的选取，对壁厚为4mm的试件，取其外钢管的偏拉侧在$0.8\times2536.4\mu\varepsilon=2029.1\mu\varepsilon$时所对应荷载-应变曲线上的点；对壁厚为6mm的试件，取其外钢管偏拉侧在$0.8\times2130.0\mu\varepsilon=1704.0\mu\varepsilon$时所对应荷载-应变曲线上的点。$A$点的选取，与轴拉构件相同。$A$、$B$点确定以后，根据各个偏拉试件的荷载-应变关系曲线试验结果，得到的各个偏拉试件的刚度试验值与相同尺寸轴拉试件的刚度对比见表6-10。可见偏拉构件的刚度小于相同尺寸的轴拉构件，随着偏心距的增加，刚度值减小更多，偏心距为20mm的刚度减少大约10%，偏心距为40mm的刚度减少约15%。

表 6-10　　偏拉试件的刚度试验值和计算值与轴拉试件的试验值和计算值的对比

试件	轴拉试验值 $(EA)_e$(kN)	偏拉试验值 $(EA)'_e$(kN)	$(EA)'_e/(EA)_e$	偏拉计算值 $(EA)'_c$(kN)	$(EA)'_c/(EA)'_e$
GH-6 偏 20	1.958×10^6	1.373×10^6	0.701	1.540×10^6	1.122
RGH-6 偏 20	2.036×10^6	1.601×10^6	0.786	1.567×10^6	0.979
BGH-6 偏 20	2.066×10^6	1.638×10^6	0.793	1.576×10^6	0.962
BGH-6 偏 20（重复）	2.066×10^6	1.684×10^6	0.815	1.576×10^6	0.936
RGH-F-6 偏 20	1.958×10^6	1.488×10^6	0.756	1.567×10^6	1.053
BGH-F-6 偏 20	—	1.650×10^6	—	1.576×10^6	0.955
RGH-6 偏 40	2.036×10^6	1.303×10^6	0.640	1.238×10^6	0.950
BGH-6 偏 40	2.066×10^6	1.407×10^6	0.681	1.245×10^6	0.885
平均值					0.980
变异系数					0.071

三、轴拉构件的承载力计算

参考钢管混凝土轴向受拉的承载力公式，并考虑内配钢骨或钢筋的影响，得出的内配钢骨或钢筋的钢管混凝土的轴拉承载力的计算公式如下：

内配钢筋

$$T_u = (1.1-0.4\alpha)\ A_{so}f_{yo}+A_{sr}f_{yr} \tag{6-10}$$

内配钢骨

$$T_u = (1.1-0.4\alpha)\ A_{so}f_{yo}+A_{sb}f_{yb} \tag{6-11}$$

$$\alpha=A_{so}/A_c$$

式中　α——截面含钢率；

A_c——核心混凝土横截面面积；

A_{so}——外钢管横截面面积；

f_{yo}——外钢管屈服强度；

A_{sb}——内配型钢或钢筋的横截面面积；

f_{yb}——内配型钢的强度；

f_{yr}——内配钢筋的强度。

按式（6-10）和式（6-11）计算所得的结果与试验结果比较见表 6-11。可见计算值和试验值符合较好，均值为 1.005，最大差别不到 5%。

表 6-11　　轴拉试件的极限承载力的计算值与试验值的对比

试　件	轴拉承载力试验值 T_e（kN）	轴拉承载力计算值 T_c（kN）	T_c/T_e
GH-4	2870.6（N_2）	3008.6	1.048
RGH-4	3592.9	3680.8	1.024
RGH-4（r）	3577.8	3680.8	1.029
BGH-4	3907.3	3823.1	0.978
BGH-F-4	3805.4	3823.1	1.005
GH-6	3648.6（N_2）	3656.1	1.002
GH-6（r）	3617.8	3656.1	1.011
RGH-6	4324.0	4328.3	1.001
RGH-F-6	4397.0	4328.3	0.984
BGH-6	4509.3	4470.5	0.991
JKD-6	4539.8	4470.5	0.985
平均值			1.005
变异系数			0.021

四、轴拉构件的承载力计算

钢管混凝土在受轴心拉力 N 和弯矩 M 共同作用下的正则化曲线 $N/N_u-M/M_u$ 近似为直线，计算公式为

$$\frac{T}{T_u}+\frac{M}{M_u}\leqslant 1 \tag{6-12}$$

由于内配钢筋或钢骨对试件的轴拉承载力的贡献比较大，因此式（6-12）中第一项所占的份额较大，所以不能简单地按照线性关系来计算内配钢筋或钢骨钢管混凝土构件的偏拉极限承载力。基于此，在参考式（6-12）的基础上，考虑第一项所占的比重较大的因素，提出了一个平面内承受拉、弯荷载共同作用时的内配钢筋或钢骨钢管混凝土构件的承载力计算式，即

$$\left(\frac{T}{T_u}\right)^2+\frac{M}{M_u}\leqslant 1 \tag{6-13}$$

式中　T_u——构件的轴拉极限承载力，可由式（6-10）或式（6-11）求得；

M_u——构件的抗弯极限承载力。

M_u的计算采取叠加法，即认为内配钢筋或钢骨的钢管混凝土构件的极限抗弯承载力由两部分组成，即钢管混凝土的抗弯极限承载力、钢骨或钢筋的抗弯极限承载力。钢管混凝土的抗弯极限承载力可由现有计算公式计算得出，而内配钢骨或钢筋的抗弯极限承载力则按照塑性截面法求得，实际上混凝土中内配钢骨类似于钢筋混凝土，因此单独计算钢骨或钢筋承载力是偏于安全的。

M_u的计算公式为

$$M_u=M_{sc,u}+M_p \tag{6-14}$$

$$M_{sc,u}=\gamma_m W_{sc} f_{scy} \tag{6-15}$$

$M_{sc,u}$的相关计算参数可以通过 GB 50936—2014《钢管混凝土结构技术规范》得出。M_p则单独取出钢骨按照塑性截面法计算得到。

表 6-12 显示了偏拉试件的极限承载力试验值与计算值的对比。

表 6-12　　偏拉试件的极限承载力的计算值与试验值的对比

试件	偏心距（mm）	试验值 T_e（kN）	式（6-12）计算值 T_{c4}（kN）	式（6-13）计算值 T_{c5}（kN）	T_{c4}/T_e	T_{c5}/T_e
GH-6	20	3529.0	3165.6	3384.6	0.897	0.959
RGH-6	20	4151.2	3708.0	3982.0	0.893	0.959
BGH-6	20	4460.4	3817.4	4105.6	0.856	0.920
BGH-6（重复）	20	4308.9	3817.4	4105.6	0.886	0.953
BGH-F-6	20	4397.3	3817.4	4105.6	0.868	0.934
RGH-F-6	20	4134.7	3708.0	3982.0	0.897	0.963
RGH-6	40	—	3243.3	3665.2	—	—
BGH-6	40	4321.2	3330.8	3771.4	0.771	0.873
平均值					0.867	0.937
变异系数					0.048	0.032

从表 6-12 可以看出，式（6-12）的计算结果过于保守，而式（6-13）的计算结果则比较接近试验结果而且可以偏于安全地应用于工程实际。参考设计偏拉承载力也可根据轴拉承载力乘以折减系数确定，根据本文试验结果 20mm 的偏心距可折减为 0.95，40mm 的偏心距可折减为 0.90。

第六节　结　　论

（1）内配钢筋或钢骨可以有效地增加构件的轴向承载力和刚度，钢筋和钢骨均能达到屈服强度，核心混凝土的裂缝表明内部钢筋或钢骨沿试件长度均匀参与抵抗拉力。钢管内的混凝土能够提高钢管混凝土构件的轴向承载力，提高程度超过 10%。

（2）跨中的法兰增加了构件的轴向刚度，但是对承载力没有影响，各个螺栓中的拉力存在一定的不均匀性；角钢的长向对接螺栓处存在滑移，使得构件的轴向刚度下降，但是对承载力没有影响。

（3）钢管与混凝土间的黏结应力随着荷载的增加而增加，且黏结应力在钢管的两端较大，中部较小。

（4）提出的轴拉和偏拉工况下内配钢筋或钢骨的钢管混凝土构件的刚度和承载力公式计算结果与试验值符合较好，可以应用于工程设计。具体计算公式如下：

轴拉承载力

$$T_u=(1.1-0.4\alpha)\ A_{so}f_{yo}+A_{sr}f_{yr}$$

轴拉刚度

$$(EA)_t=E_{so}A_{so}+0.1\ (E_cA_c+E_{sr}A_{sr})$$

偏拉承载力

$$\left(\frac{T}{T_u}\right)^2+\frac{M}{M_u}\leqslant 1$$

偏拉刚度

$$(EA)_t'=(1-\lambda)^2\ (EA)_t$$

参考文献

[1] HAN L H, HE S H, LIAO F Y. Performance and calculations of concrete filled steel tubes (CFST) under axial tension [J]. Journal of Constructional Steel Research, 2011, 67 (11): 1699-1709.

[2] 韩林海. 钢管混凝土结构—理论与实践 [M]. 北京：科学出版社，2007.

第七章

内配钢筋/型钢钢管混凝土平面塔架体系受力性能研究

第一节　概　　述

一、研究的目的和意义

苏通长江大跨越工程的跨越塔是迄今为止世界上设计的最高输电塔，塔高455m，采用组合钢管混凝土的结构方案，混凝土灌到300m以上，共16根主管，每根主管的直径在2500mm左右，主材最大压力超过200 000kN，最大拉力超过100 000kN。根据前期论证结果，常规单管结构、四组合纯钢管结构无法满足受力要求，因此为提高受压柱承载能力，跨越塔采用钢管混凝土结构。但单钢管混凝土方案计算结果显示，上部钢管混凝土构件存在构件抗压能力过大而抗拉能力较小，下部钢管混凝土构件虽然拉压承载能力相当，但即使法兰采用内外双圈螺栓，螺栓规格仍然过大，因此考虑在钢管混凝土截面内部设置高强度钢筋或型钢用以承受部分拉力，从而减小钢管规格和连接螺栓。

国内尚无钢管混凝土构件内配钢筋或型钢的抗拉试验，对没有内配钢筋或型钢塔架在侧向荷载下的各受压受拉构件及内力分配性能研究，一般参照钢管内配素混凝土的结构或现有钢结构的理论完成，给工程安全带来一定的风险。同时钢管混凝土内配加劲件有多种形式，如内配钢筋或型钢，不同的形式会带来高空安装、现场混凝土浇灌、内外钢结构连接的整体性不同，在经济、方便和安全可靠性方面带来巨大区别。

同时，大跨越钢管混凝土塔架属于高耸结构，在受到风荷载和地震作用等水平荷载下，一侧主材受拉，另一侧主材受压。设计中，在混凝土几乎不承担拉力的受拉肢，拉力荷载通过斜材分配给外钢管，使得内配钢筋或型钢的钢管混凝土整体受拉，钢管内加劲件承担很大拉力，如图7-1所示。但斜材能否将其安全传递到内部钢筋或型钢上，直接影响设计中钢管混凝土构件整体受拉性能，因此需要通过试验对比来进行研究。

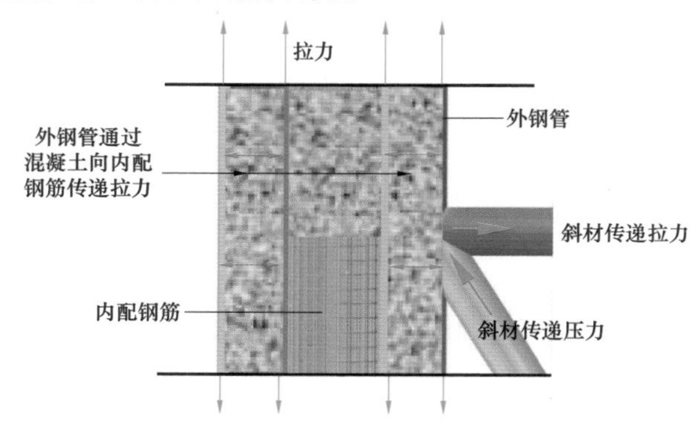

图7-1　内配钢筋/型钢钢管混凝土平面塔架构件受拉内力分布图

二、国内外研究现状及分析

（一）钢管混凝土构件受拉性能的研究现状

对于钢管混凝土的轴压作用国内外研究已经比较成熟，但是对于钢管混凝土的抗拉性能研究不多。GB 50936—2014《钢管混凝土结构技术规范》规定钢管混凝土的抗拉承载力为 $N_{ut} = 1.1A_sf$。

美国 AISC 规范和欧洲规范 Eurocode 4 规定内配钢筋的钢管混凝土如果破坏模式为全截面屈服，则承载力为 $N_{ut} = A_sf + A_{sr}f_{sr}$，即钢筋和钢管的受拉承载力之和，在钢管混凝土的承载力部分，与我国规范比较缺少 1.1 的系数。但美国和欧洲规范中没有提及该公式是基于任何的试验结果，因此也需要试验验证其适用性。

此外，有学者对中空夹层钢管混凝土展开了轴心受拉和偏心受拉的一系列试验和数值模拟，得到了轴心受拉构件和偏心受拉构件的破坏模式；表明受拉承载力因为混凝土的支撑作用比空钢管要大；并于最后提出了轴心受拉情况下的理论承载力公式，但提出的偏心受拉情况下的公式比较保守。研究学者还对钢管混凝土受拉构件进行了试验研究，通过试验发现与素混凝土柱相比，钢管混凝土在受拉时还是能保证钢管和混凝土共同受力的，同时，还进行受拉状态下钢管和混凝土相互作用情况的分析。

（二）内配钢筋/型钢钢管混凝土构件受拉性能的研究现状

目前国内外关于内配加劲件的钢管混凝土构件的设计标准仅有 CECS 408—2015《特殊钢管混凝土设计规程》，但其中抗拉设计值需要通过试验考虑内外钢结构受力分配来确定，因此其抗拉计算需要试验和理论方面的深入研究。

本项目通过对设有内配钢筋或型钢钢管混凝土塔架在侧向荷载下的受拉构件及内力分配性能进行研究，得到在侧向荷载下内配钢筋或型钢的钢管混凝土构件抗拉承载力，为工程采用钢管内配钢筋或型钢的方式提供安全保障，也为今后此类结构采用大直径内配钢筋或型钢的形式提供经验，直接服务于工程实践，具有普遍的适用性和广阔的应用前景。

第二节　试　验　研　究

一、试验模型设计及制作

本工程中大跨越塔架结构为格构式四肢柱，对称结构，在试验模型选取时，取平面塔架结构体系作为研究对象，选取跨越塔平面塔架结构体系底部受力最大的两个节间段作为本次试验研究的结构原型。

试验原型跨越塔 90°大风工况下平面铰接体系内力如图 7-2 所示，试验模型加载根据此内力图设计，设计中将主材构件中的轴向拉压力等效为竖向拉力和竖向压力，以便于试验加载，水平风荷载等效为二层节间顶点处的集中力。最大压力、拉力、侧推力：左侧等效拉力 39 469. 23kN，右侧等效压力 13 891. 935kN，左侧等效水平力 26 651. 67kN。

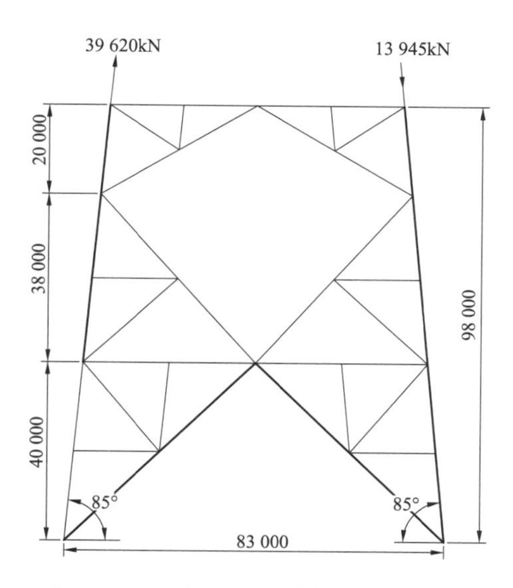

图 7-2 90°大风工况下铰接体系内力图

构件尺寸设计资料如图 7-3 所示。试验原型塔架底部跨度为 83m，一层节间高度为 40m，二层节间高度为 58m，两侧主材构件与地面水平夹角为 85°，节间内配钢结构钢管混凝土主材构件外径 2400mm，壁厚 42mm，钢管为 Q420 钢材，混凝土强度等级为 C60。内配钢筋方案中纵向钢筋直径为 40mm，强度等级 HRB400，箍筋直径为 16mm，间距 200mm，强度等级 HRB335，纵筋中心线半径为 900mm。内配型钢方案中型钢为边长 250mm、壁厚 18mm 的等边角钢，钢材强度等级为 Q420，型钢中线间距为 1150mm。

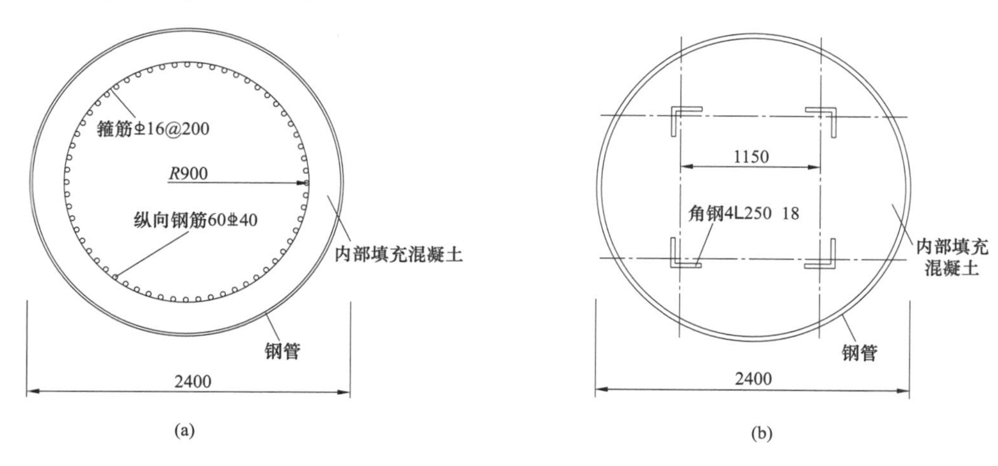

图 7-3 跨越塔内配钢筋/型钢主材截面示意图

（a）内配钢筋方案主材截面；（b）内配型钢方案主材截面

试验模型边界条件与原型在外界接触的区域内的各种条件（包括支撑条件、约束条件和边界上的受力情况）保持相似，其中，模型的支撑和约束条件，可由原型结构构造相同的条件来满足和保证，本试验模型两侧柱脚处简化为固定铰支座，模型加载端为自由端。试验模型直径方向相似比为 12，相应的面积和荷载相似比为 144，由于加载设备和试件具体尺寸限制，以上相似比往往是不能完全实现的，因而本试验综合考虑各方面因素，保证长度、荷载、面积相似，设计了内配钢筋桁架和内配型钢两个结构形式的试验模型。

（一）模型整体尺寸

长度方向相似比 20（95 000/4800＝20），半径或直径相似比 12（2500/219＝12）。面积和轴力、侧推力相似比为 144（12×12＝144）。主材直径 219mm（2500/12＝219），壁厚为 4mm。高度：4.8m；跨度：6.275m；主管和水平线呈 85°。试验模型整体尺寸如图 7-4 所示。

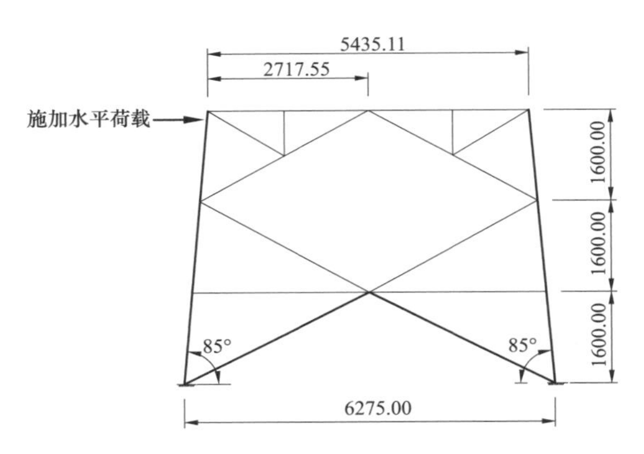

图 7-4　试验模型整体尺寸图（单位：mm）

为使主管构件达到屈曲承载力，荷载设计时提高了试验荷载，同时为简化试验模型，省去了模型中部分对试验结果无影响的缀条。

（二）内配钢筋钢管混凝土桁架模型

主管为配筋钢管混凝土构件，外层钢管为 ϕ219mm×4mm，采用 Q235 钢管；内配 6 根直径为 10mm 的 HRB335 的纵向钢筋，内配直径为 8mm、间距 100mm 的 HPB300 的箍筋，纵筋中心线直径为 140mm；支撑斜杆采用空钢管，钢管为 ϕ102mm×8mm，采用 Q235 钢管；主管内部填充 C60 混凝土。内配钢筋钢管混凝土试验模型主材截面如图 7-5 所示。

跨越塔内配钢筋方案中，主材构件的内外连接构造位于 267m 锚固段范围内，采用带孔环向锚固板和螺栓连接，如图 7-6 所示。

试验模型设计中，同样采取通过带孔环向锚板穿插钢筋螺栓连接，同时锚固板与外钢管一周焊接，内外连接设置在模型两侧主材构件顶端突出的一小段上，由于模型主管管径过小，无法焊接锚板下的肋板，因而模型中去掉了锚板下面的小加劲肋板，如图 7-7 所示。

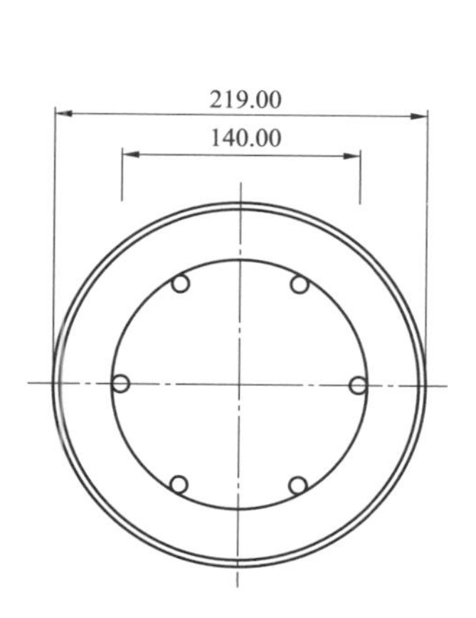

图 7-5　内配钢筋试验模型主材截面（单位：mm）

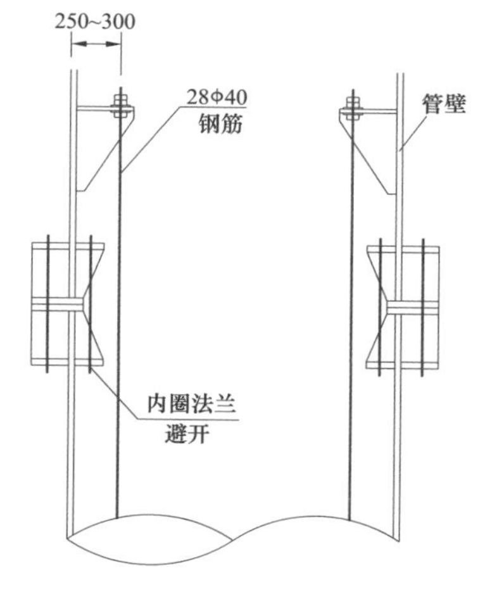

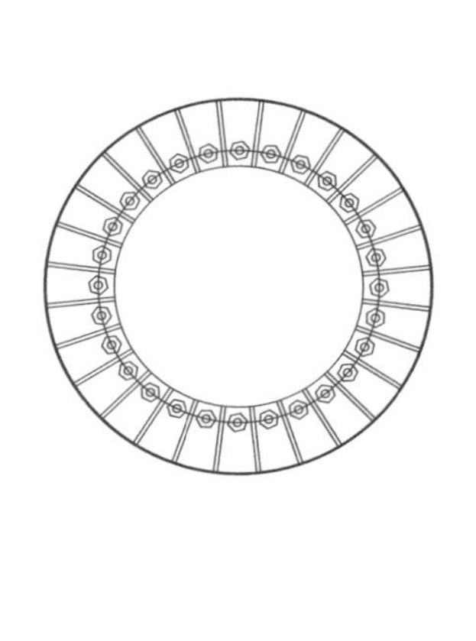

图 7-6　跨越塔内配钢筋内外连接示意图

（三）内配型钢钢管混凝土试验模型

主管为内配型钢模型底部的二层结构尺寸和荷载示意图同内配钢筋试验模型（见图 7-3、图 7-5），外层钢管为 ϕ219mm×4mm，采用 Q235 钢管；内配角钢为 4L25mm×4mm，采用 Q235 钢材；支撑斜杆采用空钢管，钢管为 ϕ102mm×8mm，采用 Q235 钢管；主管构件内部填充 C60 混凝土。内配型钢钢管混凝土试验模型主材截面如图 7-8 所示。

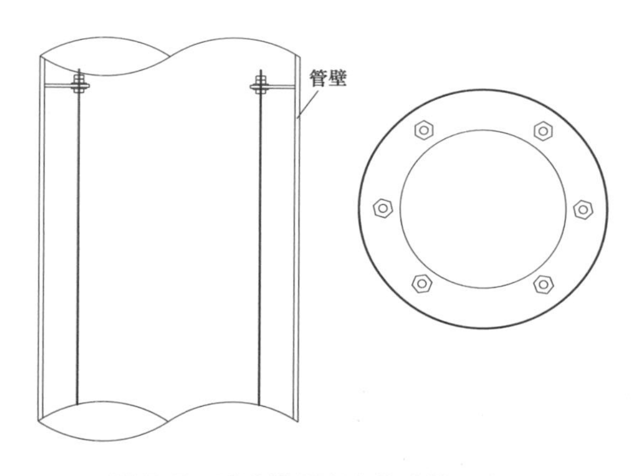

图 7-7　试验模型中内外连接示意图

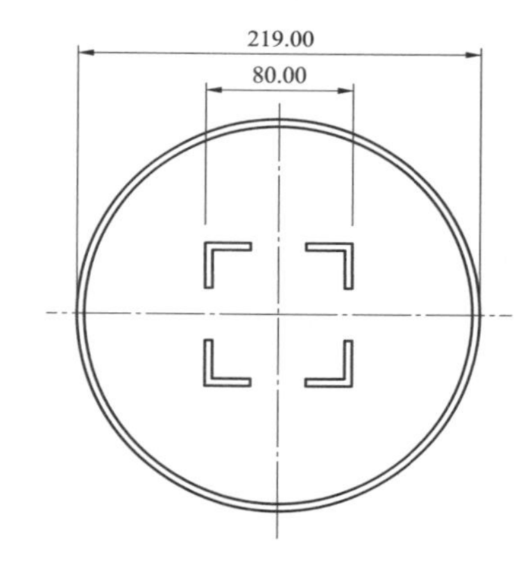

图 7-8　内配型钢试验模型主材截面（单位：mm）

内配型钢跨越塔中，其内外连接构造沿主材轴向通过肋板和高强度摩擦性螺栓连接，如图7-9所示。

在进行内配型钢试验模型内外连接构造设计时，采用竖撑板分别与外钢管和内部型钢骨架焊接，并沿主材轴向每隔一定距离设置一周。但是由于试验模型的主材钢管直径为 219mm，人工无法焊接远离钢管端部的竖撑板，因而在模型设计时，在主材构件的上下两端设置撑板，并与钢管和型钢骨架焊接。竖撑板内外连接构造示意图如图 7-10 所示。

型钢表面比较光滑，型钢和混凝土包裹性能相对于螺纹钢筋与混凝土之间作用没有那么好，因而本试验模型设计中为增大型钢骨架和混凝土的相互作用，设置了两组短横板，横板与内部型钢骨架焊接，同时横板与外钢管留有空隙，以免影响浇筑混凝土。试验中内配钢筋和内配型钢试验模型的内外连接构造实际如图 7-11 所示。

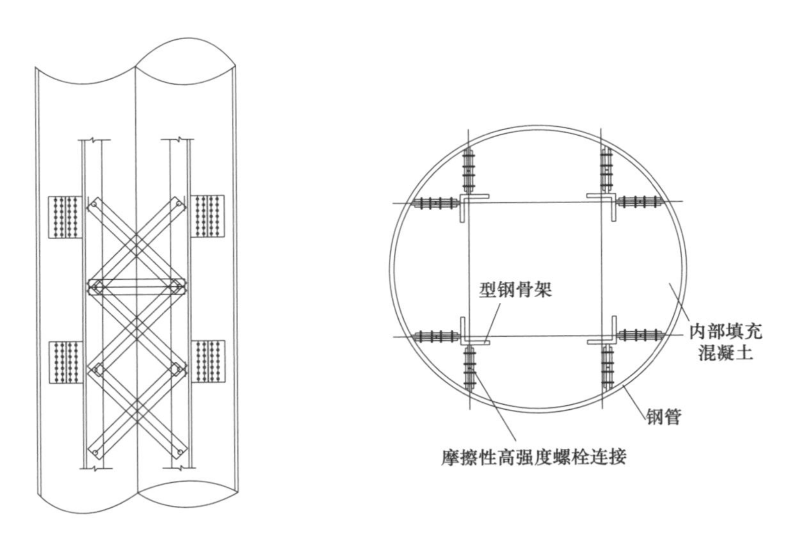

图 7-9　跨越塔内配型钢内外连接示意图

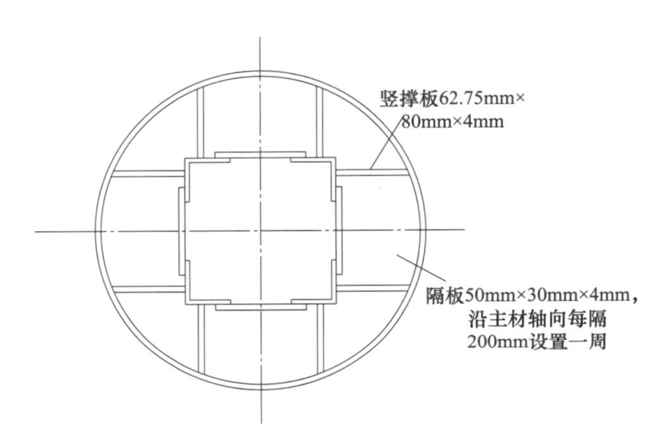

图 7-10　竖撑板内外连接构造简图

图 7-11　试验模型内外连接构造

本试验模型加工制作总体分为三个阶段，首先完成主管和斜管以及斜管和斜管的焊接，其次完成钢筋笼的绑扎和型钢骨架的焊接，最终将钢筋笼和型钢骨架装配到钢管桁架中，并完成内外连接构造的焊接。

试验模型中主管和斜管节点连接采用相贯焊接，首先将钢管按照相贯线切割，然后再焊接。节点相贯焊接和钢管桁架加工制作如图 7-12 所示。

完成钢管桁架焊接之后，开始进行钢筋笼的绑扎以及型钢骨架的焊接，首先将箍筋按照设计

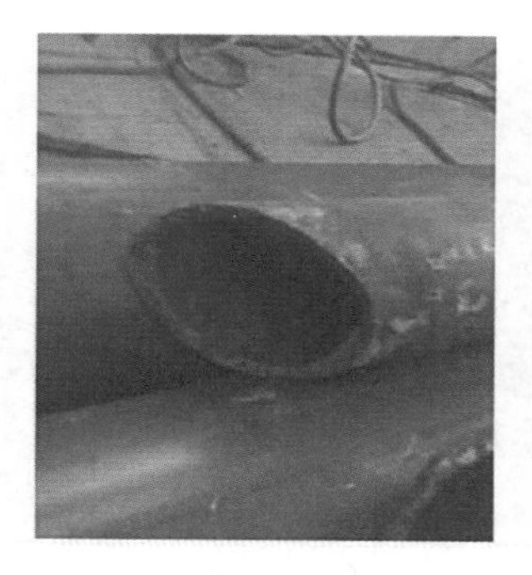

图 7-12　节点相贯焊接和钢管桁架加工制作

的箍筋圈周长截断，并将其弯成圆环，然后逐一用铁丝每隔 100mm 距离绑扎到纵筋上。型钢骨架的焊接先采用小矩形隔板条固定，将加工好的隔板条每隔 200mm 距离逐一焊在角钢上，加工成品如图 7-13 所示。

图 7-13　钢筋笼及角钢骨架加工成品图

钢筋笼与主管的内外连接位于桁架模型主材构件的顶部，采用环向锚固板连接，锚板与主管焊接，锚固板与纵筋通过高强螺母拧固。首先将锚板加工成中间带孔的圆环，并将纵筋穿过的位置加工成孔，然后将钢筋笼的六根钢筋穿过此锚固板，并用螺母在锚固板上下拧紧，如图 7-14 所示。

图 7-14　钢筋笼与主管内外连接图

角钢与主管连接采用竖撑板和横板，竖撑板位于主管和斜管顶部与底部两个节点处，撑板与主管和型钢均焊接。横板位于主管和斜管中间两个节点处，横板与型钢焊接，如图 7-15 所示。

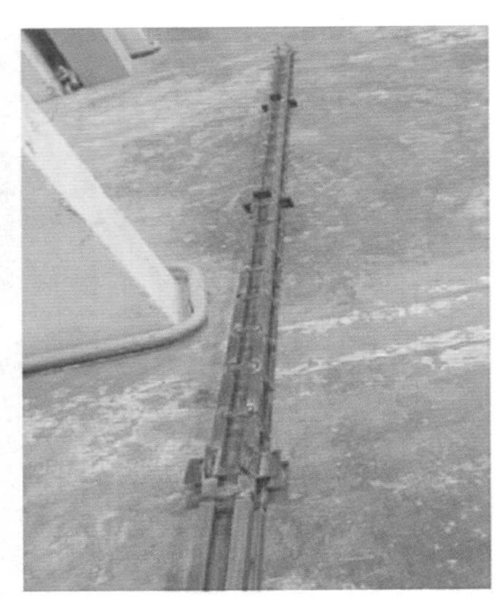

图 7-15　型钢与主管内外连接构造加工过程

试验中应变片在内部钢结构（钢筋和型钢）和外钢管均有布置，由于内部钢筋和角钢应变片会埋于混凝土中，因此为了避免浇筑混凝土时应变片进水失效，需在浇筑混凝土前完成钢筋和型钢的应变片贴布及防水处理，如图 7-16 所示。

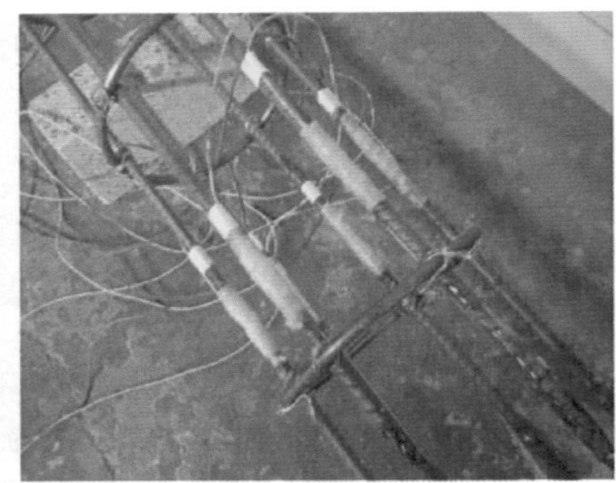

图 7-16　应变片贴布防水处理

应变片贴布完成后，需排设应变导线，将导线沿钢筋笼和型钢骨架缕好并整齐交汇于一起，以便从外钢管开口处导出，如图 7-17 所示。

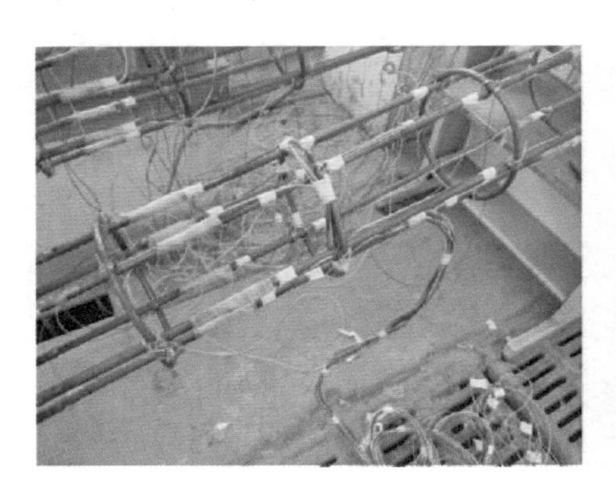

图 7-17　应变片导线布置

钢筋笼和型钢骨架应变片贴布以及防水处理完成后，需完成内外钢结构的装配，对于内配钢筋钢管混凝土桁架模型装配，如图 7-18 所示。

图 7-18　内配钢筋桁架模型装配

对于内配型钢钢管混凝土桁架模型装配，如图 7-19 所示。

图 7-19　内配型钢桁架模型装配

完成内外钢结构的装配之后，根据混凝土要求强度设计出配比，然后进行混凝土浇筑。在保证水灰比的同时，加入了一定量的减水剂，以增加其流动性。此外，考虑到试验时间的限制，加入了早强剂。浇筑混凝土时，用实验室吊车吊送混凝土至柱顶主管开口处，并每倒入一定量混凝土用振捣棒振捣密实，然后再继续浇筑混凝土，最终抹平主管顶部混凝土面，同时预留混凝土试块，如图 7-20 所示。

图 7-20　混凝土浇筑现场

浇筑完成后，混凝土养护期间完成主管应变片贴布，沿主管轴向五个截面处布置应变片，每个截面四个方向布置纵向和横向应变片，如图 7-21 所示。完成主管应变片贴布后，将桁架模型安装到实验台座上，准备连接数据采集系统导线以及加载装置。桁架模型加工成型如图 7-22 所示。

图 7-21　主管应变片贴布

图 7-22　桁架模型加工成型

二、试验加载及测试系统

本试验外荷载有两种，竖向力和水平力，并采用分步加载方式。首先施加竖向拉力和竖向压力，之后保持竖向拉力和竖向压力恒定不变，然后利用反力墙 MTS-100T 电液伺服作动筒施加水平荷载。桁架模型加载示意如图 7-23 所示。

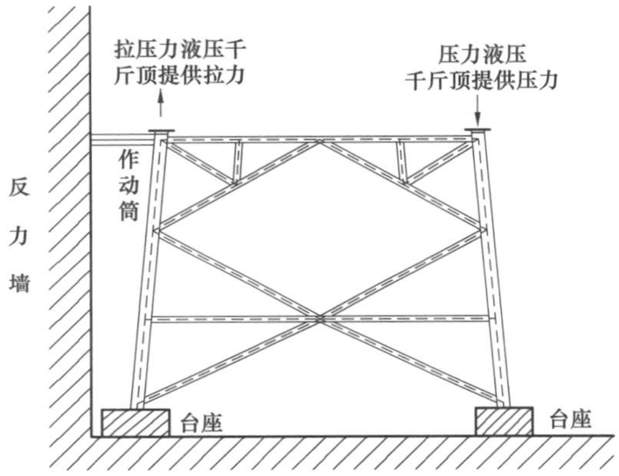

拉压力液压千斤顶提供拉力
压力液压千斤顶提供压力
作动筒
反力墙
台座
台座

图 7-23　桁架模型加载示意图

（一）竖向力加载装置

试验加载第一步为竖向力加载，试验过程中同时对桁架模型左右两个主管构件分别施加竖向拉力和竖向压力，竖向拉力由 KYZ-800 拉压力液压千斤顶提供，竖向压力由 KWZ-600 压力液压千斤顶提供，并利用 ZB4-500 油泵进行加压。液压千斤顶油泵加载装置见图 7-24，竖向力加载装置简化图见图 7-25。

（二）水平力加载装置

试验加载第二步为施加侧向荷载，试验中水平力由 MTS-100T 电液伺服作动筒提供，加载装置简化图如图 7-26 所示，加载装置如图 7-27 所示。

图 7-24　液压千斤顶油泵加载装置

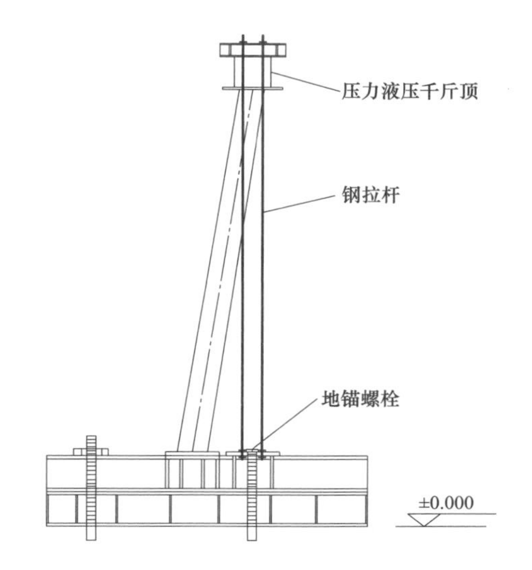

图 7-25　竖向压力加载装置简化图

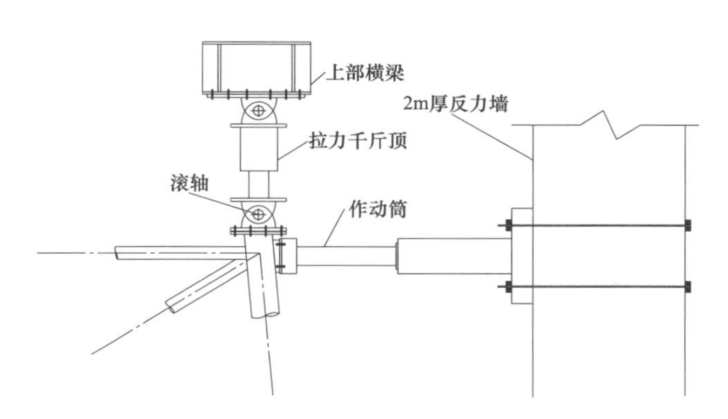

图 7-26　竖向拉力和水平推力加载装置简化图

图 7-27　竖向力和水平力加载装置

（三）试验荷载加载策略

首先，利用两台 ZB4-500 油泵通过拉压力千斤顶和压力千斤顶同时进行加载，采用分级加载制度。当竖向拉力和竖向压力分别达到 700kN 和 200kN 时，第一步加载完成，此后，利用油泵加压装置，保持竖向荷载不变。然后，进行第二步加载，此时竖向力保持不变，利用反力墙电液伺服作动筒控制系统施加水平推力，采用分级加载，每级 80kN，逐级加载，直至内外钢结构出现屈服现象时停止试验。

（四）力位移和应变采集系统

竖向拉力和竖向压力由油泵表盘读数人工记录获得，每加载一级记录一次，水平推力由 MTS-100T 电液伺服作动筒控制系统获得并现场记录，每加载一级记录一次。

试验中为监测桁架模型在侧向荷载下的侧向变形情况，需得到桁架顶端的水平位移，柱顶端水平位移由作动筒控制系统获得，直接输出获得水平荷载-位移曲线。

为了获得试验过程中钢筋和型钢以及钢管各个位置测点处的应变，试验中采用 3 台 DH3816 静态应变采集箱进行采集，如图 7-28 所示选用 1/4 桥连接，每 10 组应变片采用一个温度补偿片。试验初始平衡清零，并采样一次，试验中每加载一级手动采集一次应变。

图 7-28　应变采集装置

（五）应变片测点布置

受拉纵筋沿纵筋全长五个截面处布置纵向应变片，每个截面六个测点，主管沿轴向五个截面布置，主管和钢筋应变片位置在同一截面，在主管四个方向处布置纵向和横向应变片，每个截面共 4 个测点，应变测点布置简图见图 7-29。

内配型钢钢管混凝土构件采用与内配钢筋类似的应变片布置方式，受拉型钢为沿型钢全长五个截面处布置纵向应变片，每个截面共 4 个测点，主管沿轴向五个截面布置，且主管和角钢应变片位置在同一截面，在主管四个方向处布置纵向和横向应变片，每个截面共 4 个测点，应变测点布置图见图 7-30。

三、试验现象及结果

（一）材性试验及结果

试验材性试验结果见表 7-1～表 7-5。

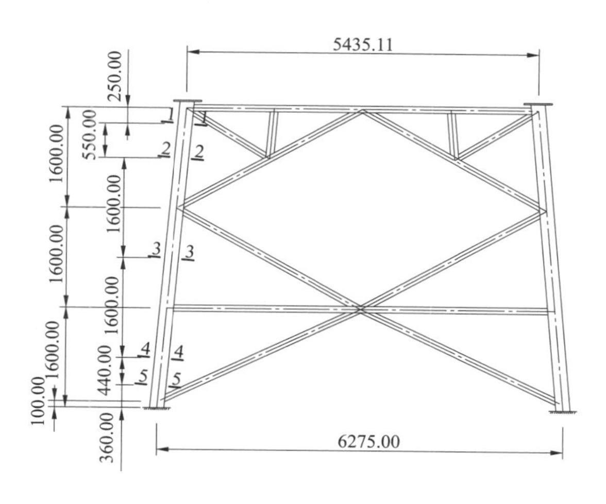

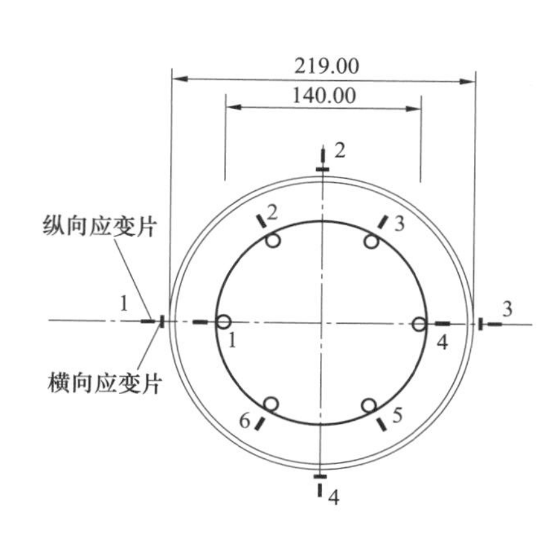

图 7-29　钢筋钢管混凝土构件截面应变测点布置图

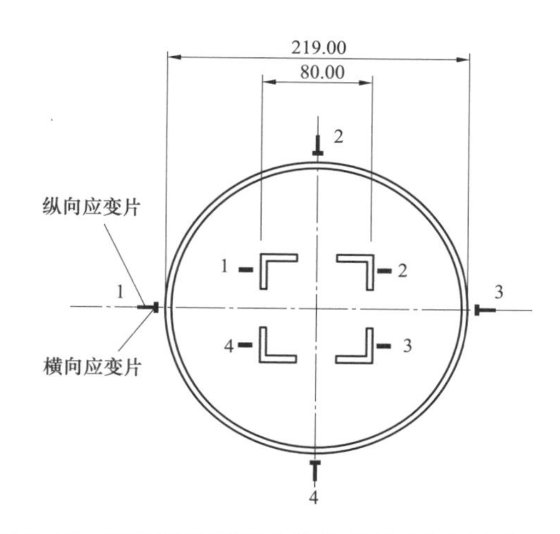

图 7-30　型钢钢管混凝土构件截面应变测点布置图

表 7-1　　混凝土试块抗压强度试验结果

模　　型	试块 1	试块 2	试块 3	平均值（MPa）	棱柱体折算强度（MPa）
内配钢筋钢管混凝土桁架模型	62	61	62.5	61.8	40.9
内配型钢钢管混凝土桁架模型	58.5	63	61	60.8	39.0

表 7-2　　主管材性试验结果　　MPa

试件编号	试件 1	试件 2	试件 3	平均值
屈服强度	371	373	370	370
抗拉强度	468	493	489	483
弹性模量	2.08×10^5	2.10×10^5	2.09×10^5	2.09×10^5

表 7-3　　斜管材性试验结果　　MPa

试件编号	试件 1	试件 2	试件 3	平均值
屈服强度	361	358	370	363
抗拉强度	471	460	480	470
弹性模量	2.0×10^5	2.02×10^5	2.1×10^5	2.04×10^5

表 7-4　　钢筋材性试验结果　　MPa

试件编号	试件 1	试件 2	试件 3	平均值
屈服强度	406	407	406	406
抗拉强度	460	455	464	460
弹性模量	1.86×10^5	2.0×10^5	1.89×10^5	1.9×10^5

表 7-5　　型钢材性试验结果　　MPa

试件编号	试件 1	试件 2	试件 3	平均值
屈服强度	325	340	328	330
抗拉强度	440	452	450	448
弹性模量	2.01×10^5	2.03×10^5	2.01×10^5	2.01×10^5

（二）内配钢筋钢管混凝土试验结果

根据试验所得不同截面内外钢结构的荷载应变数据，将水平荷载值与受拉主管构件各个截面处测点纵向应变值绘制水平荷载-应变曲线（由于 1-1 位置截面离加载端很近，受力较复杂，因此加载端位置截面不作考虑）。沿配钢筋钢管混凝土构件轴向方向四个位置截面内外钢结构的荷载-应变关系曲线如图 7-31 所示。

通过图 7-31 可以看出，同一截面处内外钢结构各自的测点荷载-应变变化曲线基本相同，因此为对比同一截面处内外钢结构应变随侧向荷载变化的规律，可分别取内外钢结构截面测点的平均值进行分析，四个截面处内外钢结构的侧向荷载-应变关系曲线，如图 7-32 所示。

由图 7-32 所示内外钢结构的水平荷载-应变曲线可以看出，在侧向荷载作用下，内外钢结构总体具有相同的应变增长趋势，同一截面处内外钢结构应变基本相同，变形协调，说明内配钢筋可以发挥作用。

为详细比较加载过程中内外钢结构应力的相互关系，将不同截面相应测点内外钢结构的应变换算成应力进行比较。同时，图 7-33 也给出了加载过程中各个截面钢筋应力和外钢管应力比 Ψ 随侧向荷载变化规律曲线。结果表明，钢筋应力和外钢管应力比 $\Psi\approx0.94$，内外应力未达到理论上相等的原因是统计应变时采用的是测点的平均应变，另外内外钢结构弹性模量实测值有微小的差异，对内外钢结构应力统计时也会有一些影响，但总体上内外钢结构应力差别不大，内配钢筋和外钢管能够较好的共同工作。

为分析内外钢结构在侧向荷载作用下的内力分配规律，图 7-34 给出了不同荷载 p 各个标高截面的内外钢结构的应力分布，截面编号 1、2、3、4 分别表示 5-5 截面、4-4 截面、3-3 截面、2-2 截面。可以看出，对于同一标高截面处，内外钢结构应力基本相同。对于不同标高截面处，标高 3200mm 以下的三个截面 3-3、4-4 和 5-5 内配钢筋或主管在相同荷载作用下应力相同，随着荷载的增加，不同标高的三个截面其内配钢筋或主管应力基本相同，说明主材构件受力较均匀。2-2 截面所在主材节间段受力较小，应力增长较慢。

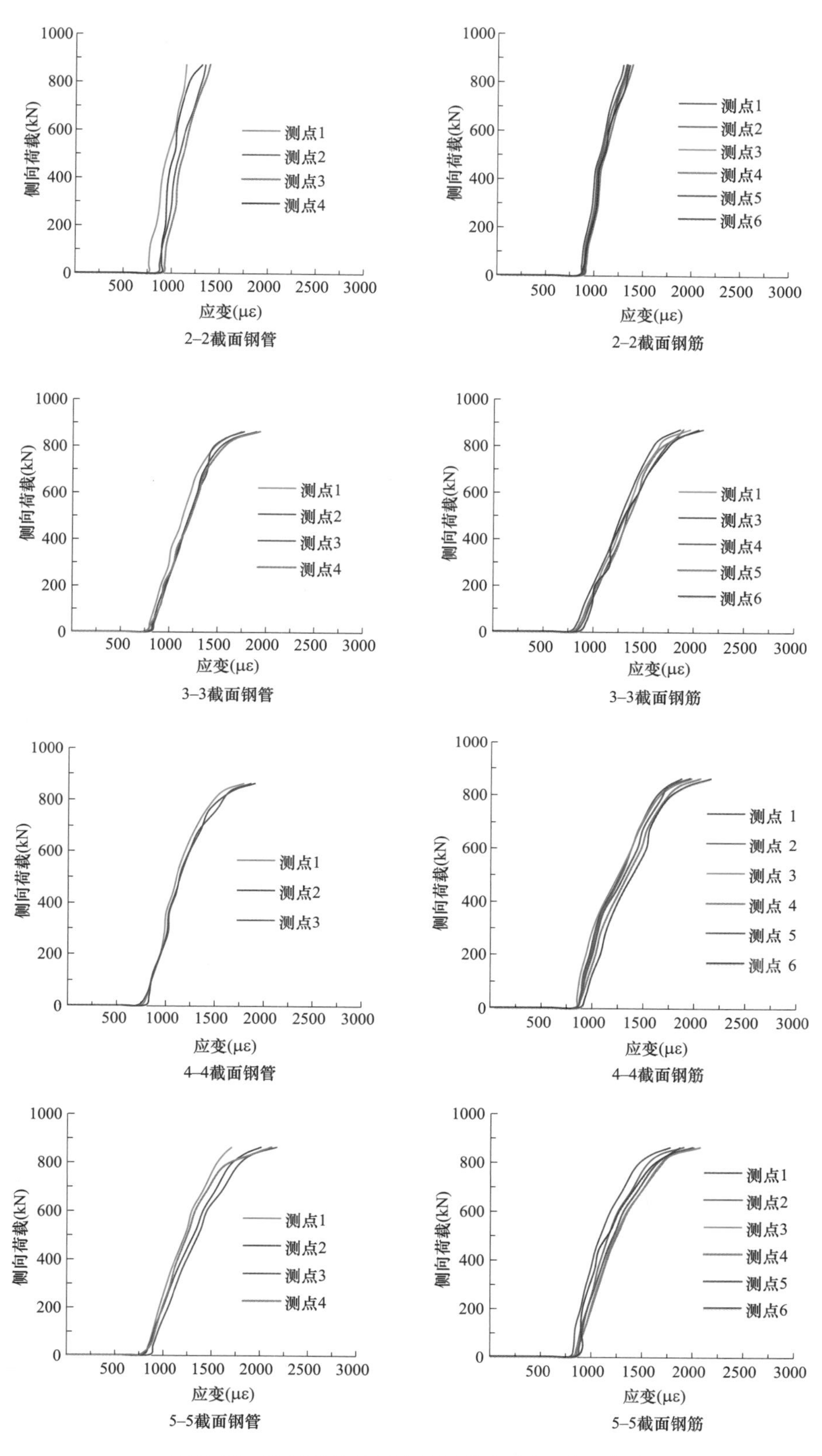

图 7-31　不同截面测点内外钢结构荷载-应变曲线

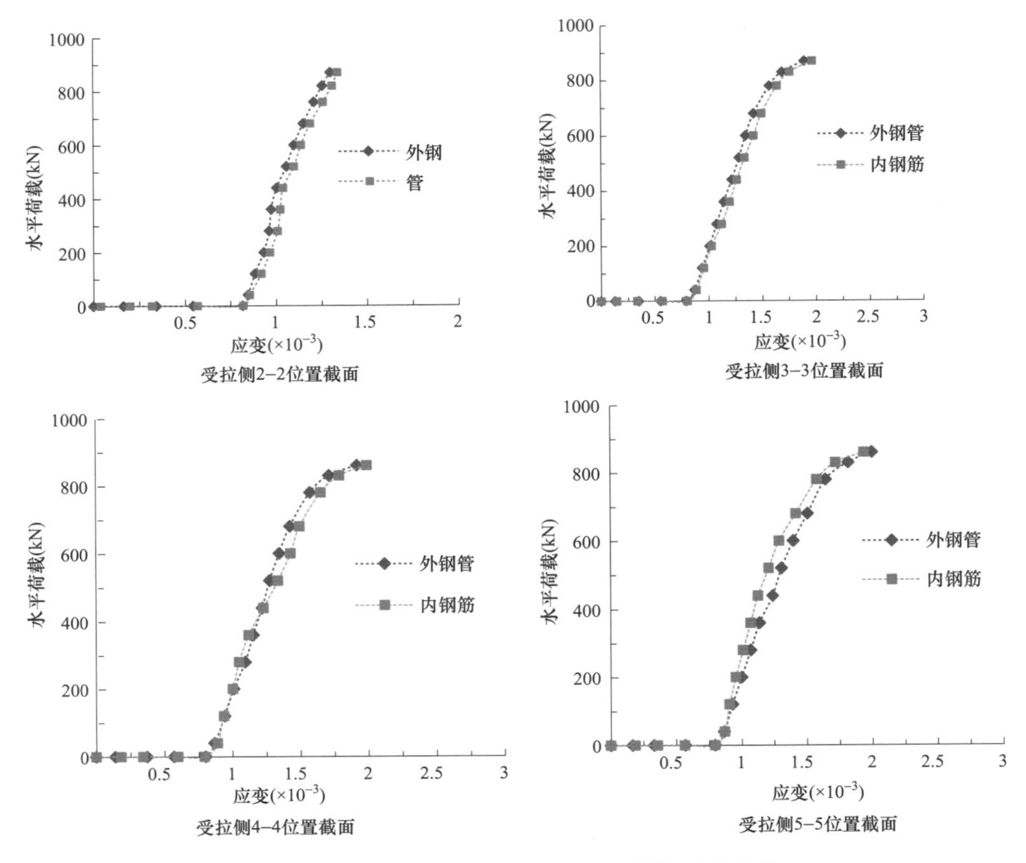

图 7-32　不同截面内外钢结构水平荷载-应变曲线

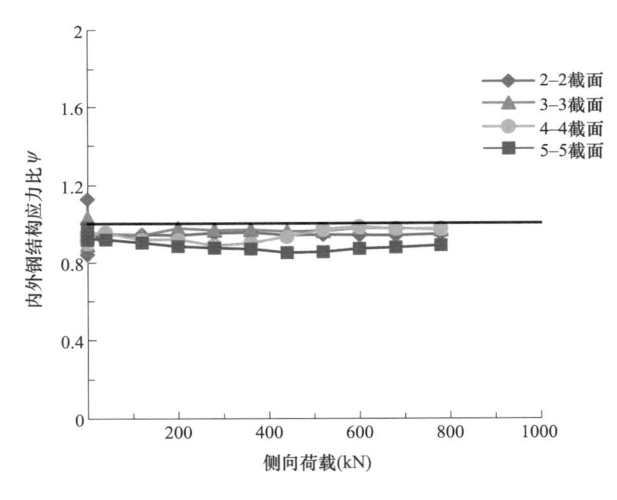

图 7-33　内外钢结构应力比随水平荷载变化曲线

（三）内配型钢钢管混凝土桁架模型试验结果

同内配钢筋钢管混凝土平面桁架试验模型，试验过程中，通过 MTS-100T 电液伺服作动筒控制系统获得水平荷载，通过 DH3816 静态应变采集箱获得截面测点应变，截面测点编号见图 7-30 应变测点布置不同截面测点内外钢结构荷载-应变曲线如图 7-35 所示。

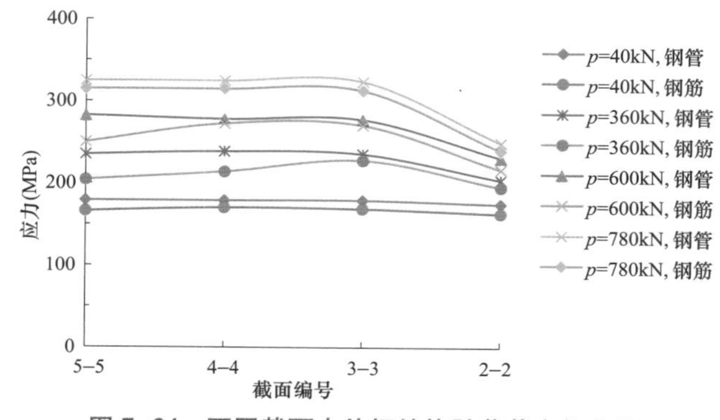

图 7−34　不同截面内外钢结构随荷载变化曲线

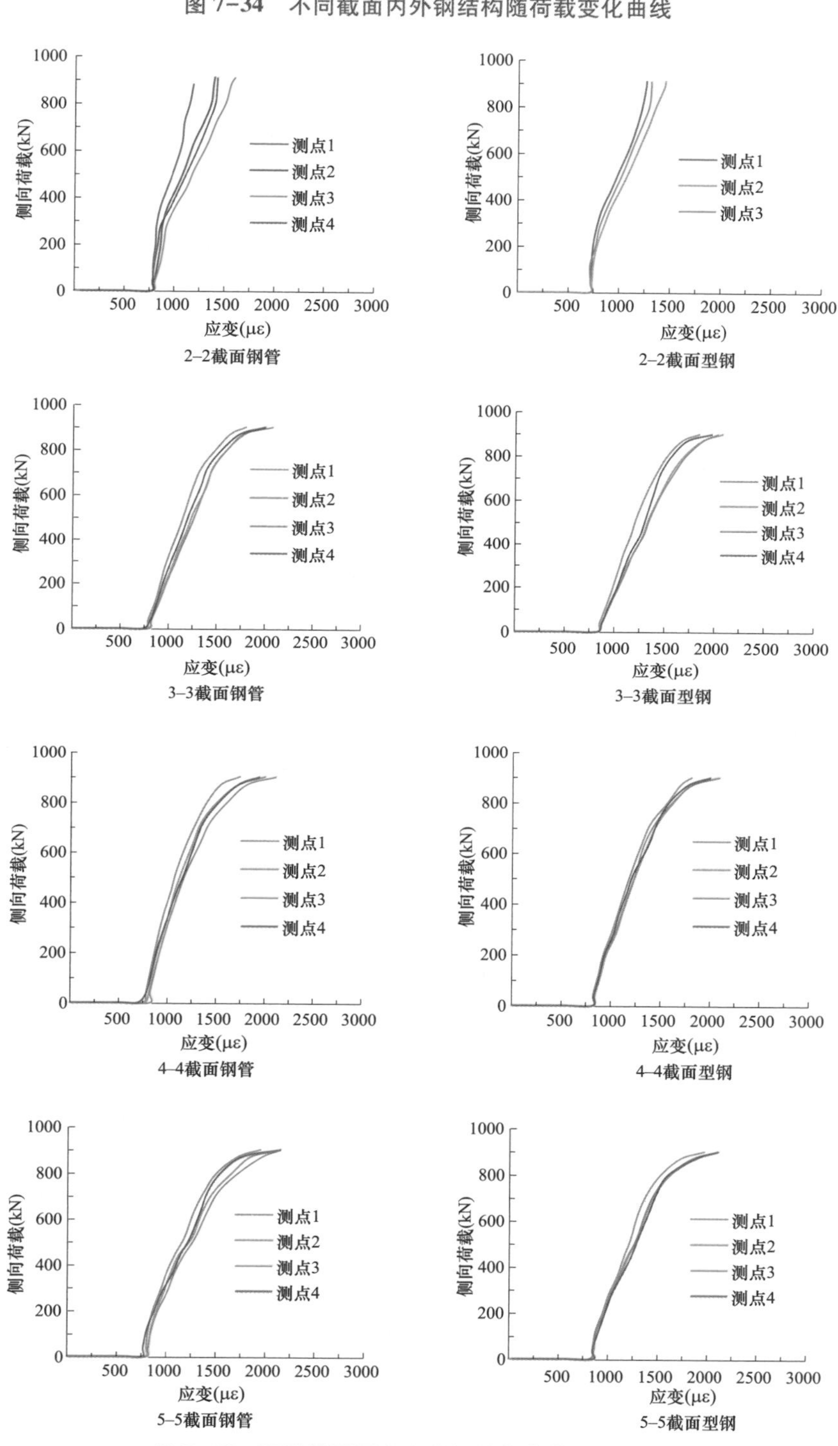

图 7−35　不同截面测点内外钢结构荷载−应变曲线

同一截面内外钢结构应变取平均值，建立水平荷载与受拉主管构件各个截面测点应变关系曲线，如图 7-36 所示。

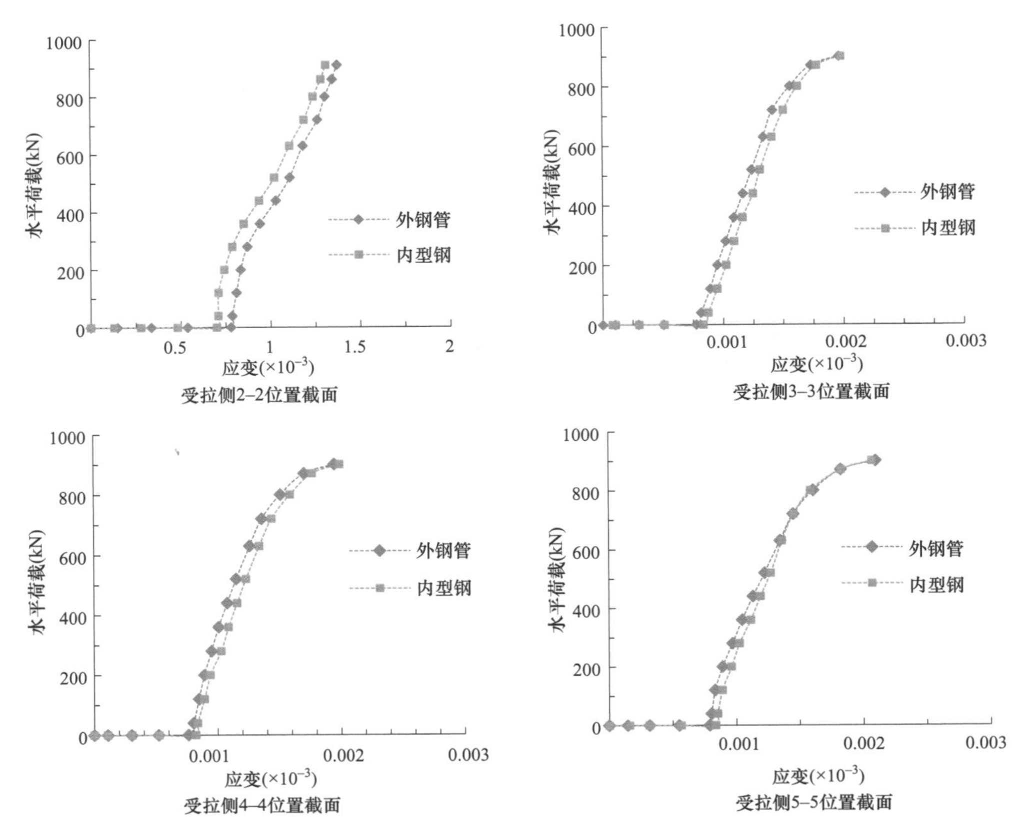

图 7-36　受拉侧主管构件各个截面水平荷载-应变曲线

由图 7-36 所示内配型钢钢管混凝土桁架模型受拉侧内配型钢钢管混凝土构件各个截面测点处水平荷载-应变曲线可以看出，在侧向荷载作用下，内部型钢和外钢管也都表现出了相同的应变增长趋势。

图 7-37 给出了加载过程中各个截面型钢应力和外钢管应力比 Ψ 的变化规律曲线，由此可以看出，型钢应力和外钢管应力比 $\Psi\approx0.96$，即塔架结构中内配型钢钢管混凝土构件，内部型钢和外钢管能够较好的共同工作。

为分析内外钢结构在侧向荷载作用下的内力分配规律，图 7-38 给出了不同荷载 p 阶段各个标高截面的内外钢结构的应力分布。

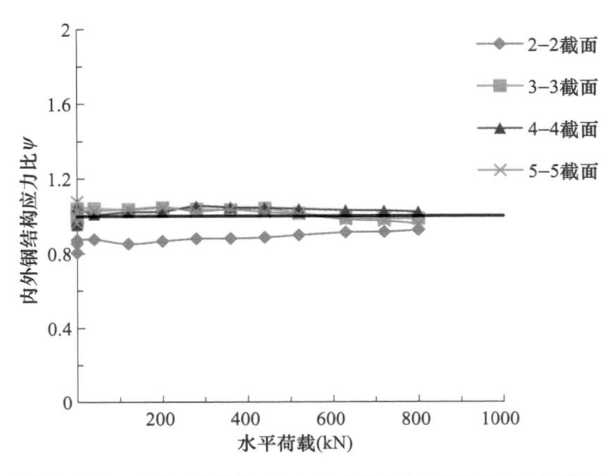

图 7-37　内外钢结构应力比值随水平荷载变化曲线

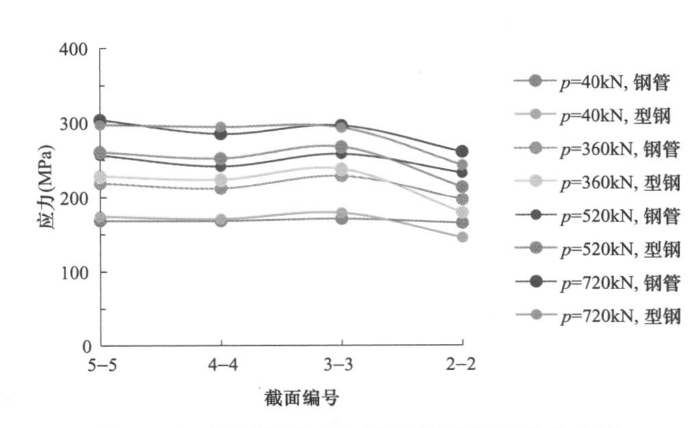

图 7-38　不同截面内外钢结构随荷载变化曲线

可以看出，对于同一标高截面处，内外钢结构基本相同。对于不同标高截面处，标高 3200mm 以下的三个截面 3-3、4-4 和 5-5 内配型钢或主管在相同荷载作用下应力相同，随着荷载的增加，不同标高的三个截面的内配型钢或主管应力基本相同，说明主材构件受力较均匀。2-2 截面所在主材节间段由于受力较小，应力增长较慢。

第三节　有限元数值模拟分析

本项目选取了 ABAQUS 有限元软件进行有限元模型计算分析。

一、内配钢筋桁架模型

有限元模拟中加载方法采用与试验相同的加载制度，即：第一步为竖向力加载，采用力加载；第二步为水平加载，采用位移加载。边界条件和加载位置均位于刚性板的参考点上，并将以上接触参数值输入到 ABAQUS 中。组装好的有限元桁架模型如图 7-39 所示，最终的整体变形结果如图 7-40 所示。

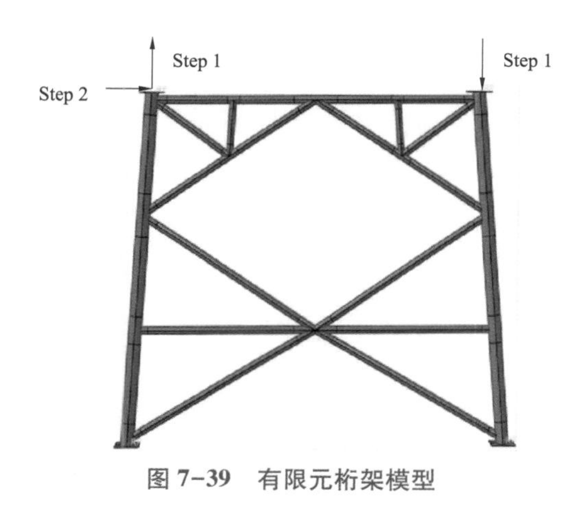

图 7-39　有限元桁架模型

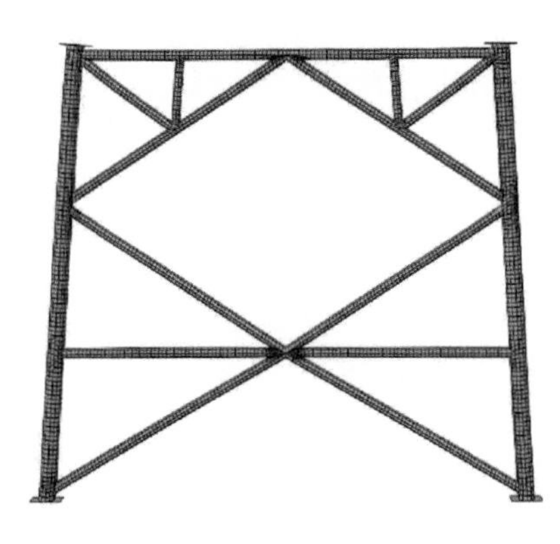

图 7-40　整体变形图

图 7-41～图 7-43 给出了塔架底部两个节间截面内外钢结构的全过程水平荷载-应变曲线，从图中可以看出，其内外钢结构应变发展规律基本一致。

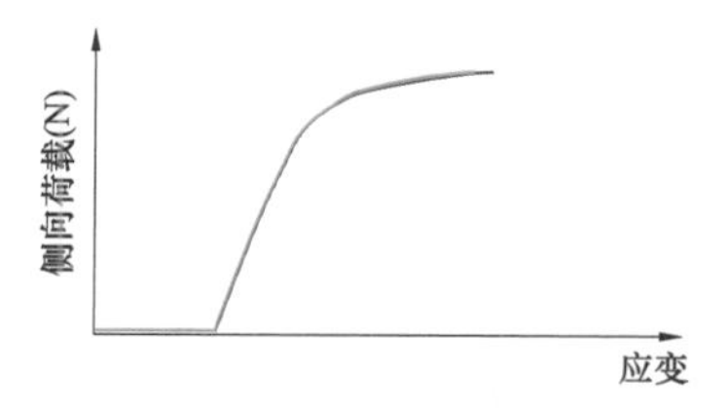

图 7-41　受拉侧 3-3 截面内外钢结构水平荷载-应变曲线

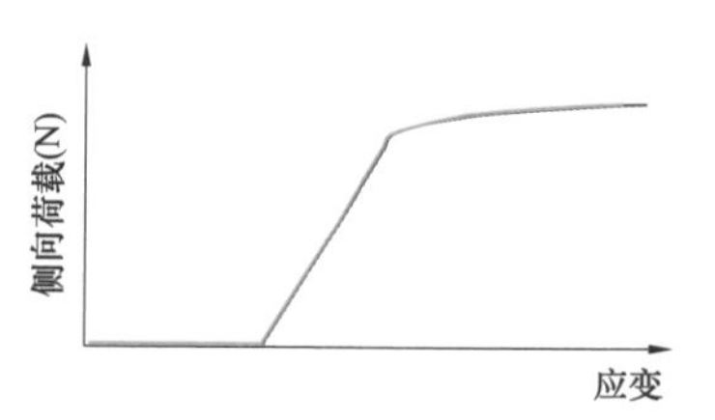

图 7-42　受拉侧 4-4 截面内外钢结构水平荷载-应变曲线

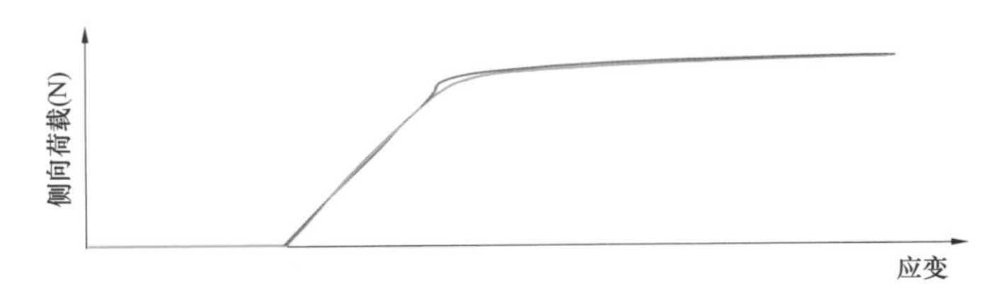

图 7-43　受拉侧 5-5 截面内外钢结构水平荷载-应变曲线

由钢管和钢筋材性试验并根据以下公式可以近似得到钢管和钢筋达到屈服状态时的应变：

钢管

$$\varepsilon_y = \frac{f_y}{E_s} = 1760\mu\varepsilon \tag{7-1}$$

钢筋

$$\varepsilon_y = \frac{f_y}{E_s} = 2030\mu\varepsilon \tag{7-2}$$

由有限元结果得到的截面内外钢结构荷载-应变曲线可以看出，构件达到极限承载力状态时，钢管及钢筋已经屈服，说明内配钢筋可以充分发挥其强度。

综上分析，平面塔架体系在侧向水平荷载作用下，内外钢结构内力发展规律相似，当平面塔架达到极限承载力时，其受拉侧内配钢筋钢管混凝土构件也达到了极限状态，且其内外钢结构材料强度都能够得到充分利用。

二、内配型钢桁架模型

内配型钢桁架模型采用和内配钢筋桁架模型相同的建模方法，内配型钢骨架和主管在上下节点处通过撑板连接，内外连接有限元模型如图 7-44 所示。

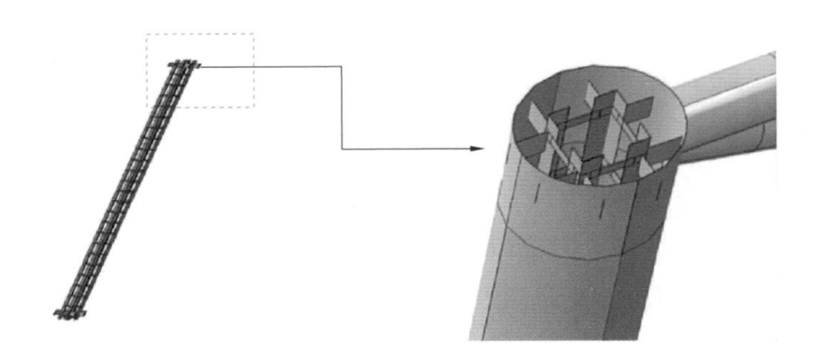

图 7-44　角钢内外连接

模型最终整体变形如图 7-45 所示，内外钢结构连接撑板变形如图 7-46 所示（建模中撑板与外钢管和内型钢均为绑定约束）。设计方案中每隔 200mm 设置竖向撑板并与内外钢结构焊接，考虑到实际试验加工制作带来的焊接困难（钢管外径 219mm，里面无法完成焊接），为增大型钢与混凝土间的共同作用，在中间两个节点处采用了横板，有限元中横板如图 7-47 所示。

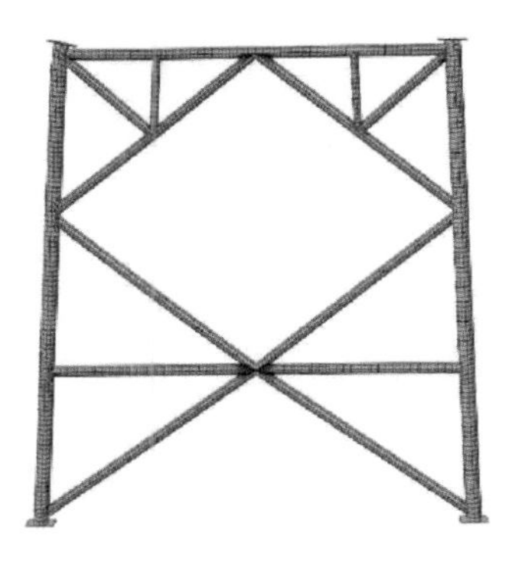

图 7-45 整体变形图

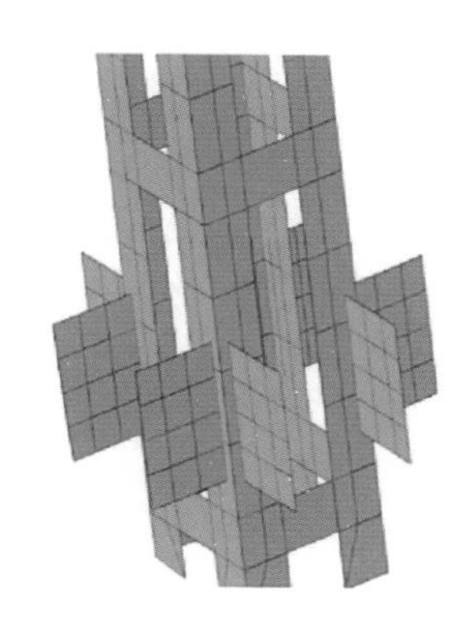

图 7-46 内外连接构造（撑板）局部变形图

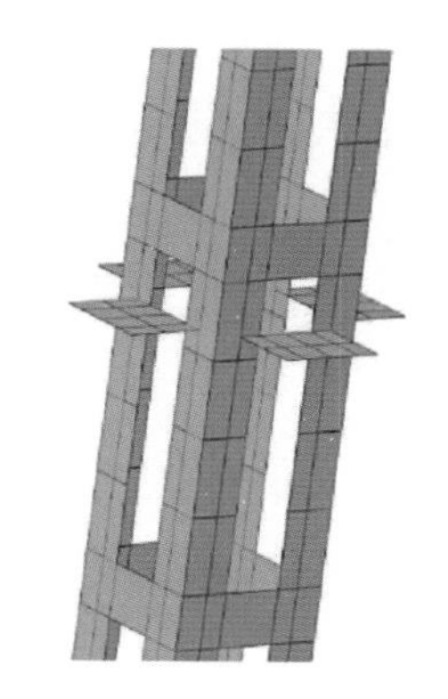

图 7-47 内外连接构造（横板）局部变形图

由以上各部件的变形图可以看出，平面塔架达到极限承载力状态时，其变形并不显著，构件破坏主要由构件的材料强度控制。

有限元模拟结果中提取了塔架受拉侧底部两个节间截面的全过程水平荷载-应变关系曲线，如图 7-48～图 7-50 所示。可以看出，内配型钢钢管混凝土塔架达到极限荷载时，钢管和型钢均已屈服。

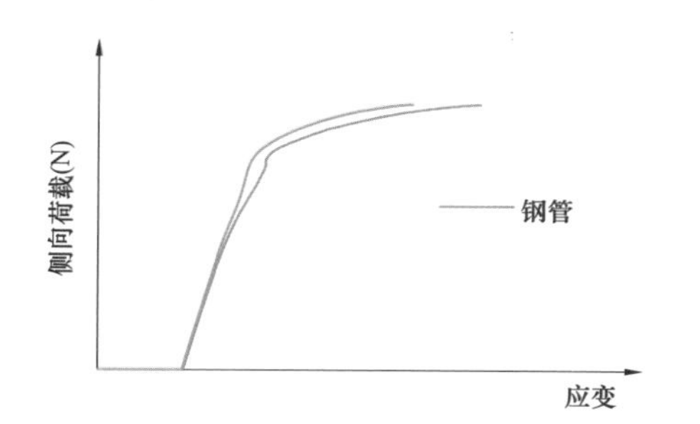

图 7-48 受拉侧 3-3 截面内外钢结构水平荷载-应变曲线

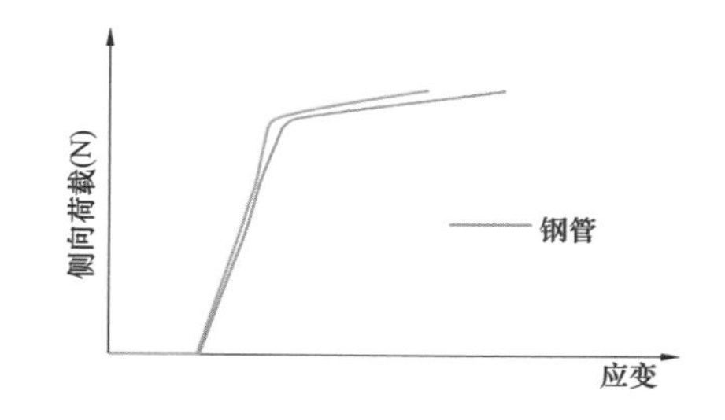

图 7-49 受拉侧 4-4 截面内外钢结构水平荷载-应变曲线

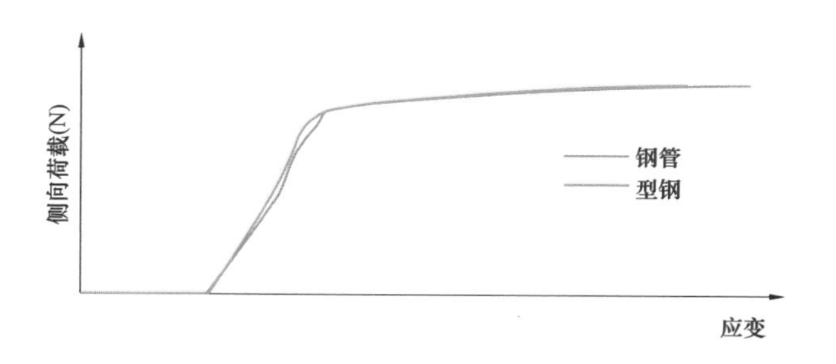

图 7-50 受拉侧 5-5 截面内外钢结构水平荷载-应变曲线

钢管和型钢达到屈服状态时的应变分别为 1795με 和 1650με，由有限元结果得到的截面内外钢结构荷载-应变曲线可以看出，构件达到极限承载力状态时，钢管及型钢已经屈服，说明内配型钢作用得到充分发挥。内配型钢平面塔架体系在侧向水平荷载作用下，内外钢结构内力发展规律基本相同，当平面塔架达到极限承载力时，受拉侧内配型钢钢管混凝土构件内外钢结构都达到了屈服强度，内配型钢可以充分利用。

综上，内配钢筋和内配型钢两种结构形式的平面塔架在试验条件下内外连接构造和界面黏结力能够保证内外钢构件共同工作，此条件下内部钢构件能够充分发挥作用。

第四节 内外连接方式

通过对内配钢筋桁架和内配型钢桁架的内外连接方式对内配钢筋和内配型钢受拉性能的研究分析，内配钢筋和内配型钢方案中，其内外钢结构有效的内外连接方式可以总结如下：

一、内配钢筋

（一）黏结承载力足够（即非全截面均匀受拉修正系数大于1）时

在主材构件为内配钢筋的钢管混凝土塔架中，黏结承载力可以有效地保证荷载传递至内配钢筋，因而，为减少施工中采取内外连接构造带来的成本增加、施工复杂以及管内混凝土浇筑困难，其内外钢构件有效的连接方式为采用外钢管和管内混凝土直接通过黏结连接，不设置其他内外钢构件连接。

（二）黏结承载力不足（即非全截面均匀受拉修正系数小于1）时

在主材构件为内配钢筋的钢管混凝土塔架中，黏结承载力不能保证荷载有效地传递至内配钢筋，此时其有效的连接方式为：

（1）采用内环向锚板，通过带孔内环板和螺栓连接内部纵筋和外钢管，如图 7-51 和图 7-52 所示。

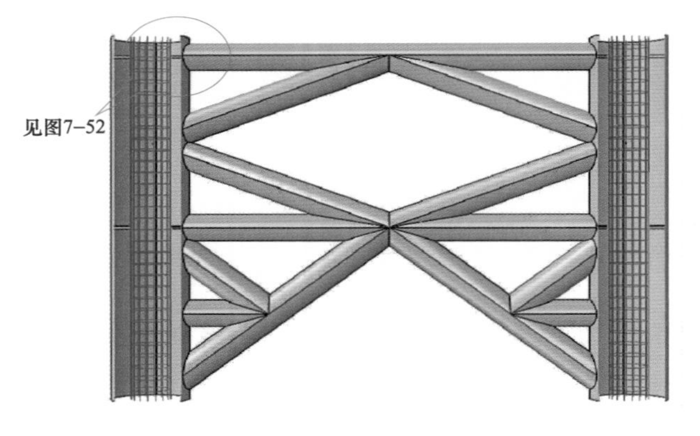

图 7-51 内配钢筋的内外连接剖视图

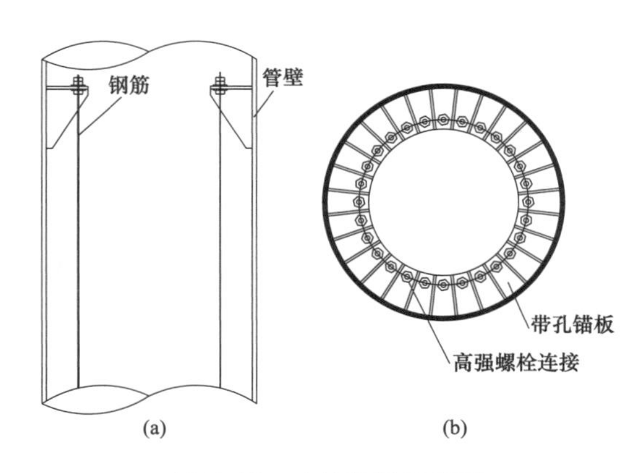

图 7-52 内外连接示意图

（a）剖面；（b）正面

（2）钢结构表面设置栓钉，以增强钢与混凝土的黏结。这种方式在钢混凝土组合梁中应用广泛和成熟。黏结验算时，只需计算保证黏结力传递所需的抗剪栓钉个数即可。

二、内配型钢

（一）黏结承载力足够（即非全截面均匀受拉修正系数大于1）时

在主材构件为内配型钢的钢管混凝土塔架中，黏结承载力可以有效地保证荷载传递至内配型钢，因而，为减少施工中采取内外连接构造带来的成本增加、施工复杂以及管内混凝土浇筑困难，其内外钢构件有效的连接方式为采用外钢管和管内混凝土直接通过黏结连接，可不设置其他内外钢构件连接。

（二）黏结承载力不足（即非全截面均匀受拉修正系数小于1）时

在主材构件为内配型钢的钢管混凝土塔架中，黏结承载力不能保证荷载有效地传递至内配型钢，此时其有效的连接方式为：

（1）采用竖向肋板，通过肋板连接内部型钢骨架和外钢管，如图7-53和图7-54所示。

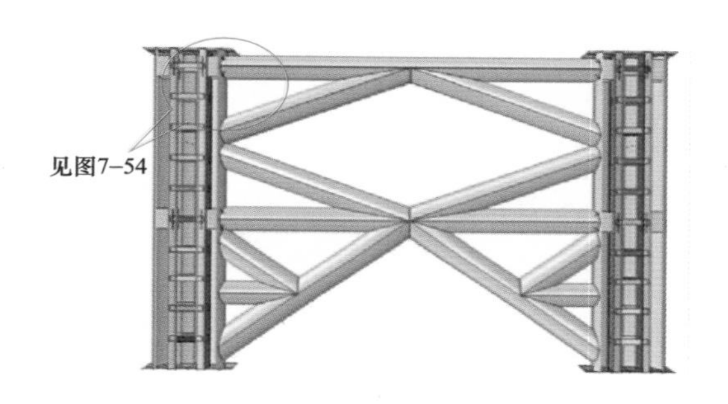

图 7-53　内配钢筋的内外连接剖视图

（2）钢结构表面设置栓钉，以增强钢与混凝土的黏结。这种方式在钢混凝土组合梁中应用广泛和成熟，黏结验算时只需计算保证黏结力传递所需的抗剪栓钉个数即可。

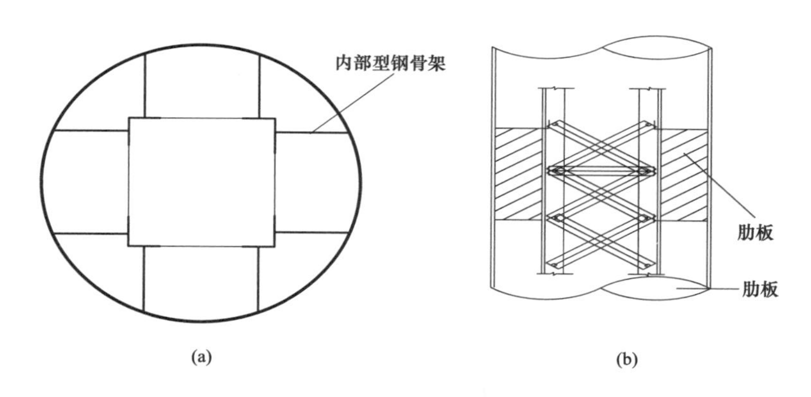

图 7-54　内外连接示意图

（a）平面图；（b）立面图

第五节 结 论

本章通过对内配钢筋/型钢钢管混凝土平面塔架进行受力性能实验研究和有限元数值模拟分析，获得了内配钢筋/型钢钢管混凝土平面塔架体系中钢管混凝土构件的受拉性能以及内外钢结构内力分配规律，提出内配钢筋或型钢的钢管混凝土构件内外钢结构有效的节点连接方式，并依据ABAQUS数值模拟分析结合实验数据结果得出了塔架体系中内配钢筋/型钢钢管混凝土构件的抗拉承载力计算方法。

一、抗拉承载力

在侧向荷载作用下，内配钢筋/型钢钢管混凝土构件抗拉承载力 N_{ut} 计算值按下列公式计算

$$N_{ut}=1.1A_s f+\varphi N_{tb}$$

$$N_{tb}=A_b f_{bt}$$

$$\varphi=\frac{p}{N_{tb}}$$

式中 A_s——外钢管的截面面积，mm^2；

f——外钢管钢材的抗拉强度设计值，MPa；

φ——非全截面均匀受拉修正系数，在0~1之间取值，大于1时取1；

N_{tb}——内配钢筋/型钢构件轴向抗拉强度承载力设计值，N；

A_b——内配钢筋/型钢的截面面积，mm^2；

f_{bt}——内配钢筋/型钢的抗拉强度，mm^2；

p——钢与混凝土之间的界面黏结承载力最小值，$p=\min(p_1, p_2)$；

p_1——外钢管和混凝土之间的极限黏结承载力；

p_2——内配钢筋/型钢和混凝土的黏结强度承载力。

p_1计算公式为

$$p_1=L_{cr}\tau_1\pi d_1$$

$$\tau_1=1.85-0.025D_1/t$$

式中 L_{cr}——外钢管和混凝土的黏结长度，mm；

τ_1——外钢管和混凝土之间的平均黏结应力，MPa；

d_1——外钢管的内径，mm；

D_1——外钢管的外径，mm；

t——外钢管的厚度，mm。

p_2计算如下：

（1）内配钢筋和混凝土的黏结强度承载力按《混凝土结构设计规范》（GB 50017）计算，即

$$p_2 = \tau_u \pi d_2 \cdot \min(l_a, l_{ab})$$

$$\tau_u = \left(0.82 + 10.9\frac{d_2}{l_a}\right) \times \left(1.9 + 0.8\frac{c}{d_2}\right) f_t$$

$$l_a = \zeta_a l_{ab}$$

$$l_{ab} = \alpha \frac{f_y}{f_t} d_2$$

式中　τ_u——钢筋和混凝土之间的极限黏结强度，MPa；

d_2——钢筋直径，mm；

l_a——钢筋混凝土间锚固长度，mm；

l_{ab}——钢筋混凝土间的基本锚固长度，锚固长度不应大于构件锚固段高度，mm；

c——混凝土保护层厚度，mm；

f_t——混凝土抗拉强度值，MPa；

ζ_a——锚固长度修正系数；

α——锚固钢筋的外形系数，带肋钢筋取 0.14；

f_y——钢筋抗拉强度值，MPa。

（2）内配型钢和混凝土的黏结强度承载力按欧洲钢-混凝土结构设计规范计算，即

$$p_2 = \tau_u C_s L_2$$

式中　τ_u——型钢和混凝土之间的极限黏结强度，取 0.6MPa；

L_2——型钢和混凝土之间的锚固长度，mm；

C_s——型钢截面周长。

二、内外钢结构有效的节点连接方式

在实际工程中，在侧向荷载作用下内配钢筋/型钢钢管混凝土构件内外钢构件有效的节点连接方式需要通过 ψ 的大小来确定。如果 $\psi>1$，黏结力足够，内外钢构件有效的节点连接方式：采用外钢管和管内混凝土直接通过黏结连接方式，不用设置其他内外钢构件连接。如果 $\psi<1$，黏结力不够，内部钢构件不能充分发挥作用，造成材料浪费，有效的节点连接方式如下：

（1）对于内配钢筋方案可采用内环锚板连接内部纵筋和外钢管，对于内配型钢方案可采用肋板连接内部型钢骨架和外钢管。

（2）钢结构表面设置栓钉增强钢与混凝土黏结的措施，这种方式在钢混凝土组合梁中应用广泛和成熟，其黏结验算：计算保证黏结内力传递时抗剪栓钉的个数即可。

考虑到如果设置内外钢结构连接等增强钢与混凝土黏结的措施会带来工程成本增加、施工复杂以及管内混凝土浇灌困难，建议实际工程中内外钢结构有效的节点连接方式为：通过增大钢与混凝土的接触面积和长度来提高黏结强度，达到 $\psi>1$ 的条件。

参考文献

[1] 潘友光，钟善桐．钢管混凝土轴心受拉本构关系［J］．工业建筑，1990，27（4）：30-37.

[2] ANSI/AISC 360-10：Commentary onthe Specification for Structural Steel Buildings［S］．American Institute of Steel Construction（AISC），Chicago（USA），2010.

[3] Eurode 4：Design of Composite Steel and Concrete Structures［S］．EuropeanCommitteefor Standardization（CEN），Brussels（Belgium），2004.

[4] 张素梅．钢管混凝土构件在轴心拉力作用下的性能［J］．哈尔滨建筑工程学院学报，1991，24（增刊）：27-33.

[5] HAN L H，HE S H，Liao F Y. Performance and Calculations of Concrete Filled Steel Tubes（CFST）under Axial Tension［J］．Journal of Constructional Steel Research，2011，67（11）：1699-1709.

[6] LI W，Han L，Chan T. Tensile Behaviour of Concrete-filled Double-skin Steel Tubular Members［J］．Journal of Constructional Steel Research，2014，99：35-46.

[7] LI W，HAN L，CHAN T. Numerical Investigation on the Performance of Concrete-filled Double-skin Steel Tubular Members under Tension［J］．Thin-Walled Structures，2014，79：108-118.

[8] 戴素娟，顾士文，魏秀婷．钢管混凝土轴心受力的承载力分析［J］．安徽建筑，2011，18（6）：163-164.

[9] 汪良宾．不锈钢管混凝土抗拉承载力及压弯构件滞回性能研究［D］．福州：福州大学，2011：11-72.

[10] ZHOU M，FAN J S，TAO M X，et al. Experimental Study on the Tensile Behavior of Square Concrete-Filled Steel Tubes［J］．Journal of Constructional Steel Research，2016，121：202-215.

第八章

双层法兰受力性能试验研究

第一节　概　　述

一、研究目的与意义

苏通长江大跨越工程跨越塔塔高达到455m，采用钢管结构。由于主管所承受的拉力特别巨大，若采用传统的刚性法兰，螺栓直径将达到90mm，法兰板达到62mm，存在螺栓直径过大、法兰板层状撕裂较严重、质量控制难度高等缺点，因此本工程主管拟采用双层法兰连接。目前的设计方案有两种：一种是外圈双层法兰，简称双层外法兰（见图8-1）；另一种是内外圈双层法兰，简称双层内外法兰（见图8-2）。

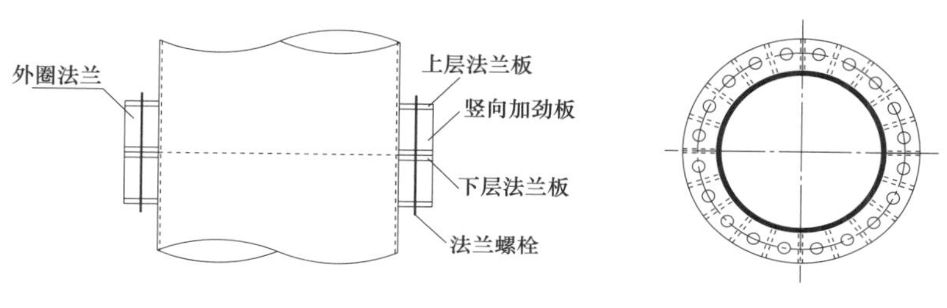

图8-1　双层外法兰示意图

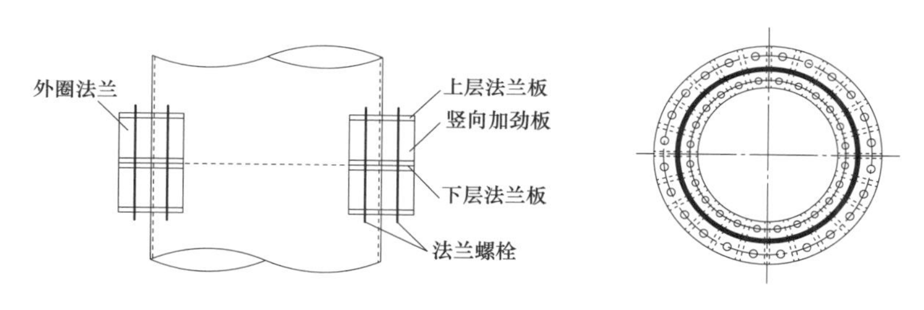

图8-2　双层内外法兰示意图

目前我国对传统刚性法兰和柔性法兰的研究较为成熟，而双层法兰在输电线路行业中鲜有采用和研究，在大跨越工程中更属首次采用。为保证苏通长江大跨越工程的安全和稳定运行，有必要对双层法兰的受力性能开展理论探索和试验研究，研究其传力途径和受力性能，并推荐双层法兰设计方法，为苏通长江大跨越工程设计提供支撑。

二、国内外研究现状

国外对法兰研究起步较早，结构工程领域主要研究的是柔性法兰。1957年，Mansfield利用屈服线理论对板件进行弹塑性分析，得到许多可参考的屈服线形状，并推导得到了各种屈服线形状下的极限荷载。1959 年，Timoshenko 等通过板的弹性分析得到了法兰连接最早的理论计算方法。

在国内，从 20 世纪 80 年代末开始对柔性法兰进行研究。同济大学陈亦等对柔性法兰进行了弹性分析，给出了弹性力学的解法。同济大学薛伟辰教授等通过 500kV 吴淞口大跨越塔柔性法兰原型试验，较为系统地研究了柔性法兰的受力过程、破坏形态、承载力和变形等，重点研究了法兰板厚度、螺栓外边距以及螺栓直径等对法兰板和焊缝受力性能的影响。

对于刚性法兰，同济大学陈俊岭等研究了塔桅结构中刚性法兰的受力性能，考虑了法兰板塑性扩展，指出 GBJ 135—1990《高耸结构设计规范》中按弹性公式计算法兰板厚度过于保守。

随着特高压工程的建设和钢管塔的广泛应用，近年来高颈法兰的研究也得到开展。同济大学和华东电力设计院对 12 个真型高颈法兰进行了加载试验，该法兰应用到练塘至泗泾 500kV 输电工程中。中国电力科学研究院对高颈法兰进行了试验和理论研究，这种法兰已大量应用到 1000kV 淮南至上海的特高压工程中。

目前国内外对螺栓连接节点的研究主要集中在压力容器的法兰接头、输电塔架结构的柔性法兰以及高颈法兰。对于双层外法兰只有同济大学进行了 2 个试件的试验研究，而双层内外法兰研究还没有见到相关的研究工作。对于双层外法兰和双层内外法兰设计，目前没有相关规范可以参考。在设计中，双层法兰的螺栓、肋板及焊缝受力特点，上、下法兰板支承条件的确定等都需要试验研究和有限元数值分析。通过试验对该法兰节点的安全性及受力性能进行研究，结合试验及有限元参数分析结果，提出相应的设计公式，可作实际工程的设计依据，为此，开展双层法兰受力性能试验研究是十分必要的。

本研究中，对双层外法兰和双层内外法兰，开展了轴向受力试验及有限元分析研究，研究了法兰板、肋板、螺栓等受力特点及参数变化对法兰承载力的影响，确定了法兰型式和设计参数，为工程设计提供依据。

第二节 试 验 设 计

一、节点荷载

1. 双层外法兰试件

考虑到大型试验机最大加载能力为 10 000kN 的限制，以及实际加工、安装过程中的可行性，拟订试件承受轴向设计荷载 3500kN，轴向破坏荷载 5000kN。采用主管为 400×14，Q345B

材质。在设计荷载 3500kN 下主管截面利用率为 66.5%，在破坏荷载 5000kN 下主管截面利用率为 95%。

2. 双层内外法兰试件

考虑到试验室最大加载能力为 10 000kN 的限制，以及实际加工、安装、布置测点过程中的可行性，拟订试件承受轴向设计荷载 5000kN，轴向破坏荷载 7500kN。采用主管为 600×14，Q345B 材质。在设计荷载 5000kN 下主管截面利用率为 61.1%，在破坏荷载 7500kN 下主管截面利用率为 91.7%。

二、加载系统

1. 双层法兰试件受压试验

双层法兰受压试验在 10 000kN 大型试验机上进行。如图 8-3 所示，底座通过 4 个定位孔与地槽相连用于定位。底座上放置受压试件，受压试件的下部通过 8 个螺栓与底座相连。受压试件上部与转换头相连。转换头上方与大型试验机的竖向加载头相连，并通过侧向支撑与大型试验机的水平加载头相连，保证试件始终轴向受压。

2. 双层法兰试件受拉试验

双层法兰受压试验在自平衡反力架上进行，分别进行双层外法兰（设计荷载为 3500kN）、双层内外法兰（设计荷载为 5000kN）单调竖向加载试验。试件安装定位如图 8-4 所示。

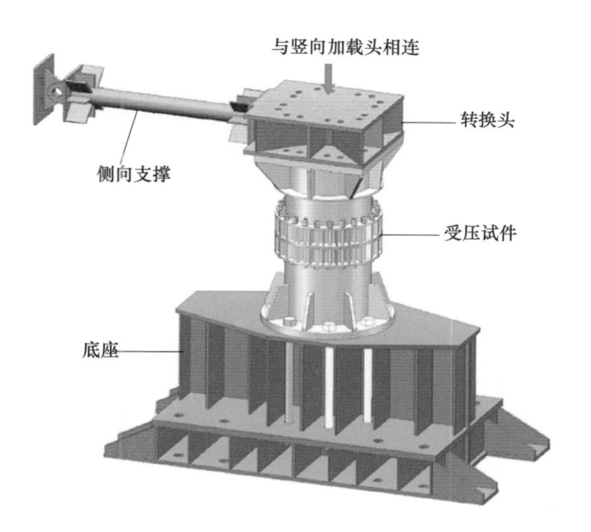

图 8-3 受压试验大型试验机及受压试件示意图

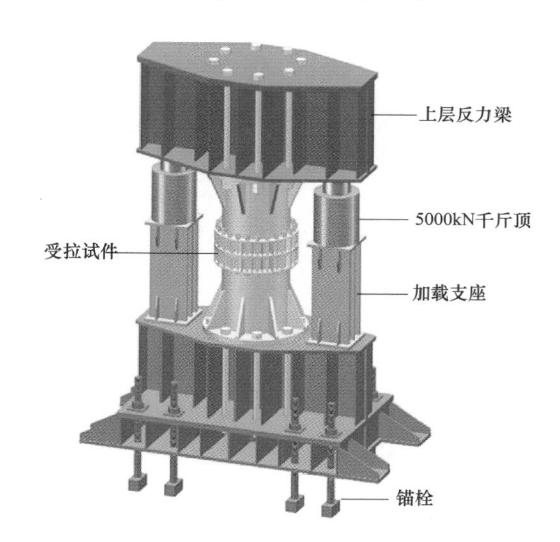

图 8-4 试件安装定位示意图

自平衡反力架由三部分组成：上层反力梁，底座，加载支座以及 2 台 5000kN 千斤顶。上层反力梁通过 8 个 M65 螺栓与受拉试件的上端部相连，底座通过 8 个 M56 螺栓与受拉试件的下端部相连。加载时底座用 8 个锚栓固定在地槽上，通过 2 台千斤顶对试件施加轴拉力。

三、试件设计

1. 双层外法兰试件

双层外法兰尺寸参数示意如图 8-5 所示。双层外法兰试件的上、下法兰板及肋板采用 Q235B 钢材，主管、端板及端部加劲肋采用 Q345B 钢材，螺栓采用 8.8 级。双层外法兰试件共 4 组，每组包含相同的 3 件，共计 12 件。受压试件 WFL1 上、下端部构造不同，下端部通过 8 个锚栓与底座相连，上端部与大型试验机的加载头相连；受拉试件 WFL2～WFL4 上、下部构造相同，均通过 8 个锚栓与自平衡反力架相连。这四组试件的基本信息见表 8-1。

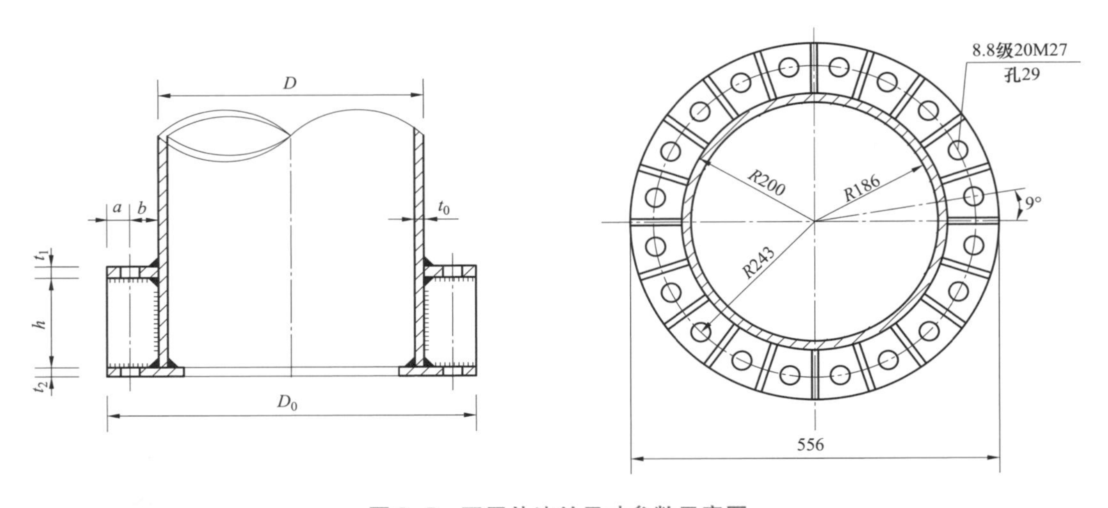

图 8-5　双层外法兰尺寸参数示意图

表 8-1　　双层外法兰试件尺寸参数表　　mm

试件编号	主管（Q345B）		法兰（Q235B）						加劲肋（Q235B）		螺栓（8.8 级）
	外径 D	壁厚 t_0	外径 D_0	螺栓间距 S_d	螺栓边距 a	螺栓边距 b	上法兰板厚 t_1	下法兰板厚 t_2	高度 h	厚度 t	个数直径
WFL1（压）	400	14	556	2.8d	1.3d	1.6d	18	14	5d（140）	10	20M27
WFL2（拉）	400	14	556	2.8d	1.3d	1.6d	18	14	5d（140）	10	20M27
WFL3（拉）	400	14	556	2.8d	1.3d	1.6d	16	14	5d（140）	10	20M27
WFL4（拉）	400	14	556	2.8d	1.3d	1.6d	18	14	6d（170）	12	20M27

注　d 为螺栓直径。

各法兰试件的试验目的如下：WFL1 用于检验双层外法兰节点的抗压能力；WFL2 用于检验双层外法兰节点的抗拉能力，并研究预紧力与法兰张开情况的关系；WFL3 用于研究上法兰板厚对节点受拉极限承载力的影响；WFL4 用于研究肋板高度对节点受拉极限承载力的影响。

2. 双层内外法兰试件

双层内外法兰尺寸参数示意如图 8-6 所示。双层内外法兰试件的上、下法兰板及肋板采用 Q235B 钢材，主管、端板及端部加劲肋采用 Q345B 钢材，螺栓采用 8.8 级。双层内外法兰试件共 4 组，每组包含相同的 3 件，共计 12 件。受压试件 NWFL1 上、下端部构造不同，下端部通过 8 个锚栓与底座相连，上端部与大型试验机的加载头相连；受拉试件 NWFL2～NWFL4 上、下部构造相同，均通过 8 个锚栓与自平衡反力架相连。这四组试件的基本信息见表 8-2。

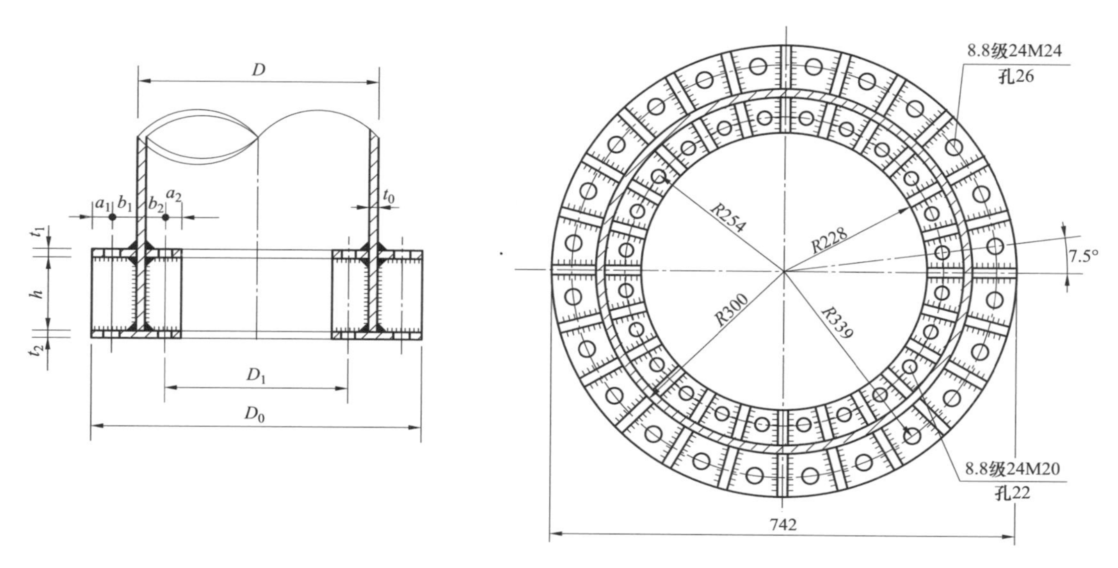

图 8-6　双层内外法兰尺寸参数示意图

表 8-2　　**双层内外法兰试件尺寸参数表**　　mm

试件编号	主管（Q345B）		法兰（Q235B）						肋板（Q235B）		螺栓（8.8 级）
	外径 D	壁厚 t_0	直径 D_0/ D_1（外/内）	螺栓间距 S_d（外/内）	螺栓边距 a_1/a_2（外/内）	螺栓边距 b_1/b_2（外/内）	上法兰板厚 t_1	下法兰板厚 t_2	高度 h	厚度 t	数量直径（外/内）
NWFL1（压）	600	14	742/456	$3.7d_1$/$3.3d_2$	$1.3d_1$/$1.3d_2$	$1.6d_1$/$1.6d_2$	14	12	$5d_1$（120）	8	24M24/24M20
NWFL2（拉）	600	14	742/456	$3.7d_1$/$3.3d_2$	$1.3d_1$/$1.3d_2$	$1.6d_1$/$1.6d_2$	14	12	$5d_1$（120）	8	24M24/24M20
NWFL3（拉）	600	14	742/456	$3.7d_1$/$3.3d_2$	$1.3d_1$/$1.3d_2$	$1.6d_1$/$1.6d_2$	14	12	$6d_1$（150）	10	24M24/24M20
NWFL4（拉）	600	14	742/466	$3.7d_1$/$3.35d$	$1.3d_1$/$1.3d_2$	$1.6d_1$/$1.6d_2$	14	12	$5d_1$（120）	8	24M24/24M18

注　d_1 为外圈螺栓直径，d_2 为内圈螺栓直径。

各法兰试件的试验目的如下：NWFL1 用于检验双层内外法兰节点的抗压能力；NWFL2 用于检验双层内外法兰节点的抗拉能力；NWFL3 用于研究肋板高度对节点受拉极限承载力的影响；

NWFL4 用于研究内外螺栓规格对节点受拉极限承载力的影响。

四、测点布置

1. 主管应力监控测点布置

在主管外壁对称布置 4 个单向应变片，以保证试验加载时其他测试数据的正确性和有效性。

2. 位移测点布置

（1）在主管上下两端布置 2 个位移计，以确定节点的变形特征。

（2）在上法兰板边缘布置 2 个位移计，以监测法兰的张开情况。

3. 法兰板及肋板应力测点布置

（1）双层法兰在轴拉作用下，上法兰板与主管交界处受力最大，故在上法兰板上布置应变片。

（2）双层法兰在轴压作用下，下法兰板由于平整度初始缺陷产生较大应力，故在下法兰板上布置应变片。

（3）为考察肋板的应力状态，在肋板上布置应变片。

4. 螺栓应力测点布置

对称选取 8 个螺栓，在每个螺栓上布置一对单向应变片，应变片贴在光滑螺杆处，以确定螺栓力的分布。

五、材料性能试验

试验中用到了不同厚度的 Q235B 和 Q345B 钢材。对于法兰试件中每种钢号每种厚度的板件，均进行了拉伸试验，试验结果见表 8-3。

表 8-3　　材性试验结果

材性	试件厚度（mm）	弹性模量 E（$\times10^5$MPa）	屈服强度 f_y（MPa）	极限强度 f_u（MPa）
Q345B	14	2.17	440	534
Q235B	8	2.07	271	421
	10	2.08	320	459
	12	2.01	280	441
	14	2.17	285	443
	16	1.99	276	429
	18	2.08	280	429

第三节　双层外法兰节点

一、压力工况试验分析

1. 位移分析

在设计荷载下，试件整体处于弹性阶段。当荷载超过6500kN以后时，位移曲线出现拐点，法兰部分进入塑性。试件的极限荷载为设计荷载的2.14倍，表明法兰安全可靠，且有很大的安全裕度。

2. 主管分析

在设计荷载下，主管各测点均处于弹性状态，主管平均应力与有限元符合较好，试件加载准确有效。随着荷载继续增加，主管测点陆续屈服；当荷载增加至7350kN时，主管开始向外鼓曲；加载至破坏，极限荷载为7400kN，主管发生屈曲破坏，如图8-7所示。期间与主管连接的相关焊缝未见破坏。

图8-7　主管破坏形式

3. 上法兰板分析

压力工况下，螺栓不受力，上法兰板受力均由肋板传来。由于肋板中大部分力通过焊缝传递给主管，故上法兰板在受压时应力很小，上法兰板不受压力控制。

4. 肋板分析

（1）在设计荷载下，测点数据表明，布置测点的10块肋板中共有8块肋板发生破坏，破坏荷载范围主要在3150~4450kN。

（2）在受压工况下，肋板测点从下往上逐步屈服，靠近下法兰板的测点应力较大。

（3）虽然测点数据表明肋板已破坏，但肋板和相关焊缝始终未出现明显变形和焊缝，表明肋板两端受到足够强的约束。

5. 下法兰板分析

在设计荷载下，下法兰板测点均处于弹性状态。随着荷载增加，有 6 个测点进入塑性，始屈荷载范围在 3850～7350kN。试验结束时，其他 6 个测点仍是弹性状态，下法兰板和相关焊缝未见明显变形，下法兰板具有足够的塑性和安全储备。

二、拉力工况试验分析

1. 位移分析

在设计荷载之前，位移呈线性增长。当荷载超过 7000kN 以后，位移曲线出现拐点。基于安全考虑，试验只加载到 6000kN，此时位移曲线未进入塑性阶段。

2. 主管分析

在设计荷载下，主管各测点均处于弹性状态，各测点平均应力与有限元值符合较好，试件加载准确有效。在最大荷载 6000kN 下，主管测点仍未屈服，主管具有足够的安全裕度。

3. 上法兰板分析

（1）拉力工况下，上法兰板下表面测点首先进入塑性，随后上表面远离钢管侧测点进入塑性，最后上表面靠近钢管侧测点进入塑性。

（2）通过对上法兰板在加载过程中试验测点的应力发展分析，双层外法兰 WFL2、WFL4（法兰板厚 18mm）上法兰板的始屈荷载的区间范围为 2796～4095kN，一个区格内测点全部屈服的荷载范围为 3500～6040kN；双层外法兰 WFL3（法兰板厚 16mm）上法兰板的始屈荷载的区间范围为 1909～2790kN，一个区格内测点全部屈服的荷载范围为 3309～5798kN。

（3）上法兰板以弯曲变形为主，加载至结束时，上法兰板的外边缘呈波浪状变形，如图 8-8 所示，区格的中部变形最大。与上法兰板连接的焊缝在整个试验过程中未见破坏。

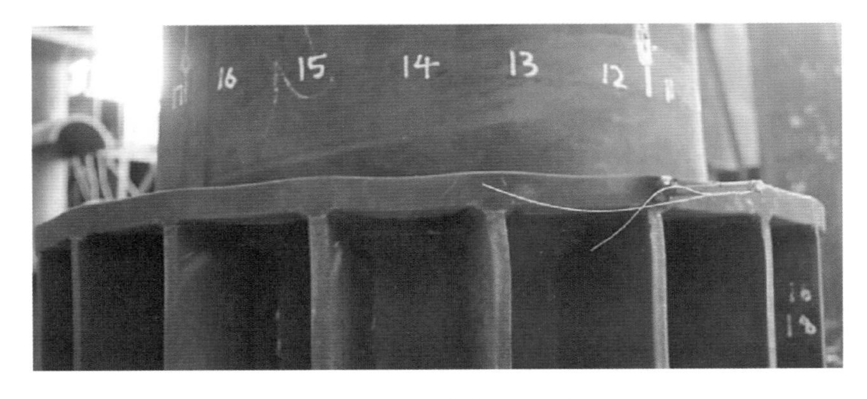

图 8-8　上法兰板呈波浪状变形

4. 肋板分析

（1）在加载过程中，18 块布置有测点的肋板中，共有 16 块肋板，其距离上法兰板第一层断面上测点全部进入塑性。在这 16 块肋板中，仅有 1 块肋板在其距离上法兰板第二层断面上测点全部进入塑性。这个结果表明第一层测点受力大于第二层。

（2）试件 WFL2、WFL3 的肋板高度约为 5 倍外螺栓直径、肋板厚度为 10mm，其中布置有测点的 12 块肋板共有 10 块发生破坏，平均破坏荷载为 5194kN；试件 WFL4 的肋板高度约为 6 倍外螺栓直径，肋板厚度为 12mm，其中布置有测点的 6 块肋板全部破坏，平均破坏荷载为 5502kN。可见，试件 WFL4 的肋板由于高度及厚度的增加提高了肋板承载力。

（3）整个试验过程中，受拉试件肋板均没有明显变形，表明肋板与上下法兰板以及钢管角焊缝连接的约束较强。

5. 下法兰板分析

在整个加载过程中，下法兰板测点应力远小于其屈服强度，下法兰板不受拉力工况控制。

6. 螺栓分析

（1）在受拉试验中，螺栓群所受总拉力与所加荷载相符，上下法兰盘间不存在撬力。在设计荷载下，螺栓测点均处于弹性状态，轴力分布比较均匀。

（2）如图 8-9 所示，从唯一拉断的 WFL2-3 试件螺栓的破坏情况来看，在 6000kN 荷载下螺栓在螺纹段与光杆段交界处开始颈缩，在 8000kN 荷载下螺栓被拉断，极限荷载达到 228% 设计荷载，表明螺栓强度具有足够的安全储备。

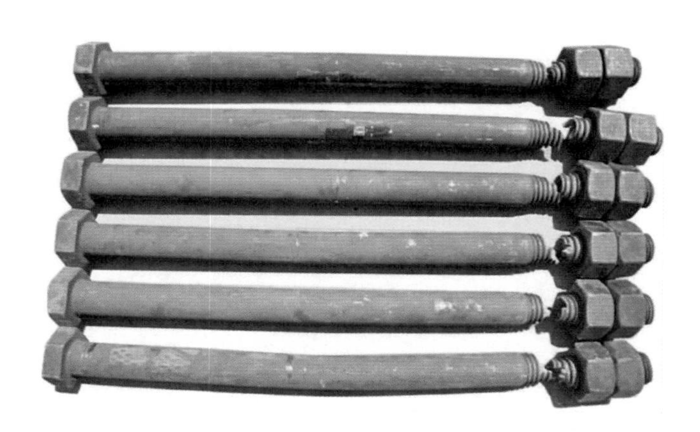

图 8-9　螺栓破坏照片

7. 预紧力分析

（1）在 WFL2 试件上施加 5 个不同的扭矩值，测得不同预紧力下的法兰张开荷载。如图 8-10 所示，法兰张开荷载与扭矩值基本呈线性关系，扭矩值越大，法兰张开荷载也越大。同时，实测张开荷载与理论值符合较好。

（2）预紧力只对法兰的整体刚度产生影响，其刚度随预紧力增大而增大。预紧力对试件的极限承载力没有影响。

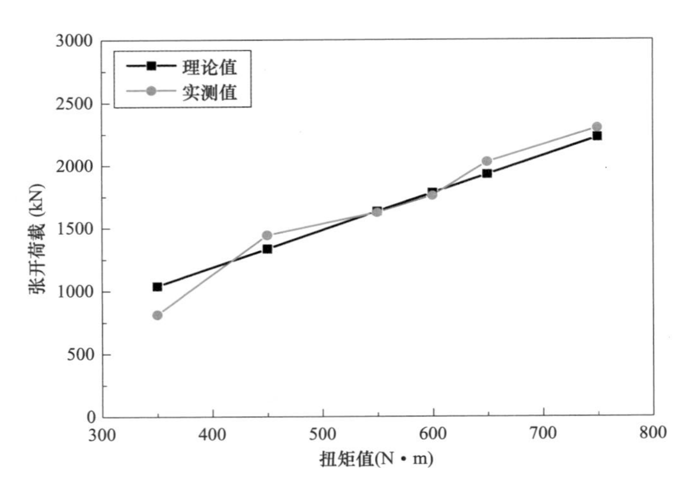

图 8-10　法兰张开荷载与扭矩值的关系

三、设计方法分析

1. 螺栓分析

从螺栓的整体受力情况来看，上、下法兰盘之间不存在撬力，螺栓受力变异性较小。从单个螺栓的测点应力来看，螺栓上应力分布较均匀，螺栓中弯矩较小。在设计荷载下，螺栓强度满足设计要求，表明螺栓设计可以按照传统刚性法兰的设计方法来确定。在实际工程设计时，在螺栓满足承载力以及施工安装等构造要求的前提下，螺栓布置时应尽可能靠近主管。

2. 上法兰板分析

上法兰板设计由拉力工况控制。由于法兰板上能布置的测点数目有限，为了确定上法兰板的设计承载力，现结合有限元计算结果分析比较，可认为上法兰板塑性区占比达到 20% 时，荷载为上法兰板的设计承载力。对试件 WFL2～WFL4 进行有限元计算，得到上法兰板的塑性区占比见表 8-4。试件 WFL2 上法兰板应用如图 8-11 所示。

表 8-4　　　各级荷载下上法兰板塑性区占比

荷载（kN）	试件 WFL（%）	试件 WFL4（%）	荷载（kN）	WFL3 试件（%）
2796	0	0	1909	0
3500	3.3	2.7	3500	14.6
4200	19.0	15.7	3600	18.0
4300	22.0	19.8	3700	21.5
4400	30.9	23.1	3800	24.3

根据有限元结果，可认为 4300kN 为试件 WFL2、WFL4 上法兰板（18mm 厚）的工程设计荷载，3700kN 为试件 WFL3 上法兰板（16mm 厚）的工程设计荷载。根据两种板厚上法兰板的工程设计荷

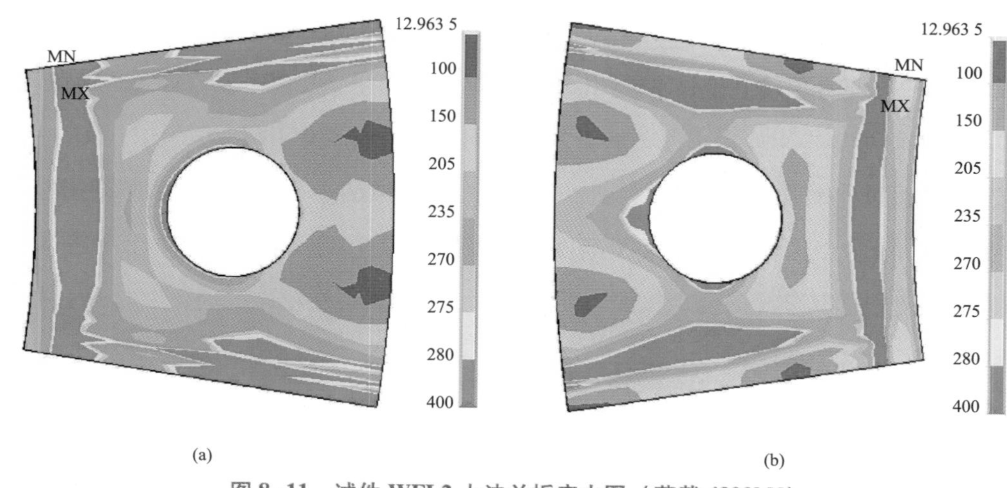

图 8-11　试件 WFL2 上法兰板应力图（荷载 4300kN）

（a）上表面；（b）下表面

载，以 WFL2 试件和 WFL3 试件为例，分别按照不同的边界条件计算上法兰板板厚，计算过程见表 8-5。

表 8-5　试件 WFL2 和 WFL3 不同边界条件下上法兰板板厚取值

边界条件	三边固支，一边自由		二边固支，一边简支，一边自由	
	WFL2	WFL3	WFL2	WFL3
N_{tmax}^{b}（kN）	215	185	215	185
L_x（mm）	66. 3	66. 3	66. 3	66. 3
L_{y1}（mm）	43	43	43	43
L_{y2}（mm）	35	35	35	35
L_y（mm）	77	77	77	77
q（MPa）	42. 1	36. 2	42. 1	36. 2
L_y/L_x	1. 16	1. 16	1. 16	1. 16
β	0. 0718	0. 0718	0. 0791	0. 0791
M_{max}（N）	13 296. 5	11 441. 2	14 646. 8	12 603. 1
t（mm）	18. 0	16. 3	18. 9	17. 1

由表 8-5 可知，当边界条件为三边固支、一边自由时，上法兰板板厚与试件实际板厚更加符合。因此，建议上法兰板按照边界条件为三边固支、一边自由计算。

3. 肋板分析

（1）压力和拉力工况下，肋板相关焊缝均未出现裂纹，肋板具有良好的塑性。由于实际工程中法兰所受压力远大于拉力，肋板设计由压力工况控制。

（2）考虑到肋板与主管共同传力，引入肋板传力分配系数 α 考虑实际肋板受力的折减。根据有限元计算结果，在拉力工况下，肋板受力分配系数约为 0. 65。而根据试验结果分析，肋板在受拉工况下的破坏值较稳定，其法兰的破坏荷载平均值为 5194kN，因而经计算可知肋板的承载力为 5194×0. 65 = 3376（kN）。

根据肋板受力分析，拉力工况下肋板破坏主要是肋板与上法兰板连接处，压力工况下肋板破坏则是肋板与下法兰板连接处，肋板的受力状态均为受压，肋板在两种工况下的承载力为同一值。由拉力工况已知肋板的承载力为3376kN，由压力工况试验结果，已知压力工况法兰的破坏荷载均值为4800kN，因而可以得出压力工况的肋板传力分配系数 $\alpha=3376/4800=0.7$。

（3）建议肋板设计按压力工况进行，肋板传力分配系数取 $\alpha=0.7$，相关焊缝应采用对接焊缝。

（4）经焊缝承载力验算，建议在肋板高度满足焊接构造要求的前提下（大于5倍螺栓直径），肋板的高度和厚度根据其分配的受力按照DL/T 5254—2010《架空输电线路钢管塔设计技术规定》进行设计。

4. 下法兰板分析

下法兰板设计由压力工况控制。偏安全考虑认为下法兰板设计承载力为7000kN。为方便工程设计，仍按照上法兰板的三边固支、一边自由边界条件进行下法兰板设计，可取荷载折减系数 γ 对实际所受压力进行折减。建议 $\gamma=0.35$，按此值计算下法兰板厚度，计算结果与试件所取的14mm吻合，计算过程见表8-6。

表8-6　试件WFL1下法兰板厚度计算

试件WFL1	下法兰板
$\gamma\times N_{t\max}^{b}$（kN）	0.35×7000/20=122.5
L_x（mm）	66.3
L_{y1}（mm）	43
L_{y2}（mm）	35
L_y（mm）	77
q（MPa）	23.98
L_y/L_x	1.16
β	0.0718
$M_{\max}$（N）	7575.9
t（mm）	13.3

第四节　双层内外法兰节点

一、压力工况试验分析

1. 位移分析

在整个加载过程中，法兰整体均处于弹性阶段，位移呈线性发展，法兰具有很大的安全裕度。

2. 主管分析

在设计荷载下，主管各测点均处于弹性状态。最大荷载9250kN下，主管未见明显变形，和主管相关的焊缝也未见裂纹。

3. 上法兰板分析

与双层外法兰受压试件类似，双层内外法兰受压试件的上法兰板受力较小，不受压力工况控制。

4. 肋板分析

（1）对于外圈肋板，12块布置有测点的肋板中，共有7块肋板发生破坏，破坏荷载范围为3000～4500kN，平均值为3667kN，其余5块肋板始终没有发生破坏。

（2）内圈肋板受力小于外圈肋板，加载中始终没有发生破坏。

（3）加载过程中，肋板和相关焊缝始终未出现明显变形和裂缝，肋板两端受到足够强的约束。

5. 下法兰板分析

下法兰板上共计18处测点，有3处进入塑性，始屈荷载范围在5250～5500kN。当荷载为9250kN（即185%设计荷载）时，仍有15处测点未进入塑性，并且下法兰板未见明显变形，与下法兰板相关的焊缝也未见裂纹，表明下法兰板具有足够的塑性和安全储备。

二、拉力工况试验分析

1. 位移分析

在设计荷载之前，节点位移均呈线性发展；当荷载超过7500kN以后，位移曲线逐渐出现拐点，法兰部分开始进入塑性。

2. 主管分析

在最大荷载9250kN下，主管测点应力小于实测屈服强度，表明主管在拉力工况下是安全的，且有足够的安全裕度。

3. 上法兰板分析

（1）拉力工况下，上法兰板下表面测点首先进入塑性，始屈荷载范围为2000～4150kN，随后上表面测点进入塑性。当下表面测点全部进入塑性时，荷载范围为6000～8250kN，此时上表面测点未全部屈服。

（2）与双层外法兰节点类似，上法兰板以弯曲变形为主，加载结束时上法兰板外边缘出现波浪状变形。

4. 肋板分析

（1）对于外圈肋板，18块布置有测点的肋板中，共有10块肋板，其第一层断面上测点全部进入塑性。在这10块肋板中，仅有1块肋板，其第二层断面上的测点全部进入塑性。这表明第一层测点受力大于第二层。

（2）对于内圈肋板，36 个测点中仅有 3 个测点进入塑性，并且始屈荷载均在 8750kN 荷载以上。这表明内圈肋板受力小于外圈肋板。

（3）试件 NWFL2、NWFL4 的肋板高度约为 5 倍外螺栓直径，肋板厚度为 8mm，其布置测点的 12 块外圈肋板中有 9 块破坏，平均破坏荷载为 7277kN；试件 NWFL3 的肋板高度约为 6 倍外螺栓直径，肋板厚度为 10mm，其布置测点的 6 块外圈肋板在试验过程中仅 1 块破坏。可见，试件 NWFL3 的肋板由于高度及厚度的增加提高了肋板承载力。

（4）整个试验过程中，受拉试件肋板均没有明显变形，表明肋板与上下法兰板以及钢管角焊缝连接的约束较强。

5. 下法兰板分析

加载过程中，下法兰板被拉开，测点处均没有进入塑性。下法兰板设计不受拉力工况控制。

6. 螺栓分析

（1）受拉试件的螺栓轴力随荷载的增加呈线性增加，且内外圈螺栓轴力之和与荷载相符合，试验加载较为准确。加载过程中，螺栓明显可见被拉长，下法兰板分开，未产生撬力。

（2）各试件内外圈螺栓在设计荷载下的受力情况见表 8-7～表 8-9。各组试件外内圈螺栓平均轴力比值分别为 1.09、1.12、1.14。

表 8-7　试件 NWFL2 内外圈螺栓受力分配

试件编号	外圈螺栓应力（MPa）	内圈螺栓应力（MPa）	外圈螺栓轴力（kN）	内圈螺栓轴力（kN）	外圈轴力/内圈轴力
NWFL2-1	245.4	300.5	86.5	73.6	1.18
NWFL2-2	215.3	295.8	75.9	72.4	1.05
NWFL2-3	221.5	301.5	78.1	73.8	1.06
平均值					1.09

表 8-8　试件 NWFL3 内外圈螺栓受力分配

试件编号	外圈螺栓应力（MPa）	内圈螺栓应力（MPa）	外圈螺栓轴力（kN）	内圈螺栓轴力（kN）	外圈轴力/内圈轴力
NWFL3-1	253.8	319.7	89.4	78.3	1.14
NWFL3-2	253.8	302.7	89.5	74.1	1.21
NWFL3-3	242.1	344.8	84.6	84.4	1.01
平均值					1.12

表 8-9　试件 NWFL4 内外圈螺栓受力分配

试件编号	外圈螺栓应力（MPa）	内圈螺栓应力（MPa）	外圈螺栓轴力（kN）	内圈螺栓轴力（kN）	外圈轴力/内圈轴力
NWFL4-1	236.9	383.4	83.5	73.8	1.13
NWFL4-2	227.0	381.9	80.0	73.5	1.09
NWFL4-3	254.7	386.4	89.8	74.4	1.21
平均值					1.14

三、设计方法分析

1. 螺栓分析

双层内外法兰螺栓设计由拉力工况控制，并且内外圈螺栓轴力不一致，外圈螺栓轴力更大。根据表 8-7～表 8-9，在设计荷载下，试件 NWFL2 外内圈螺栓轴力平均比值为 1.09，试件 NWFL3 外内圈螺栓轴力平均比值为 1.12，试件 NWFL4 外内圈螺栓轴力平均比值为 1.14。

鉴于试件 NWFL2、NWFL3 外内圈螺栓分别为 M24、M20（差 2 级），试件 NWFL4 外内圈螺栓分别为 M24、M18（差 3 级），建议对于双层内外法兰，外内圈螺栓等级差 2 级时外内圈螺栓轴力比取 1.10，外内圈螺栓等级差 3 级时外内圈螺栓轴力比取 1.15。

2. 上法兰板分析

上法兰板设计由拉力工况控制。由于法兰板上能布置的测点数目有限，为了确定上法兰板的设计承载力，结合有限元计算结果分析比较，可认为上法兰板塑性区占比达到 20%时，荷载为上法兰板的工程设计荷载。对试件 NWFL2 和 NWFL4 进行有限元计算，得到上法兰板在各级荷载下的塑性区占比见表 8-10。

表 8-10　各级荷载下上法兰板的塑性区占比

荷载（kN）	试件 NWFL2（%）	试件 NWFL4（%）
5000	11.5	8.0
5500	16.5	19.5
6000	21.0	26.5

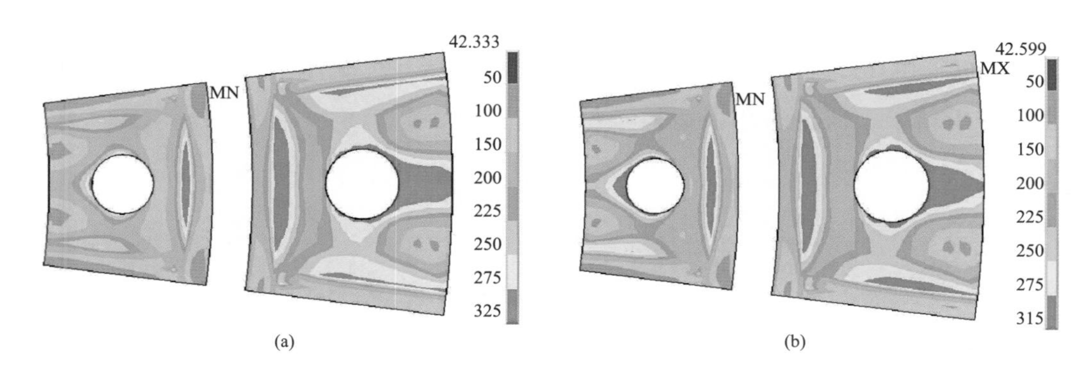

图 8-12　上法兰板应力图（荷载 5500kN）

（a）试件 NWFL2；（b）试件 NWFL4

根据有限元结果，试件 NWFL2 的工程设计荷载为 5500kN，应力图如图 8-12 所示。根据该荷载，分别按照不同的边界条件计算上法兰板板厚，计算过程见表 8-11。

表 8-11　　试件 NWFL2 不同边界条件下上法兰板板厚取值

边界条件	三边固支，一边自由		两边固支，一边简支，一边自由	
	外圈上法兰板	内圈上法兰板	外圈上法兰板	内圈上法兰板
$N^b_{t\max}$ (kN)	120.0	109.1	120.0	109.1
L_x (mm)	88.6	70.7	88.6	70.7
L_{y1} (mm)	38.4	32	38.4	32
L_{y2} (mm)	31.2	26	31.2	26
L_y (mm)	68.64	57.2	68.64	57.2
q (MPa)	19.7	27.0	19.7	27.0
L_y/L_x	0.77	0.81	0.77	0.81
β	0.055 7	0.055 8	0.069 3	0.070 3
$M_{\max}$ (N)	8614	7531	10 717	9488
t (mm)	14.2	13.2	15.8	14.9

由表 8-11 可知，当边界条件为三边固支、一边自由时，上法兰板板厚与试件实际板厚更加符合。因此，建议上法兰板按照边界条件为三边固支、一边自由计算。

3. 肋板分析

（1）压力和拉力工况下，肋板相关焊缝均未出现裂纹，肋板具有良好的塑性。由于实际工程中法兰所受压力远大于拉力，肋板设计由压力工况控制。

（2）考虑到肋板与主管共同传力，参考双层外法兰的分析结果，建议肋板设计按压力工况进行，肋板传力分配系数取 $\alpha=0.7$，相关焊缝应采用对接焊缝，肋板高度应满足构造要求。

4. 下法兰板分析

下法兰板设计由压力工况控制。偏安全考虑认为下法兰板设计承载力为 9250kN，参考双层外法兰的分析结果，保持法兰板边界条件不变，引入荷载折减系数 γ 对实际压力进行折减。建议 $\gamma=0.35$，按此值计算下法兰板厚度，计算结果与试件所取的 12mm 吻合，计算过程见表 8-12。

表 8-12　　试件 NWFL1 下法兰板厚度计算过程

NWFL1 试件	主管外圈下法兰板	主管内圈下法兰板
$\gamma\times N^b_{t\max}$ (kN)	0.35×9250×1.1/（2×24）= 74.19	0.35×9250/（2×24）= 67.45
L_x (mm)	88.6	70.7
L_{y1} (mm)	38.4	32.0
L_{y2} (mm)	31.2	26.0
L_y (mm)	68.6	57.2
q (MPa)	12.21	16.68

续表

NWFL1 试件	主管外圈下法兰板	主管内圈下法兰板
L_y/L_x	0. 77	0. 81
β	0. 055 7	0. 055 8
M_{max}（N）	5339	4652
t（mm）	11. 1	10. 4
t_2（mm）	12	12

根据表 8-12 计算的下法兰板板厚 t_2 与试件 12mm 接近。

第五节 结　论

试验表明，双层法兰受力性能良好，并具有足够的安全储备，能满足工程设计要求。双层外法兰和双层内外法兰形式可以应用于实际工程。两种形式的法兰节点可以按照以下方法设计：

（1）双层法兰的上法兰板设计由拉力工况控制，按三边固支、一边自由为边界条件计算上法兰板厚度。

（2）双层法兰的下法兰板设计由压力工况控制，设计荷载取法兰所受压力乘以荷载折减系数 $\gamma=0.35$，按三边固支、一边自由为边界条件计算下法兰板厚度。

（3）双层法兰的肋板设计由压力工况控制，考虑肋板与钢管共同传递压力，肋板传力分配系数 $\alpha=0.7$。肋板高度根据焊接构造要求，应大于 5 倍螺栓直径。肋板受力的变异性大，肋板相关焊缝采用对接焊缝连接。

（4）双层法兰的螺栓设计由拉力工况控制，螺栓受力比较均匀，无撬力。螺栓布置时，应满足相关构造要求。对于双层内外法兰，外内圈螺栓级差一般不超过 3 级。当外内圈螺栓级差为 2 级时，外内圈螺栓轴力分配比取 1. 10；当外内圈螺栓级差为 3 级时，外内圈螺栓轴力分配比取 1. 15。

（5）螺栓预紧力对双层法兰板张开时的拉力有影响，法兰的张开荷载随着预紧力的增大而线性增大。螺栓预紧力对双层法兰的极限承载力没有影响，只对法兰的整体刚度有一定影响，预紧力值越大，刚度越大。建议螺栓预紧力按照国家电网公司特高压交流工程钢管塔结构螺栓紧固值取用。

参考文献

［1］MANSFIELD E H. 具有屈服线的刚塑性板破坏分析研究［C］. Proceedings of the Royal Society of London A:

Mathematical, Physical and Engineering Sciences. The Royal Society, 1957, 241 (1226): 311-338.

[2] TIMOSHENKO S P, Woinowsky-Krieger S. 板壳理论 [M]. McGraw-hill, 1959.

[3] 陈亦，马星，王肇民. 无肋法兰盘节点的研究与应用 [J]. 建筑结构，2002 (5): 15-18.

[4] 薛伟辰，黄永嘉，王贵年. 500kV 吴淞口大跨越塔柔性法兰原型试验研究 [J]. 工业建筑，2004, 34 (3): 68-70.

[5] 陈俊岭，马人乐. 塔桅结构中有加劲肋法兰连接的受力研究 [J]. 结构工程师，1999 (4): 16-20.

[6] 薛伟辰，付凯，张克宝，等. 高颈法兰轴心受拉试验与有限元分析 [J]. 建筑科学与工程学报，2010, 27 (2): 106-113.

[7] 吴国强，何长华，耿景都，等. 钢管塔锻造法兰连接螺栓的受力计算 [J]. 电力建设，2009, 30 (10): 1-5.

第九章

苏通长江大跨越塔线体系气弹模型风洞试验研究

第一节　概　　述

一、研究目的及意义

苏通长江大跨越工程中，大距越塔线体系具有以下特点：

（1）铁塔的高度高，导致铁塔的柔度较大，铁塔的风振响应及动力稳定性亟须研究。

（2）铁塔的截面为4组合钢管混凝土，为圆形截面。主管之间相互干扰，并且圆形截面受雷诺数影响较大，风荷载复杂。

（3）导线的重量要比常规输电导线大得多，在风荷载下，导线对于塔架的作用将居于首位。鉴于上述特点，输电铁塔与导线在风载作用下的耦联程度将加剧，其对结构可能存在有利或不利的影响。

大档距的导线在风载作用下的振动会产生变化的动张力及位移，一方面，改变了整个输电塔线结构体系的动力特性，导致空气动力的非线性；另一方面，动张力作用到输电塔上使输电塔发生位移，与输电塔在风荷载作用下的位移相叠加，输电塔的运动又导致导线的运动发生进一步变化。可见，大跨越输电塔线体系是相当复杂的耦联柔性体系。风洞试验是深入研究各种风致耦合振动现象，明确湍流下输电塔风荷载功率谱、风振系数等风荷载参数取值的有效手段。

本章拟在考虑雷诺数对圆形截面气动特性影响的基础上，建立更加合理的苏通长江大跨越输电塔线体系结构模型，通过刚性模型风洞试验系统地研究确定雷诺数对铁塔与导线的风荷载特性影响，为工程设计提供合理的风荷载计算依据；通过气动弹性模型风洞试验研究导线与输电塔之间的风致耦合振动特性，明确塔线耦联对铁塔风振及导线张拉力的影响，并提出能被工程设计接受的体系风振响应的计算方法。研究成果可为苏通长江大跨越工程大跨越钢管塔的结构设计提供风荷载计算的理论依据和方法，提高结构的安全性和经济性。

二、国内外研究现状

1. 国外研究现状

（1）在Simiu Emil，Scanlan Robert H《风对结构的作用——风工程导论》（同济大学出版社，1992）中，给出了长宽比 $\lambda=\infty$ 的圆形截面正方形塔架的阻力系数与雷诺数的关系，该结果广泛用于修正其他缩尺风洞试验结果。

（2）JEC 127—1979《Design standards on structures for transmissions》按照构件雷诺数在临界雷

诺数以上和以下给出了两种体型系数计算方法。

（3）有的提出了两种不同缩尺比例的输电线模型设计方案，并对输电线的气动阻尼和导线间的相互作用进行了探讨。还有的建立了用于估算高耸结构和高层建筑顺风向风致响应的阵风荷载因子法，并在此基础上定义了新的阵风作用因子概念。

2. 国内研究现状

（1）以汉江大跨越输电塔为工程背景，对跨越档距1650m、塔高181.8m的特高压输电塔线体系，采用V型弹簧片制作气动弹性模型进行了风洞试验研究。

（2）以江阴大跨越输电塔为工程背景，对跨越档距2300m、塔高346.5m的输电塔线体系，通过风洞试验研究了塔线体系的风致响应和风振控制。

（3）以舟山大跨越输电塔为工程背景，对跨越档距2750m、塔高370m的输电塔线体系，通过风洞试验并结合时域和频域分析，研究了塔线体系的风致响应和风振控制。

本章通过节段刚性模型测力试验、整塔以及分段刚性模型测力试验、分裂导线刚性模型测力试验，结合CFD数值模拟，开展格构式圆截面塔架节段的静风三分力系数的细化研究，进一步了解该类结构风荷载特性及其流场分布。通过单塔和塔线体系的静力特性和动力特性测试、单塔和塔线体系风致振动引起的位移响应和加速度响应风洞试验测试、风致振动引起的导线动张力和位移响应测试、单塔和塔线体系的气动阻尼比测试，明确导线对大跨越塔风振的影响规律，确定单塔和塔线体系的风振系数。

第二节　钢管塔架雷诺数效应研究

一、试验设计

试验模型采用四根圆柱模拟简单塔架截面形式。圆柱直径57mm，高度670mm。模型表面以贴粗糙条的方式模拟粗糙度。图9-1所示为四根圆柱表面粗糙化后试验模型。试验流场为均匀流，采用五分量杆式高频应变天平测力。试验共设计了光滑模型以及五组等效粗糙度（粗糙条厚度与两粗糙条之间弧长的比值）γ =0.016 8、0.033 5、0.050 3、0.067 0、0.083 8的工况。

二、试验结果分析

（一）四根圆柱间距影响

阻力系数随雷诺数变化如图9-2所示。从图可以看出，随着雷诺数增大，除了$B/D=9$以外，

B/D=9

B/D=1

图 9-1 四根圆柱模型

B—圆柱净距；D—圆柱直径

其他间距下四根圆柱阻力系数 C_D 迅速减小。其原因有：① 低风速区并列圆柱之间风速增大更为明显，随着风速增大，局部风速增大效果逐渐减弱，阻力系数有所降低；② 圆柱彼此之间的扰动随着风速增大而增强，上游圆柱尾流对下游圆柱影响增大，下游圆柱分离点向后移动，出现超临界区流动特性，阻力系数减小。因此，随着圆柱间距的减小，各圆柱之间的相互干扰使得雷诺数效应有所减弱。

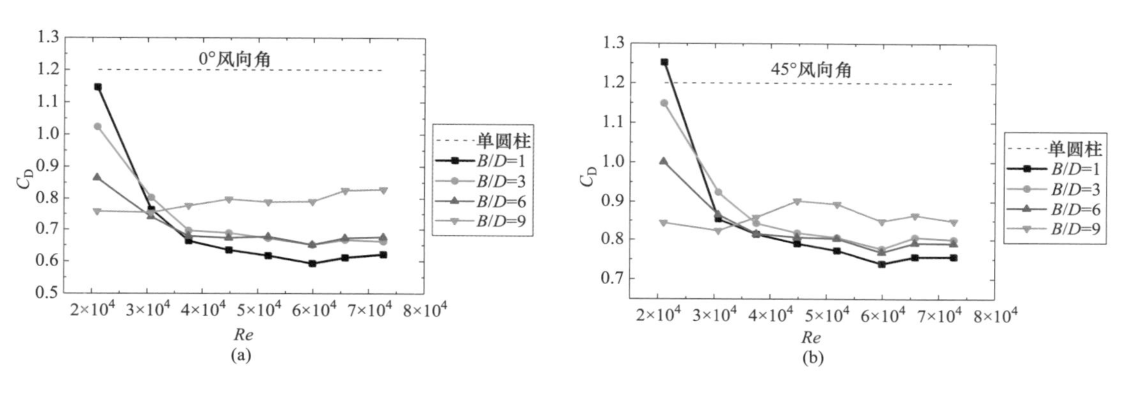

图 9-2 阻力系数 C_D 随雷诺数变化

（a）0°风向角；（b）45°风向角

（二）四根圆柱表面粗糙度影响

图 9-3 所示为 0°以及 45°风向角下不同粗糙度的 C_D-Re 曲线（B/D=9）。45°风向角下，随着粗糙厚度增加，曲线左移，临界雷诺数明显减小。由于 45°风向角下上游圆柱对下游圆柱的遮挡效应减弱，且迎风面上交错排列的圆柱间干扰很小，因而 C_D-Re 变化趋势类似单根圆柱。而 0°风向角下串联模式的干扰较强，下游两根圆柱周围的湍流增强，变化趋势较 45°更为复杂。总的来说，临界雷诺数随粗糙度增加而减小。

在圆截面杆件构成的正方形塔架超临界区以及跨临界区，Re 约为 2.53×10^5 时 C_D 下降至最低，而后随 Re 增大而增加。把该雷诺数作为塔架结构临界雷诺数判定标准，将试验结果（B/D=9）与《风对结构的作用——风工程导论》一书中给出的结果进行对比，即可得到模拟超临界区雷诺数所需的表面粗糙度及其对应风速，见表 9-1。只有等效粗糙度 γ 值足够大才能满足超临界区的

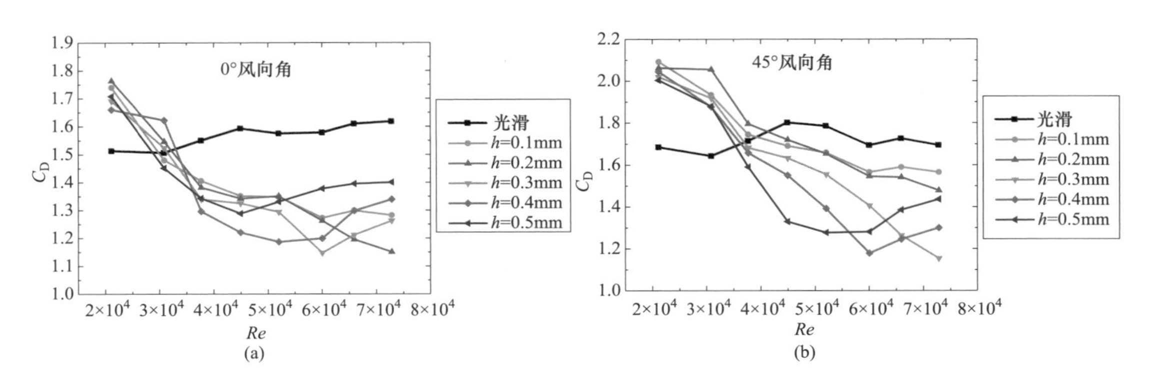

图 9-3　0°与 45°风向角下不同粗糙度的 C_D-Re 曲线（$B/D=9$）

（a）0°风向角；（b）45°风向角

h—粗糙条厚度

模拟，且 γ 越大，模拟超临界区所需风速越低。

表 9-1　不同粗糙条厚度 h 的高雷诺数模拟（$\alpha=0°$）

h（mm）	γ	h/D	风速/(m/s)	实际雷诺数	模拟达到雷诺数
0.1	0.016 8	1.75×10^{-3}	18.4	7.24×10^{4}	2.12×10^{5}
0.2	0.033 5	3.51×10^{-3}	18.4	7.24×10^{4}	2.37×10^{5}
0.3	0.050 3	5.26×10^{-3}	15.2	5.99×10^{4}	2.53×10^{5}
0.4	0.067 0	7.02×10^{-3}	13.2	5.19×10^{4}	2.53×10^{5}
0.5	0.083 7	8.77×10^{-3}	11.4	4.48×10^{4}	2.53×10^{5}

第三节　输电塔线节段模型风洞试验研究

一、输电塔节段模型风洞试验

（一）试验设计

输电塔节段模型分为竖直节段与斜节段。通过逐步拆除节段中横杆、斜材以得到不同形式的塔架节段，分析不同塔架形式风荷载变化情况，且对比分析节段主材倾斜与否对风荷载的影响。模型主材外径 57mm，斜材外径 20mm，横杆外径 17mm。试验模型具体情况如表 9-2 与图 9-4 所示。

试验流场为均匀流，以主材直径为特征尺寸的雷诺数约为 7.1×10^{4}。节段模型与三根圆柱模型参考面积均为 0°风向角下迎风面投影面积。节段试验风向角 α 范围定为 0°～45°。

表 9-2　模型组成杆件

模型编号	杆件数量/根			模型编号	杆件数量/根		
	主材	斜材	横杆		主材	斜材	横杆
Model 1-1	4	8	4	Model 2-1	4	8	4
Model 1-2	4	8	0	Model 2-2	4	8	0
Model 1-3	4	0	0	Model 2-3	4	0	0

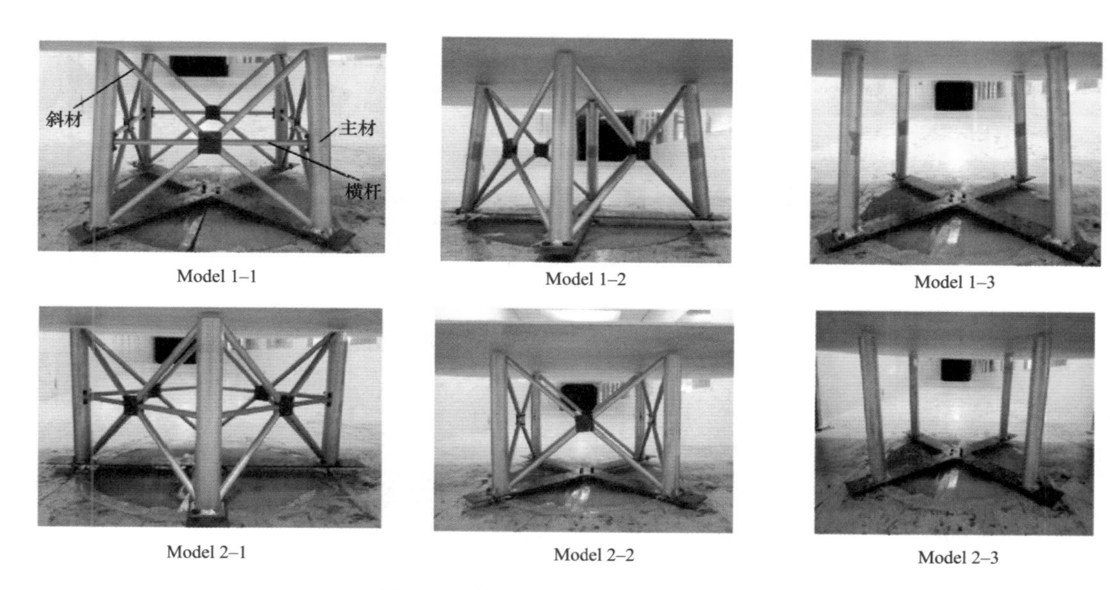

图 9-4　节段试验模型及其拆分过程

（二）试验结果分析

图 9-5 所示为斜节段以及竖直节段不同风向角下阻力系数。从斜节段的结果来看，没有横杆的塔段模型（Model 1-2）阻力系数最大。拆除横杆与斜材之后，虽然实度比继续减小，但阻力系数不但没有继续增大反而降低，这是因为在主材周围与之并联以及串联的斜材产生的干扰作用造成的。竖直节段同样为没有横杆的 Model 2-2 阻力系数最大，仅剩主材的 Model 2-3 阻力系数明显

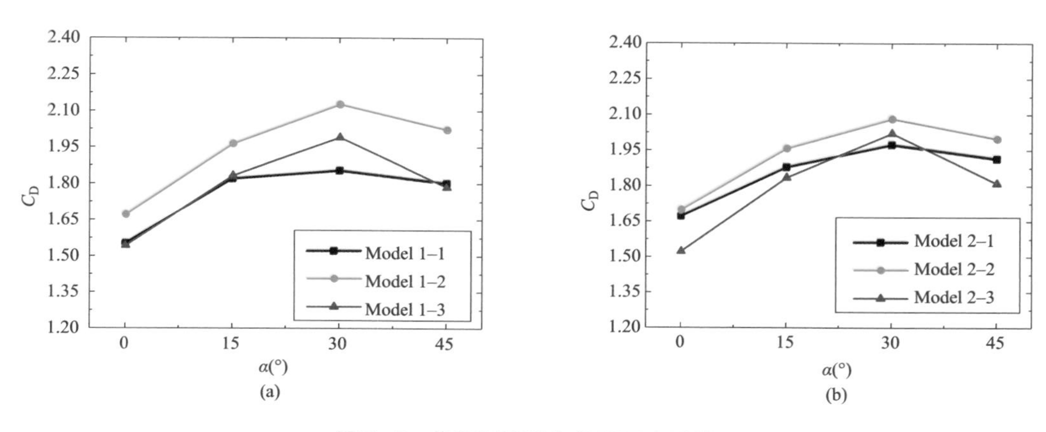

图 9-5　节段不同风向角下阻力系数

（a）斜节段；（b）竖直节段

小于其他模型。两种类型节段阻力系数最大值出现都在30°风向角，设计时应将其作为最不利工况重点考虑。斜节段与竖直节段对比如图9-6所示，从图可以看出，在组成塔架的构件相同以及实度比相等的情况下，带横杆的竖直节段风力系数大于斜节段的，最大差值在0°风向角下。去除横杆以后，斜节段与竖直节段风力系数基本一致，主材倾斜与否对此类塔架受力形式影响较小。

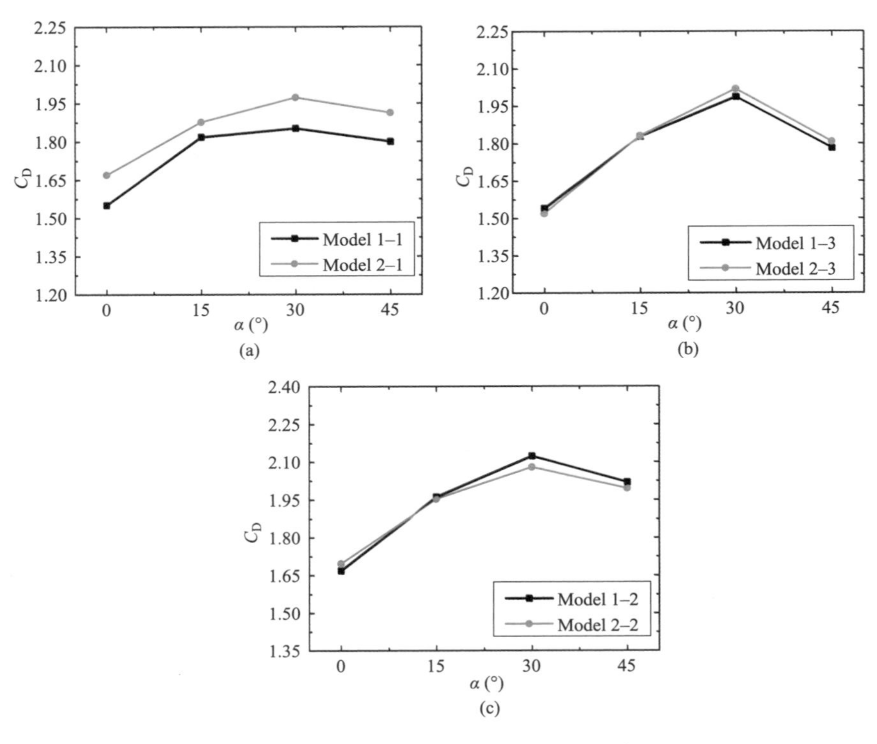

图 9-6　斜节段与竖直节段阻力系数对比

（a） Model 1-1 与 Model 2-1；（b） Model 1-2 与 Model 2-2；

（c） Model 1-3 与 Model 2-3

图9-7给出了0°以及45°风向角下，根据规范以及相关资料得到的阻力系数与试验值的对比。只有四根主材的模型与其他塔架结构形式差别较大，其阻力系数远小于规范值。0°风向角下，DL/T 5154—2012《架空输电线路杆塔结构设计技术规定》中没有区分角钢塔与钢管塔阻力系数区别，而是统一给出了1.3的系数值，因而结果明显偏大。ASCE 74—2010《Guidelines for Electrical

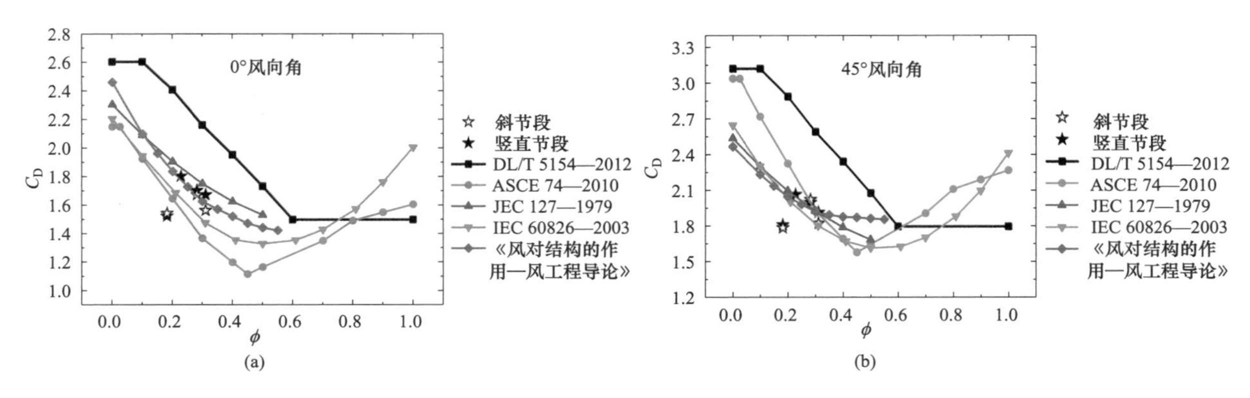

图 9-7　不同风向角的阻力系数的试验值与其他参考值

（a） 0°风向角；（b） 45°风向角

Transmission Line Structural Loading》与 IEC 60826—2003《Design criteria of overhead transmission lines》计算得到的模型钢管塔架阻力系数都小于试验值。JEC 127—1979 与《风对结构的作用—风工程导论》都考虑了随雷诺数变化的钢管塔架阻力系数，两者与试验值较为接近。在 45°风向角下，除了 DL/T 5154—2012 外，其余参考值均与试验值吻合较好，说明该风向角下雷诺数效应敏感程度低于 0°风向角。综上，在均匀流场下的风洞试验中，圆截面杆件组成的塔架结构缩尺模型得到的阻力系数直接用于设计时过于保守，尤其是风向角垂直于某一塔面时。

二、钢管塔架整塔及分段模型风洞试验

（一）试验设计

考虑到风洞试验段截面尺寸及本工程项目的几何尺寸，为满足阻塞度要求，模型试验几何缩尺比为 1/120。模型总高 3.8m，杆件直径范围 1～20mm。以往的试验通常是单独取出某一塔段进行测试，这样做的弊病是改变了塔段实际所处风场，没有考虑到上下或者左右结构对其流场的影响。本研究在不改变整塔受力风场的前提下，得到了不同塔段的体型系数。以塔头为例，试验的具体过程为：首先测试了整塔的风荷载；随后拆掉塔头，将其用支架悬挂在剩余结构上方，留出 1cm 左右空隙，避免测试时接触到下面结构，然后对该结构测试；最后将两次所得风荷载相减即为所拆除部分（塔头）的风荷载。其他塔段风荷载均是参照该方法得到。试验过程如图 9-8 所示，共测试了 1、3、9、10、11 号和 12 号七个塔段，各塔段结构如图 9-9 所示。

(a)

(b)

(c)

(d)

图 9-8　完整输电塔及部分塔段测试模型

（a）整塔测试模型；（b）3 号塔段测试模型；（c）10 号塔段测试模型；（d）12 号塔段测试模型

试验流场分为了均匀流与 B 类地貌两种。试验风向角 α 范围定为 0°～90°，间隔 15°。风向角以及力的方向定义如图 9-10 所示。沿风轴坐标系方向投影得到模型的风轴阻力系数 $C_{D\alpha}$ 与体轴坐标系下力系数计算如下

$$C_{D\alpha} = \frac{F_D}{(1/2)\rho\sum_{i=1}^{n}A_{1i}v_i^2} = \frac{F_x\cos\alpha + F_y\sin\alpha}{(1/2)\rho\sum_{i=1}^{n}A_{1i}v_i^2} \tag{9-1}$$

式中 F_D——阻力，N；

F_x——x 方向的风力，N；

F_y——y 方向的风力，N；

i——节段编号；

n——整塔所分段数；

A_{li}——i 节段在顺线向下投影面积，m^2；

v_i——i 节段所在高度下风速，m/s。

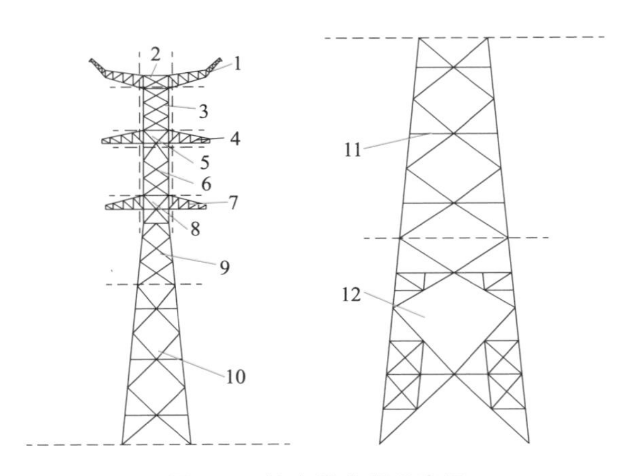

图 9-9 输电塔分段示意图

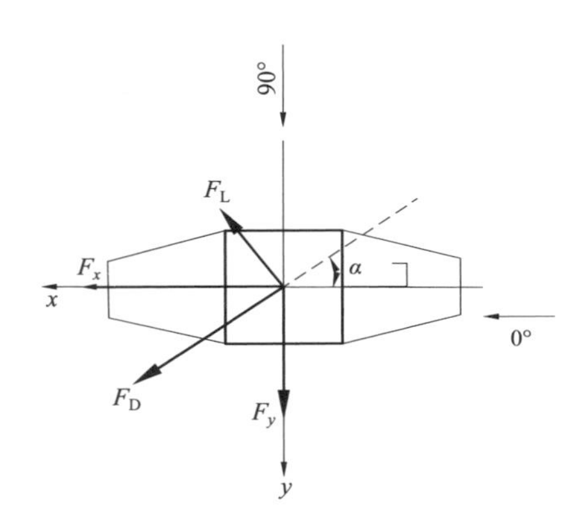

图 9-10 模型坐标系与试验风向角

（二）试验结果分析

1. 整塔阻力系数

图 9-11 所示为两种地貌条件下阻力系数对比。均匀流场下，风轴下阻力最大值出现在 α = 75°时；B 类地貌下，风轴下阻力最大值则出现在 α =60°时。B 类地貌下阻力系数都小于均匀流场，原因主要是钢管塔具有较强的雷诺数效应，而来流紊流度对雷诺数效应有一定减弱作用，模型阻力系数与实际更为接近。因此，建议苏通长江大跨越工程中跨越塔实际结构体型系数可直接采用试验模型 B 类地貌下的阻力系数。

为了便于比较风洞试验结果与国内外规范风荷载的差异，以有效投影面积 $(C_DA)_\alpha$ 为参数进行对比，如图 9-12 所示。EN 50341-1《European Committee for Electrotechnical Standardization》与 DL/T 5154—2012 的有效投影面积趋势一致，45°风时塔身风荷载效应最大，但 DL/T 5154—2012 的数值更大，EN 50341-1 的结果低于试验值。ASCE 74—2010 得到的结果是随着风向角增大，有效投影面积略微增大，风洞试验曲线变化趋势虽然与之不同，但数值上较为接近。ASCE 74—2010 以及欧洲规范阻力系数的计算过程中都考虑了圆截面杆件的修正，取值有所降低，而我国规范的阻力系数计算值并未考虑。

2. 塔头与横担阻力系数

塔头风洞试验与国内外规范有效投影面积对比见图 9-13。当 α =60°时，均匀流场 $(C_DA)_\alpha$ 达

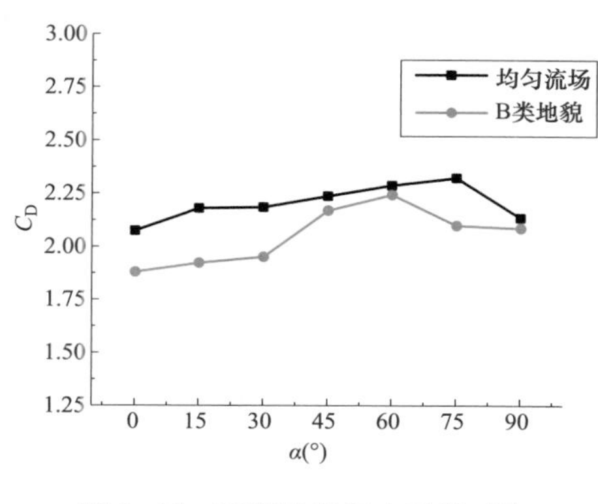

图 9-11　两类地貌阻力系数对比

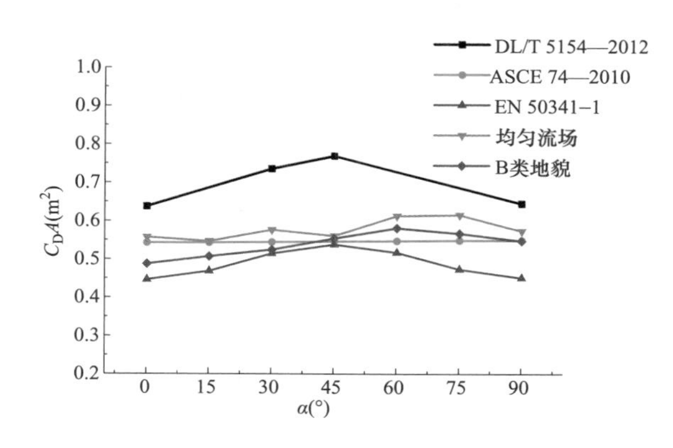

图 9-12　整塔有效面积比较

到最大值；当 $\alpha=90°$时，B 类地貌（C_DA）$_\alpha$达到最大值。塔头横线向结构复杂，单以顺线向不能充分反映其随风向角的变化趋势，因此试验结果与三种规范值都差别较大。而 ASCE 74—2010 同时考虑了塔头两个方向的影响，横线向实度比接近于 1，此时圆截面杆件引起的阻力系数修正忽略，而顺线向实度比仅为 0.334，仍然考虑了阻力系数的修正，导致了实度比大的横线向阻力系数反而高于实度比较小的顺线向，因而有效投影面积随风向角的变化趋势与其他结果都相反。

横担风洞试验与国内外规范有效投影面积对比见图 9-14。当 $\alpha=75°$时，均匀流场（C_DA）$_\alpha$达到最大值；当 $\alpha=90°$时，B 类地貌（C_DA）$_\alpha$达到最大值。EN 50341-1 与 ASCE 74—2010 有效投影面积低于风洞试验值，DL/T 5154—2012 数值与曲线趋势都最为接近。

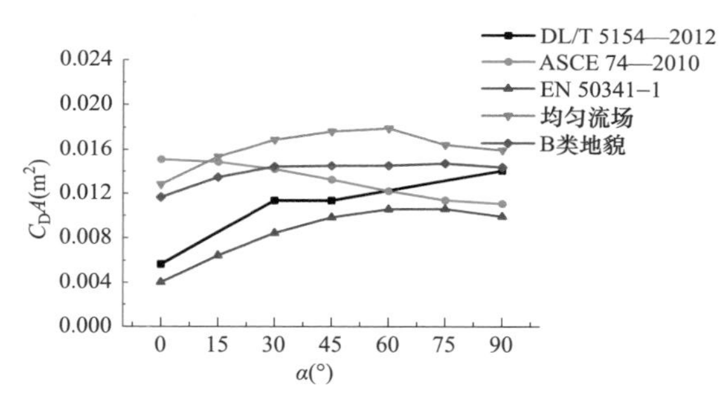

图 9-13　塔头有效投影面积

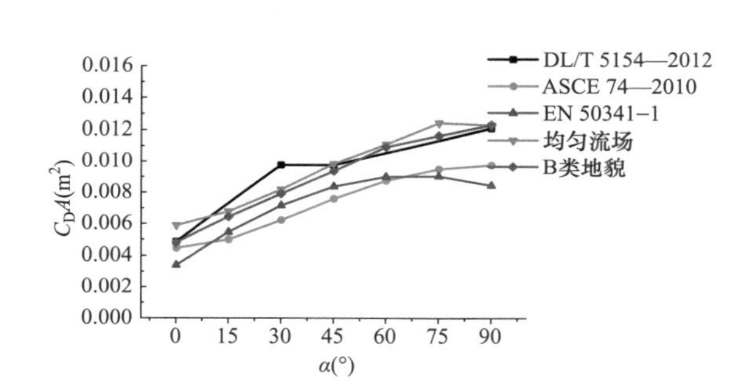

图 9-14　横担有效投影面积

3. 塔身阻力系数

试验测得了 5 个典型塔身节段的风荷载。各塔段风洞试验与国内外规范有效投影面积对比见图 9-15。由图 9-15 可知，3 号垂直塔段均匀流场结果与 DL/T 5154—2012 给出的无论是随风向角变化趋势还是数值都非常接近，B 类地貌结果位于 DL/T 5154—2012 与 ASCE 74—2010 之间，EN 50341-1 规范比试验值更低。其他四个塔段与整塔结果类似，DL/T 5154—2012 给出的有效投影面积都高于风洞试验值，由于横线向与顺线向投影面积全部相同，因而 ASCE 74—2010 计算的有效投影面积不会随风向角而变化，但数值上与风洞试验最为接近。所有塔段的试验结果都高于按照 EN 50341-1 计算的有效投影面积。

4. 阻力系数沿高度变化

图 9-16 所示为各塔段阻力系数沿塔身实际高度（H）的分布情况，其中 6、7 号塔段阻力系

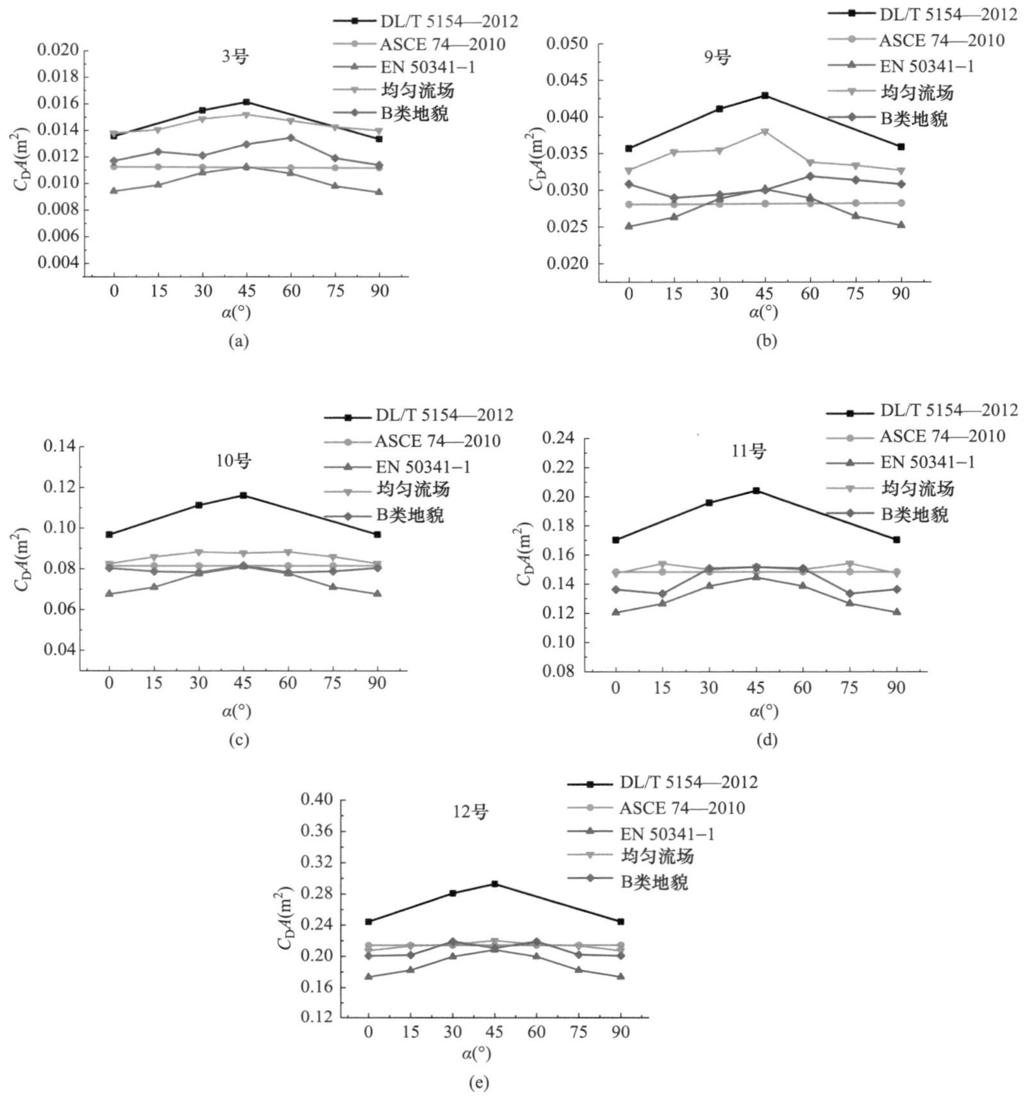

图 9-15 塔身节段有效投影面积

(a) 3 号塔段；(b) 9 号塔段；(c) 10 号塔段；(d) 11 号塔段；(e) 12 号塔段

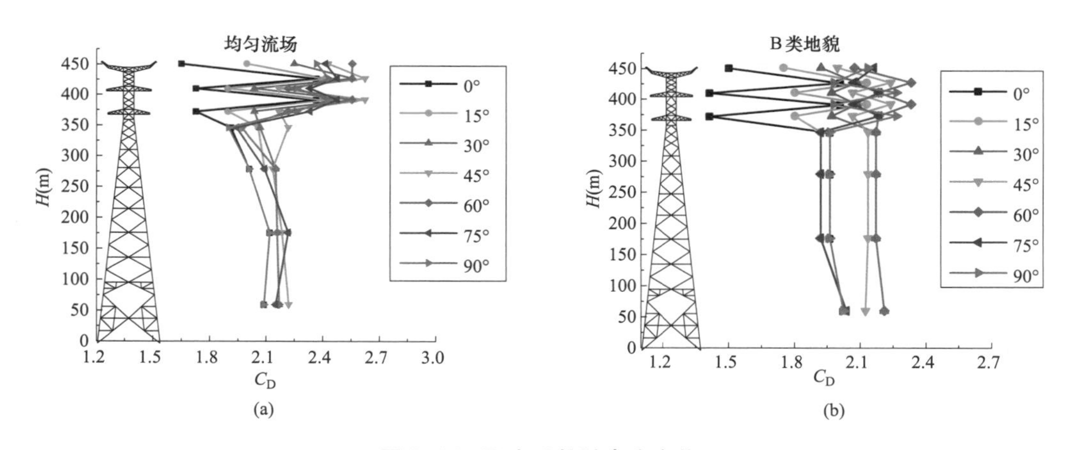

图 9-16 阻力系数随高度变化

(a) 均匀流场；(b) B 类地貌

数直接采用的是与之类似的3、4号塔段的结果。塔身呼高以下结构相近，阻力系数沿塔身高度变化较小；呼高以上的塔头、横担与塔身结构差别较大，阻力系数变化剧烈。

三、六分裂导线节段模型风洞试验

（一）试验设计

试验对单根导线进行测试，从而得到六分裂导线中每根子导线气动力参数以及在不同遮挡风向下导线尾流的影响。测力导线模型外径40.6mm，缩尺比为1∶1。所有导线长630mm，相邻导线间距为550mm。导线模型以及在风洞中的安装如图9-17所示。

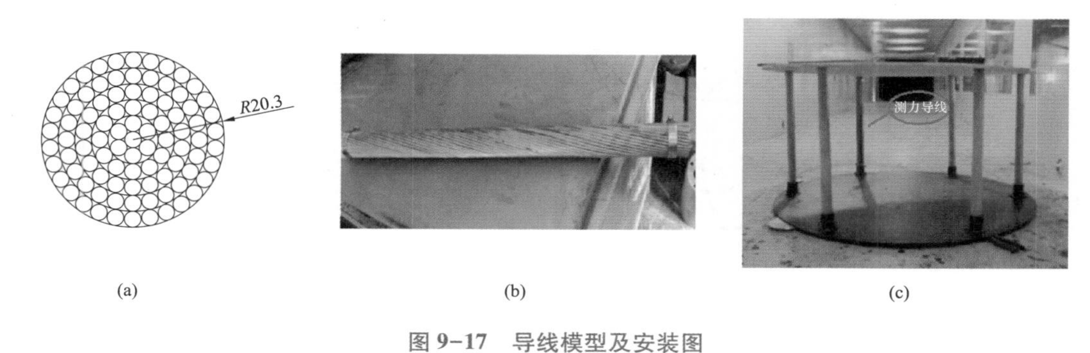

图9-17　导线模型及安装图

（a）导线截面图；（b）导线实物图；（c）多分裂导线试验图

试验流场为均匀流。测力导线模型与天平连接，因试验条件限制，通过旋转其他子导线以测试在不同位置时测力导线的阻力，得到分裂导线的阻力系数。图9-18所示为不同风向角下模型示意。

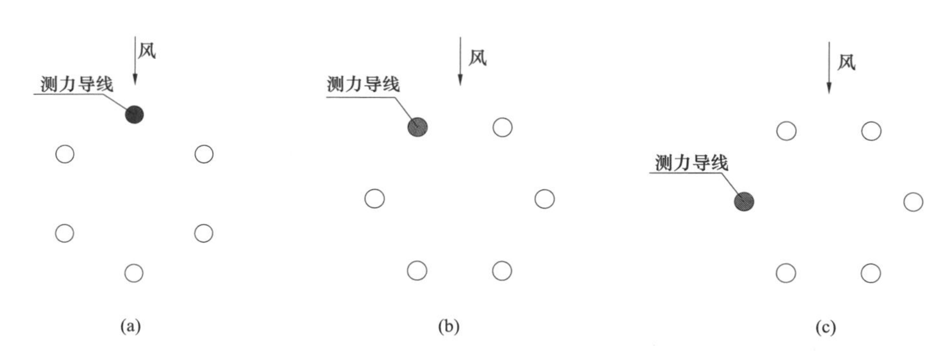

图9-18　不同风向角下模型示意图

（a）风向角为0°；（b）风向角为30°；（c）风向角为90°

（二）试验结果分析

图9-19所示为不同风向角下测力导线阻力系数变化。当$\alpha \leqslant 90°$时，测力导线位于上游区，受其他子导线干扰较小，阻力系数基本不变；当$90° < \alpha \leqslant 120°$，测力导线处于下游区，受到上游

导线对流场的干扰和尾流的作用，其阻力系数减小，在120°时最小；当120°<α ≤180°时，上游导线对测力导线的干扰减小，阻力系数有所回升。

图9-20所示为测力导线在不同风速下的阻力系数变化。当α =0°时，导线阻力系数先随风速增大而迅速减小，而后随着风速增大，阻力系数略微提高，与经典圆柱雷诺数曲线趋势相同，只是临界雷诺数偏小。因为实际输电线为多股钢铝绞线的螺旋缠绕结构，存在明显的表面粗糙度，导致圆柱表面边界层分离提早由层流分离转换成湍流，即提前进入了临界区。当α =120°时，导线阻力系数一直随风速增大而缓慢增加，此时测力导线位于来流的下游区，受到上游子导线的尾流影响，周围流场紊流度增加，临界雷诺数继续减小，因而这个风向角下测力导线阻力系数只有上升阶段。

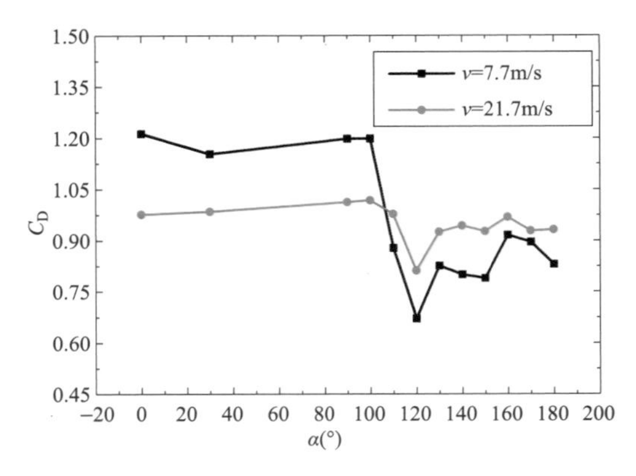

图9-19　测力导线阻力系数随风向角变化

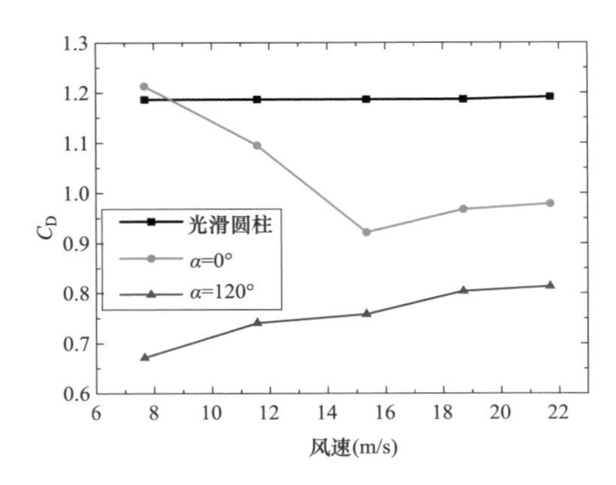

图9-20　测力导线阻力系数随风速变化

根据规范的计算方式，多分裂导线的荷载计算是将单独导线所受荷载乘以分裂导线的数目，并不考虑杆尾流的干扰效应。而试验发现，分裂子导线之间存在明显的相互干扰效应，使得位于不同角度下的子导线阻力差别较大。试验得到的六分裂导线整体阻力系数与规范计算值对比如图9-21所示。对比来看，ASCE 74-1规范与试验值更为接近，而DL/T 5154—2012较为保守。当导线处于30°附近时，在同一风速下，导线所受的风荷载较大，此时结构处于最不利状态。

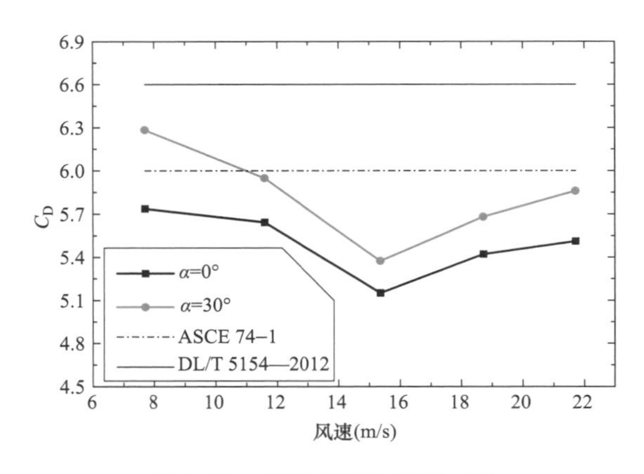

图9-21　试验结果与规范对比

第四节　输电塔线气动弹性模型风洞试验

一、气动弹性风洞模型设计与制作

（一）模型设计

完全气弹性模型的设计需要满足 Cauchy 数、Strouhal 数、Froude 数、密度比和阻尼比，还要保证模型的质量分布和刚度分布与原型的分布一致，完全气弹性模型满足的相似准则见表 9-3。

表 9-3　完全气弹性模型满足的相似准则

无量纲参数	表达式	物理意义	相似要求
Reynolds 数	$(\rho_a vL)/\mu$	气动惯性力/空气黏性力	严格相似
Froude 数	$(gL)/v$	结构物重力/气动惯性力	严格相似
Strouhal 数	$(fL)/v$	时间尺度	严格相似
Cauchy 数	$E_{eq}/(\rho_a v^2)$	结构物弹性力/气动惯性力	严格相似
密度比	ρ_s/ρ_a	结构物惯性力/气动惯性力	严格相似
阻尼比	δ	每个周期耗能/振动总能量	严格相似

注　ρ_a 为空气密度；v 为风速；L 为几何尺寸；μ 为动黏性系数；g 为重力加速度；f 为结构自振频率；E_{eq} 为等效弹性模量；ρ_s 为结构密度。

塔线体系的气弹模型设计由于受到现有风洞实验室规模和模型材料规格的限制，在保证目标响应能够合理地还原到实际结构，放松部分相似准则是有必要的。鉴于输电塔在重力作用下变形小，可以放松输电塔的 Froude 数相似准则。输电线采用等效设计方法，修正系数 $\gamma=0.5$，跨度相似比为 1/240。由于重力对输电线形状影响大，输电线模型必须满足 Froude 数。基于同一风速相似原则，输电塔模型放松 Froude 数相似准则后，气动惯性力改变，从而输电线模型的气动阻尼和质量均不满足相似准则，可以通过改变输电线模型的刚度矩阵进行修正，本研究将输电线弹性刚度增大 1.161 倍。试验构件为圆形截面，需要满足 Reynolds 数相似准则，分别通过数值模拟和节段模型试验获得模型与原型结构的 Reynolds 数，根据 Reynolds 数与阻力系数的曲线图，通过对模型迎风直径的修正来满足 Reynolds 数相似准则，其中，修正系数为 μ，与位置有关。输电线模型采用 Davenport 提出的等效设计方法，原则是保证总的气动力大小不变。模型几何相似比为 n，现有设计的输电线模型迎风外径相似比为 n/γ，然而当跨度相似比为 γn 后，垂跨比显著增大，线长相似比不等于 n。本研究采用积分确定线长相似比 $\tau=11.806/2661$，进而推导出输电线模型迎风外径相似比为（μn^2）/τ，与精确值比较，以往设计气动力的相对误差为-6.084%。设计好的塔线体系模型相似系数见表 9-4。

表 9-4　塔线体系气弹模型相似比

模型	参数	相似比	参数	相似比
输电塔	几何	1/120	迎风直径	μ/120
	风速	16.418/120	频率	16.418/1
	质量	$1/120^3$	拉伸刚度	$16.418^2/120^4$
	阻尼	1/1		
输电线	跨度	0.5/120	垂度	1/120
	线长	11.806/2661	迎风直径	μ/63.898
	风速	16.418/120	频率	$120^{0.5}/1$
	质量	$16.418^2/120^4$	拉伸刚度	$1/(7.116\times10^5)$
	阻尼	$120^{0.5}/16.418$		

（二）试验方案

风洞试验需要旋转模型测试风向角变化对风致响应的影响，为此，对坐标系进行定义，坐标系的定义如图 9-22 所示。

图 9-22 中，β 为风向角，气动弹性模型的风向角与刚性模型的风向角 α 互为余角。定义体轴系和风轴系下两套坐标系。体轴系下，横担轴线向为 x 轴，顺线向为 y 轴。风轴系下，来流风平行于横担轴线向为 90°风向角，平行于导线方向为 0°风向角。模型塔身主要测量位移响应和加速度响应。塔身测点布置如图 9-23 所示。

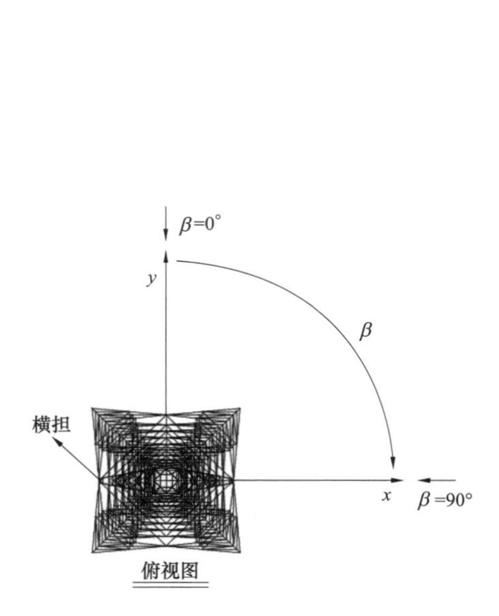

图 9-22　风场坐标系定义

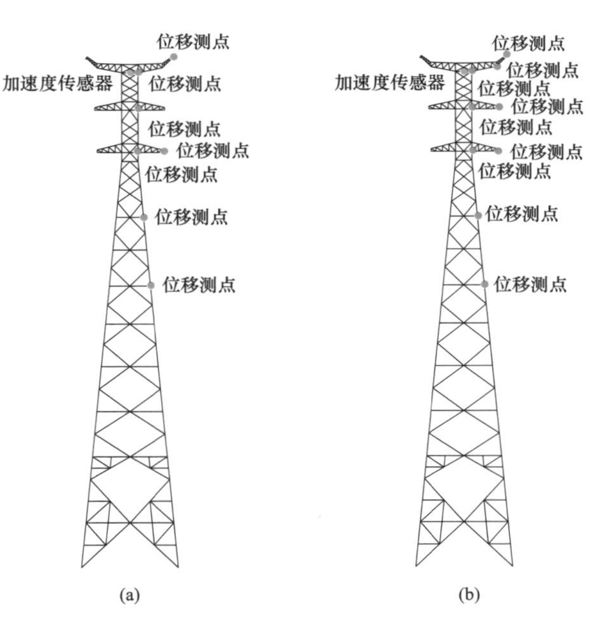

图 9-23　塔身测点布置

（a）单塔塔身测点；（b）塔线体系塔身测点

测点还包括与上横担连接的绝缘子串位移、与上横担相邻的导线应变、中横担悬挂导线的中跨中间位移。测点的布置如图 9-24 所示。

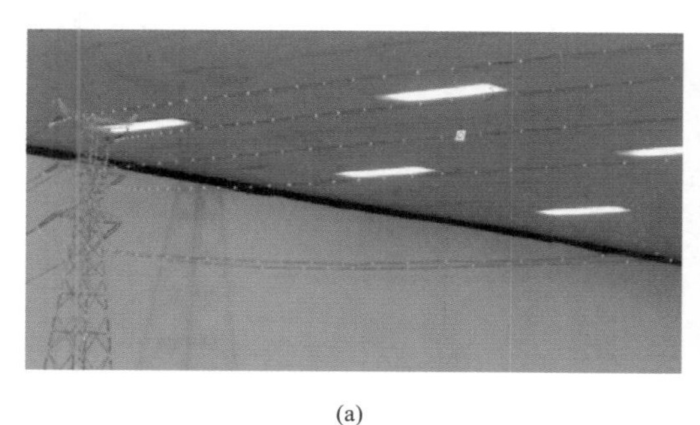

(a)

(b)

图 9-24　导线和绝缘子串测点

（a）导线位移测点；（b）导线动应变测点

将试验风速转化为实际风速，原型 10m 高度处的试验风速工况为 20.362、27.822、35.457（单塔）、37.805（塔线体系）、40.153、50.026m/s。其中，设计风速为 40.153m/s。风向角 0°～90°，增量 15°。

试验在西南交通大学 XNJD-3 号风洞试验室中进行，该试验室尺寸为 22.5m×36m×4.5m。风场测试采用的主要仪器设备包括眼镜蛇探针、工业电压型加速度传感器、三维高精度动态成像位移测试系统等。

（三）风致响应结果与分析

模拟 1∶120 比例下 GB 50009—2012《建筑结构荷载规范》中 B 类地貌紊流风场。实验室粗糙元和劈尖的摆放如图 9-25 所示。

图 9-25　实验室粗糙元和劈尖的摆放布置图

风洞实验室难以准确模拟梯度风，风场模拟不考虑梯度风高度。在模型放置处测得对应原型 10m 高度处的风速 5.494m/s（实际风速 40.153m/s）下顺风向的平均风剖面、紊流度剖面和功率谱曲线，并与荷载规范对比，如图 9-26 所示。

实验室得到的风剖面、湍流度和风速功率谱密度与 GB 50009—2012 中 B 类地貌规定的比较接近，说明模拟风速品质良好。

将制作好的试验模型放置于风洞实验室，如图 9-27 所示。

对制作好的试验模型进行静力特性和动力特性测试，并与 ANSYS 有限元软件计算值对比。静力特性对比见表 9-5，动力特性对比见表 9-6。

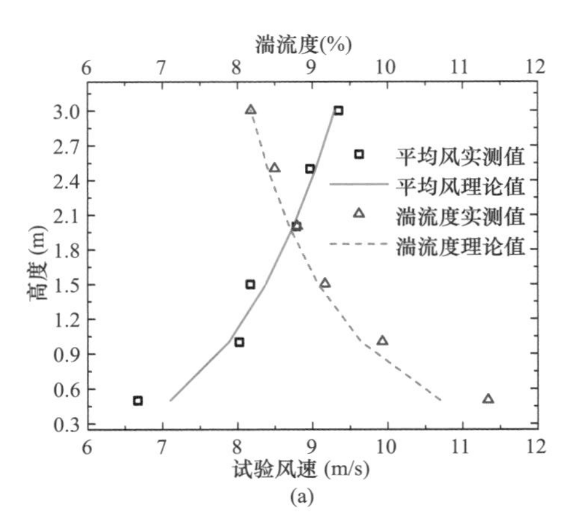

(a)

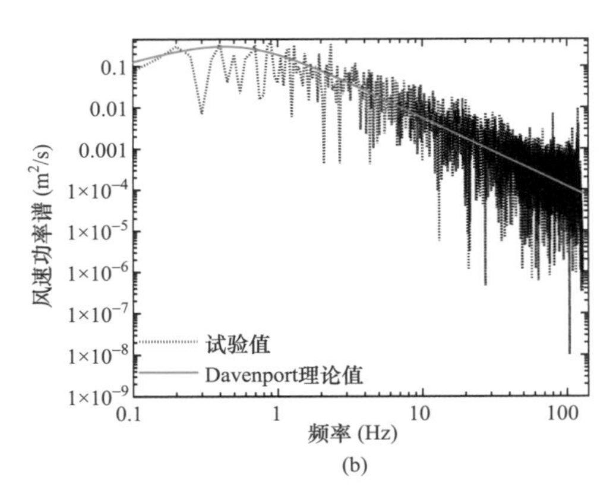

(b)

图 9-26 试验与理论风场对比

（a）平均风剖面和湍流度剖面；（b）风速功率谱对比

(a)

(b)

图 9-27 试验模型

（a）单塔模型；（b）塔线体系模型

表 9-5 静力特性对比

测试项目	试验值	ANSYS 计算值
质量	26887.680×10^3（kg）	26662.500×10^3（kg）
y 轴方向侧弯刚度	7.568×10^6（N/m）	7.755×10^6（N/m）
x 轴方向侧弯刚度	7.918×10^6（N/m）	7.877×10^6（N/m）

表 9-6 动力特性对比 Hz

模型	测试项目	试验值	ANSYS 计算值
单塔	y 轴方向一阶侧弯频率	0.411	0.427
	x 轴方向一阶侧弯频率	0.434	0.427
	一阶扭转频率	0.700	0.647
	y 轴方向二阶侧弯频率	0.739	0.765
	x 轴方向二阶侧弯频率	0.746	0.765
	二阶扭转频率	1.051	1.071
塔线体系	y 轴方向一阶侧弯频率	0.394	0.397
	x 轴方向一阶侧弯频率	0.389	0.396
	一阶扭转频率	0.674	0.655

续表

模型	测试项目	试验值	ANSYS 计算值
塔线体系	y 轴方向二阶侧弯频率	0.709	0.737
	x 轴方向二阶侧弯频率	0.694	0.691
	二阶扭转频率	1.216	1.201

总体来说，输电塔模型的静力特性和动力特性与预期值接近。

二、单塔风致响应

将所有风致响应的测试值和计算分析数据全部还原回原型结构。风向角 90°时，塔身顶部 438.96m 高度位置的单塔风致响应如图 9-28 所示。

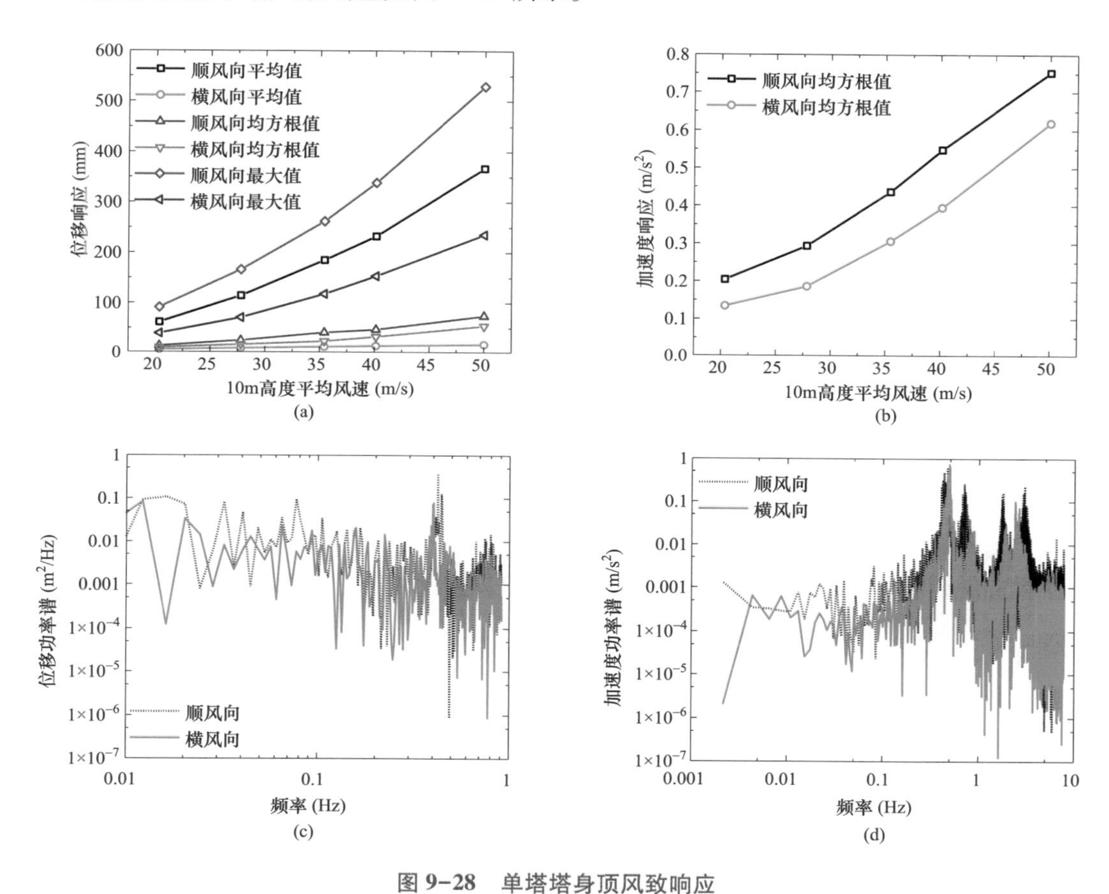

图 9-28　单塔塔身顶风致响应

（a）位移响应；（b）加速度响应；（c）位移功率谱；（d）加速度功率谱

图 9-28 表明，顺风向响应大于横风向响应。图 9-28（a）中，设计风速下顺风向和横风向位移响应平均值分别为 232.342mm 和 13.091mm，最大值分别为 337.991mm 和 153.220mm，均方根值分别为 46.890mm 和 32.347mm。横风向位移响应均方根值随风速增大而增大，没有出现“锁定”现象，输电塔横风向稳定性好。图 9-28（b）中，设计风速下，顺风向和横风向加速度响应均方根值分别为 0.549m/s^2 和 0.396m/s^2。图 9-28（c）中，位移响应均以背景响应为主，并包含

1 阶模态参振。图 9-28（d）中，加速度响应都以 1 阶模态参振为主，并包含有高阶模态参振。

设计风速下，塔身顶 438.96m 高度位置的顺风向风致响应随风向角变化如图 9-29 所示。30°风向角时，单塔位移响应和加速度响应最大，与刚性模型 30°风向角时塔身体型系数最大结论一致。

三、塔线体系风致响应

风向角 90°时，塔线体系塔身顶部 438.96m 高度位置的风致响应见图 9-30 所示。

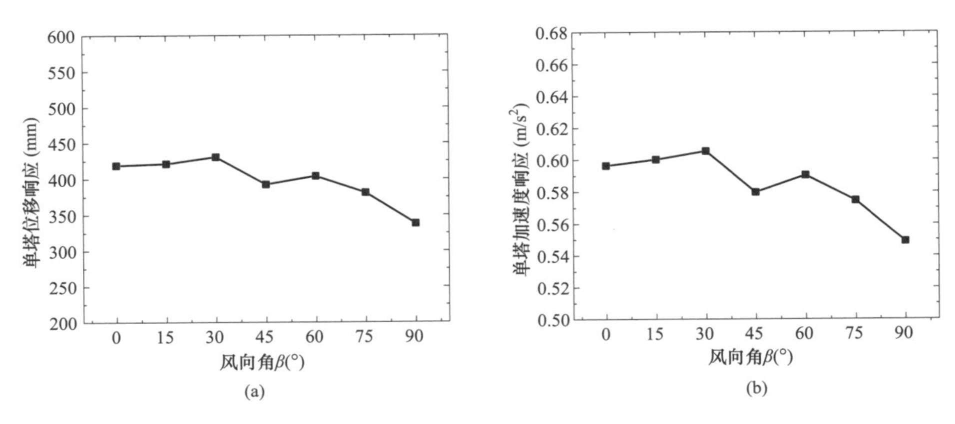

图 9-29 单塔塔顶顺风向风致响应

（a）位移响应最大值；（b）加速度响应均方根值

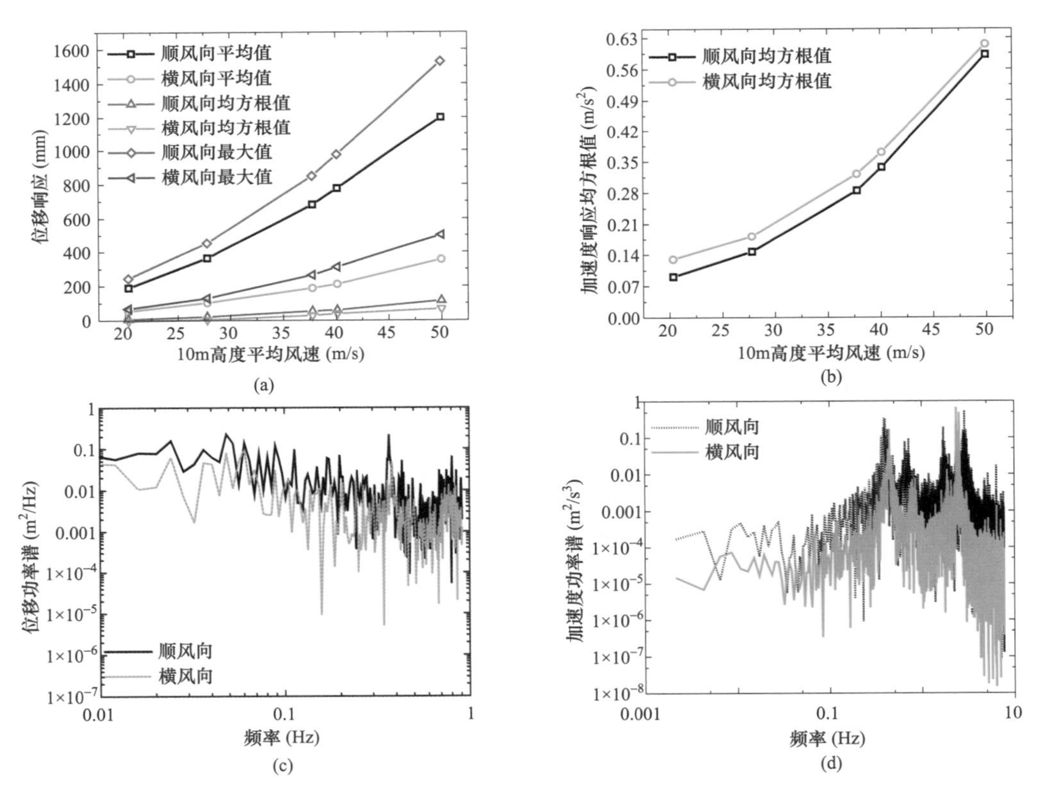

图 9-30 塔线体系风致响应

（a）位移响应；（b）加速度响应；（c）位移功率谱；（d）加速度功率谱

图 9-30（a）中，设计风速下，顺风向和横风向位移响应平均值分别为 790.227mm 和 224.340mm，最大值分别为 987.613mm 和 324.247mm，均方根值分别为 72.607mm 和 52.035mm。横风向稳定性好。图 9-30（b）中，设计风速下，顺风向和横风向加速度响应均方根值分别为 0.342m/s^{2}和 0.376m/s^2。图 9-30（c）中，位移响应均以背景响应为主，并包含 1 阶模态参振。图 9-30（d）中，加速度响应都以 1 阶模态为主，并包含有高阶模态。

设计风速下，塔线体系下塔身顶 438.96m 高度位置的响应随风向角变化如图 9-31 所示。90°风向角时，塔线体系的迎风面积最大，塔身位移响应最大。塔线体系的加速度响应规律与单塔基本一致，但数值偏小。

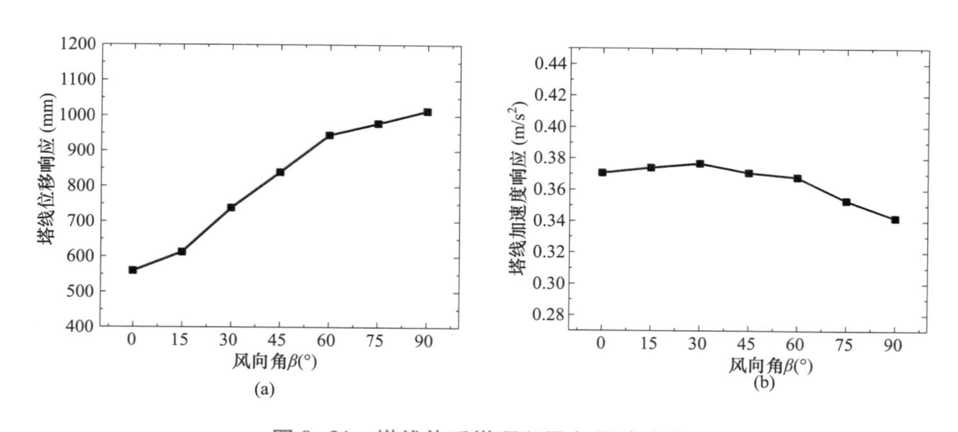

图 9-31　塔线体系塔顶顺风向风致响应

（a）位移响应最大值；（b）加速度响应均方根值

四、导线与绝缘子串风致响应

风向角 90°时，中横担悬挂导线的中跨中间位置的顺风向风致位移响应如图 9-32 所示。由于导线刚度和气动阻尼与风速有关，因此在水平和竖向两个方向导线的动力特性不尽相同。设计风速下，导线竖向位移平均值达到 145.943m，均方根值达到 7.962m。导线水平位移平均值达到 228.598m，均方根值达到 5.322m。导线位移的均方根值与平均值相比，可以忽略不计，强风下导

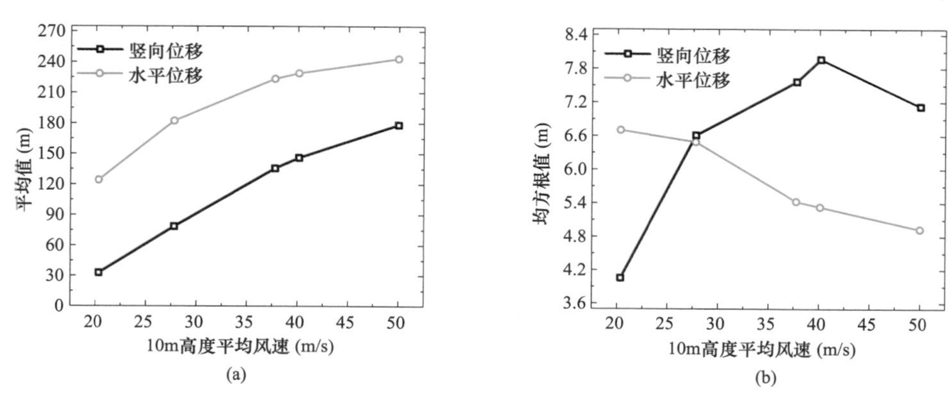

图 9-32　导线位移响应

（a）平均值随风速变化；（b）均方根值随风速变化

线位移响应属于准静态响应。

设计风速时，不同风向角下的上横担导线动张力和绝缘子串顺风向风偏角测量数据统计值如图 9-33 所示。图 9-33（a）中，风向角 90°时，导线张力的响应值最大。由于导线气动阻尼很大，导线张力的均方根值随风向角变化均很小，导线张力在各个风向角下均为准静态响应。由导线张力的最大值除以平均值确定导线的风振系数。风向角 30°时，导线风振系数取最大值 1.189。图 9-33（b）中，绝缘子串顺风向偏角在风向角 75°时达到最大值，最大偏角为 47.834°。

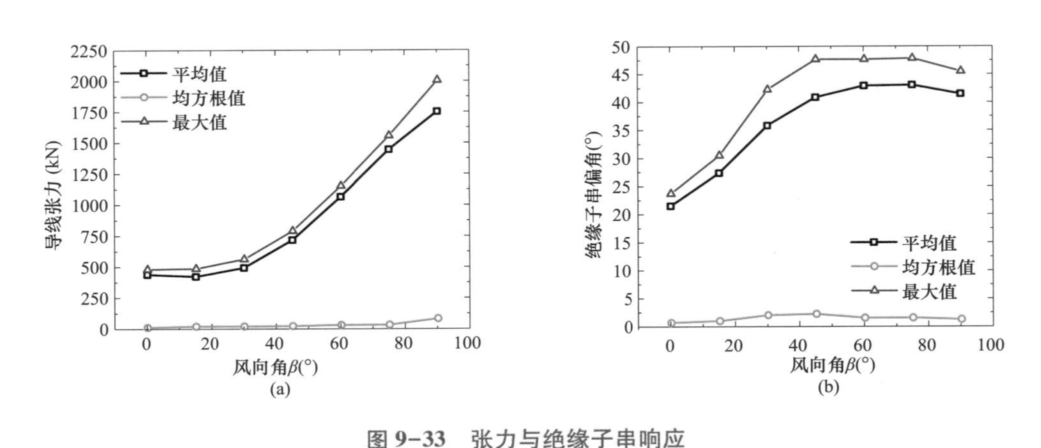

图 9-33　张力与绝缘子串响应

（a）导线张力；（b）绝缘子串顺风向风偏角

五、阻尼比识别

通过自由振动和风荷载下强迫振动的试验数据，联合使用 EMD（经验模态分解法）和 RDT（随机减量法）识别结构阻尼和气动阻尼。输电塔单塔与塔线体系的结构阻尼比在 x 轴方向和 y 轴方向分别为 0.020 和 0.021 与 0.032 和 0.026。塔线体系在 x 轴方向和 y 轴方向上的结构阻尼比分别是单塔的 1.600 倍和 1.238 倍。输电塔挂线以后的结构阻尼比不挂线要大，说明导线对输电塔阻尼的贡献显著，在进行塔线体系风致响应研究时，应考虑此因素的影响。

通过试验风速下识别的阻尼减去结构阻尼获得气动阻尼。设计风速下，30°风向角时的单塔气动阻尼比最大，为 0.710%。风向角 60°时的塔线体系气动阻尼比最大，为 0.832%。

通过 ANSYS 建模分析，得到单塔在考虑梯度风高度和不考虑梯度风高度两种情况下的气动阻尼比分别为 0.481% 和 0.526%。不考虑梯度风高度的气动阻尼比是考虑梯度风高度的 1.094 倍。

第五节　输电塔的风振系数

一、惯性力法

（一）基于试验数据

根据 GB 50009—2012 规定，将设计风速下塔身位移响应转化到结构阻尼比为 1% 时的位移响应。具体做法为通过有限元模型确定实际模型结构阻尼比和 1% 结构阻尼比两种情况下的塔身风致位移响应，通过两者的比值对试验值进行修正。结合试验数据和有限元模型扣除塔线耦合影响，计算塔线体系的风振系数。处理数据后得到的风振系数如图 9-34 所示。

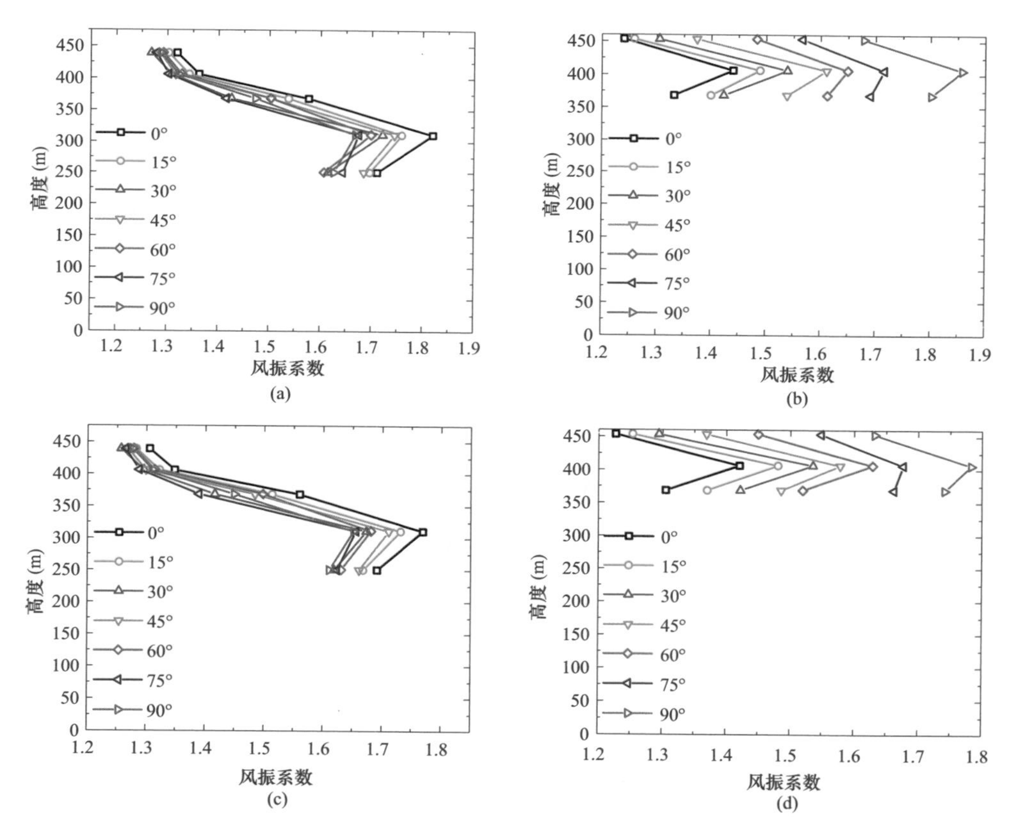

图 9-34　惯性力法风振系数（基于风洞试验数据）

（a）单塔塔身；（b）单塔横担；（c）塔线体系塔身；（d）塔线体系横担

图 9-34 中，由前面分析可知，0° 风向角时加速度响应最大，从而塔身风振系数最大。90° 风向角时，横担平均风荷载最小，横担的风振系数最大。扣除塔线耦合影响后，单塔和塔线体系的

风振系数差别不大。

（二）基于 GB 50009—2012 公式

GB 50009—2012 公式计算的风振系数沿高度分布如图 9-35 所示。

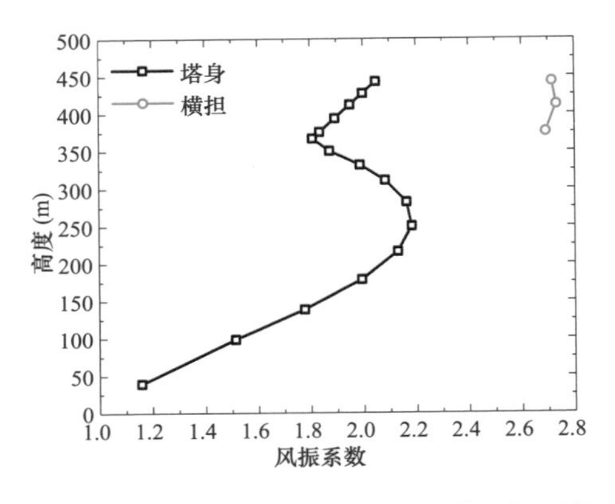

图 9-35　荷载规范公式计算的单塔风振系数

从图 9-35 看出，塔身风振系数随高度变化是先增大后减小再增大的趋势，横担位置处风振系数突变。

（三）试验结果与规范值比较

将 90°风向角下的试验结果与 GB 50009—2012 公式计算结果对比，如图 9-36 所示。

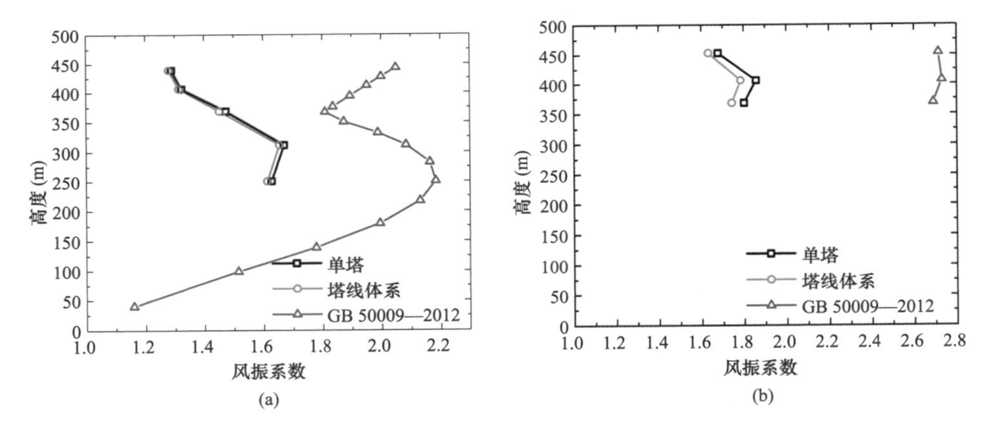

图 9-36　惯性力法风振系数与规范对比

（a）塔身风振系数；（b）横担风振系数

图 9-36 中，基于试验数据的单塔和塔线体系惯性力风振系数比较接近，并且小于 GB 50009—2012 确定的风振系数。按照 GB 50009—2012 确定的风振系数与风洞试验结果有一定的差别，这是由于：

（1）GB 50009—2012 中公式适用于质量、刚度和外形沿高度不变或均匀变化的简单建筑物。对于苏通长江大跨越工程中大跨越特高压输电塔，外形在横担处突变，体型系数沿高度变化，钢管混凝土对质量、频率和振型的影响，公式中均没考虑进去。特别是呼高以下为钢管混凝土，呼高以上为钢管，呼高处质量的突变很大，没有考虑进去。实际情况下的风振系数要比荷载规范公式计算的小。

（2）GB 50009—2012 对于 B 类地貌建筑物的使用高度为 350m，苏通长江大跨越工程特高压输电塔总高度 455m，超出 GB 50009—2012 使用要求。

（3）GB 50009—2012 采用与频率无关的相干函数，计算出来的风振系数偏大，但是采用 2.5 的峰值因子，并且没有考虑气动阻尼，又会导致风振系数减小。由于 GB 50009—2012 是为了方便工程计算，进行多方面拟合后确定的参数，这对于常规的输电塔结构而言能满足工程需求，但是对于苏通长江大跨越这类高度高、质量变化大的结构，并不适用。

因此，由于苏通长江大跨越特高压输电塔自身结构的复杂性，不能简单地采用 GB 50009—2012 中的公式计算，应该由基于随机振动原理的频域推导计算获得。

二、位移风振系数

美国、加拿大等国家规范将阵风荷载因子（位移风振系数）定义为结构峰值位移响应与平均位移响应的比值。

（一）基于试验数据

同样的，将试验数据进行阻尼比修正，得到结构阻尼比为 1% 时的风振系数，计算塔线体系风振系数时扣除塔线耦合影响。风振系数如图 9-37 所示。

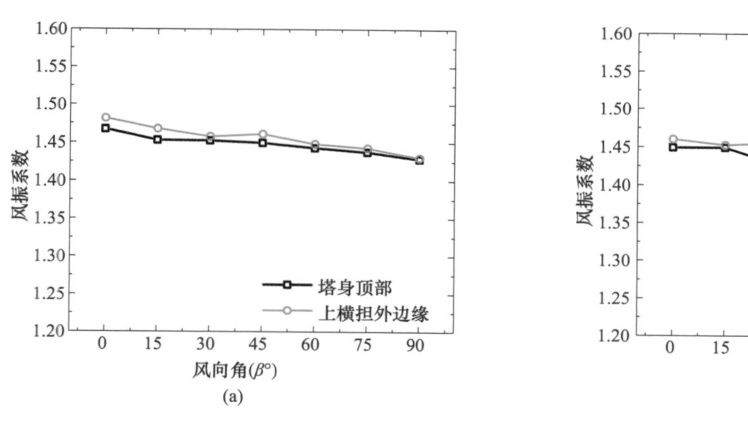

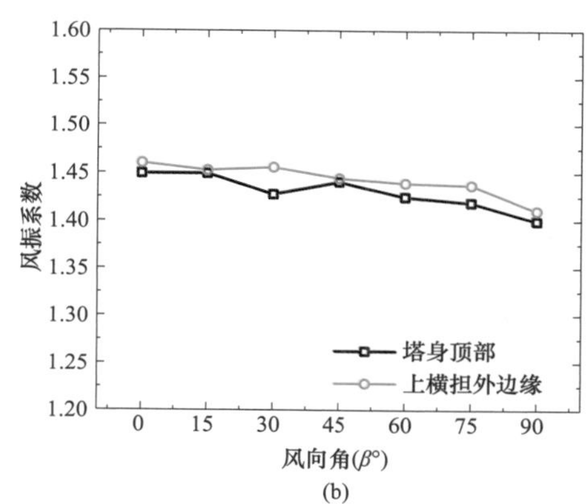

图 9-37　位移风振系数（基于风洞试验数据）

（a）单塔；（b）塔线体系

图 9-37 中，位移风振系数随风向角变化不明显。风向角 0°时，位移风振系数最大，与基于试验数据的惯性力法结论一致。

（二）基于 ASCE 74—2010 中公式

不考虑梯度风高度限制，采用 ASCE 74—2010 计算出来的风振系数取值为 1.305。由于不考虑共振响应，该规范计算出来的风振系数偏小。

三、等效荷载法

通过试验数据参数得到0°风向角下的等效静力风荷载沿高度分布，如图9-38所示。

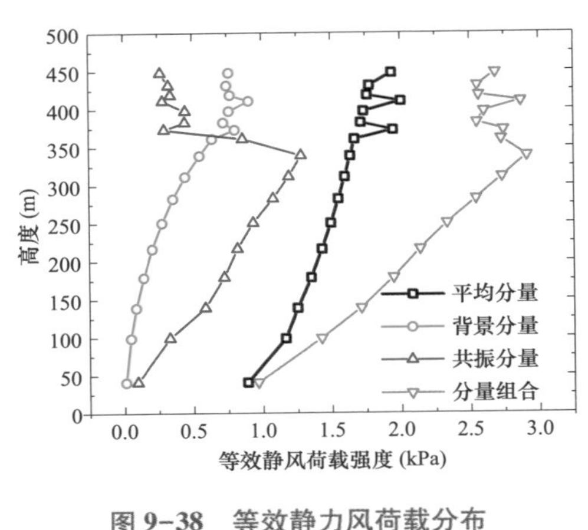

图9-38　等效静力风荷载分布

（基于风洞试验数据）

图9-38中，随着高度的增大，等效静风荷载的平均分量和背景分量增大，两者在横担位置处有突变。350m以下，等效静风荷载的共振分量和分量组合随高度的增大而增大。350m以上，等效静风荷载的共振分量和分量组合随高度的增大而减小，共振分量急剧减小，两者在横担位置处有突变。

通过试验数据参数，得到不同风向角下等效荷载法确定的风振系数沿高度分布，如图9-39所示。

图9-39中，0°风向角的塔身风振系数最大，90°风向角的横担风振系数最大，与基于试验数据的惯性力法结论一致。不同风向角下，风振系数随高度分布有所差异，风振系数与坐标轴纵轴形成的包络面积大致相当。

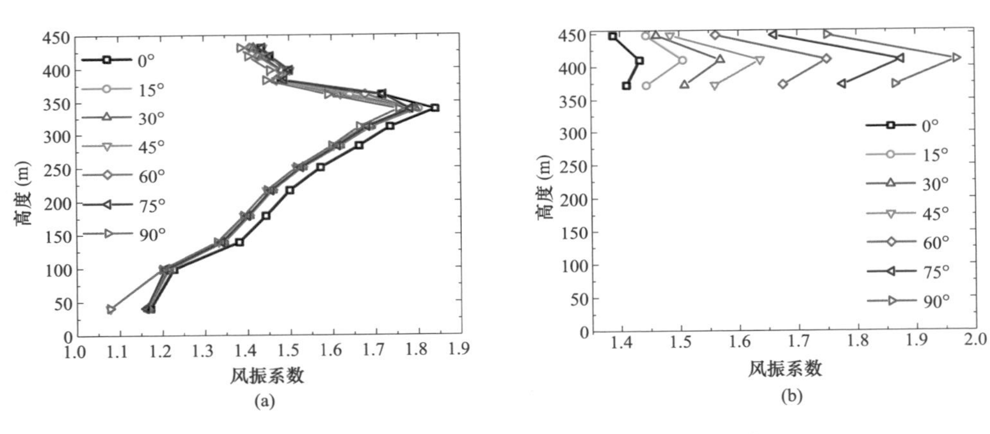

图9-39　不同风向角下等效荷载法确定的风振系数

(a) 塔身；(b) 横担

四、风振系数对比分析

(一) 风振系数分布

将3种方法的试验处理结果与GB 50009—2012结果对比，其中试验数据的工况为单塔90°风向角，位移风振系数法采用上横担顶数据，需要强调的是除GB 50009—2012和ASCE 74—2010

外，其余三种方法均考虑气动阻尼，对比如图 9-40 所示。

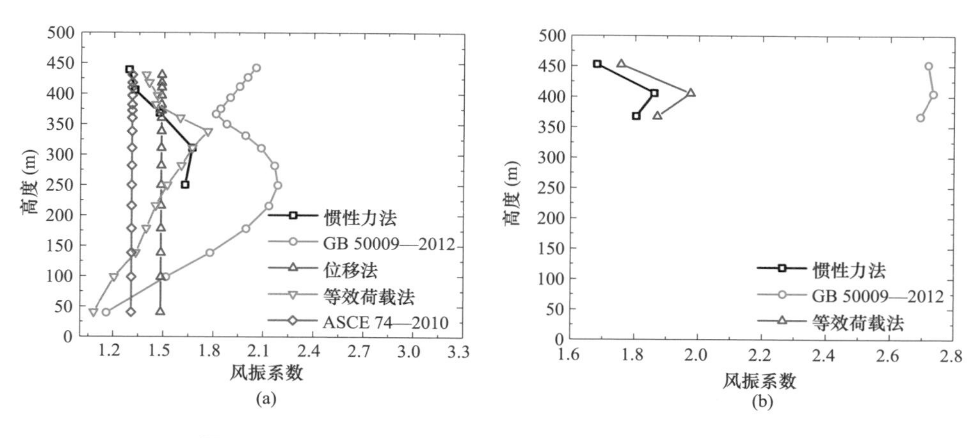

图 9-40　三种方法的试验处理结果与荷载规范公式对比

（a）塔身；（b）横担

图 9-40（a）中，基于试验数据的惯性力法和等效荷载法得到的风振系数一样：在呼高位置以下，风振系数分布规律随高度增大而增大；呼高以上，随高度的增大而减小。两者都考虑到了呼高位置质量突变引起共振响应的减小。位移风振系数的定义只基于结构物顶部，分布与高度无关，ASCE 74—2010 的位移风振系数由于忽略共振响应，风振系数值比基于试验数据的位移风振系数小。基于试验数据的位移风振系数和等效荷载法的风振系数与纵坐标形成的包络面积大致相当。荷载规范公式得到的风振系数是基于结构物质量与迎风面积随高度均匀变化假设得到的，随高度的分布规律为先增大后减小。

图 9-40（b）中，横担风振系数比相同高度塔身的风振系数大。同一高度处横担与塔身的风振系数最大比值，惯性力法、GB 50009—2012 和等效荷载法分别为 1.405、1.466 和 1.402。

通过基于试验数据的惯性力风振系数、位移风振系数和等效荷载法得到风振系数形成等效静力风荷载，这些荷载引起的塔顶位移响应和试验结果接近，比较合理。由于等效荷载法得到的风振系数更能准确地反映风荷载沿高度的分布，因此推荐使用该值。等效荷载法得到的风振系数见表 9-7。

表 9-7　等效荷载法风振系数

高度（m）	风振系数	高度（m）	风振系数
40	1.079	360	1.594
98	1.202	381.625	1.448
138	1.331	396.625	1.457
178	1.393	417.5	1.406
215.5	1.449	430.25	1.389
249.5	1.518	368.04（下横担）	1.868
281.5	1.602	405.96（中横担）	1.971
310.5	1.667	453（上横担）	1.752
338	1.759		

（二）气动阻尼的影响

通过 ANSYS 有限元模型得到设计风速下不考虑气动阻尼和考虑气动阻尼两种情况的惯性力风振系数，并以高度为权重进行加权求和比较。不考虑气动阻尼时的惯性力风振系数加权值是 1.715，考虑气动阻尼时是 1.455，前者是后者的 1.179 倍。

（三）梯度风高度对风振系数影响

通过 ANSYS 有限元模型得到设计风速下考虑梯度风高度和不考虑梯度风高度两种情况的惯性力风振系数，并以高度为权重进行加权求和比较。不考虑梯度风高度的惯性力风振系数加权值是 1.455，考虑梯度风高度是 1.363，前者是后者的 1.067 倍。

第六节　结　论

（1）0°与 45°风向角下，四根圆柱阻力系数随着间距增大几乎呈线性减小。且随着雷诺数增大，间距较小（$B/D<9$）的四根圆柱阻力系数会迅速减小。四根圆柱组成的简单塔架可通过增加表面等效粗糙度来测得其原型阻力系数，且 45°风向角下阻力系数变化趋势比 0°风向角更接近单根圆柱。等效粗糙度越大，达到临界雷诺数所需风速越低。当等效粗糙度增加至 0.083 7 时，所需风速从 18.4m/s 降低至 11.4m/s。

（2）节段试验结果与除我国规范以外的其余规范都较为吻合，尤其是在 45°风向角下。整塔刚性模型试验结果表明均匀流场下阻力系数高于 B 类地貌；考虑到雷诺数效应的影响，建议实际结构采用 B 类地貌下的阻力系数。塔头结构形式复杂，试验阻力系数与各国规范差别较大；横担结果与中国规范较为接近；不同塔身节段阻力系数差别较大，垂直塔段与 DL/T 5154—2012 吻合，而其他塔段则与 ASCE 规范更为吻合。

（3）分裂导线中子导线位于上游区时，阻力系数受其他子导线干扰较小，位于下游区时受干扰较大。导线临界雷诺数小于等直径光滑圆柱。六分裂导线整体阻力系数与 ASCE 规范更为接近，而国内规范相对较为保守。

（4）模型设计放松了输电塔 Froude 数相似准则，并进行了修正，保证模型响应能准确地还原回实际结构。通过对比风洞实验室和荷载规范的风场特性，风洞模拟的风场品质良好。通过对模型的静力特性和动力特性测试，结果符合预期。单塔位移响应 30°风向角时最大，塔线体系 90°风向时最大。塔线体系和单塔的横风向位移响应均方根值随风速增大而增大，没有出现“锁定”现象，输电塔横风向稳定性好。位移响应以背景响应为主。塔线耦合使输电塔频率减小，阻尼增大。强风下，塔线耦合后背景响应增大，共振响应减小。不考虑梯度风高度的气动阻尼比考虑梯度风

高度的大。

（5）苏通大跨越输电塔呼高下采用钢管混凝土材料，呼高上采用钢材，呼高处质量急剧减小，并且高度超出 GB 50009—2012 的梯度风高度，因此 GB 50009—2012 的风振系数公式不适用。ASCE 74—2010 计算风振系数时不考虑共振响应，计算得到的风振系数比基于试验数据得到的风振系数小。等效荷载法得到的风振系数更能准确地反映风荷载沿高度的分布，推荐使用。

参考文献

[1] SIMIU E，SCANLAN R H.，刘尚培，项海帆，谢霁明译. 风对结构的作用——风工程导论［M］. 上海：同济大学出版社，1992.

[2] 程志军，付国宏，楼文娟，等. 高耸格构式塔架风荷载试验研究［J］. 实验力学，2000. 15（1）：51-55.

[3] 郭勇. 大跨越输电塔线体系的风振响应及振动控制研究［D］. 杭州：浙江大学，2006：25-30.

[4] WARDLAW R L，COOPER K R，KO R G，et al. Wind tunnel and analytical investigations into the aeroelastic behavior of bundled conductors［J］. IEEE Transactions on Power Apparatus and Systems，1975，94（2）：642-654.

[5] LANDERS P G，ALTO P. EPRI-sponsored transmission line wind loading research［J］. IEEE Transactions on Power Apparatus and Systems，1982，101（8）：2460-2466.

[6] SHAN L，JENKE L M，Cannon D D. Field determination of conductor drag coefficient［J］. Journal of Wind Engineering and Industrial Aerodynamics，1992（41-44）：835-846.

[7] BALL N G，RAWLINS C B，Renowden J D. Wind tunnel errors in drag measurements of power conductors［J］. Journal of Wind Engineering and Industrial Aerodynamics，1992（41-44）：847-857.

[8] STORMAN J C. Aerodynamic drag coefficients of a variety of electrical conductors［D］. Texas：Texas Tech University，1997.

[9] LOREDO-SOUZA A M，DAVENPORT A G. Wind tunnel aeroelastic studies on the behavior of two parallel cables［J］. Journal of Wind Engineering and Industrial Aerodynamics，2002，90（415）：407-414.

[10] 谢强,孙启刚，管政. 多分裂导线整体阻力系数风洞试验研究［J］. 电网技术，2013，37（4）：1107-1112.

[11] 谢强，管政. 八分裂导线阻力系数屏蔽效应风洞试验［J］. 中国电机工程学报，2013，33（19）：149-156.

[12] 顾明，马文勇，全涌，等. 两种典型覆冰导线气动力特性及稳定性分析［J］. 同济大学学报，2009，37（10）：1328-1332.

[13] LOREDO-SOUZA A M，DAVENPORT A G. A novel approach for wind tunnel modeling of transmission lines［J］. Journal of Wind Engineering and Industrial Aerodynamics，2001，89（14）：1017-1029.

[14] LOREDO-SOUZA A M，DAVENPORT A G. Wind tunnel aeroelastic studies on the behaviour of two parallel cables［J］. Journal of Wind Engineering and Industrial Aerodynamics，2002，90：407-414.

[15] DAVENPORT A G. Gust loading factors［J］. Journal of the Structural Division，ASCE. 1967，93：11-34.

[16] HOLMES J D. Along-wind response of lattice towers I. Derivation of expressions for gust response factors［J］. Engineering Structure，1994，16：287-292.

[17] HOLMES J D. Along-wind response of lattice towers II. Aerodynamic damping and deflections［J］. Engineering Structure，1996，18（7）：483-488.

[18] HOLMES J D. Along-wind response of lattice towers III. Effective load distributions [J]. Engineering Structure, 1996, 18 (7): 489-494.

[19] HOLMES J D. Effective static load distributions in wind engineering [J]. Wind Engineering and Industrial Aerodynamics, 2002, 90 (2): 91 - 109.

[20] HOLMES J D. WIND LOADING OF STRUCTURES [M]. England: Taylor & Francis, 2007, 90 (2): 91 - 109.

[21] LOREDO-SOUZA A M, A. G. Davenport. The effects of high winds on transmission lines [J]. Journal of Wind Engineering and Industrial Aerodynamics, 1998, 74 (76): 987-994.

[22] DAVENPORT A G. How can we simplify and generalize wind loads [J]. Journal of Wind Engineering and Industrial Aerodynamics, 1995, 54 (55): 657-669.

[23] 李正良，肖正直，韩枫，等. 1000kV汉江大跨越特高压输电塔线体系气动弹性模型的设计与风洞试验 [J]. 电网技术，2008，32 (12)：1-5.

[24] 邓洪洲，朱松晔，陈晓明，等. 大跨越输电塔线体系气弹模型风洞试验 [J]. 同济大学学报，2003，31 (2)：132-137.

[25] 郭勇. 大跨越输电塔-线体系的风致响应及振动控制研究 [D]. 浙江：浙江大学建筑工程学院，2006：1-122.

第十章

苏通长江大跨越工程 10.9 级高强度螺栓应用研究

第一节 概 述

一、研究目的及意义

在苏通长江大跨越工程钢管塔结构中采用 10.9 级高强度螺栓，能使法兰螺栓配置做到小直径、密排布，有效减小法兰盘径，提高法兰盘刚度，减小法兰撬力对螺栓的影响，使螺栓的受力状态更合理，从而有效降低法兰和螺栓的重量。

然而，螺栓强度越高，则其硬度和脆性也越大，尤其在热浸镀锌后容易出现氢致延迟断裂。另外，10.9 级高强度螺栓在输电线路中使用尚缺乏成熟经验，行业内对其性能、产品质量和稳定性缺乏深入了解。

因此，有必要开展 10.9 级高强度螺栓应用研究，了解国内、外有代表性的紧固件制造企业的供货能力和工艺水平，掌握其包括机械性能、物理性能和质量稳定性等在内的第一手资料，同时提出 10.9 级高强度螺栓的执行标准、检测方案、验收标准和安装要求等，为其在苏通长江大跨越工程中的应用提供可靠的试验依据和覆盖设计、制造、检测和安装全过程的详尽实施方案。

二、国内外应用现状

随着我国国民经济的高速发展以及钢材产量和冶炼技术的不断提高，大批大型重点钢结构工程的相继竣工投运，推动了设计、制造和施工技术水平的不断提高，同时也推动了高强度螺栓连接副的推广和使用。

目前，国内大量诸如机场、大桥、电厂等的基建工程中已有使用 10.9 级高强度螺栓的案例，直径一般为 M24～M30。在输电线路行业，早期华东电力设计研究院有限公司在龙泉—政平 ±500kV 直流输电线路工程芜湖长江大跨越工程跨越塔上使用了 10.9 级热浸镀锌高强度螺栓，最大连接副直径为 M45。该工程竣工于 2003 年，安全运行至今。

10.9 级高强度螺栓连接副已列入 GB/T 3098.1—2010《紧固件机械性能 螺栓、螺钉和螺柱》、GB/T 3098.2—2000《紧固件机械性能 螺母 粗牙螺纹》和 DL/T 284—2012《输电线路杆塔及电力金具用热浸镀锌螺栓与螺母》中，且在 GB 50665—2011《1000kV 架空输电线路设计规范》也给出了设计强度取值。

从国际上看，当前世界主要国家的紧固件标准，如 GB（中国）、DIN（德国）、EN（欧盟）、JIS（日本）等都已尽可能地与国际标准化组织 ISO 相关标准进行对接。美国紧固件标准自成一体，米制和英制并存，体系繁杂，与ISO标准差异较大。据了解，10.9级高强度螺栓连接副在美国及欧洲已广泛用于钢结构工程中，如体育场馆、电厂、机场和桥梁等，但用于输电线路中则尚未见报道。

本项目针对10.9级高强度螺栓在输电线路工程中应用的杆塔设计、加工制造、验收检查、施工安装等各个环节，结合苏通长江大跨越工程特点，开展连接副供货调研、连接副试验技术要求和试验研究、验收检查方案研究等，为10.9级高强度螺栓在苏通长江大跨越工程中的应用提供依据。

第二节 制造企业调研

本次研究共对5家具有代表性的国内外紧固件制造企业以书面征询和会谈交流形式进行了调研工作，调研结果见表10-1。

从调研结果看，目前一些技术实力雄厚、具有稳定供货业绩的国内外紧固件制造企业，已经能够通过原材料的合理选择及严格检验，在热处理和涂覆工序中执行有效的工艺控制并建立严格的工艺纪律，严格执行行之有效的质量检验措施，从而提供质量趋于稳定可控的10.9级高强度螺栓连接副产品。

表10-1 制造企业调研结果

调研项目		制造企业				
		上海高强度螺栓厂有限公司	河北信德电力配件有限公司	伍尔特（中国）有限公司	上海金马高强紧固件有限公司	上海申光高强度螺栓有限公司
执行标准		中国、ISO、美国、欧盟紧固件标准	中国、ISO、美国、欧盟紧固件标准	中国、ISO、美国、欧盟紧固件标准	中国、ISO、美国、欧盟紧固件标准	中国、ISO、美国、欧盟紧固件标准
近年供货业绩及运行情况		热镀锌M24～M80螺栓，俄罗斯、巴西、墨西哥、挪威、美国、中国等，海洋石油钻井平台，运行良好	（1）热镀锌M12～M36螺栓，变电站构架、厂房钢结构、缅甸、西门子工程等，运行良好。 （2）中国电网工程M42～M80地脚螺栓（原色，不涂覆）	（1）热镀锌M24～M72螺栓，欧盟各国、中国等电厂、变电站。 （2）达克罗、发黑，民用建筑，运行良好	（1）达克罗、发黑，M5～M64，上海东海大桥、上海地铁8号线、风电塔架、秦山核电站、水立方等，运行良好。 （2）热镀锌M24～M36	（1）达克罗M5～M52，上海环球金融中心、中演电视台、南京长江二桥、风电塔架、大亚湾核电站、外高桥电厂等，运行良好。 （2）热镀锌M24～M36
原材料	钢种	40CrNiMo，42CrMo	42CrMo	美标钢材	42CrMo	42CrMo
	供应商	宝山钢铁股份有限公司上海五钢有限公司、江阴兴澄特种钢铁有限公司、大冶特殊钢股份有限公司、西宁特殊钢股份有限公司、抚顺特殊钢股份有限公司	宝山钢铁股份有限公司、石家庄钢铁有限责任公司	国外钢厂	宝山钢铁股份有限公司、江阴兴澄特种钢铁有限公司、大冶特殊钢股份有限公司	宝山钢铁股份有限公司

续表

调研项目		制造企业				
		上海高强度螺栓厂有限公司	河北信德电力配件有限公司	伍尔特（中国）有限公司	上海金马高强紧固件有限公司	上海申光高强度螺栓有限公司
原材料	检验程序	原材料进厂验收：化学成分检测，尺寸及表面质量检验和工艺性能试验（抗拉强度、规定非比例延伸强度、断后伸长率、断面收缩率等指标	原材料进厂验收：表面缺陷、几何尺寸、化学成分、机械性能	化学成分检测，尺寸及表面质量检验和机械性能试验	化学成分、机械性能等	化学成分、机械性能等
工艺和质保措施		（1）合理选材，保证钢材质量。 （2）严格控制热处理工艺，得到良好的机械性能和断裂韧度。 （3）螺纹加工减少应力集中。 （4）严格执行规定的热镀锌工艺纪律	（1）严格控制电加热温度与时间。 （2）成型工艺控制：镦压与切削。 （3）抛丸除锈。 （4）滚牙工艺规定。 （5）严格执行热处理工艺及控制规定。 （6）严格执行热镀锌工艺及控制规定，并在 48h 内进行磁粉探伤	（1）严格的原材料质量检查。 （2）合理选择成型工艺。 （3）热处理时间、温度等严格控制。 （4）合理制定涂覆工艺流程等	原材料质量、成型、热处理工艺严格控制	各生产环节严格执行工艺纪律和质量控制
产品自检项目、检测设备及采用的试验方法		操作工首检、检验员复检、检验员巡检并做好记录，问题产品及时隔离，热镀锌前后分别进行磁粉探伤和 A、B 类性能试验	（1）建立过程测量与监控体系：原材料检验→半成品检验→首件检验→中间贯穿过程检验→成品检验→互检→巡回检验。 （2）热处理后进行楔负载、硬度、伸长率、收缩率和冲击功试验。 （3）热镀锌后进行镀层厚度、楔负载和磁粉探伤检验	原材料、半成品和成品检验	原材料、半成品和成品检验	原材料、半成品和成品检验
月产能		自备料起，交货期三个月，月产能 100t	1000～1400t/月	全球供货	—	—
不同规格产品价格		M ≤ 30：33 000 元/t； 33≤M≤42：36 000 元/t	M ≤ 30：13 000 元/t； 33≤M≤39：14 000 元/t； 42≤M≤56：15 000 元/t； 60≤M≤64：16 000 元/t	—	—	—

第三节 连接副技术要求研究

一、技术条件

根据输变电工程使用要求和苏通长江大跨越工程钢管塔结构特点，每一个 10.9 级高强度螺栓连接副应包含一个螺栓、两个螺母和两个平垫片，外涂覆方式采用热浸镀锌。连接副各部件组成见表 10-2。

表 10-2 部件组成

部件	螺栓	螺帽	垫片
级别	10.9 级	10 级	HRC26～45

10.9 级高强度螺栓的机械和物理性能应符合表 10-3 的要求。

表 10-3 10.9 级高强度螺栓的主要机械和物理性能

项目		性能
公称抗拉强度 R_m（MPa）		1000
规定非比例延伸 0.2% 的应力 $R_{p0.2}$（MPa）	公称	900
	min	940
洛氏硬度 HRC	min	32
	max	39
保证应力	$S_p/R_{p0.2}$	0.88
	S_p/（MPa）	830
机械加工试件的断后伸长率 A（%）		9
机械加工试件的断面收缩率 Z（%）		48
吸收能量 K_v（J）		27
头部坚固性		不得断裂
螺纹未脱碳层的最小高度 E（mm）		2/3 H_1
全脱碳层的最大深度 G（mm）		0.015

10 级螺母的机械和物理性能应符合表 10-4 的要求。

表 10-4 10 级螺母的主要机械和物理性能

项目		性能
维氏硬度 HV	min	272
	max	353

续表

项　　目	性能
保证应力 S_p（MPa）	1060
热处理	淬火并回火

二、执行标准

10.9 级热浸镀锌大直径螺栓连接副的制造及标志应符合以下标准的要求：GB/T 5780—2000《六角头螺栓 C 级》，GB/T 41—2000《六角螺母 C 级》，GB/T 95—2002《平垫圈 C 级》和 DL/T 284—2012《输电线路杆塔及电力金具用热浸镀锌螺栓与螺母》。

10.9 级热浸镀锌大直径螺栓连接副的化学成分和机械性能应符合以下标准的要求：GB/T 3098.1—2010《紧固件机械性能螺栓、螺钉和螺柱》，GB/T 3098.2—2000《紧固件机械性能螺母 粗牙螺纹》和 DL/T 284—2012《输电线路杆塔及电力金具用热浸镀锌螺栓与螺母》。

三、制造要求

1. 原材料要求

原材料的性能和质量，直接决定紧固件成品达到预定机械性能的潜在能力。因此，对用于生产 10.9 级高强度热浸镀锌螺栓的合金钢原材料应至少含有两种有利于改善机械性能的合金元素，对于大直径螺栓则不宜少于三种，合金元素含量应符合 DL/T 284—2012 的要求。合金结构钢原材料中的硫、磷和其他残余元素的含量，其数值不应高于高级优质钢的相应数值要求。

2. 热处理

制造时，根据材质分析和成品机械性能要求，科学合理地制定和调整热处理工艺。产品在淬火后、回火前，应采用随炉试样进行芯部硬度检验，产品回火温度不得高于淬火温度。

3. 除污及热浸镀锌

除污除锈处理应采用抛丸等物理方法进行，严禁采用酸洗方法除锈。镀锌时严格控制温度和时间，确保成品机械性能。螺母螺纹的攻丝应在热浸镀锌后进行，不允许重复攻丝。热浸镀性层的局部厚度不应小于 40μm，平均厚度不小于 50μm，螺栓和螺母不允许重复镀锌。

四、关键技术环节

1. 氢脆的预防与检查

高强度螺栓的氢致延迟断裂往往突然发生，事先毫无征兆。因此，氢脆问题的预防和检查是

10.9 级高强度螺栓应用中的关键技术环节之一。

高强度螺栓在制造过程中若采用一些不尽合理的工艺，将造成螺栓基体内出现不同程度的氢元素渗入，在使用中就会有氢脆断裂失效的危险。特别是抗拉强度超过 1000MPa 的高强度螺栓，随着强度的增加，其氢脆敏感性也相应增加。

氢脆的预防，应从原材料、热处理、除污、热浸镀锌等各方面着手。首先，应对原材料中的氢含量予以控制和标定；其次，应根据目标性能要求和既有原材料制订有针对性的热处理工艺，热处理完成后宜逐件进行磁粉或超声波探伤；再次，除污过程严禁酸洗，应采用物理除锈方法；最后，严格控制热浸镀锌的时间和温度，并合理选择助镀剂。

就氢脆检查而言，可通过预载荷试验、氢含量标定和工作条件模拟试验来实现。GB/T 3098.17《紧固件机械性能　检查氢脆用预载荷试验　平行支承面法》提供了一种氢脆检查的可行方法，该试验要求在紧固件制造完后 24h 内开展。值得注意的是，由于工程应用螺栓规格较大，故该试验对检测机构的设备要求较高。不同等级和使用不同原材料制造的螺栓，其氢脆敏感性不同。标定 10.9 级高强度螺栓的氢脆敏感性区间，并将之与实物试件氢含量测定值进行比对，是判别螺栓潜在氢脆倾向有效且易行的检测方法。另外，将抽检实物施加预紧力后置于工作环境（对苏通长江大跨越工程而言即为潮湿露天环境）下一段时间以观察是否发生延迟断裂，同样是一种直观、有效的检查方法。

2. 扭矩系数的标定

输电线路工程中通常采用扭矩法进行连接副安装，因而扭矩系数是指导安装的关键参数。通常意义上的连接副扭矩系数，一般是在保证载荷 75% 分位值处予以标定的。但是，鉴于输电杆塔自身的结构特点，以及苏通长江大跨越工程野外施工和高空作业的原因，连接副的预紧轴力大致在保证载荷的 15%～25%，而扭矩系数通常又随着预紧轴力的变化而变化。因此，标定适用于苏通长江大跨越工程 10.9 级热浸镀锌高强度螺栓的扭矩系数就显得尤为重要。

开展实物试件的扭矩系数试验，并通过回归分析可以得到随预紧轴力变化的扭矩系数曲线，可以合理地标定预期预紧力下的扭矩系数值。

第四节　连接副试验研究

一、试验项目

10.9 级高强度螺栓连接副的检测项目可分为以下三类：

（1）外螺纹零件试验项目：机械加工试件拉力试验、机械加工试件冲击试验、实物楔负载试

验、实物保证载荷试验、硬度试验、脱（增）碳试验、检查氢脆用预荷载试验、氢含量分析和无涂覆零件对比试验等。

（2）内螺纹零件试验项目：保证载荷试验、硬度试验。

（3）连接副扭矩系数试验，根据输电线路施工要求采用 3 号通用锂基脂对螺杆和螺帽进行润滑。

二、检测成果和分析

1. 制造企业 A 提供样品检测

制造企业 A 提供样品的检测成果汇总见表 10-5。

由表 10-5 数据，依据 GB/T 3098《紧固件机械性能》和 DL/T 284—2012《输电线路杆塔及电力金具用热浸镀锌螺栓与螺母》的相关规定，可进行以下分析：

（1）热浸镀锌螺栓常规试验：化学元素分析、机加工试件拉力试验、冲击试验、保证载荷试验、硬度试验、脱碳试验和增碳试验结果均满足标准要求。

（2）热浸镀锌螺母常规试验：保证载荷试验、硬度试验结果均满足标准要求。

（3）热浸镀锌连接副扭矩系数试验：普通黄油润滑，扭矩系数平均值 0.158～0.164，标准差 0.011～0.017。

（4）热浸镀锌螺栓氢脆试验：M56、M64 各三个样本的试验结果满足标准要求，在不使用放大镜的条件下，未发现任何目测可见的裂缝或断裂。

（5）热浸镀锌螺栓工作条件模拟试验：将螺栓拧紧至抗拉强度的 70% 并夹衬钢板拧紧，在自然条件下放置 1 个月时间。试验前后均采用磁粉检测螺栓表面和内部裂纹情况并进行对比，试验前后对比未发现裂纹开展。

（6）热浸镀锌螺栓金相分析：将试验螺栓按要求切开进行组织腐蚀和观察，螺栓组织均为回火索氏体组织，组织状态良好。

（7）热浸镀锌螺栓氢含量分析：每个螺栓样本分别在头杆连接处、螺杆与螺纹过渡处和尾部 1/3 长度处取样检查，氢含量（3～5）$\times10^{-6}$（质量分数）、平均值 3.95×10^{-6}（质量分数）。

（8）无涂覆螺栓对比试验：无涂覆螺栓的拉力试验和冲击试验结果均满足前述规程要求，且与热浸镀锌件无明显差异；无涂覆螺栓氢含量（3～5）$\times10^{-6}$（质量分数）、平均值 3.58×10^{-6}（质量分数），与热浸镀锌件无明显差异，可见热镀锌工序对螺栓氢含量产生明显影响；无涂覆螺栓金相分析显示螺栓组织均为回火索氏体组织，组织状态良好，与热浸镀锌件相比无明显差异。

2. 制造企业 B 提供样品检测

制造企业 B 提供样品的检测成果汇总见表 10-6。

表 10–5

制造企业 A 样品检测成果

实验对象		规格	实验类型		标准值	检测结果
热浸镀锌零件	螺栓	M56×350	化学元素分析	C	0.25～0.55	0.41/0.41/0.40
				P	≤0.025	0.015/0.015/0.015
				S	≤0.025	0.004/0.004/0.004
				B	≤0.003	<0.0005/<0.0005/<0.0005
			拉力试验	抗拉强度	≥1040	1095/1097/1083
				规定非比例延伸 0.2% 的应力	≥940	987/986/974
				断后伸长率	≥9	15.5/15.5/16.5
				断面收缩率	≥48	56/56/57
			冲击试验		≥27J	75.0/69.5/78.0；77.5/75.0/82.0；71.5/84.0/74.0
			楔负载试验		楔垫角度 6°，最小拉力载荷 2111kN 不得断裂，断裂应发生在未旋合螺纹长度内或无螺纹杆部，而不应发生在头部或杆部交接处	2251，断裂发生在未旋合螺纹长度内/2256，断裂发生在未旋合螺纹长度内/2267，断裂发生在未旋合螺纹长度内
			保证载荷试验		承受载荷又未旋合的螺纹长度应为一倍螺纹直径，施加 1685kN 试验力，保持 15s，施加载荷后螺栓的长度应与加载前的相同，其允许测量误差为±12.5μm	+7/+9/+8
			硬度试验		32–39	37.0/36.0/35.5
			脱碳试验		HV（2）≥HV（1）−30 E≥2.248mm G≤0.015mm	326/334/328；359/344/344 >2.248mm/>2.248mm/>2.248mm G=0 /G=0 /G=0
			增碳试验		HV（3）≤HV（1）+30；HV（3）≤390HV	326/334/328；342/320/347
热浸镀锌零件	螺栓	M64×400	化学元素分析	C	0.25～0.55	0.39/0.40/0.40
				P	≤0.025	0.014/0.014/0.014
				S	≤0.025	0.004/0.004/0.005
				B	≤0.003	<0.0005/<0.0005/<0.0005
			拉力试验	抗拉强度	≥1040	1078/1078/1078
				规定非比例延伸 0.2% 的应力	≥940	963/963/968
				断后伸长率	≥9	16.0/15.0/15.0
				断面收缩率	≥48	55/55/54
			冲击试验		≥27J	76.0/80.0/82.0；81.5/74.5/79.5；78.0/74.5/86.5
			楔负载试验		楔垫角度 6°，最小拉力载荷 2787kN 不得断裂，断裂应发生在未旋合螺纹长度内或无螺纹杆部，而不应发生在头部或杆部交接处	2961，断裂发生在未旋合螺纹长度内/2952，断裂发生在未旋合螺纹长度内/2951，断裂发生在未旋合螺纹长度内
			保证载荷试验		承受载荷又未旋合的螺纹长度应为一倍螺纹直径，施加 2224kN 试验力，保持 15s，施加载荷后螺栓的长度应与加载前的相同，其允许测量误差为±12.5μm	+5/+9/+8
			硬度试验		32–39	36.0/36.0/37.0
			脱碳试验		HV（2）≥HV（1）−30 E≥2.452mm G≤0.015mm	335/338/336；310/336/327 >2.452mm/>2.452mm/>2.452mm G=0 /G=0 /G=0
			增碳试验		HV（3）≤HV（1）+30；HV（3）≤390HV	335/338/336；350/353/352

续表

实验对象		规格	实验类型		标准值	检测结果
热浸镀锌零件	螺栓	M56×350	氢脆试验		—	合格
			氢含量分析		—	编号 19，头杆连接处：0.00034/编号 19，螺杆与螺纹过渡处：0.00024/编号 19，尾部 1/3 长度处：0.00049；编号 20，头杆连接处：0.00038/编号 20，螺杆与螺纹过渡处：0.00032/编号 20，尾部 1/3 长度处：0.00048；编号 21，头杆连接处：0.00035/编号 21，螺杆与螺纹过渡处：0.00033/编号 21，尾部 1/3 长度处：0.00043
			金相分析		—	回火索氏体/回火索氏体/回火索氏体
			工作条件模拟试验		—	未发现裂纹开展
	螺母	M56	保证载荷试验		对螺母施加规定的保证载 2151.8kN，并保持 15s。螺母应能承受该载荷而不得脱扣或断裂。当卸载后，应能用手将螺母旋出，或借助扳手松开螺母，但不得超过半扣	用手将螺母旋出/用手将螺母旋出/用手将螺母旋出
			硬度试验		272～353	313/308/312
	螺栓连接副	M56×350	扭矩系数		—	扭矩系数平均值：0.158，标准偏差：0.0108
无涂覆零件	螺栓	M56×350	拉力试验	抗拉强度	≥1040	1099/1088/1090
				规定非比例延伸 0.2% 的应力	≥940	998/986/989
				断后伸长率	≥9	15.5/15.0/16.0
				断面收缩率	≥48	55/55/54
			冲击试验		≥27	77.0/73.5/70.5；70.0/70.0/67.5；77.0/70.5/75.0
热浸镀锌零件	螺栓	M64×400	氢脆试验		—	合格
			氢含量分析		—	编号 19，头杆连接处：0.00045/编号 19，螺杆与螺纹过渡处：0.00033/编号 19，尾部 1/3 长度处：0.00033；编号 20，头杆连接处：0.00041/编号 20，螺杆与螺纹过渡处：0.00053/编号 20，尾部 1/3 长度处：0.00052；编号 21，头杆连接处：0.00032/编号 21，螺杆与螺纹过渡处：0.00040/编号 21，尾部 1/3 长度处：0.00046
			金相分析		—	回火索氏体/回火索氏体/回火索氏体
			工作条件模拟试验		—	未发现裂纹开展
	螺母	M64	保证载荷试验		对螺母施加规定的保证载荷 2840.8kN，并保持 15s。螺母应能承受该载荷而不得脱扣或断裂。当卸载后，应能用手将螺母旋出，或借助扳手松开螺母，但不得超过半扣	用手将螺母旋出/用手将螺母旋出/用手将螺母旋出
			硬度试验		272～353	303/310/307
	螺栓连接副	M64×400	扭矩系数		—	扭矩系数平均值：0.164，标准偏差：0.0168
无涂覆零件	螺栓	M64×400	拉力试验	抗拉强度	≥1040	1085/1093/1074
				规定非比例延伸 0.2% 的应力	≥940	982/994/964
				断后伸长率	≥9	15.0/15.5/15.0
				断面收缩率	≥48	52/51/52
			冲击试验		≥27	71.5/80.5/79.0；79.0/74.5/77.0；71.0/74.0/71.5

续表

实验对象		规格	实验类型	标准值	检测结果	实验对象		规格	实验类型	标准值	检测结果
无涂覆零件	螺栓	M56×350	氢含量分析	—	编号 7，头杆连接处：0.00033/编号 7，螺杆与螺纹过渡处：0.00026/编号 7，尾部 1/3 长度处：0.00034；编号 8，头杆连接处：0.00039/编号 8，螺杆与螺纹过渡处：0.00036/编号 8，尾部 1/3 长度处：0.00044；编号 9，头杆连接处：0.00029/编号 9，螺杆与螺纹过渡处：0.00025/编号 9，尾部 1/3 长度处：0.00034	无涂覆零件	螺栓	M64×400	氢含量分析	—	编号 7，头杆连接处：0.00037/编号 7，螺杆与螺纹过渡处：0.00030/编号 7，尾部 1/3 长度处：0.00040；编号 8，头杆连接处：0.00039/编号 8，螺杆与螺纹过渡处：0.00041/编号 8，尾部 1/3 长度处：0.00044；编号 9，头杆连接处：0.00037/编号 9，螺杆与螺纹过渡处：0.00037/编号 9，尾部 1/3 长度处：0.00040
			金相分析	—	回火索氏体/回火索氏体/回火索氏体				金相分析	—	回火索氏体/回火索氏体/回火索氏体

表 10-6　制造企业 B 样品检测成果

实验对象		规格	实验类型		标准值	检测结果	实验对象		规格	实验类型		标准值	检测结果
热浸镀锌零件	螺栓	M56×350	化学元素分析	C	0.25～0.55	0.45/0.45/0.45	热浸镀锌零件	螺栓	M64×400	化学元素分析	C	0.25～0.55	0.41/0.41/0.42
				P	≤0.025	0.010/0.010/0.009					P	≤0.025	0.011/0.011/0.011
				S	≤0.025	0.025/0.025/0.024					S	≤0.025	0.020/0.019/0.021
				B	≤0.003	0.0006/0.0005/0.0005					B	≤0.003	0.0005/0.0005/0.0005
			拉力试验	抗拉强度	≥1040	1051/1053/1058				拉力试验	抗拉强度	≥1040	1159/1183/1157
				规定非比例延伸 0.2% 的应力	≥940	958/946/954					规定非比例延伸 0.2%的应力	≥940	1069/1082/1060
				断后伸长率	≥9	13.5/14.5/14.5					断后伸长率	≥9	12.5/12.0/12.0
				断面收缩率	≥48	47/50/50					断面收缩率	≥48	48/45/46
			冲击试验		≥27	44.5/42.0/48.5；40.0/43.0/40.0；36.0/41.0/39.0				冲击试验		≥27	35.5/34.5/32.5；36.0/36.5/36.0；33.5/36.0/35.0

续表

实验对象		规格	实验类型	标准值	检测结果
热浸镀锌零件	螺栓	M56×350	楔负载试验	楔垫角度 6°，最小拉力载荷 2111kN 不得断裂，断裂应发生在未旋合螺纹长度内或无螺纹杆部，而不应发生在头部或杆部交接处	2193，断裂发生在未旋合螺纹长度内/2229，断裂发生在未旋合螺纹长度内/2220，断裂发生在未旋合螺纹长度内
			保证载荷试验	承受载荷又未旋合的螺纹长度应为一倍螺纹直径，施加 1685kN 试验力，保持 15s，施加载荷后螺栓的长度应与加载前的相同，其允许测量误差为±12.5μm	+10/+10/+8
			硬度试验	32～39	34.0/34.0/35.0
			脱碳试验	HV（2）≥HV（1）−30 E≥2.248mm G≤0.015mm	332/337/329；337/338/331；>2.248mm/>2.248mm/>2.248mm G=0　/G=0 /G=0
			增碳试验	HV（3）≤HV（1）+30；HV（3）≤390HV；表面不能有增碳，且应仔细区分硬度的增加是由于增碳还是热处理或表面冷作硬化引起的	332/337/329；327/342/310
			氢脆试验		合格
			氢含量分析（%）	—	19 号头杆连接处：0.00022/19 号螺杆与螺纹过渡处：0.00020/19 号尾部 1/3 长度处：0.00040；20 号头杆连接处：0.00024/20 号螺杆与螺纹过渡处：0.00026/20 号尾部 1/3 长度处：0.00033；21 号头杆连接处：0.00024/21 号螺杆与螺纹过渡处：0.00027/21 号尾部 1/3 长度处：0.000044
热浸镀锌零件	螺栓	M64×400	楔负载试验	楔垫角度 6°，最小拉力载荷 2787kN 不得断裂，断裂应发生在未旋合螺纹长度内或无螺纹杆部，而不应发生在头部或杆部交接处	3141，断裂发生在未旋合螺纹长度内/3150，断裂发生在未旋合螺纹长度内/2922，头部拉脱
			保证载荷试验	承受载荷又未旋合的螺纹长度应为一倍螺纹直径，施加 2224kN 试验力，保持 15s，施加载荷后螺栓的长度应与加载前的相同，其允许测量误差为±12.5μm	+6/+6/+5
			硬度试验	32～39	36.5/36.5/36.0
			脱碳试验	HV（2）≥HV（1）−30 E≥2.452mm G≤0.015mm	369/376/375；358/371/365 >2.452mm/>2.452mm/>2.452mm G=0　/G=0 /G=0
			增碳试验	HV（3）≤HV（1）+30；HV（3）≤390HV；表面不能有增碳，且应仔细区分硬度的增加是由于增碳还是热处理或表面冷作硬化引起的	369/376/375；389/388/387
			氢脆试验		合格
			氢含量分析	—	19 号头杆连接处：0.00026/19 号螺杆与螺纹过渡处：0.00045/19 号尾部 1/3 长度处：0.00050；20 号头杆连接处：0.00028/20 号螺杆与螺纹过渡处：0.00024/20 号尾部 1/3 长度处：0.00035；21 号头杆连接处：0.00025/21 号螺杆与螺纹过渡处：0.00029/21 号尾部 1/3 长度处：0.00036

续表

实验对象		规格	实验类型		标准值	检测结果	实验对象		规格	实验类型		标准值	检测结果
热浸镀锌零件	螺栓	M56×350	金相分析		—	回火索氏体+少量铁素体/回火索氏体+少量铁素体/回火索氏体+少量铁素体	热浸镀锌零件	螺栓	M64×400	金相分析		—	回火索氏体+少量铁素体/回火索氏体+少量铁素体/回火索氏体+少量铁素体
			工作条件模拟试验		—	未发现裂纹开展				工作条件模拟试验		—	未发现裂纹开展
	螺母	M56	保证载荷试验		对螺母施加规定的保证载荷 2151.8kN，并保持 15s。螺母应能承受该载荷而不得脱扣或断裂。卸载后，应能用手将螺母旋出，或借助扳手松开螺母，但不得超过半扣	用手将螺母旋出/用手将螺母旋出/用手将螺母旋出		螺母	M64	保证载荷试验		对螺母施加规定的保证载荷 2840.8kN，并保持 15s。螺母应能承受该载荷而不得脱扣或断裂。当卸载后，应能用手将螺母旋出，或借助扳手松开螺母，但不得超过半扣	用手将螺母旋出/用手将螺母旋出/用手将螺母旋出
			硬度试验		272～353	281/282/280				硬度试验		272～353	277/276/276
	螺栓连接副	M56×350	扭矩系数		—	扭矩系数平均值 0.158，标准偏差 0.0201		螺栓连接副	M64×350	扭矩系数		—	扭矩系数平均值 0.148，标准偏差 0.0225
无涂覆零件	螺栓	M56×350	拉力试验	抗拉强度	≥1040	1060/1071/1056	无涂覆零件	螺栓	M64×400	拉力试验	抗拉强度	≥1040	1055/1058/1062
				规定非比例延伸 0.2% 的应力	≥940	968/971/951					规定非比例延伸 0.2%的应力	≥940	955/963/965
				断后伸长率	≥9	14.5/14.5/13.5					断后伸长率	≥9	15.5/14.0/15.5
				断面收缩率	≥48	50/50/51					断面收缩率	≥48	56/57/58
			冲击试验		≥27	47.0/40.5/41.0；44.5/39.0/43.0；41.0/42.0/39.0				冲击试验		≥27	64.5/62.5/63.0；68.5/66.0/64.0；62.5/66.5/66.0
			氢含量分析		—	7 号头杆连接处：0.00024/7 号螺纹与螺杆连接处：0.00030/7 号尾部 1/3 处：0.00032；8 号头杆连接处：0.00016/8 号螺纹与螺杆连接处：0.00019/8 号尾部 1/3 处：0.00027；9 号头杆连接处：0.00014/9 号螺纹与螺杆连接处：0.00032/9 号尾部 1/3 处：0.00063				氢含量分析		—	7 号头杆连接处：0.00025/7 号螺纹与螺杆连接处：0.00032/7 号尾部 1/3 处：0.00042；8 号头杆连接处：0.00016/8 号螺纹与螺杆连接处：0.00028/8 号尾部 1/3 处：0.00042；9 号头杆连接处：0.00018/9 号螺纹与螺杆连接处：0.00022/9 号尾部 1/3 处：0.00032
			金相分析		—	回火索氏体+少量铁素体/回火索氏体+少量铁素体/回火索氏体+少量铁素体				金相分析		—	回火索氏体+少量铁素体/回火索氏体+少量铁素体/回火索氏体+少量铁素体

由表 10-6 数据，依据现行 GB/T 3098《紧固件机械性能》和 DL/T 284—2012《输电线路杆塔及电力金具用热浸镀锌螺栓与螺母》的相关规定，可做出以下分析：

（1）热浸镀锌螺栓常规试验：绝大部分化学元素分析、机加工试件拉力试验、冲击试验、保证载荷试验、硬度试验、脱碳试验和增碳试验的结果满足标准要求，但以下项目存在缺陷：热浸镀锌 M56 螺栓一件和热浸镀锌 M64 螺栓 2 件，其机加工试件断面收缩率实测分别为 47、45 和 46，不满足标准要求，但与大于等于 48 的标准要求相比差距不大；热浸镀锌 M64 螺栓 1 件，楔负载试验最小拉力荷载实测 2922kN，满足大于等于 2787kN 的标准要求，但其断裂发生在头杆结合部（即头部拉脱现象），破坏形态存在缺陷，不满足标准要求。

（2）热浸镀锌螺母常规试验：保证载荷试验、硬度试验结果均满足标准要求。

（3）热浸镀锌连接副扭矩系数试验：普通黄油润滑，扭矩系数平均值 0.148～0.158，标准差 0.020～0.022。

（4）热浸镀锌螺栓氢脆试验：M56、M64 各三个样本的试验结果满足标准要求，在不使用放大镜的条件下，未发现任何目测可见的裂缝或断裂。

（5）热浸镀锌螺栓工作条件模拟试验：将螺栓拧紧至抗拉强度的 70% 并夹衬钢板拧紧，在自然条件下放置 1 个月时间。试验前后均采用磁粉和射线检测螺栓表面和内部裂纹情况并进行对比，试验前后对比未发现裂纹开展。

（6）热浸镀锌螺栓金相分析：将试验螺栓按要求切开进行组织腐蚀和观察，螺栓组织均为回火索氏体和少量的铁素体，组织状态良好。

（7）热浸镀锌螺栓氢含量分析：每个螺栓样本分别在头杆连接处、螺杆与螺纹过渡处和尾部 1/3 长度处取样检查，氢含量（2～5）$\times10^{-6}$（质量分数）、平均值 3.1×10^{-6}（质量分数）。

（8）无涂覆螺栓对比试验：无涂覆螺栓的拉力试验和冲击试验结果均满足要求，未发现热浸镀锌件存在的断面收缩率不满足要求现象；无涂覆螺栓氢含量（2～6）$\times10^{-6}$（质量分数）、平均值 2.86×10^{-6}（质量分数），与热浸镀锌件无明显差异，可见热镀锌工序对螺栓氢含量无明显影响；无涂覆螺栓金相分析显示螺栓组织均为回火索氏体和少量的铁素体，组织状态良好，与热浸镀锌件相比无明显差异。

三、试验成果小结

1. 制造企业 A 所提供样品的检测结论

机械性能（强度、韧性和塑性）满足相关规程规范要求，扭矩系数 0.158～0.164。氢脆试验和工作条件模拟试验未发现氢致延迟断裂现象。无涂覆对比试验表明，热镀锌工序对螺栓的机械性能和氢含量无明显影响。

2. 制造企业 B 所提供样品的检测结论

绝大部分样品的机械性能（强度、韧性和塑性）满足标准要求，扭矩系数平均值 0.148～

0.158。氢脆试验和工作条件模拟试验未发现（氢致）延迟断裂现象。无涂覆对比试验表明，热镀锌工序对 M56 螺栓的机械性能无明显影响；M64 热浸镀锌件螺栓的机械性能与无涂覆件相比存在一定差异，但能满足标准的要求。

三件热浸镀锌螺栓断面收缩率不满足标准要求，但差距不大。热浸镀锌 M64 螺栓 1 件，楔负载试验不满足标准要求，螺栓头杆结合部发生断裂。

第五节　验　收　检　查

一、检测机构要求

10.9 级高强度螺栓连接副检测单位应为独立的第三方机构，应通过国家计量认证/审查认可和中国合格评定国家委员会（CNAS）认可，并具备与苏通长江大跨越工程特点相适应的检测能力。

二、抽样原则及要求

紧固件成品的抽样应在工厂或者施工工地现场抽取，验收检查按批次进行，同批高强度螺栓连接副的最大数量为 3000 副。

三、检验项目及单项判定原则

10.9 级热浸镀锌螺栓连接副的形式尺寸、表面缺陷检验应按 DL/T 284—2012 执行。高强度紧固件连接副的检验项目及单项判定原则见表 10-7。

表 10-7　　高强度紧固件连接副检验项目及单项判定原则

序号	检验项目		试验依据	判定依据	每批次检测数量	判定要求		试验规格
						Ac	Re	
1	螺栓	楔负载试验	DL/T 284—2012	DL/T 284—2012	8 件	0	1	全部
2		冲击试验	DL/T 284—2012	DL/T 284—2012	3 组	0	1	全部
3		拉力试验（机加工）	DL/T 284—2012	DL/T 284—2012	3 件	0	1	全部
4		硬度试验	DL/T 284—2012	DL/T 284—2012	3 件	0	1	全部
5		化学成分（C、P、S、B）	GB/T 4336—2002	DL/T 284—2012	3 件	0	1	全部

续表

序号	检验项目		试验依据	判定依据	每批次检测数量	判定要求		试验规格
						Ac	Re	
6	螺栓	氢含量分析（R 角、螺杆交接处、螺纹）	GB/T 223.82—2007	—	3 件	0	1	全部
7		热浸镀锌层厚度	DL/T 284—2012	DL/T 284—2012	3 件	0	1	全部
8		脱碳/增碳试验	DL/T 284—2012	DL/T 284—2012	3 件	0	1	全部
9		检查氢脆用预载荷试验	GB/T 3098.17—2000	GB/T 3098.17—2000	3 件	0	1	全部
10		金相分析	—	—	3 件	—		全部
11	螺母	保证载荷	DL/T 284—2012	DL/T 284—2012	3 件	0	1	全部
12		硬度试验	DL/T 284—2012	DL/T 284—2012	3 件	0	1	全部
13	垫片	硬度试验	—	—	3 件	0	1	全部

第六节　工　程　试　用

为了掌握 10.9 级高强度螺栓连接副的应用效果，并为其在苏通长江大跨越工程中的应用积累经验，选择在淮南—南京—上海 1000kV 交流特高压输变电工程同塔四回路钢管塔中进行试用。该工程于 2016 年 9 月竣工投产，目前运行良好。

一、结构设计成果

淮南—南京—上海 1000kV 交流特高压输变电工程同塔四回路工程地处上海市境内，选择 1000kV+220kV 同塔四回塔 SSJ32EF1 共 3 基试用 10.9 级热浸镀锌大直径螺栓，其外荷载为四回路塔型中最大一种，为理想的试用塔型。

SSJ32EF1 为六层横担（含地线支架）分支塔，1000kV 线路转角按 60°～90°设计，所有塔身主材法兰上试用 10.9 级热浸镀锌高强度螺栓连接副，该塔型单线图及试用高强度螺栓连接副配置如图 10-1 和表 10-8 所示。

表 10-8　　单基塔 10.9 级高强度螺栓连接副配置

螺栓规格	等级	长度（mm）	数量（副）	质量（kg）
M30	10.9	120	176	297.97
M36	10.9	150	80	215.44

续表

螺栓规格	等级	长度（mm）	数量（副）	质量（kg）
M42	10.9	175	80	370.00
M45	10.9	190	80	424.40
M52	10.9	215	80	650.00
M56	10.9	225	80	748.08
M60	10.9	235	160	2043.52
M64	10.9	255	80	1178.08
M64	10.9	260	240	3568.80
M64	10.9	275	80	1224.00
合计	—	—	1136	10 720.29

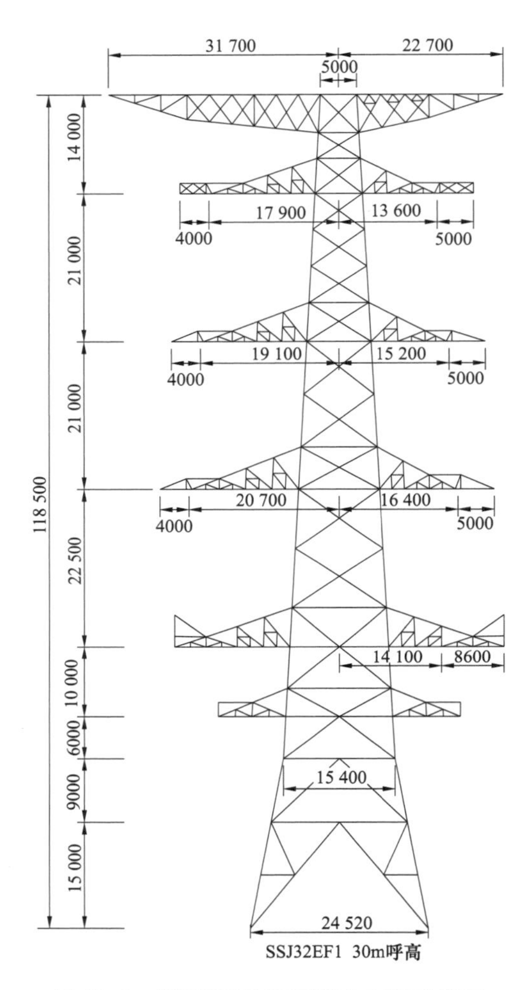

图 10-1　SSJ32EF1 四回路分支塔单线图

二、连接副的安装

根据输电线路特点和施工条件，10.9 级高强度螺栓连接副的安装采用扭矩法，采用普通黄油润滑，取扭矩系数不大于 0.17，推荐的预紧扭矩和预紧力见表 10-9。

表10-9　推荐预紧扭矩和预紧力

螺纹公称直径（mm）	扭矩系数	预紧扭矩（N·m）	预紧力（kN）	保证载荷（kN）	预紧力/保证载荷（%）
30	0.17	600	118	466	25.2
36	0.17	900	147	678	21.7
42	0.17	1500	210	930	22.6
45	0.17	1900	248	1087	22.8
52	0.17	2300	260	1461	17.8
56	0.17	2500	263	1685	15.6
60	0.17	3000	294	1959	15.0
64	0.17	3500	322	2221	14.5

第七节　结　　论

本次研究通过针对10.9级高强度螺栓连接副的供货调研和试验研究，掌握了潜在供货企业的业绩和产能，提出了连接副的技术要求，全面分析和掌握了连接副的机械性能和产品质量，制定了合理适用的验收检查方案，并在淮南—南京—上海1000kV交流特高压输变电工程同塔四回路钢管塔中进行了试用。

（1）调研和试验成果显示，目前一些技术实力雄厚、供货业绩稳定的国内外紧固件制造企业，通过原材料的合理选择及严格检验、在热处理和涂覆工序中执行有效的工艺控制并建立严格的工艺纪律、严格执行行之有效的质量检验措施，已经能够提供质量合格、稳定、可控的10.9级热浸镀锌高强度螺栓连接副产品。

（2）综合分析工程特点、规程规范、技术经济性、供货调研和实物试验成果等各方面因素，在选择具有成熟稳定供货业绩的制造企业、制定高于常规的检验验收程序、严格执行施工工艺流程并加强施工过程管控的前提下，可在苏通长江大跨越工程中试用10.9级高强度螺栓连接副，其表面涂覆方式采用热浸镀锌。

（3）随着紧固件制造和应用领域技术水平的不断提高，目前在紧固件外涂覆领域出现了一种名为“GreenKote”的热渗锌工艺，其防腐性能、镀层附着力均优于热浸镀锌工艺，工艺温度和处理成本则低于热浸镀锌，且不会引起氢脆问题，尤其适合用于高强度螺栓的外涂覆防腐处理。

第十一章

苏通长江大跨越塔与高桩承台基础整体动力性能数值分析研究

第一节　概　　述

一、研究目的与意义

苏通长江大跨越工程中，跨越输电塔立塔于江中，地质条件复杂，基础方案拟采用群桩高承台基础，基础由四个五边形承台+系梁组成。由于受长江径流、涨潮流的双重作用，塔基所在处地形冲淤交替，工程所在河床还存在一定不稳定因素，工程具有很大的建设难度和挑战性，有必要进行塔体-基础-地基的整体受力分析和研究。

二、国内外研究现状

目前，国内外规范推荐的结构-基础-地基相互作用的计算规定主要基于地基反力方法，分别有 m 法、p-y 曲线法、NL 法等。m 法基于线弹性地基反力法，认为任一深度桩侧土反力与该点的位移变形成正比，水平地基抗力系数随深度呈线性增加。m 法形式简单，使用便捷，在国内得到广泛应用。p-y 曲线法基于复合地基反力法，也是 JTS 167-4—2012《港口工程桩基规范》以及美国 API 规范（API RP2A-WSD：2007）所推荐使用的方法。该方法考虑桩-土体系非线性，将各个深度下的土反力与位移之间的关系由一条应力应变曲线来表达，其实质是将桩按线弹性理论分析，但考虑了土体非线性作用。N-L 法是一种新型的非线性计算方法，通过大量的桩基试验实测资料，提出了一种水平土抗力与水平位移的函数关系以及水平地基反力系数与土质指标的函数关系。该方法对试桩实测桩身承受的土抗力进行数理统计，具有较好的精确度及可靠性，反映了中国国内大部分地区的桩土实际情况。

三、本章主要研究内容

（1）群桩高承台基础群桩效应分析。选择合理的土体和接触面本构模型，利用三维非线性有限元软件建立桩群基础数值模型，计算群桩中各基桩的承载力与单桩承载力比值，获得竖向和水平向群桩效应系数，并与 API 规范建议值对比。

（2）大跨越塔体-基础-地基整体静力分析。静力桩土相互作用分析模型借鉴 API 规范，分析其对于本项目的实用性。总结国内外已有桩基动力受荷研究，提出适合输电塔桩基础动力分析的 p-y 模型、τ-z 模型和 Q-z 模型。利用有限元分析软件，引入上述桩土静动力相互作用分析模型及群桩效应系数，建立相应的塔体-基础-地基整体数值分析模型，确定基础的荷载组合，计算这些荷载作用下基础的受力与变形及极限承载力，对基础关键设计参数进行优化。

（3）大跨越塔体-基础-地基风振、地震和船舶撞击动力分析，利用塔体-基础-地基整体动力数值分析模型，计算上述体系的振动频率等，并进行模态和动力时程分析，评价群桩基础防撞性能，对防震和抗风提出合理建议。

第二节　项目的水文地质条件

一、岩土资料

南北塔地层统计表根据岩土工程勘察资料确定，北塔和南塔的地层统计分别见表 11-1 和表 11-2。

表 11-1　　北塔地层统计表

地层编号	时代成因	岩土名称	地层岩性描述
1-1-0	Q_4^{al+pl}	粉砂	灰色，松散，饱和，砂质较纯，颗粒均匀，含少量贝壳碎屑，含少量黏粒，摇震反应迅速
4-1-0	Q_4^{al+pl}	粉质黏土混粉土	灰色，软塑～可塑，切面不光滑，含少量细砂，偶见朽木
5-1-0	Q_3^{al+pl}	粉细砂	灰色，密实，饱和，含少量黏粉粒，摇震反应迅速，主要以粉砂为主
5-1-1	Q_3^{al+pl}	粉土	灰色，密实，饱和
6-1-0	Q_3^{al+pl}	中粗砂	灰色，密实，饱和，局部含细砂，偶夹砾石，直径 1～2cm，颗粒不均匀
7-0-0	Q_3^{al+pl}	粉细砂	灰色，密实，饱和，含少量黏粒，摇震反应迅速
8-1-0	Q_3^{al+pl}	中粗砂	灰色，密实，饱和，含少量 1～2cm 大直径颗粒
8-2-0	Q_3^{al+pl}	粉细砂	灰色，密实，饱和，偶见 1～2cm 大直径颗粒，含少量黏粒
8-4-0	Q_3^{al+pl}	中粗砂	灰色，密实，饱和，级配好，分选差，含少量黏粒，偶见砾石，粒径 0.5-3cm
9-0-0	Q_2^{al+pl}	粉质黏土	青灰色，坚硬，偶见姜石，含少量粉砂，局部底部含粉土
10-0-0	Q_2^{al+pl}	粉细砂	灰色，密实，饱和，偶见大直径颗粒卵砾石，含少量黏粒，级赔好，分选差
11-0-0	Q_2^{al+pl}	黏土	青灰色-灰黄色，硬塑，切面稍光滑

表 11-2　　南塔地层统计表

地层编号	时代成因	岩土名称	地层岩性描述
3-2-0	Q_4^{al+pl}	淤泥质粉质黏土	灰色，流塑，土质不均，切面稍光滑，含少量粉砂，局部夹粉砂薄层，含少量贝壳碎屑，局部含少量朽木
3-2-1	Q_4^{al+pl}	粉土	灰色，稍密，饱和，摇震反应迅速，10.5～11m 夹少量的结核物，12.2～12.3m 夹细砂薄层，在南塔区以透镜体形式在 3-2 层淤泥质粉质黏土中局部分布
3-3-0	Q_4^{al+pl}	细砂	灰色，松散，饱和，分选好，级配差，含少量贝壳碎屑，在南塔区以透镜体形式在 3-2 层淤泥质粉质黏土中局部分布

续表

地层编号	时代成因	岩土名称	地层岩性描述
4-1-0	Q_4^{al+pl}	粉质黏土混粉土	灰色，以粉土为主，中密～密实，饱和，切面粗糙，土质不均，局部夹薄层粉砂
4-1-1	Q_4^{al+pl}	细砂	灰色，密实，饱和，分选好，级配差，局部夹薄层粉土，在南塔区以透镜体形式在4-1层粉质黏土混粉土中局部分布
5-1-0	Q_3^{al+pl}	粉细砂	灰色，密实，饱和，以细砂为主，砂质不均，局部夹黏性土薄层，局部含粉土团块，含少量砾石，直径0.5～1cm
6-1-0	Q_3^{al+pl}	中粗砂	灰色，密实，饱和，分选差，级配好，含少量砾石
7-0-0	Q_3^{al+pl}	粉细砂	灰色，密实，饱和，以细砂为主，分选差，级配好，含少量砾石
7-1-0	Q_3^{al+pl}	粉土	灰色，密实，饱和，土质不均，夹细砂薄层，在南塔区以透镜体形式在7粉细砂层中局部分布
7-2	Q_3^{al+pl}	黏土	灰色，可塑-硬塑，土质不均，局部含卵石，直径约5cm，底部夹粉砂薄层，在南塔区以透镜体形式在7粉细砂层中局部分布
8-1-0	Q_3^{al+pl}	中粗砂	灰色，密实，饱和，分选好，级配差，含少量的砾石，局部夹2～4cm厚薄层粉质黏土，含少量粉土团块
8-2-0	Q_3^{al+pl}	粉细砂	灰色，密实，饱和，以细砂为主，分选好，级配差
8-2-1	Q_3^{al+pl}	黏土	灰色，坚硬，切面光滑，土质不均匀，含少量的粉砂，在南塔区以透镜体形式在8-2粉细砂层中局部分布
8-4-0	Q_3^{al+pl}	中粗砂	灰色，密实，饱和，以中砂为主，在南塔局部揭露
9-0-0	Q_2^{al+pl}	粉质黏土	灰色，坚硬，切面稍有光泽
10-0-0	Q_2^{al+pl}	粉细砂	灰色，密实，饱和，以细砂为主，分选好，级配差，砂质不均，局部夹薄层粉土
10-1-0	Q_2^{al+pl}	粗砂	灰色，密实，饱和，含少量砾石，直径0.2～1cm，局部揭露
11-0-0	Q_2^{al+pl}	黏土	灰黄色，硬塑～坚硬，切面光滑，土质均匀

二、水文条件

拟建过江通道上游为通州沙水道，下游为段白茆沙水道。1958年，徐六泾段一带的江面宽为15.7km，其中7km为0m以上浅滩，主槽偏南。从1958年起开始进行围垦，将江面缩窄至5.7km，1970年筑立新坝封堵江心沙北水道，至此，徐六泾河段北岸基本形成，遂形成了徐六泾节点。拟建工程处最高通航水位4.41m（1985国家高程，下同），最低通航水位-1.43m。徐六泾1%设计高潮位4.96m，1%设计低潮位-1.67m。

三、桩基设计

本工程输电塔基础采用群桩高承台基础形式，承台及桩基础初步方案如图11-1所示。承台厚度为8m，承台顶标高+6.0m，立柱顶标高+6.6m；承台结构底标高-2.0m，封底混凝土底标高-5.0m，平面尺寸为120m×130m。采用176根2.5～2.8m的变径灌注桩根据承台形状布置，桩长为118m，整体体系非常复杂。

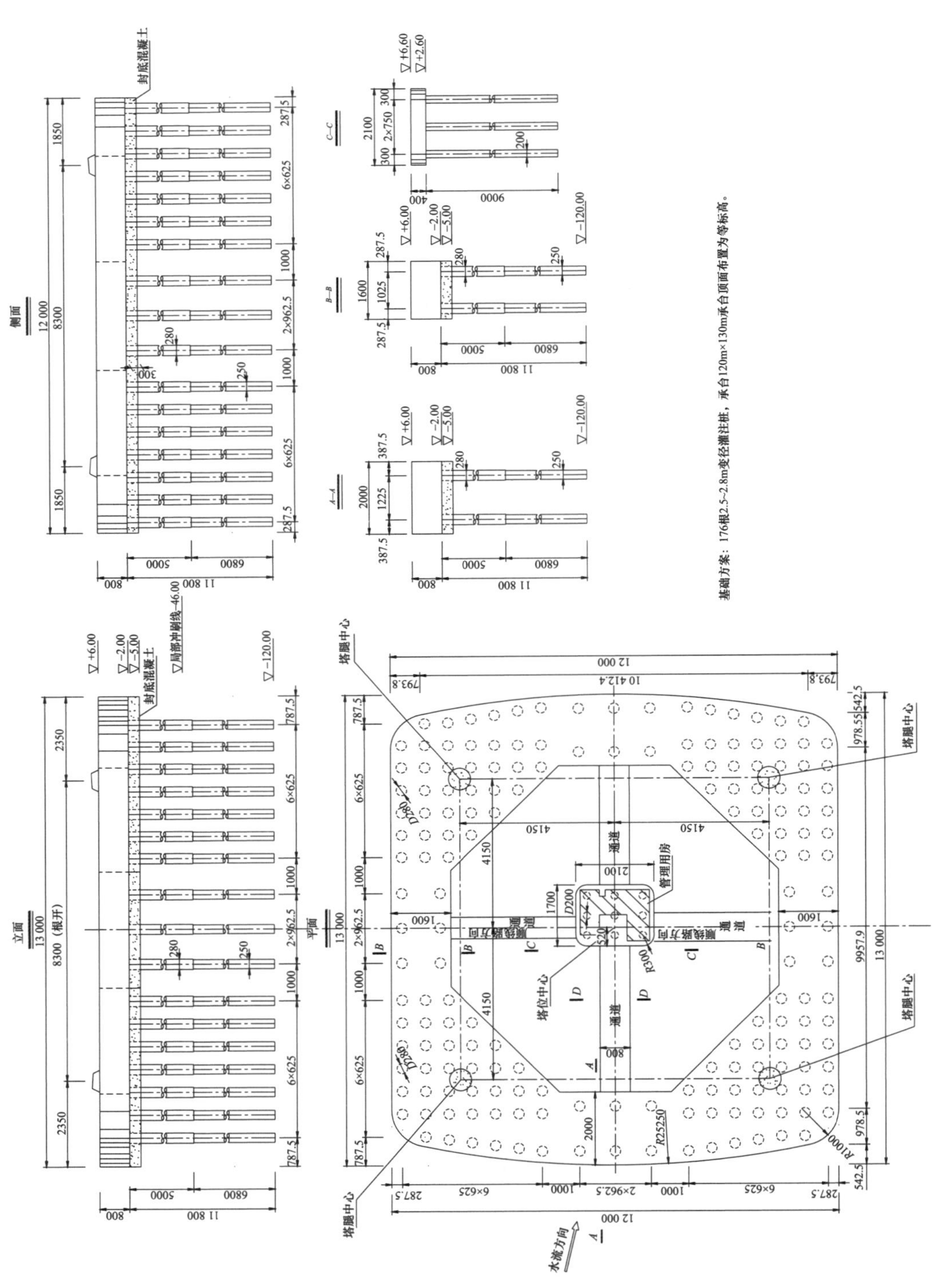

图 11-1　高承台桩基础方案（单位：cm）

第三节　基于桩土接触分析的群桩效应系数计算

一、基于桩土接触分析的单桩承载力计算方法

桩身与土体均采用 SOLID45 号实体单元模拟，桩身设为线弹性体，土体采用 D-P 弹塑性模型进行分析。桩-土接触界面需要引入接触单元反映桩与土体的摩擦滑移特性。桩土作用模拟时，在接触设置中将刚度较大的桩身作为刚性面覆上 TARGE170 接触单元；将土体作为柔性面覆上 CONTA173 单元进行模拟。采用 ANSYS 三维有限元软件进行排水情况下桩基的承载力分析，苏通长江大跨越工程跨越塔水平单桩有限元模型如图 11-2 所示，泥面桩深 44m。

对单桩桩顶施加水平荷载，其荷载-水平位移曲线如图 11-3 所示，可以看出当水平位移小于 0. 2m 时，桩水平荷载位移曲线趋近线性，而当水平位移大于 0. 2m 时，桩身荷载位移曲线开始表现出塑性特征，因此本研究以桩顶水平位移达到 0. 2m 时的承载力为极限承载力。

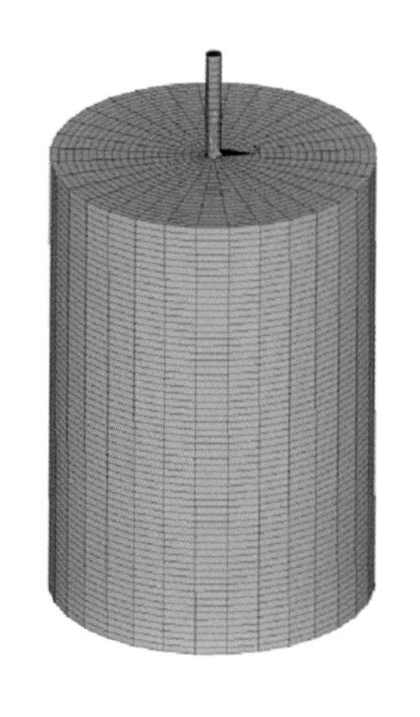

图 11-2　水平单桩有限元模型

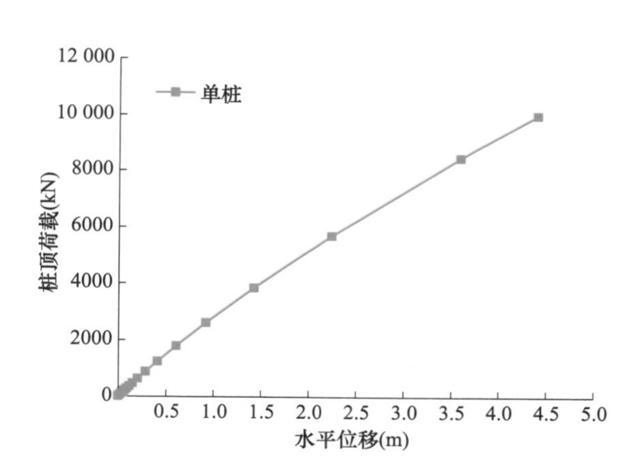

图 11-3　单桩荷载-水平位移曲线

二、群桩效应分析

根据群桩间距及承台参数，可取局部群桩等效为桩间距为 6. 25m，尺寸为 25m×25m×8m 的高桩承台。承台采用 SOLID185 实体单元进行模拟，桩身与土体均采用 SOLID45 号实体单元模拟。桩身设为线弹性体，土体采用 D-P 弹塑性模型进行分析。由于桩体变形模量远大于土体，因此桩-土接触界面需要引入接触单元反映桩与土体的摩擦滑移特性，采用 TARGE170 和 CONTA173 单元，以生成面-面接触对的形式模拟。考虑到工程中群桩的实际布局，选取其中的 4×4 群桩承台作为典

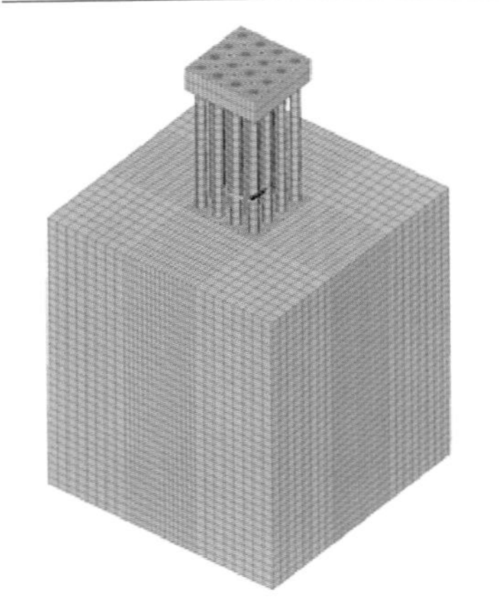

图 11-4　4×4 群桩承台接触分析有限元模型

型工况进行分析，有限元模型如图 11-4 所示。

工程中，群桩承台下的桩水平位移沿深度分布对比曲线如图 11-5 所示。以桩顶及承台下端水平位移达到 0.2m 时的承载力为群桩各桩的水平极限承载力，群桩水平荷载-位移曲线如图 11-6 所示。计算可知：前排桩的折减系数为 0.56；沿 x 轴方向第 2 排桩的折减系数为 0.51；沿 x 轴方向第 3 排桩的折减系数为 0.51；后排桩的折减系数为 0.49。4×4 群桩的水平群桩效应折减系数为 0.51。本研究采用 4×4 群桩的水平群桩效率系数作为高桩承台的群桩效率系数代表值并应用于下文的整体有限元模型中。

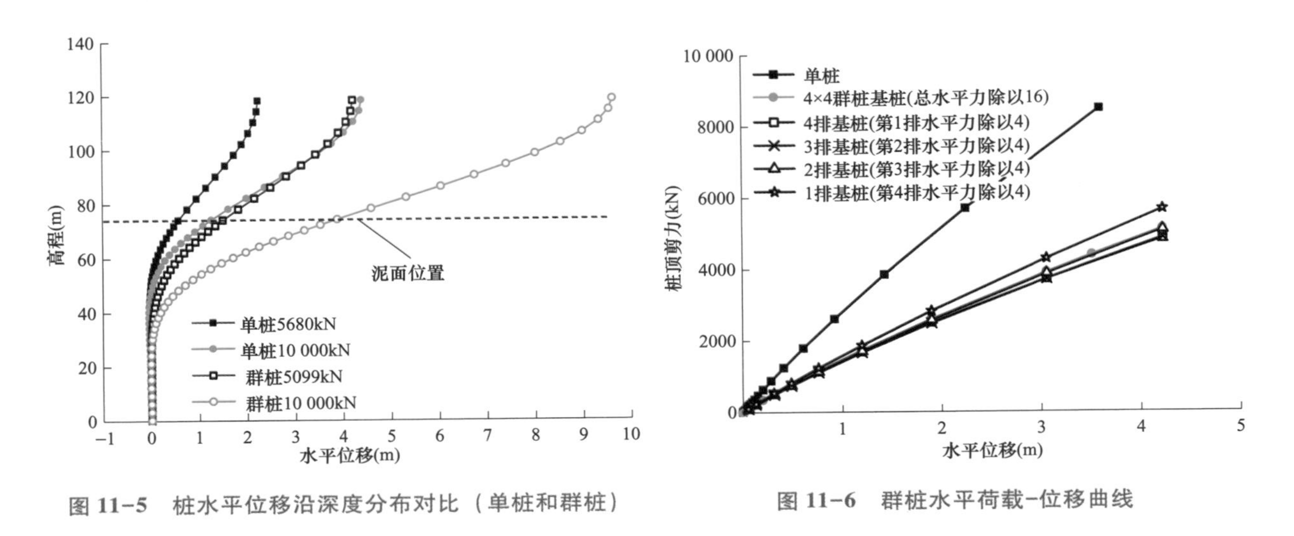

图 11-5　桩水平位移沿深度分布对比（单桩和群桩）

图 11-6　群桩水平荷载-位移曲线

第四节　苏通大跨越塔体-基础-地基整体分析

一、苏通大跨越塔体-基础-地基的有限元建模和验证

利用 ANSYS 有限元软件对输电塔及高桩承台进行建模，三维模型如图 11-7 所示。对上部跨越塔，主杆（薄壁钢管、钢管混凝土、内配钢筋钢管混凝土）采用空间梁（Beam4）单元模拟，共 812 个单元；对于斜撑和横隔面杆件，采用杆单元（link8）模拟，共 520 个单元。高桩承台的尺寸为 120m×130m×8m，高度方向划分单元数为 4，共计 58 800 个实体单元；承台有 176 根长度为 2.5～2.8m 变径灌注桩，每根桩按单位长度米划分单元，共计 176×122＝21 472 个梁单元。每根桩桩身存在三向非线性弹簧，弹簧系数取自上文土层特性计算结果，共计 3×21 472＝64 416 个

弹簧单元。

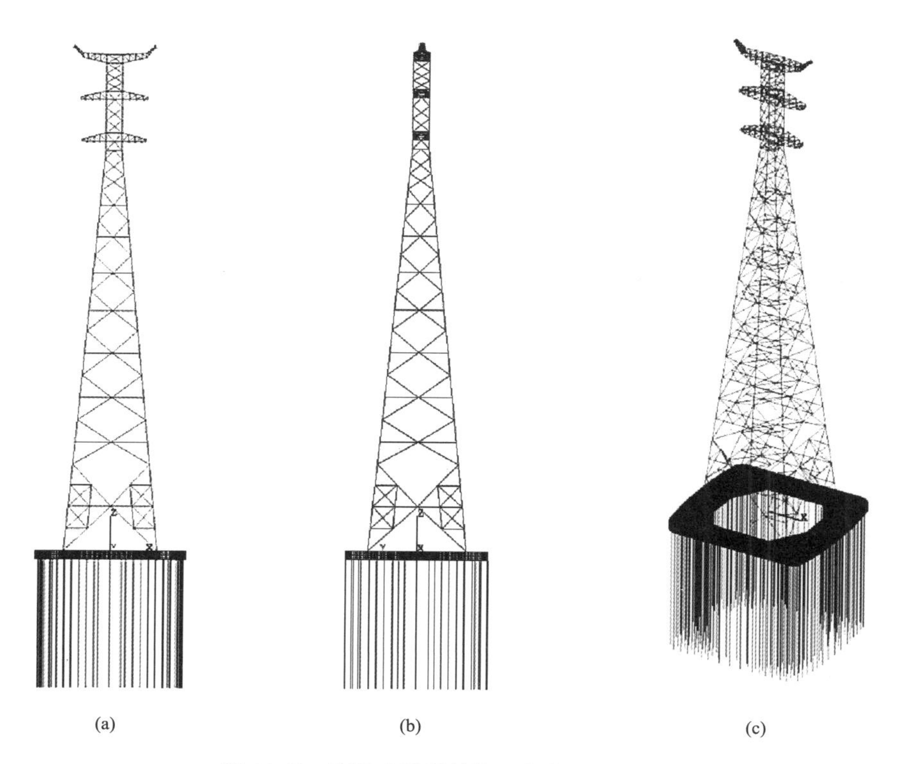

(a) (b) (c)

图 11-7 苏通跨越塔整体三维有限元模型

（a）正面图；（b）侧面图；（c）立体图

实际模拟过程中为简化计算，对同类型土层进行归并参数计算，详见表 11-3。

表 11-3 有限元模型中的土层参数

土层序号	压缩模量 E_{s1-2}（MPa）	内摩擦角 φ'（°）	侧压力系数 K_0	泊松比 μ	弹性模量 E_0（MPa）	土层厚度 T（m）	有效重度 γ'（kN/m³）
桩侧 1（砂土）	6.5	26.0	0.56	0.36	3.9	17	8.7
桩侧 2（粉土）	10.0	30.0	0.50	0.33	6.7	27	8.7
桩侧 3（黏土）	16.5	35.0	0.43	0.30	12.3	30	9.2
桩底（黏土）	16.5	35.0	0.43	0.30	12.3	—	9.2

根据 JGJ 94—2008《建筑桩基技术规范》推荐的三种方法得到的有限元计算结果与国外桩基础分析软件 FB-PIER 软件计算结果的水平位移响应比较如图 11-8 所示。不同规范计算方法得到的桩身响应不尽相同，具体表现在：

（1）在 100kN 水平向推力作用下，三种规范计算得到的桩身位移随深度的分布均与 FB-Pier 软件验证结果相似：在地面线至-10m 深度处，桩身位移受土体反力影响较大；-10～-30m 深度区间内桩身产生负位移；-30m 深度后由于土体抗力系数随深度不断增大，因此产生水平位移十分微小。

（2）从图 11-8（a）可以看出，在 100kN 水平向推力作用下，桩身水平最大位移较小，属于小变形范畴。此时由 m 法计算得到的桩身泥面位移与 FB-Pier 验证值最为接近，两者仅相差 1.03%。从图 11-8（b）可以看出，随着水平加载力不断提高，由 API 规范 p-y 曲线法得到的荷载-位移曲线与 FB-PIER 软件结果最为接近，而 m 法所得桩身泥面位移仅呈线性增加。计算采用 API 规范 p-y 曲线法可得到较好的计算效果。

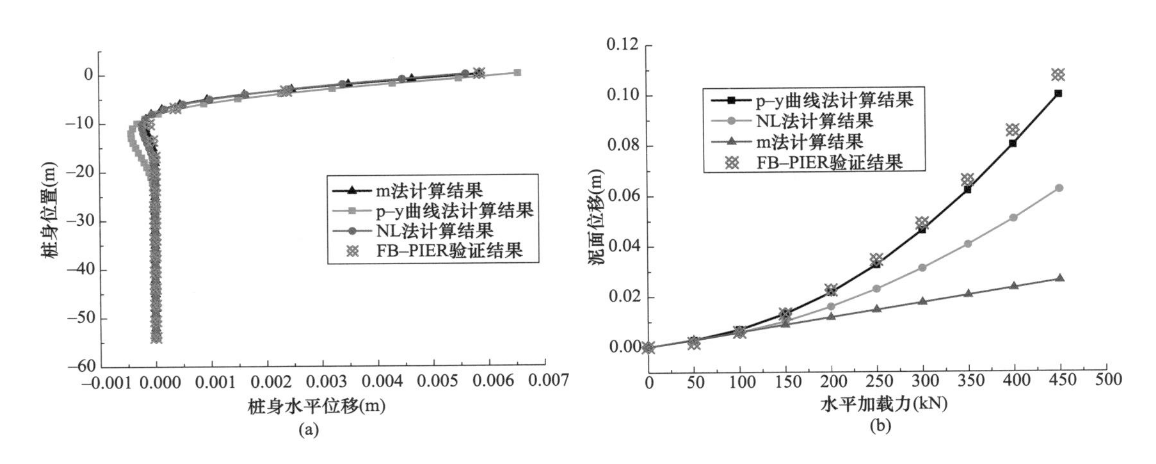

图 11-8　桩身水平位移响应分布

（a）100kN 水平力时桩身各深度位移；（b）水平加载荷载-泥面位移曲线

二、大跨越塔体-基础-地基结构的静力分析

在承台上施加水平荷载，逐步增大水平荷载获得承台位置的荷载-位移曲线如图 11-9 所示，可以发现在承台 0.12m 的位置范围内基本呈线性变化。研究在承台水平荷载作用下各桩基位置的内力响应，左角桩的内力图（弯矩和剪力）如图 11-10 所示，各位置桩身剪力和弯矩最大值见表 11-4。可以发现：

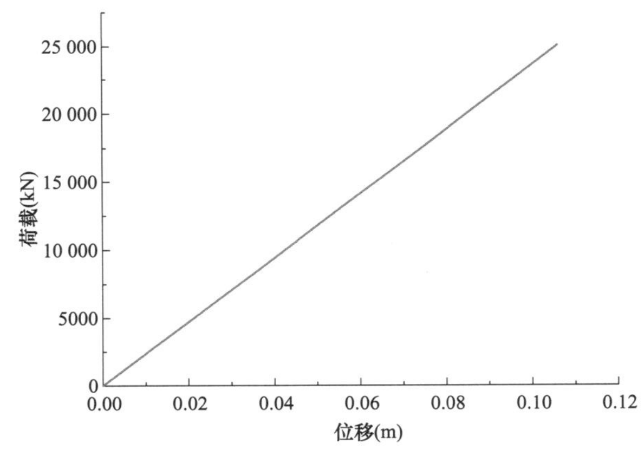

图 11-9　承台位置的荷载-位移曲线

（1）对于桩身剪力，6 个位置的数据基本接近，在泥面以上位置剪力基本不变，在泥面以下 20m 左右出现剪力最大值，其中脚桩位置的剪力比其他位置略大。

（2）对于桩身弯矩，脚桩和中桩位置的分布非常相似，在桩顶的弯矩较小，而中间桩由于连接刚度较大导致桩顶的弯矩较大，在泥面位置出现弯矩的最大值。

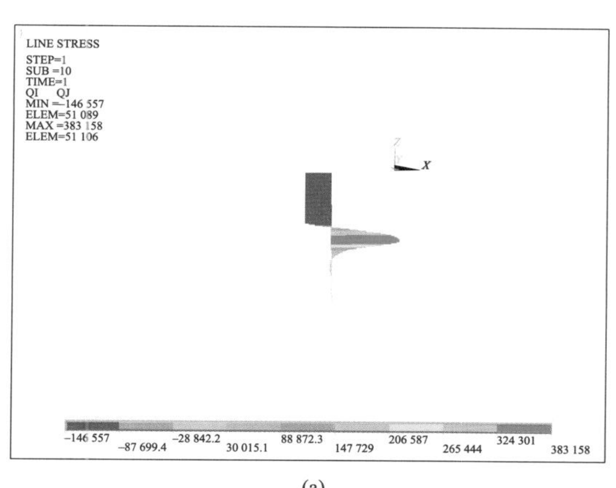

(a)

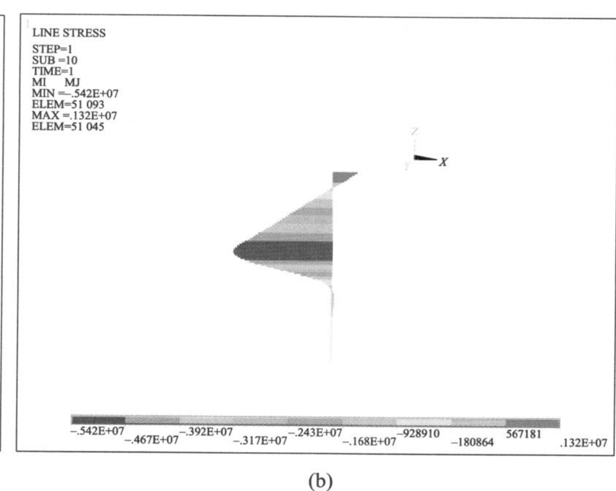

(b)

图 11-10　左角桩的剪力图的弯矩图

（a）剪力图；（b）弯矩图

表 11-4　左角桩的桩身剪力和弯矩最大值

位置	剪力（N）		弯矩（N·m）	
	最小负值	最大正值	最小负值	最大正值
左角桩	-1.47×10^5	5.11×10^4	-5.42×10^6	1.32×10^6
左边中桩	-1.07×10^5	9.41×10^4	-5.01×10^6	9.07×10^4
边中桩	-1.08×10^5	4.88×10^4	-5.04×10^6	9.14×10^4
中间桩	-1.12×10^5	9.49×10^4	-2.75×10^6	2.35×10^6
右角桩	-1.47×10^5	4.65×10^4	-4.42×10^6	1.35×10^6
右边中桩	-1.07×10^5	9.31×10^4	-5.02×10^6	9.09×10^4

三、大跨越塔体-基础-地基结构的动力特性研究

输电塔纯上部结构和考虑塔体-基础-地基整体结构的前九阶模态结果见表 11-5，对于输电塔，x 向弯曲振型与 y 向弯曲振型的振型频率非常接近。可见不考虑下部结构的输电塔和考虑下部结构的输电塔的振型基本一致。但与不考虑下部结构的输电塔相比，考虑下部结构的输电塔的频率略低，说明考虑下部结构的输电塔在整体刚度上略柔。

表 11-5　输电塔的前九阶频率

阶数	纯上部结构		塔体-基础-地基整体结构	
	频率（Hz）	模态描述	频率（Hz）	模态描述
1	0.401	y 向一阶弯曲	0.391	y 向一阶弯曲
2	0.401	x 向一阶弯曲	0.391	x 向一阶弯曲
3	0.613	一阶扭转	0.604	一阶扭转
4	0.697	x 向二阶弯曲	0.686	x 向二阶弯曲
5	0.697	y 向二阶弯曲	0.687	y 向二阶弯曲
6	0.971	二阶扭转	0.962	二阶扭转

续表

阶数	纯上部结构		塔体-基础-地基整体结构	
	频率（Hz）	模态描述	频率（Hz）	模态描述
7	1.084	x 向三阶弯曲	1.070	x 向三阶弯曲
8	1.096	y 向三阶弯曲	1.081	y 向三阶弯曲
9	1.388	三阶扭转	1.360	三阶扭转

四、大跨越塔体-基础-地基结构的风致响应研究

本研究以顺导线方向作为正迎风方向，采用基于 POD 分解算法的 WAWS 法进行风场模拟。顺风向的风速谱采用 Davenport 谱，脉动风的相干性采用 Davenport 相干函数，模拟获得各位置的脉动风速，并进行时域风致响应计算。频域法对结构动力响应的计算可以采用一个输入输出体系进行表述，通过气动导纳把风速功率谱转换到风荷载功率谱，再利用机械导纳把风荷载功率谱转换到响应功率谱。频域法计算输电塔风致响应主要有两种方法：① 模态分解法，包括 CQC 法和 SRSS 法；② 背景加共振计算方法，即背景响应（BR）和共振响应（RR）分别计算，再组合得到背景共振响应（BRC）均方根。

图 11-11 给出了采用背景加共振方法计算时，塔身背景响应和共振响应在总的动力响应中所占的比重。可以发现，对于本例输电塔，背景响应占有较大的比例，约占总响应的 90%。

将时域法和频域法的各种计算结果放在一起比较，结果如图 11-12 所示。可以发现，时域方法和频域两种方法（基于 CQC 和背景加共振）的计算结果非常接近。而频域的 SRSS 法与 CQC 方法的偏差最大，其原因即为忽略模态交叉项而带来较大误差。

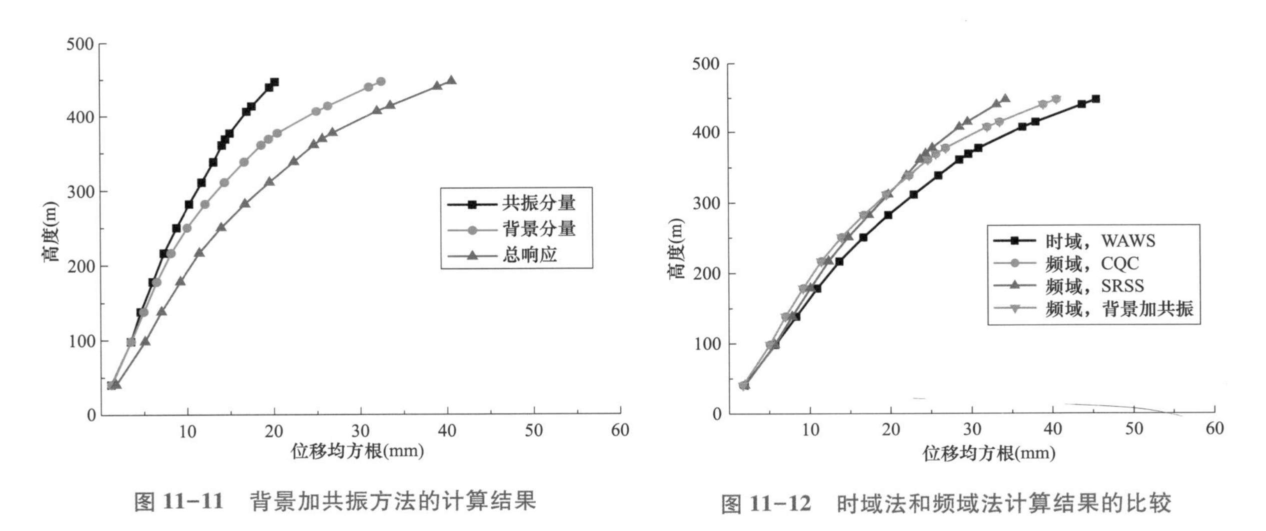

图 11-11　背景加共振方法的计算结果

图 11-12　时域法和频域法计算结果的比较

有无下部基础的输电塔位移及加速度风致响应对比如图 11-13 所示。对于位移均值，有下部结构的输电塔的位移均值比无下部结构的输电塔大 60～65mm，差值随高度变化不明显。对于位移均方根，有下部结构的输电塔的位移均方根比无下部结构的输电塔大 9～12mm，差值随高度不同

变化不明显。由此可见，下部结构的存在，对输电塔风致响应产生的影响是整体的，而对输电塔内部的风致响应则没有影响，增大的60～65mm整体位移即为下部结构受上部结构风荷载总作用力下的承台顶部最大位移。

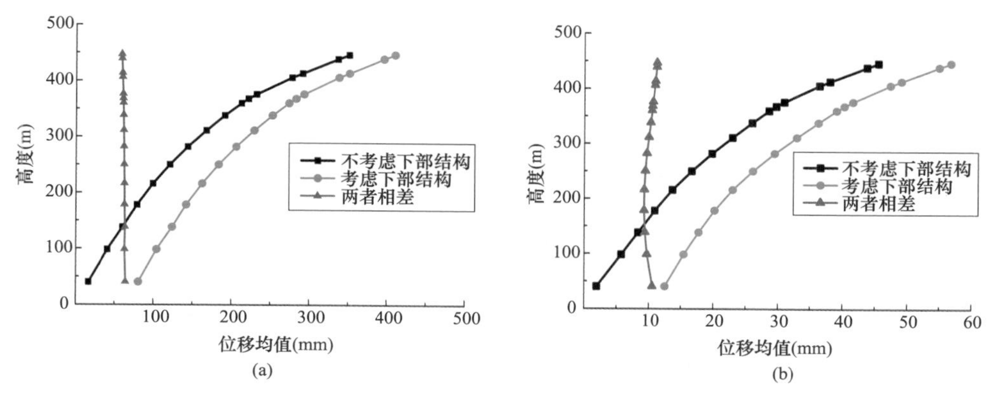

图 11-13　两种模型的风致响应对比

（a）输电塔的风致位移响应；（b）输电塔位移响应的均方根

有无下部结构的输电塔各风致响应的具体数值比较见表11-6。由表11-6可知，除位移和加速度的风致响应有上述结论外，有无下部结构对内力的风致响应也有一定的影响：对于杆件轴力来说，有无下部结构对轴力的影响很小，无论在迎风面塔脚杆件、背风面塔脚杆件以及斜撑中，有无下部结构这两种情况下的输电塔杆件轴力均较为接近。对于弯矩来说，有下部结构的输电塔杆件中的最大弯矩绝对值均明显小于无下部结构的情况，原因可能为：在有下部结构的输电塔中，因下部结构的变形，杆件上弯矩的一部分被分配到了下部结构中。

表 11-6　有无下部结构的输电塔各风致响应比较

风　致　响　应		无下部结构	有下部结构
顶部平均位移（mm）		351.19	410.34
顶部位移均方根（mm）		45.51	56.76
顶部加速度均方根（m/s^2）		0.25	0.30
迎风面塔脚	轴力（kN）	-45 530.57	-45 661.08
	弯矩 M_x/（kN·m）	-3264.25	562.07
	弯矩 M_y/（kN·m）	8736.62	-2196.02
背风面塔脚	轴力(kN)	-81 017.48	-80 097.01
	弯矩 M_x/（kN·m）	-4644.84	1654.12
	弯矩 M_y/（kN·m）	741.65	-98.71
靠前斜撑	轴力（kN）	-427.16	-460.81
靠后斜撑	轴力（kN）	-4232.52	-4911.77

五、大跨越塔体-基础-地基结构的地震效应研究

场地50年超越概率10%的基岩地震动水平向峰值加速度为0.077g，50年超越概率10%的地

表水平向地震动峰值加速度为0.098～0.102g，相应的地震基本烈度为Ⅶ度。确定采用Ⅶ度作为该塔的抗震设防烈度，设计基本地震加速度为0.10g。根据该塔周围的地形，确定该塔所在场地为Ⅲ类场地，设计地震分组为第一组，特征周期T_g为0.45s。对纯上部输电塔结构和有下部的输电塔结构，采用振型分解反应谱法进行计算，采用时程分析法进行多遇地震下的补充计算。

在振型分解反应谱法计算中，由于结构的阻尼比较小，对于精细的三维有限元模型来说，其各振型的频率很接近，所以各单向地震波产生的地震效应之间用CQC方法求取最大值，三个方向的地震波之间的相干性很小，认为其相关系数为0，故用SRSS来估计其地震响应。

GB 50011—2010《建筑结构抗震设计规范》规定，当结构采用三维空间模型时，需要考虑三向（两个水平和一个竖向）地震波输入，其加速度最大值按1（水平1）：0.85（水平2）：0.65（竖向）的比例调整。依以下规则定义方向：1代表垂直导线方向，2代表顺导线方向，3表示竖向。水平有1、2两个方向，因此在计算中分别考虑加速度的最大值比例按1：2：3方向为1：0.85：0.65和0.85：1：0.65两种工况。

对整体结构进行抗震计算，在群桩中选出具有代表性的6根桩，获得桩身在地震作用下（工况为1：0.85：0.65）的承台底部和泥面处的内力时程结果进行分析。6根桩分别位于承台的角部、承台边沿中心处及承台中心处。图11-14为5号（中间桩）承台处和泥面处的x向位移。由图可见：① 桩的位移变化存在周期性，周期约为14s，同上部结构整体平动振型周期一致（x向整体平动振型周期为13.9s），各桩的承台处位移几乎相同，表明桩的位移变化主要与承台上部输电塔的整体平动有关；② 承台处的桩位移明显大于泥面处的位移，主要原因为泥面处存在外部约束，而泥面以上部分没有约束，位移较大。

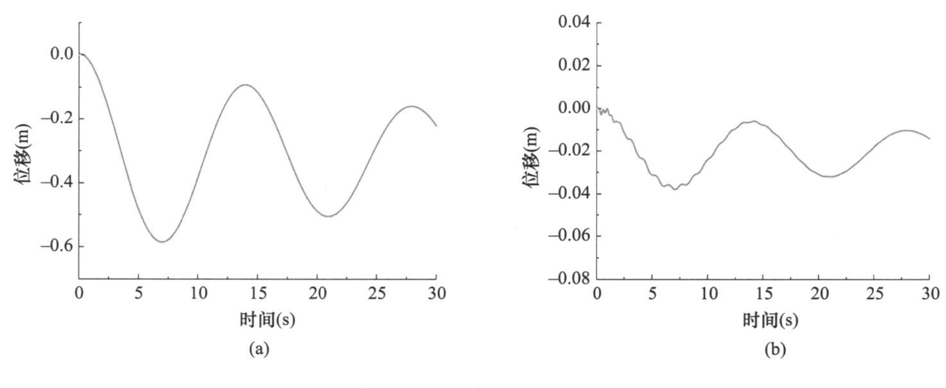

图11-14　5号桩（中间桩）1号承台的x向位移

（a）1号承台；（b）1号泥面

表11-7给出了6根桩在地震作用下的时程弯矩和剪力最大值，可见：① 所有桩在泥面处的剪力绝对值大于承台底部的剪力绝对值，但差距不大，表明在桩身的这段范围内所受到的外部作用力不大；② 所有桩泥面处的弯矩绝对值远大于承台处的弯矩绝对值，其原因为该桩为高承台桩，承台和泥面间距离很大，且该段部分没有外部约束，导致上部结构的地震作用在泥面处形成了很大的弯矩。

表 11-7　　6 根桩在地震作用下的时程弯矩、剪力最大值

位置	弯矩（kN·m）		剪力（kN）	
	最大负值	最大正值	最大负值	最大正值
1 号承台 y 向	-4064	4070	-549	703
1 号承台 x 向	-6502	6520	-564	356
1 号泥面 y 向	-1354	23 567	-248	872
1 号泥面 x 向	-2405	27 950	-694	121
2 号承台 y 向	-1174	1965	-32	526
2 号承台 x 向	-16	263	-424	101
2 号泥面 y 向	-77	22 563	-1	680
2 号泥面 x 向	-58	26 756	-561	12
3 号承台 y 向	-4066	5914	-635	790
3 号承台 x 向	-8832	6504	-408	351
3 号泥面 y 向	-1340	21 608	-242	938
3 号泥面 x 向	-2165	28 336	-425	118
4 号承台 y 向	-13	226	-199	544
4 号承台 x 向	-2597	1611	-451	26
4 号泥面 y 向	-47	22 824	-55	709
4 号泥面 x 向	-238	26 722	-575	1
5 号承台 y 向	-1126	739	-858	870
5 号承台 x 向	-15 716	10 437	-82	62
5 号泥面 y 向	-2085	5368	-1039	1043
5 号泥面 x 向	-2919	15 540	-178	41
6 号承台 y 向	-13	225	-250	533
6 号承台 x 向	-1653	2602	-451	26
6 号泥面 y 向	-47	22 813	-66	682
6 号泥面 x 向	-646	26 511	-575	1

针对纯上部结构输电塔和塔体-基础-地基结构模型进行抗震计算时，采用振型分解反应谱法计算，发现相比于有下部基础模型，无下部基础模型的主要杆件轴应力大多偏大，而对于斜杆、横杆、悬臂杆，有无下部基础的两种情况轴应力均较小。表 11-8 给出了两种工况下的顶层位移的结果，发现无下部基础模型顶层 4 个节点的水平相对位移明显小于有下部基础模型。推测原因为桩身较长，特别是因输电塔采用了高承台导致了在海水中存在一段较长的无约束桩身，在地震下存在较为明显的移动，增加了塔顶节点的相对位移。

表 11-8　　输电塔的顶层位移（振型分解反应谱法）　　mm

项目	工况	塔体-地基-基础整体结构				纯上部结构			
		77	79	81	83	77	79	81	83
U1	1	645.33	645.33	645.33	645.33	54.23	54.23	54.23	54.23
	2	548.53	548.53	548.53	548.53	46.10	46.10	46.10	46.10
U2	1	574.37	574.53	574.37	574.53	46.12	46.12	46.12	46.12
	2	675.73	675.92	675.73	675.92	54.26	54.26	54.26	54.26

续表

项目	工况	塔体-地基-基础整体结构				纯上部结构			
		77	79	81	83	77	79	81	83
U3	1	2.55	2.52	2.55	2.52	3.58	3.58	3.58	3.58
	2	2.55	2.53	2.55	2.53	3.58	3.58	3.58	3.58

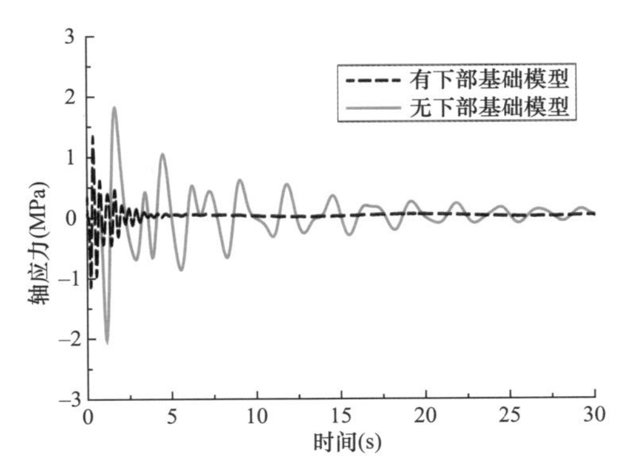

图 11-15　两种模型的 41 号主杆轴应力时程

图 11-15 给出了有下部基础和无下部基础模型的 41 号主杆轴应力时程对比，发现：① 有下部基础模型的杆件轴应力响应幅度小于无下部结构模型，同时衰减更快，与振型分解反应谱法的结果一致；② 对于大部分主要杆件的轴力响应最大值，无下部基础模型的结果偏大，表明承台和桩在地震作用中消耗了能量，减小了上部塔身的受力。

表 11-9 给出了采用时程分析法获得的顶部位移的结果，发现无下部基础模型顶层 4 个节点的水平相对位移明显小于有下部基础模型，表明承台和下部基础结构在地震作用下存在较为明显的位移，增加了塔顶节点的相对位移；同时，有无下部基础结构的两种工况时程分析所得的顶点相对位移同振型分解反应谱法的结果近似，且分布规律一致。

表 11-9　　输电塔的顶层位移　　mm

项目	工况	塔体-地基-基础整体结构				纯上部结构			
		77	79	81	83	77	79	81	83
U1	1	645.33	645.33	645.33	645.33	54.23	54.23	54.23	54.23
	2	548.53	548.53	548.53	548.53	46.10	46.10	46.10	46.10
U2	1	574.37	574.53	574.37	574.53	46.12	46.12	46.12	46.12
	2	675.73	675.92	675.73	675.92	54.26	54.26	54.26	54.26
U3	1	2.55	2.52	2.55	2.52	3.58	3.58	3.58	3.58
	2	2.55	2.53	2.55	2.53	3.58	3.58	3.58	3.58

六、大跨越塔体-基础-地基结构的船舶撞击研究

目前关于水中结构撞击理论的相关研究主要集中于船舶与结构物之间撞击力计算以及撞击分析模型的建立，设计方法广泛沿用桥墩防撞设计方法。船舶碰撞水中结构物时产生的撞击力涉及许多因素，诸如船舶类型、航行速度、撞击角度、航道水深、水流速度、潮汐变化、船舶材料属性、被撞体材料属性、被撞体种类等。国际上对于该问题的研究主要有以下几种方法。

（1）Woisin（1976）根据 24 个船舶缩比模型试验，总结出了散装货船对刚性桥墩的关于时间平均的有效撞击力的经验公式，即

$$F = 0.88\sqrt{DWT} \tag{11-1}$$

式中　F——有效撞击力，MN；

DWT——船舶的质量，t。

式（11-1）依赖的试验资料来自于4000t以上的散装货轮与刚性墙壁的碰撞试验，碰撞速度约为8m/s，在制定1991年版的AASHTO桥梁船舶撞击设计指南时，Woisin对提出的试验数据重新进行了评估和分析，在式中引入了速度参数，这就是1991年版的美国AASHTO桥梁船舶撞击设计指南给出的船首正碰设计船舶撞击力的计算公式，即

$$F = 0.122\sqrt{DWT} \cdot v \tag{11-2}$$

式中　v——船舶的撞击速度。

（2）我国现行的TB 10002.1—2005《铁路桥涵设计基本规范》中规定的设计船舶撞击力计算公式为

$$F = \gamma \cdot v \cdot \sqrt{\frac{W}{C_1 + C_2}}\sin\alpha \tag{11-3}$$

式中　F——设计船舶撞击力；

γ——动能折减系数，正向撞击时γ取0.3，斜向撞击，$\alpha \leqslant 20°$时γ取0.2；

W——船舶重量；

v——船舶撞击前的航行速度；

α——船舶撞击前航行方向与撞击面法线方向的夹角；

C_1——船舶的弹性变形系数；

C_2——被撞桥梁构件的弹性变形系数。

对于式（11-3）在无资料时，建议$C_1 + C_2$取0.000 5m/kN。

（3）JTJ 021—1989《公路桥涵设计通用规范》规定，通航河流中的桥梁墩台所受的船只或漂浮物的撞击力可按下式计算

$$p = \frac{Wv}{gT} \tag{11-4}$$

式中　p——设计船舶撞击力；

W——船舶或漂浮物重量，计及附连水质量应乘以1.1的系数；

v——水流速度，即船只或漂浮物和桥梁墩台之间的相对速度；

T——冲撞时间，应根据实际资料估计，在无实际资料时一般取1s；

g——重力加速度。

上述撞击力简化公式基本都与船舶速度和吨位有关，主要通过以下途径获得：① 能量交换原理或冲量原理；② 通过分析原型和模型的试验资料；③ 基于大量碰撞数值计算结果的统计。由于能量交换原理和冲量原理对于完全弹性系统可以较好地进行描述，但对于复杂体系的弹塑性碰撞问题难于给出比较准确的定量结果，因而这些简化公式具有较大的局限性。另外，上述公式基本

仅适用于类似桥墩的刚度较大的被撞击结构物，而对于撞击过程中将发生水平大变形的高桩基础式防撞系统等柔性撞击不再适用。这些规范普遍采用经验公式估算撞击过程中的最大撞击力，再根据 p-y 曲线法或 m 法验算最大撞击力作用下的桩基水平位移及内力。因此，采用上述简化公式分析具体工程，特别是柔性防撞系统时应谨慎。对于相同的船舶质量和初始撞速，规范估算的最大撞击力是一特定值，但实际最大撞击力应与船舶强度及桩土相互作用等因素有关。美国AASHTO 规范估算的最大撞击力偏保守，而我国 JTJ 021—1989《公路桥涵设计通用规范》及 TB 10002.1—2005《铁路桥涵设计基本规范》估算的最大撞击力则可能偏不安全。

本研究考虑 200t 的船舶以 1m/s 的速度撞击，将按照上述三种规范方法计算得到的撞击力进行比较，结果见表 11-10。

表 11-10　各种规范计算撞击力比较

采用的规范	撞击力（kN）	对应的承台水平位移（m）
AASHTO 桥梁船舶撞击设计指南	1725	0.007 34
《铁路桥涵设计基本规范》（TB 10002.1—2005）	600	0.002 55
《公路桥涵设计通用规范》（JTJ 021—1989）	200	0.000 85

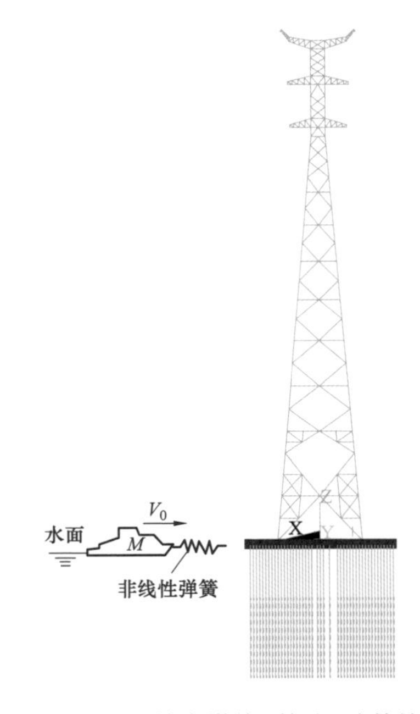

图 11-16　输电塔体-基础-地基的船撞分析模型

采用本文提出的群桩高承台基础统一分析模型计算输电塔及下部结构在撞击荷载作用下的动力响应。分析中，采用mass21 质量块单元模拟撞击物体，如船舶等。质量块节点与承台节点采用非线性弹簧 combin39 单元模拟撞击物体与承台相互作用的非线性刚度。本模型中桩周土刚度的选取采用 p-y 动力曲线法计算。对于运动中船舶的模拟，在较短时间步内对mass21 质量块单元施加力，以达到所需要分析的速度。质量块单元通过弹簧单元与承台接触，以此模拟两者之间接触面上的相互作用，该弹簧单元只承受压力而不承受拉力，即船舶与承台弹开之后不再受此单元束缚，如图 11-16 所示。

船舶质量为 200t，撞击速度为 1m/s，分别计算船首刚度 K 为 5、10、50、200MN/m 条件下的动力时程特性，如图 11-17 所示。由质量块速度时程曲线可知，在受力后质量块进行加速，在 0.02s 时船头速度达到 1m/s，撞击发生后船头速度由 1m/s 逐渐下降至 0，并逐渐反向加速至一定程度，最终反向匀速运动（假设不存在二次撞击）。而承台则在惯性力的作用下位移逐渐增大至峰值，而后逐渐恢复，随后做类简谐振动。撞击力同样是逐渐增加至峰值后降至 0，即船头与承台脱离。

图 11-18 和图 11-19 给出了承台中心位移时程和撞击力时程曲线，可以发现：不同船首刚度下的承台中心的位移比较接近，但均小于各国规范的数据；撞击力的瞬时数据随着船首的刚度增大而增大，瞬时值会大于各国规范的数据。

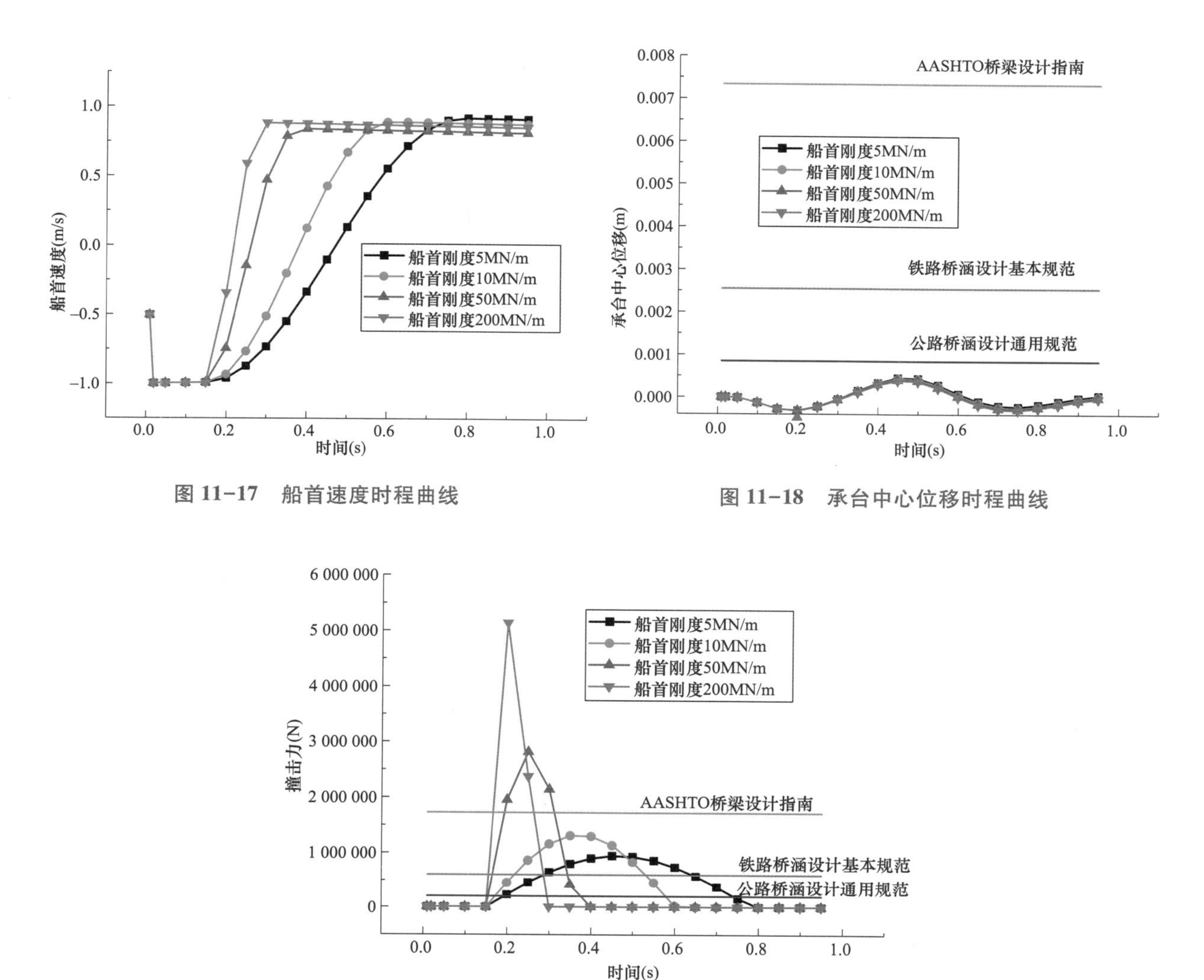

图 11-17　船首速度时程曲线

图 11-18　承台中心位移时程曲线

图 11-19　撞击力时程曲线

第五节　结　　论

通过对苏通长江大跨越工程输电塔的整体模型进行分析，得到以下结论：

（1）提出了基于桩土接触分析的单桩和群桩有限元建模方法，计算了单桩承载力和群桩效应系数，计算了苏通大跨越承台的水平群桩效应系数。桩身与土体均采用实体单元模拟，土体采用弹塑性模型进行分析，引入接触单元反映桩与土体的摩擦滑移特性。针对苏通长江大跨越工程高承台的 4×4 桩进行计算，总的群桩效应系数为 0.51。

（2）提出了考虑桩-土结构相互作用的有限元建模方法，建立了苏通长江大跨越工程跨越塔的塔体-地基-基础整体模型。桩身按弹性梁单元进行模拟，桩-土之间相互作用以弹簧单元进行有限元离散化模拟，水平和竖向抗力-位移曲线采用 API 规范中 p-y、t-z 和 q-z 曲线，实例计算表明该方法计算结果与国外桩基础分析软件 FB-PIER 结果基本一致。建立苏通长江大跨越工程跨越塔体-地基-基础整体模型，跨越塔中的薄壁钢管及钢管混凝土采用空间梁单元模拟，高桩承台中的承台采用实体单元模拟，桩采用空间梁单元模拟，土对桩的作用采用建立在桩身上的弹簧单元模拟。

（3）进行了苏通长江大跨越工程跨越塔体-地基-基础整体模型的静力分析，研究在承台水平荷载作用下各桩基位置的内力响应。计算发现各位置桩身剪力在泥面以上位置基本不变，在泥面以下 20m 左右出现剪力最大值；桩身弯矩的最大值出现在泥面位置，中间桩由于桩顶的连接刚度大导致桩顶的弯矩较大。

（4）对纯上部结构和塔体-地基-基础整体模型进行了动力特性计算。纯上部结构的 x 向弯曲振型和 y 向弯曲振型的频率非常接近，均为 0.401Hz；塔体-地基-基础整体模型的 x 向弯曲振型和 y 向弯曲振型的频率非常接近，均为 0.391Hz。纯上部结构的输电塔体-地基-基础整体模型的输电塔的振型基本一致，考虑了下部结构的输电塔频率略低，说明考虑下部结构后整体模型在刚度上略柔。

（5）采用了时域和频域方法分别对纯上部结构和塔体-地基-基础整体模型的风致响应进行计算。计算发现时域法和频域法等获得的结果接近，频域的 CQC 法和 SRSS 法有一些差异，说明模态交叉项的贡献不可忽略。对于位移均值，整体模型的位移均值比纯上部结构的计算结果大 60～65mm，差值随高度变化不明显；对于位移均方根，整体模型的输电塔位移均方根比纯上部结构的输电塔大 9～12mm；对于杆件轴力，整体模型和纯上部结构的计算结果非常接近，对于主杆弯矩，整体模型的计算结果小于纯上部结构。

（6）采用了振型分解反应谱法和时程分析法分别对纯上部结构和塔体-地基-基础整体模型的地震效应进行计算，计算中考虑地震的三维方向作用。两个水平方向和竖直方向分别按 1∶0.85∶0.65 和 0.85∶1∶0.65 工况考虑。计算发现振型分解反应谱法和时程分析法的结果总体上比较接近。纯上部结构的主要杆件轴力较整体模型偏大，斜杆、横杆、悬臂杆两种模型的计算结果均较小，纯上部结构模型的水平位移明显小于整体模型。地震作用下塔体-地基-基础整体模型的运动表现为整体平动，桩身的最大弯矩出现在泥面处。

（7）提出了船舶对输电塔整体结构撞击的有限元建模和计算方法，针对苏通长江大跨越工程跨越塔进行了计算分析。采用质量单元模拟撞击物体，质量块节点与承台节点采用非线性弹簧单元模拟撞击物体与承台相互作用的非线性刚度。计算发现，船首刚度对塔顶的动力响应影响不大，顶部的位移、速度和加速度时程曲线变化趋势与承台中心位移一致。计算的承台中心位移比基于美国 AASHTO 规范、JTJ 021—1989《公路桥涵设计通用规范》和 TB 10002.1—2005《铁路桥涵设计基本规范》的计算结果略小。

参考文献

[1] 杨克己，李启新，王福元．水平力作用下群桩性状的研究［J］．岩土工程学报，1990，12（3）：42-52.

[2] Zhu Bin，Kong Deqiong，Chen Renpeng，etc. Installation and lateral loading tests of suction caissons in silt. Canadian Geotechnical Journal，2011，48（7），1070-1084.

[3] BROWN D A，MORRISON C，REESE L C. Lateral load behavior of pile group in sand. Journal of Geotechnical Engineering，1988，114（11）：1261-1276.

第十二章

船舶撞击作用力标准与防撞方案研究

第一节 概 述

一、研究目的与意义

工程河段航道复杂多变，船舶密度大，大中型内河船舶（队）航行、作业频繁，航行中船舶（队）受风、流等影响大，通航环境复杂。而且，苏通长江大跨越工程不同于其他桥梁工程，其水中的基础截面尺寸较大，因此应考虑船撞事故的影响。

开展淮南—南京—上海 1000kV 交流特高压输变电工程——苏通长江大跨越工程船舶撞击作用力标准与防撞方案研究工作，不仅可以为大跨越工程结构设计提供必要的船舶撞击技术支撑，保障船舶与塔体的营运安全，而且对同类工程具有指导性意义。

二、国内外研究现状

目前，国内尚无关于“特高压输变电工程大跨越通航水域的工程塔体防船舶撞击”的研究和工程实例。基于这种情况，只能参照相近工程，如桥梁防撞、码头防撞等研究成果来进行这方面研究。几种国内外常见的防撞形式有下面几种。

（一）简易缓冲材料防撞方式

采用木材、橡胶等缓冲吸能材料，在桥墩周围形成一圈缓冲保护层，当船舶撞击桥梁事故发生时，船舶碰撞能量主要由木材、橡胶等变形构件吸收（见图 12-1）。

图 12-1 简易缓冲材料防撞（南水大桥桥梁）

（二）群桩防撞方式

群桩防撞方式由群桩组成，群桩间用缓冲梁连接，如图 12-2 所示。该方式的设施规模可大可小，但从经济角度考虑，小能量碰撞时较为合理，碰撞后对船舶损伤较大，自身损伤后维修也较困难。

图 12-2　群桩防撞（湖北荆州长江公路大桥桥梁）

（三）人工岛防撞方式

人工岛的防撞设施为被动防撞方式，是在坚实的岩石层上由砂、石块构砌而成。该设施使用寿命长，无需保养，但规模较大，建设成本高，占用航道，影响通航，撞击后对船舶的损伤较大。如图 12-3 所示。

图 12-3　人工岛防撞（国外某跨海大桥人工岛桥梁）

（四）复杂缓冲结构防撞

复杂缓冲结构防撞是采用木材、钢结构、钢筋混凝土、柔性阻尼元件等形成的防撞结构体系，在桥墩周围形成一圈缓冲保护层，当船舶撞击桥梁事故发生时，船舶碰撞能量主要由防撞设施与碰撞船舶的钢板、骨材变形破裂崩溃吸收、消能。该缓冲方式耐撞性强，用途较广，规模可大可小，主要用于大、中、小型各种船舶的高能碰撞。

（1）钢质结构防撞（油漆等防腐体系）。该防撞方案的特点为抗撞性能强，但耐腐蚀性能较差，结构易生锈。如象山港大桥桥梁防撞设施（见图 12-4），可以承受 50 000t 载重量的船舶以 5.0m/s 船舶速度撞击。

图 12-4　宁波象山大桥桥梁防撞设施安装现场实景

（2）钢质-PPZC 复合材料结构防撞（复合材料防腐体系）。该防撞方案的特点是抗撞性能强，耐腐蚀性好，是一种性能优异的新型防撞设施。新建厦深铁路榕江特大桥主墩采取钢质-PPZC 复合材料浮式柔性防撞设施方案（见图 12-5），可抵抗 10 000t 的船舶 3m/s 速度撞击。

图 12-5　榕江特大桥钢质-PPZC 复合材料浮式防撞设施现场实景

（3）全复合材料结构防撞。全复合材料（较多数为玻璃钢材料）防撞分为圆管式、蜂窝式、箱体式三种防撞形式，其特点是耐腐蚀性能较好，但复合材料本身较脆，耐久性、耐撞性差，当船舶撞击力达到一定时，圆管整体结构易发生破碎和崩溃失稳现象，不适用于防护大吨位船舶碰撞，对桥梁和船舶防撞保护存在极大安全风险，对于小船的防撞保护有一定效果。浮式全复合材料防撞设施如图 12-6 所示。

图 12-6　浮式全复合材料防撞设施

本研究的目的在于通过收集和分析塔体周边现状、通航船舶流量、年通航密度、航路，以及航道规划、通航船型和不同船舶涨落潮航速等资料，选取船舶碰撞力的关键参数，确定船舶撞击力标准；通过船舶撞击力标准以及分析和研究国内外现行的船舶撞击防撞方案，推荐经济、安全的塔体防撞方案，为塔体结构设计提供必要依据。

第二节　船舶撞击作用力标准研究

一、塔体遭船舶撞击情形分析

（一）塔体被船舶撞击的情形分类

塔体被撞击的可能情形，应该考虑船舶失控漂流和误行撞击，可能的情形有以下四种：

（1）半漂移状态（失机不失舵）。当船舶行驶在塔基附近，船舶主机发生故障，而舵机正常工作的情况下，如驾驶员不及时调整航向，将会发生船舶撞击事故。

（2）半漂移状态（失舵不失机）。当船舶行驶在塔基附近，船舶舵机发生故障，而主机正常工作的情况下，如驾驶员不及时采取措施，将会发生严重的船舶撞击事故。

（3）误撞（有机有舵情况下人为原因造成）。当船舶行驶在塔基附近，在船舶舵机、主机都正常工作的情况下，由于人为、天气等原因导致船舶行错航线误撞塔体。

（4）全漂移状态（无机无舵，受风、水流影响）。当船舶行驶在塔基附近，行驶船舶主机与

舵机均发生故障不能工作，船舶受到风、水流影响发生撞击塔体事故。

（二）船舶失控全漂移状态

船舶失控运动根据失控时的船舶制动状态，可分为不采取抛锚措施和采取抛锚措施两种状态。由于采取抛锚措施的状态比不抛锚状态下的失控船速要小得多，因此这里仅分析不采取抛锚措施的状态下的情形，该情形撞击速度更大，危险性更大，所得结果也更安全。

根据武汉理工大学关于船舶失控后的运动结论与危险失控区的数据得知：无论是落潮下行还是涨潮上行，通航区域内的代表船型在塔附近 3～5km 范围内失控的危险性最大。因此，以 5km 范围内失控航速作为可能撞击到塔体轴线的速度进行分析，数据见表 12-1 和表 12-2。

表 12-1　船舶在 5km 范围内失控，涨潮上行，临近北塔轴线的航速

船型	载况	流速（m/s）	5km 范围内失控	
			临跨越线航速（m/s）	最大漂移量（m）
20 万 t 级海轮	减载	<1.0	3.37	1062
		1.0～2.0	4.00	1667
	压载	<1.0	2.48	1113
		1.0～2.0	3.23	1514
15 万 t 级海轮	减载	<1.0	3.07	1144
		1.0～2.0	3.75	1738
	压载	<1.0	1.65	1445
		1.0～2.0	2.53	1805
10 万 t 级海轮	减载	<1.0	2.97	889
		1.0～2.0	3.65	1292
	压载	<1.0	1.00	2562
		1.0～2.0	2.00	2464
4.8 万 t 级船队	满载	<1.0	1.39	6221
		1.0～2.0	2.78	5708
2.7 万 t 级船队	满载	<1.0	1.30	7738
		1.0～2.0	2.53	5571

表 12-2　船舶在 5km 范围内失控，落潮下行，临近南塔轴线的航速

船型	载况	流速（m/s）	5km 范围内失控	
			临跨越线航（m/s）	最大漂移量（m）
20 万 t 级海轮	减载	<1.0	2.87	600
		1.0～2.0	3.58	749
	压载	<1.0	2.08	675
		1.0～2.0	3.06	845

续表

船型	载况	流速（m/s）	5km 范围内失控	
			临跨越线航（m/s）	最大漂移量（m）
15 万 t 级海轮	减载	<1.0	2.60	573
		1.0～2.0	3.41	766
	压载	<1.0	1.48	774
		1.0～2.0	2.65	910
10 万 t 级海轮	减载	<1.0	2.85	579
		1.0～2.0	3.35	765
	压载	<1.0	1.11	951
		1.0～2.0	2.31	1010
4.8 万 t 级船队	满载	<1.0	1.96	567
		1.0～2.0	3.62	660
2.7 万 t 级船队	满载	<1.0	1.17	701
		1.0～2.0	2.45	882

二、船舶撞击参数的确定

船舶撞击参数是确定船舶撞击力的关键要素，船舶撞击力的计算有许多方法，关键是如何确定代表船型、船舶撞击速度和撞击角度。

（一）航道等级和代表船型

通过调查和统计航道目前通航船型现状、工程河段船舶运输方式、航道远期发展规划、工程水域最大水深、船舶失控漂流或误行撞击的可能性等，结合 GB 50139—2014《内河通航标准》，考虑本河段的实际水深情况，最终确定可能撞击南、北塔被的代表船型与尺度，见表 12-3。

表 12-3　可能撞击南、北塔的代表船型与尺度

船　型	名称	船长（m）	船宽（m）	锚重（t）	型深（m）	满载吃水（m）	备 注
20 万 t 级散货船	北塔	312	50	12.9	25.5	16.1	乘潮减载
15 万 t 级散货船		303	50	11.7	25.4	15	乘潮减载
10 万 t 级散货船		260	43	9.9	21.5	11.8	满载
4.8 万 t 级船队		406	64.8		4.5	3.5	满载
5 万 t 级散货船	南塔	176	26.1	7.5	14.4	7.6	满载
2.7 万 t 级船队		240	52		3.5	2.6	满载

注　其中 15 万 t 级与 20 万 t 散货船作为船舶力计算的校核。

（二）碰撞速度的确定

按照美国国家高速公路和交通运输协会（AASHTO）《船舶撞击设计指南》建议的确定船舶设计撞击速度的方法：在航道范围内，船舶以正常速度行驶；在航道中心线至三倍船长以外，船舶以水流速度漂流，水流速度可按航道所在处的多年平均流速确定；此两者之间的区域，设计船速按直线内插确定。设计船舶撞击速度曲线如图 12-7 所示。

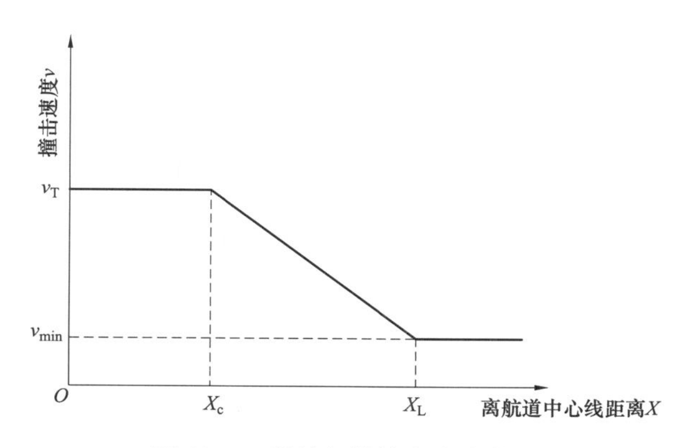

图 12-7　设计船舶撞击速度曲线

v—设计船舶撞击速度（m/s）；v_T—船舶在航道内的正常行驶速度（m/s）；v_{min}—船舶最小设计撞击速度（m/s），可由所在水域的多年平均流速确定；X—船舶航道中心线到塔体构件的距离（m）；X_c—航道中心线至航道边缘的距离（m）；X_L—距离航道中心线 3 倍船长

因此，船舶的撞击速度与航行速度和水流速度有关。根据统计，塔区的平均流速为 1. 9m/s，下面重点对航行速度进行选取。

1. 船舶航行速度

据有关部门调查，船舶航速受流速影响，船队和船舶通过塔区时的航速如下：

（1）船队航速。船队下水航速 8～10 节（1 节＝0. 514 2m/s），船队上水航速 4～6 节。

（2）轮船、海轮航速。船舶下水轮船航速在 8～12 节范围，轮船上水航速 6～9 节。

综合考虑多方面因素，本工程代表船型航速引用《淮南—南京—上海 1000kV 交流特高压输变电工程苏通长江大跨越工程船舶失控漂移及船撞风险研究报告》的相关数据，具体见表 12-4。

表 12-4　　本工程代表船型航速

名称	代表船型	航向	航行中心航行速度（m/s）	说明
北塔	20 万 t 级散货船（减载）	涨潮上行	5. 66	期间存在往复流，上下水速度按最大值选取
	15 万 t 级散货船（减载）		5. 66	
	10 万 t 级散货船		5. 66	
	4. 8 万 t 级船队		5. 00	
南塔	5 万 t 级散货船	落潮下行	5. 66	
	2. 7 万 t 级船队		5. 00	

2. 撞击速度

撞击速度的选取主要采用了美国 AASHTO 的《船舶撞击设计指南》的推荐方法，以及武汉理工大学关于船舶失控全漂移状态运动分析的研究结论。

（1）方法 1。根据美国 AASHTO 的《船舶撞击设计指南》计算塔体撞击速度的推荐方法，由于失控船舶漂撞塔体中心到航道中心距离远大于 3 倍船长距离，撞击速度取水流平均速度。

（2）方法 2。在不采取抛锚措施失控船舶运动情形下，选取 5km 范围内失控，临近塔体轴线的航速作为塔体代表船型撞击速度。

由于人为原因导致船舶行错航线，以及强台风、强风暴等恶劣天气导致停泊船舶断缆而误撞塔体等情况，这一类碰撞对塔体结构损害最为严重。为了安全储备，在 5km 范围内失控的代表船型撞击速度上增加了约 1.0m/s 的安全裕度。

撞击速度取值见表 12-5。

表 12-5 防撞代表船型的撞击速度

名称	代表船型	航向	航行中心航行速度（m/s）	撞击速度（m/s）		
				方法 1	方法 2	推荐值
北塔	20 万 t（减载）	涨潮上行	5.66	1.9	4.0	4.0
	15 万 t（减载）				3.75	3.75
	10 万 t				2.0	3.0
南塔	5 万 t	落潮下行	3.88		2.12	3.2

注 其中 20 万 t 船舶与 15 万 t 船舶作为减载校核，因此速度未增加安全系数。

（三）船舶撞击角度的确定

船舶撞击桥梁角度的确定需要考虑多方面的因素，如：河道变迁与河势情况、水流流向、水流流向与塔轴线法向夹角，以及塔位处的风、流压偏角等。

水流流向与塔轴线法向夹角是影响船舶撞击角度确定的一个重要因素。过大的塔轴线法向与水流流向夹角会增加船舶撞击桥梁事故发生的风险。根据苏通长江大跨越工程水文测验技术报告，该航段流向按不利流向取值，涨潮 295°（向北偏），落潮 100°（向南偏）。拟建工程塔轴线的法向与水流流向交角较大，最大达到约 19°，如图 12-8 所示（图 12-8 取涨潮 295°为最大流偏角）。为了安全储备，综合多种因素的影响，选取最大流偏角减去 1°～2°作为船舶撞击塔体的角度，即撞击角度为 17°。

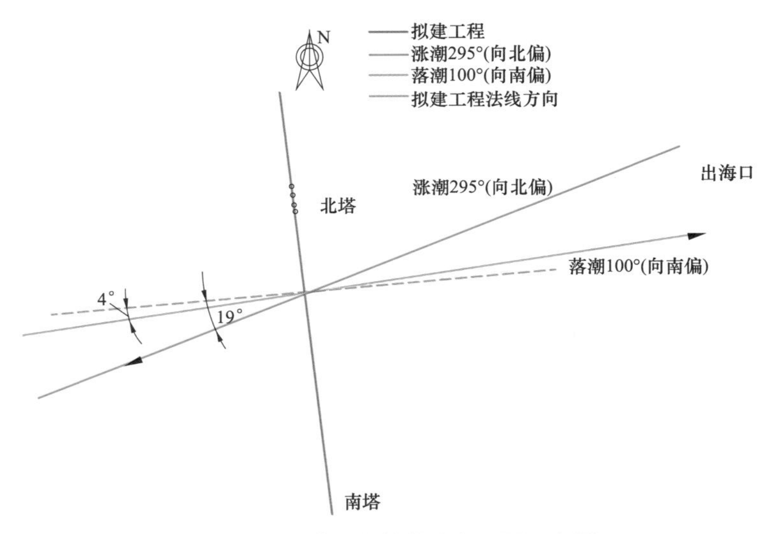

图 12-8 拟建工程航段流向平面示意图

三、船舶撞击力的确定

（一）撞击力经验计算方法

1. 常用撞击力经验公式

船舶撞击力的计算方法中，经验公式计算法占有很大的比重，包括我国公路、铁路规范在内，世界上不同组织提出了数十种船舶撞击力的经验公式。经验公式计算快捷简便，但不同的经验公式计算结果往往相差很大。常用的有公路规范公式、铁路规范公式、国际桥梁和结构工程协会（IABSE）指南公式等。

2. 塔体船舶撞击力经验公式计算

采用南、北塔体的代表船型，在船舶满载的情况下撞击塔体来计算船舶撞击力。根据上一节推荐的撞击速度取值，塔体船舶撞击力计算结果见表 12-6。

表 12-6　　塔体船舶撞击力计算列表

名称	航向	船舶载重吨位	船舶排水量（t）	撞击速度（m/s）	中国《公桥规》（MN）	中国《铁桥规》（MN）	美国《公桥规》AASHTO，1994（MN）	敏诺斯基—捷勒—沃易苏公式（MN）	索尔+诺特—格林那（MN）
北塔	涨潮上行	20 万 t（减载）	12. 5	4. 0	101. 88	53. 60	169. 71	151. 03	196. 00
		15 万 t（减载）	12. 1	3. 75	77. 30	49. 52	159. 10	141. 87	187. 74
		10 万 t（满载）	10. 5	3. 0	80. 77	41. 33	113. 84	129. 37	144. 71
南塔	落潮下行	5 万 t（满载）	5. 4	3. 2	22. 80	22. 68	85. 87	55. 67	106. 83

注　由于 4. 8 万 t 船队和 2. 7 万 t 船队的吨位远小于代表船型的吨位，计算后的撞击力也远小于其船撞力，这里计算暂不考虑。

表 12-6 可以看出，采取不同方法计算出的船撞力差异很大。因此，开展更细致的塔体船撞力有限元碰撞仿真计算很有必要。

（二）塔体有限元碰撞仿真

船舶与刚性塔体碰撞采用自适应接触算法，运用 LS-DYNA 显式动力学分析软件，在船和刚性塔体的撞击区之间定义主从接触。其中船舶和塔体采用了多种单元进行了离散，如：考虑了应变率效应的板壳单元、梁单元、刚性材料单元等，另外在船舶模型处理上考虑了附连水质量对结构的动力影响，分别对南、北塔进行了有限元碰撞仿真计算，并最终归纳有限元计算结果，见表12-7。

表12-7　　南、北塔被船舶撞击后计算结果汇总

序号	名称	编号	防撞代表船型	水位	撞击速度（m/s）	撞击角度（°）	作用点高程（m）	横塔向撞力（MN）	顺塔向撞力（MN）	铅垂向撞力（MN）
1	北塔	（1）	10万t级船舶（满载）	高水位	3.0	17	-1.5	100.0	14.0	8.4
2						30		40.0	22.0	3.2
3						25		8.9	49.0	3.0
4		（2）		中水位		17	-4.4	96.0	14.0	6.0
5						30		34.0	22.0	6.0
6						25		11.0	24.4	8.0
7		（3）	15万t级船舶（减载校核）	高水位	3.75	17	-4.7	136.0	24.0	21.0
8						30		60.0	31.5	4.5
9						25		8.0	48.0	4.0
10		（4）		中水位		17	-7.8	122.5	22.5	22.5
11						30		49.0	31.5	9.0
12						25		11.0	26.0	9.0
13		（5）	20万t级船舶（减载校核）	高水位	4.0	17	-5.8	147.0	24.5	24.5
14						30		60.8	41.0	2.0
15						25		9.0	48.4	3.0
16		（6）		中水位		17	-8.7	144.5	20.5	20.0
17						30		54.5	38.5	2.2
18						25		8.5	42.5	2.5
19	南塔	（7）	5万t级船舶（满载）	高水位	3.2	17	-0.5	70.0	12.0	6.0
20						30		44.5	27.0	5.0
21						25		6.0	38.0	2.5
22		（8）		中水位		17	-3.4	63.0	10.8	8.4
23						30		32.0	22.0	6.0
24						25		5.0	18.5	2.6

注　1. 17°正向撞击表示：船舶撞击方向为正向撞击，船舶与塔体横塔向中心线夹角为17°。

2. 30°正侧向撞击表示：船舶撞击方向为正侧向撞击，船舶与塔体横塔向中心线夹角为30°撞击角度选取为防撞设施圆弧转角的法线方向，该方向撞击船舶损失较大。

3. 25°侧向撞击表示：船舶撞击方向为撞击塔体侧部，船舶与塔体横塔向中心线夹角为25°，撞击角度按规范要求选取25°。

（三）塔体船舶撞击力标准

塔体最终船舶撞击力标准的确定原则如下：

（1）对比分析船舶撞击力经验公式计算出的结果与有限元数值仿真模拟的结果见表 12-8。

表 12-8　　塔体船舶撞击力对比分析

名称	航向	船舶载重吨位	船舶排水量（万 t）	撞击速度（m/s）	撞击角度	有限元计算出横塔向撞力（MN）	美国《AASHTO》，1994（MN）
北塔	涨潮上行	20 万 t（减载校核）	12.5	4.0	17°正向	147.0	169.71
		15 万 t（减载校核）	12.1	3.75	17°正向	136.0	159.10
		10 万 t（满载）	10.5	3.0	17°正向	100.0	113.84
南塔	落潮下行	5 万 t（满载）	5.4	3.2	17°正向	70.0	85.87

从表 12-8 中可以看出，有限元计算得出的船舶横塔向撞击力最大值与美国《AASHTO》规范最为接近。由于美国《AASHTO》规范采用的是 0°正撞的计算结果，考虑到工程水域条件与船舶撞击角度的实际情况，一般 0°正撞的可能性几乎为零。因此，这里取有限元计算出的船舶横塔向撞击力最大值作为塔体的船撞力数值。

（2）参考工程临近桥梁的船舶撞击力标准。

1）苏通长江公路大桥主桥墩代表船型为 5 万 t 海轮（南塔塔体可参考、借鉴），主桥墩船撞力为 50MN。

2）沪通铁路长江大桥主桥墩代表船型为 10 万 t 海轮（北塔塔体可参考、借鉴），主桥墩船撞力为 109MN。

结合上述塔体，最终船舶撞击力取值的确定原则中第一节到第二节的数据，以及本河段的未来航道发展的情况，最终确定南北塔体的船撞力标准见表 12-9。

表 12-9　　塔体船舶撞击力标准

桥墩	距航道边缘距离（m）	防撞控制船舶		横塔向防撞力（MN）	顺塔向防撞力（MN）	铅垂向防撞力（MN）
		船型	撞击速度（m/s）			
北塔	1390	20 万 t（减载校核）	4.0	147.0	48.4	24.5
		15 万 t（减载校核）	3.75	136.0	48.0	22.5
		10 万 t（满载）	3.0	100.0	49.0	8.4
南塔	650	5 万 t（满载）	3.2	70.0	38.0	8.4

第三节　防 撞 方 案 研 究

一、塔体防撞要求

防撞设施的设计需要考虑塔体的自身抗撞能力、塔体的位置、塔体的外形、水流的速度、水位变化情况、通航船舶的类型和碰撞速度等因素。防撞设施应满足如下要求：

（1）对撞击船舶的能量（动能）进行消能缓冲，使船舶结构不能直接撞击塔体结构，或使船舶碰撞力控制在安全范围内。

（2）在各种水位条件和各种船舶的装载状态下，撞击的船舶结构不能直接触及塔壁，水下球鼻艏部分不能直接撞击桩基础。

（3）防撞设施结构不能影响航道的通航尺度，占用航道尺度应尽量少。

（4）采用各种缓冲阻尼材料，尽量减小通航船舶的损伤。

（5）通过合理的结构型式和结构布置，使船撞事故发生后，通过防撞结构的变形、压溃和撕裂，拨动船头方向，让碰撞船舶带走更多能量，减少塔体吸收的能量，降低船撞力。

（6）防撞设施具有良好的抗撞性能和耐腐蚀性能，且具有很好的可靠性和安全性、经济性。

二、防撞方案的确定

（一）防撞方案形式比选

针对工程水域水位落差大、水运交通繁忙、通航量高等特点，通过调研国内外成功的桥梁防撞设施实施经验，该塔体的防撞设计思路如下：

（1）防撞设施应能够适应工程水域自然和航运条件，满足塔体防撞特点，能够有效地阻止船舶撞击塔柱和桩基础。

（2）防撞设施能够在所有通航水位下正常工作，保护塔体船撞安全。

（3）当船撞事故发生时，防撞设施应具有缓冲消能、吸能特性，并且能够迅速拨动撞击船头运动方向，使船舶本身能够保留更多的撞击动能，最大限度地降低船舶与塔体能量交换，降低船舶撞击力，保护塔体和船舶的安全。

（4）防撞设施应具有良好的防腐耐老化性能，同时兼并美观、经济、制造简单、安装方便的特点。

结合上述防撞设计思路，提出了三种防撞方案。具体介绍如下：

1. 防撞方案一：浮式柔性防撞设施

该防撞设施由内外两层防撞体构成，如图 12-9 所示。它具有以下特点；

（1）外层结构由两套防撞体组成，内层由板梁结构组成的浮式钢结构提供浮力，外层非连续（间断的）结构和阻尼吸能元件负责延长撞击时间，减少船撞时结构之间的摩擦力，减少结构碰撞损伤。

（2）内侧安装多个缓冲吸能阻尼元件，与混凝土表面滑动摩擦。当船舶撞击防撞装置时，船舶首先接触第一层防撞结构，外层非连续（间断的）结构钢板发生大的变形，吸收了部分碰撞能量，降低撞击力峰值，减少船舶与结构间能量交换。

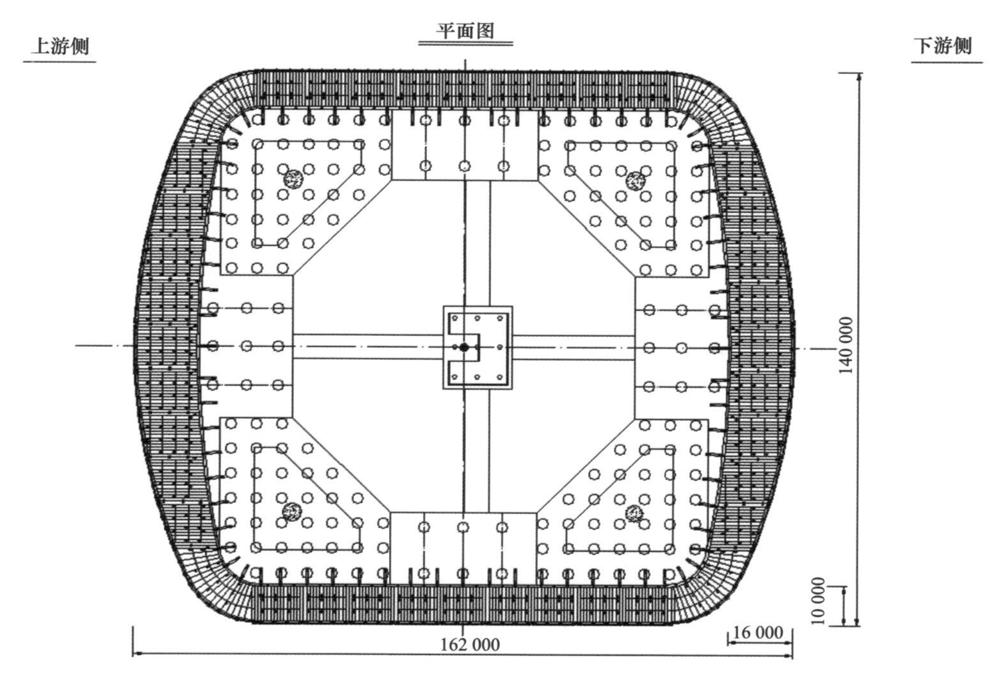

图 12-9　防撞方案一整体效果图

注：南塔与北塔的防撞代表船型不同，南塔较北塔的船舶撞击力小，因此在塔体防撞设计上进行了差异化设计。

2. 防撞方案二：群桩+浮式柔性圆形防撞设施

首先在塔体承台上下游一定距离设立16根直径300cm的钢管桩，钢管桩间用设置若干个圆管，让各个钢管桩联成为一个圆形整体结构；再将浮式圆截面防撞设施置于圆形群桩外围，该浮式防撞体可随水位变化而变化，在任何通航水位情况下，可阻止船舶撞击到塔体，而且当发生船撞事故时，圆形防撞发生转动，从而拨动船头方向，有效地保护塔体和船舶的船撞安全。

防撞方案二设计图如图12-10所示。

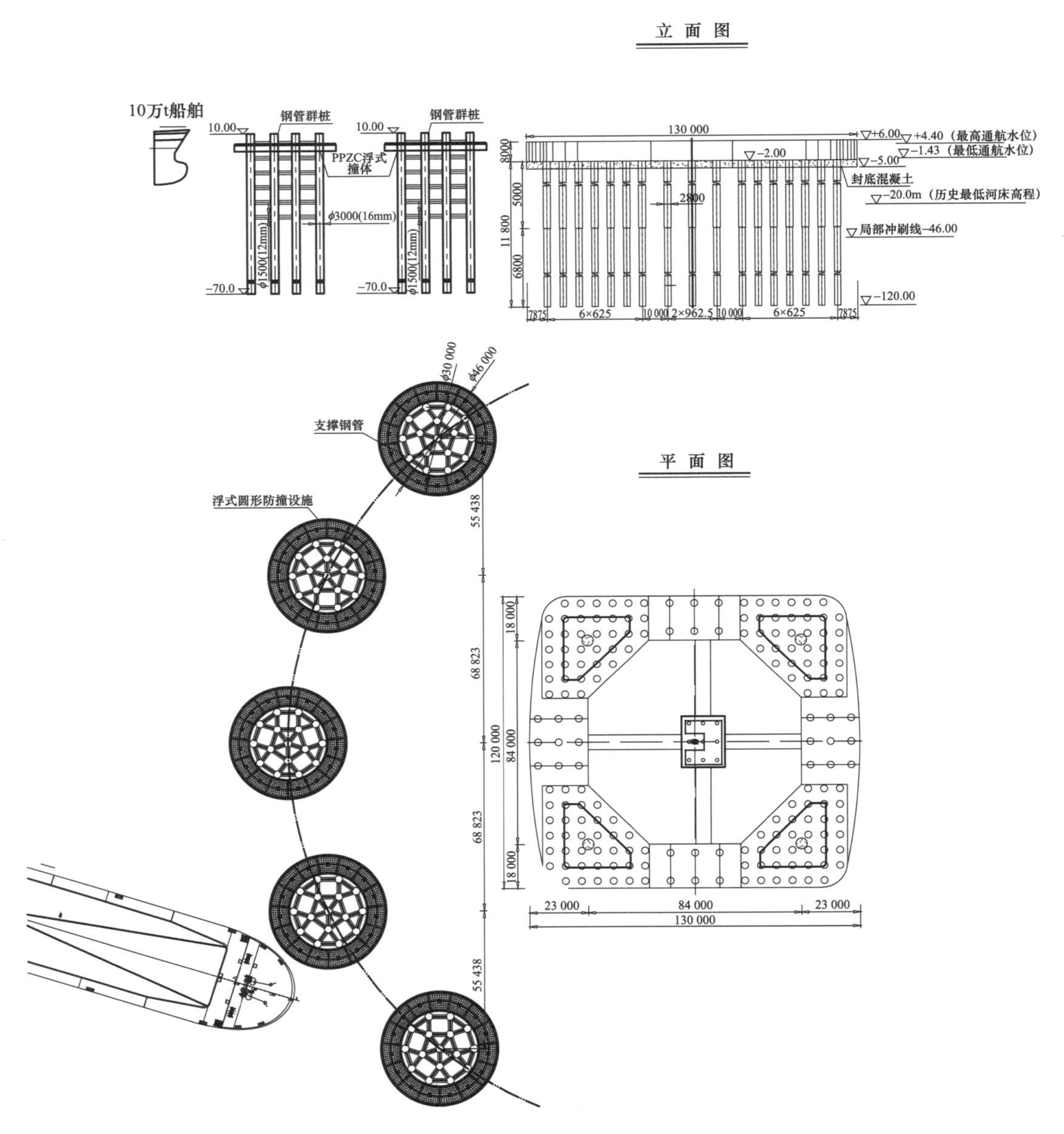

图12-10　防撞方案二设计图

3. 防撞方案三：独立防撞群桩防撞方案

在塔墩周围约30m处船舶易撞区域共设置多个独立防撞群桩，防撞桩间隔12.70m，采用钢管连接。每个防撞桩径为ϕ3m，壁厚为0.8cm钢管桩，钢管桩插打钢筋，现浇混凝土。防撞墩台长140m、宽16m，水平上下间距4m，防撞钻孔桩植入钢筋与江底岩层40m。两墩之间以上下三层钢管首尾相连。防撞方案三整体效果如图 12-11 所示。

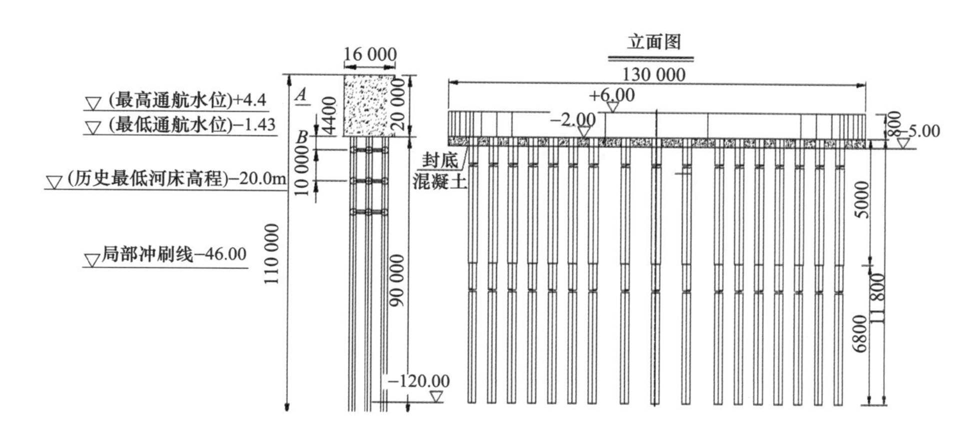

图 12-11　防撞方案三整体效果图

当发生撞击时，能够使群桩结构共同受力。可以改变船舶运动方向，减少船舶撞击能量交换，保护通航安全。但该方案对船舶损伤大，撞后维修难度大。

塔体三种防撞方案对比见表 12-10。

表 12-10　　塔体三种防撞方案形式比选

性　能	防撞方案一	防撞方案二	防撞方案三
	浮式柔性防撞设施	群桩+浮式柔性圆形防撞	独立防撞群桩
降低船撞力	30%～40%	40%～50%	15%～20%
塔体和船舶损伤	较小	较小	较大
撞后可维修性	容易	容易	不容易
防腐性能	好	好	一般
使用年限	100 年（期间，防腐表层维护 2 次）	100 年（期间，防腐表层维护 2 次）	100 年（期间，需要更换 6 次）
视觉效果	好	一般	较差
影响防洪	小	小	大
影响通航	小	小	一般

续表

性　　能	防撞方案一	防撞方案二	防撞方案三
	浮式柔性防撞设施	群桩+浮式柔性圆形防撞	独立防撞群桩
防撞施工、安装	在工厂成型大型耗能节段，在现场连接成防撞体，水上安装方便	需要在水上搭建施工平台，插打钢管桩。另外再将浮式防撞单元置于钢管群桩外围，施工过程较为复杂	需要在水上搭建钻孔桩钢平台及钢护筒施工平台，施工过程较为复杂
防撞方案造价	较低	适中	较高

方案一采用的是浮式防撞设施，该防撞设施可改变船舶撞击方向，大大降低船撞力，是对塔体和船舶都具有很好保护的柔性防撞设施。

方案二采取的是群桩+浮式圆形防撞设施的独立防撞体形式。当发生失控船舶撞击时，圆形防撞发生转动，从而拨动船头方向，有效地保护桥梁和船舶的船撞安全。但该方案无法消除塔体任何方向的船撞风险，而且造价非常高，且施工难度大。

方案三采取的是独立群桩防撞的防撞形式。当发生撞击时，能够使群桩结构共同受力。但该种防撞形式，一旦发生船舶撞击事故，结构损坏将十分严重，而且修复难度大，不利于后期维护。另外，当后期钢管桩基础在海水中锈蚀后，也不可能在原有的群桩基础上重新修建或改造，造价昂贵。

综合上述分析与专家咨询意见，认为方案一工程造价较低，且防撞消能、改变船舶撞击方向、降低船撞力方面优势明显，施工维护都比较方便。建议采取方案一为苏通长江大跨越工程塔体的防撞方案。

（二）防撞方案材质比选

目前，国内主要采用三种材质的防撞设施，分别是：① 全钢质材料柔性防撞设施；② 钢质-PPZC 复合材料柔性防撞设施；③ 全复合材料柔性防撞设施。三种不同材质防撞设施主要性能比较见表 12-11。

表 12-11　　三种不同材质防撞设施主要性能比较

性能	全钢质材料柔性防撞设施	钢质-PPZC 复合材料柔性防撞设施	全复合材料柔性防撞设施
工作原理	全钢质材料防撞，柔性多级消能，改变船舶撞击方向，表面油漆等防腐。 适合中、大型船舶高撞击能量防撞	钢质复合材料防撞，柔性多级消能，改变船舶撞击方向，表面PPZC 复合材料防腐，充分利用了钢材的抗撞性和复合材料的耐候性、耐腐蚀性。 适合中、大型船舶高撞击能量防撞	复合材料耗能节段弹性变形，缓冲消能，属柔性防撞，但复合材料易老化，抗冲击性差，撞击后结构易碎、易崩溃。 适合小型船舶低撞击能量防撞
防撞效果	降低船撞力 20%～25%	降低船撞力 30%～40%	降低船撞力 15%
桥梁和船舶损伤	较小	较小	较大。复合材料撞后易碎、崩溃，易导致船舶二次撞击桥墩

续表

性能	全钢质材料柔性防撞设施	钢质-PPZC 复合材料柔性防撞设施	全复合材料柔性防撞设施
撞后可维修性	较容易。 表面油漆耐腐性性能差，后期维护费用大	容易。 表面耐腐蚀强，基本不用维护	不容易。 材料耐腐蚀，撞后结构破碎、崩溃，需要大量维修和维护
耐腐蚀性	不好。 耐酸耐碱，但耐海水腐蚀差	好。 耐酸耐碱，耐海水腐蚀	好。 耐酸耐碱，耐海水腐蚀
使用年限	100 年 （期间，防腐表层维护 6 次，防撞结构不存在力学性能衰减和老化问题，在生命周期不存在任何结构力学性能降低所造成的防撞安全隐患）	100 年 （期间，防腐表层维护 2 次，防撞结构不存在力学性能衰减和老化问题，在生命周期不存在任何结构力学性能降低所造成的防撞安全隐患）	20～30 年 （期间，由于复合材料力学性能逐年衰减，材料老化，结构力学性能已不是设计时力学性能，防撞结构存在严重的安全隐患，结构使用 20～30 年后，防撞结构将完全老化报废）
施工难易	在工厂焊接预制成单个箱体，采用内法兰螺栓连接，但由于箱体重量大，水上施工难度大	在工厂成形大型钢质复合材料耗能节段，在现场连接成防撞体，水上安装方便	在工厂成形大型复合材料耗能节段，在现场连接成防撞体，重量轻，水上安装方便
承受碰撞次数	可承受多次撞击，钢质结构抗撞性好、不易崩溃。撞击时不会出现大面积崩溃，易修复，保证防撞安全性，但防腐性能较差	可承受多次撞击，钢质复合材料结构抗撞性好、不易崩溃。撞击时，结构不会出现大面积崩溃，易修复，保证防撞安全性	承受撞击次数有限，复合材料结构易脆、易崩溃。撞击时，复合材料防撞节段出现大面积崩溃，修复困难，严重影响防撞安全性
对船舶影响	钢碰钢，船体易受损伤	PPZC 复合材料弹性模量较低，能够最大限度地减轻船体损伤	弹性模量较低，复合材料能够最大限度地减轻船体损伤，但二次撞击后损伤较大
影响防洪、通航	小	小	小
100 年寿命综合造价	如：造价 140 万元，全寿命周期衡量。造价较高	如：造价 100 万元，全寿命周期衡量，造价较经济	如：造价 400 万元，全寿命周期衡量，造价最高
推荐意见	建议不推荐	推荐	不推荐

通过上述比较得出结论如下：

（1）钢质-PPZC 复合材料防撞设施抗撞性能最好，采取多级消能措施，船舶撞击时不会对桥墩造成伤害，损坏后也容易修复，结构在水中耐腐蚀、不生锈，经济性能最好，适合中、大型船舶高撞击能量防撞。

（2）全钢质材料防撞方案与钢质-PPZC 复合材料防撞方案类似，其防撞性能不如钢质-PPZC 复合材料防撞方案，而且其防腐体系采用油漆或表面喷锌铝等合金进行防腐处理，通过国内外实际运用情况发现，其防腐性能还是不太理想，100 年生命周期内维护次数较多，如不维护将影响结构寿命。其经济性能不是最佳，适合中、大型船舶高撞击能量防撞。

（3）全复合材料方案劣势明显，难维护，撞后难恢复，修复难，使用寿命短，100 年内总体造价过高，经济性能最差，适合小型船舶低撞击能量防撞。

综上所述，推荐采用钢质-PPZC 复合材料材质的防撞设施，在防撞性能与造价上最优，性价比也最高。

（三）防撞方案的推荐

综合防撞方案形式以及材质比选，推荐采取钢质-PPZC复合材料浮式柔性防撞设施作为苏通长江大跨越工程塔体的防撞方案。

三、防撞方案计算

船舶与浮式柔性防撞设施碰撞采用自适应接触算法，运用LS-DYNA显式动力学分析软件，在船和浮式柔性防撞设施的撞击区之间定义主从接触。其中船舶和浮式柔性防撞设施采用了多种单元进行了离散（如考虑了应变率效应的板壳单元、梁单元、柔性材料单元等），另外在船舶模型处理上考虑了附连水质量对结构的动力影响。针对南、北塔推荐的防撞方案，分别进行了有限元碰撞仿真计算。

（一）北塔防撞方案有限元计算

10万t代表船型船舶（满载）17°撞击北塔防撞设施得出的撞击力、深度曲线如图12-12～图12-15所示。

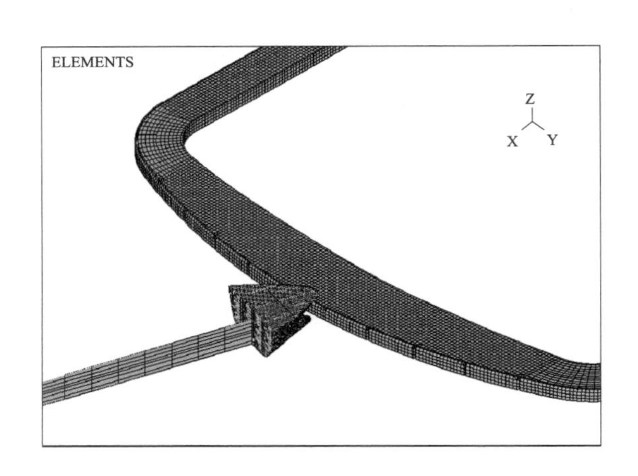

图12-12　正撞有限元模型

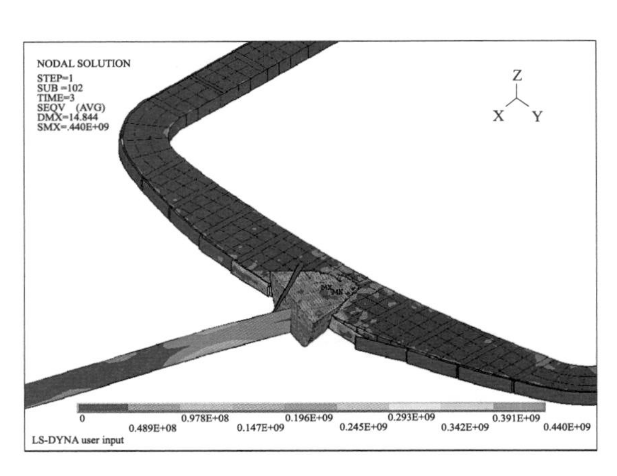

图12-13　正向碰撞仿真

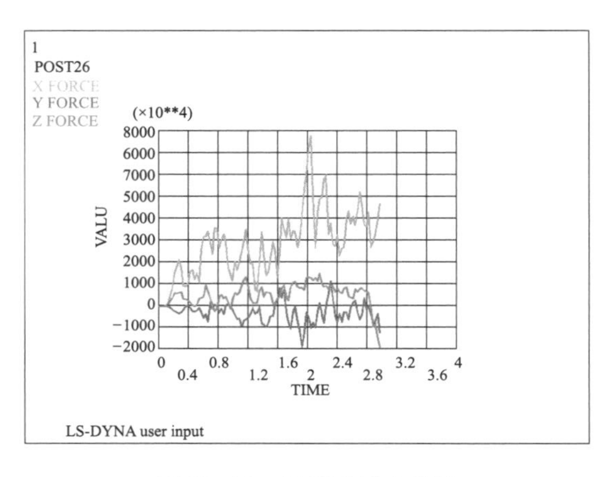

图12-14　正撞碰撞力曲线

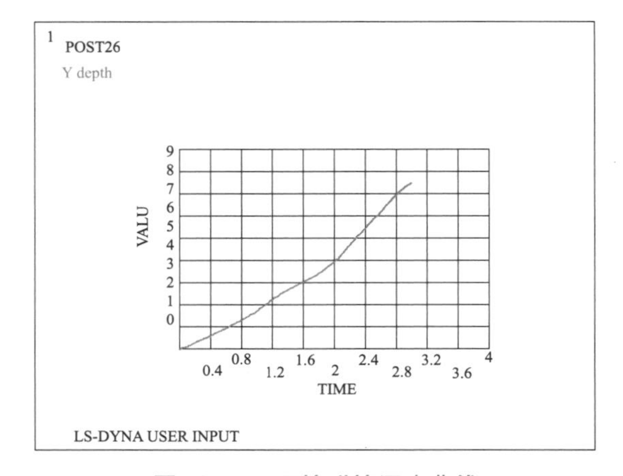

图12-15　正撞碰撞深度曲线

（二）南塔防撞方案有限元计算

10 万 t 代表船型船舶（满载）17°撞击南塔防撞设施，得出的撞击力、深度曲线如图 12-16～图 12-19 所示。

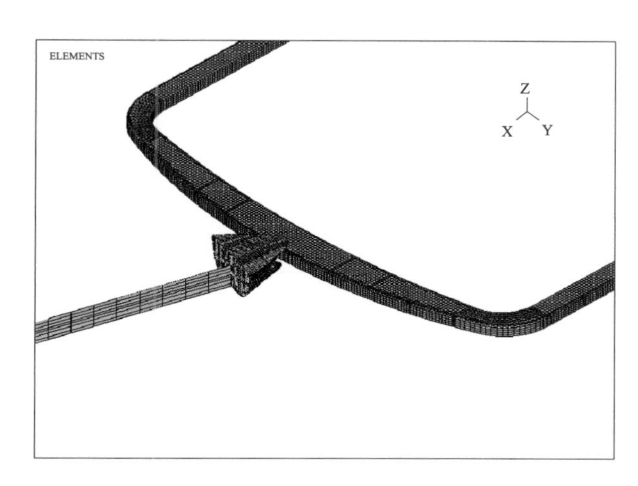

图 12-16 正撞有限元模型

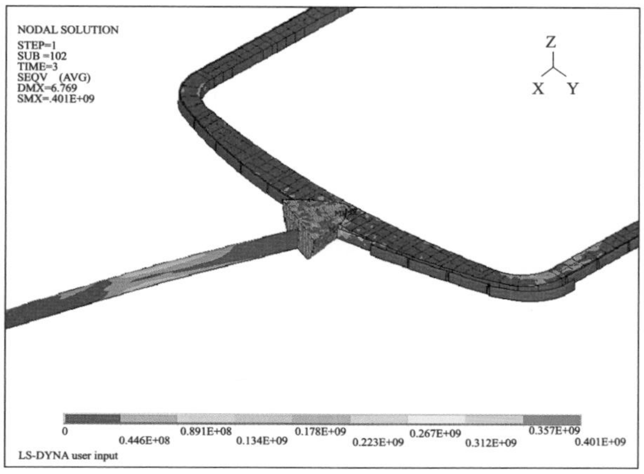

图 12-17 正向碰撞仿真

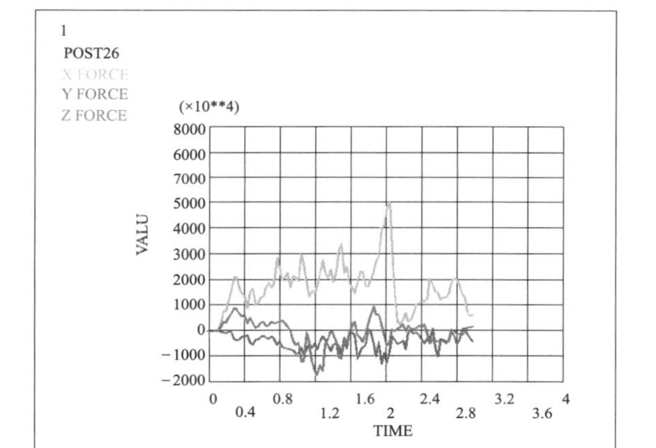

图 12-18 正撞碰撞力曲线

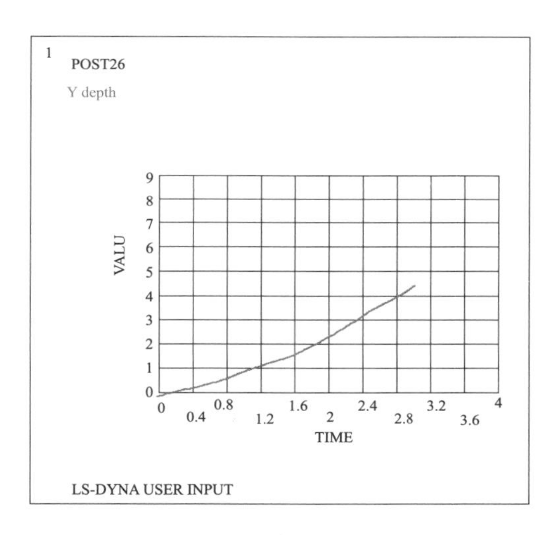

图 12-19 正撞碰撞深度曲线

汇总塔体船舶撞击力最大值与撞击深度计算值见表 12-12。

表 12-12 有钢质-PPZC 复合材料浮式柔性防撞设施情况下船撞击力计算值

序号	名称	防撞代表船型	排水量体积（m^3）	撞击速度（m/s）	撞击角度（°）	横塔向船撞力值（MN）	顺塔向船撞力值（MN）	铅垂向船撞力值（MN）	撞击深度（m）
1	北塔	10 万 t 级船舶（满载）	105 539	3.00	17	77.00	19.50	15.00	7.50
2					30	33.00	25.50	9.00	4.10
3					25	21.00	5.00	4.00	3.20
4		15 万 t 级船舶（减载校核）	121 200	3.75	17	98.00	21.00	21.00	8.90
5					30	44.00	24.00	18.00	4.80
6					25	31.50	7.50	7.50	3.80
7		20 万 t 级船舶（减载）	124 800	4.00	17	112.00	20.00	24.00	9.80
8					30	60.00	41.00	2.00	5.20
9					25	29.50	8.00	10.50	3.90

续表

序号	名称	防撞代表船型	排水量体积（m^3）	撞击速度（m/s）	撞击角度（°）	横塔向船撞力值（MN）	顺塔向船撞力值（MN）	铅垂向船撞力值（MN）	撞击深度（m）
10	南塔	5万t级船舶（满载）	34 911	3.20	17	50.00	12.50	16.30	4.50
11					30	25.00	16.50	8.10	3.60
12					25	18.50	3.20	1.00	2.20

经过有限元仿真计算，船舶撞力最大值与撞击深度均在结构安全允许范围之内，满足防撞设计要求。

第四节　结　　论

一、船舶撞击力标准

运用塔体设计规范、经验公式，以及碰撞有限元仿真计算等方法综合确定船舶撞击力标准，计算数值见表12-13。

表12-13　　塔体船舶撞击力计算值

名称	防撞控制船舶		（无防撞）横塔向防撞力（MN）	（有防撞）横塔向防撞力（MN）
	船型	撞击速度（m/s）		
北塔	20万t（减载校核）	4.0	147.0	112.0
	15万t（减载校核）	3.75	136.0	98.0
	10万t（满载）	3.0	100.0	77.0
南塔	5万t（满载）	3.2	70.0	50.0

为了塔体的结构安全，考虑到船舶超载、超速，以及给未来河道变迁留有可调整空间，根据国内外大型桥梁船撞研究经验，建议塔体船舶撞击力按无防撞设施的撞击力进行取值。

二、塔体防撞方案

通过船舶撞击力标准以及分析和研究国内外现行的船舶撞击防撞方案，提出了三种不同的防撞方案，经过多方面比选，推荐采用“钢质-复合材料浮式柔性防撞设施”方案，该方案具有可大幅降低船撞力，改变船舶撞击方向，耐腐蚀、免维护的特点，该防撞设施，在国内多处桥梁上得到成功运用，具有非常好的防撞效果。

参考文献

[1] 刘明俊，王当利，高国章，等．淮南—南京—上海 1000kV 交流特高压输变电工程苏通长江大跨越工程船舶失控漂移及船撞风险研究报告．武汉：武汉理工大学，2015.

[2] 刘明俊，王当利，肖进丽，等．淮南—南京—上海 1000 千伏交流特高压输变电工程苏通长江大跨越工程通航环境论证报告．武汉：武汉理工大学，2015.

[3] 刘同宦，黄卫东，李振青．淮南—南京—上海 1000 千伏交流特高压输变电工程苏通长江大跨越工程潮流泥沙物理模型（定床）试验研究报告．武汉：长江水利委员会长江科学院，2015，5.

[4] 刘同宦，黄卫东，李振青．淮南—南京—上海 1000 千伏交流特高压输变电工程苏通长江大跨越工程二维潮流数学模型计算报告．武汉：长江水利委员会长江科学院，2015，5.

第十三章

跨越塔附近床面防护专项研究与设计

第一节　概　　述

一、研究目的和意义

苏通长江大跨越工程是淮南—南京—上海特高压交流输变电工程跨越长江的重要节点工程，跨越点位于G15沈海高速苏通长江大桥上游，采用“耐—直—直—耐”跨越方式，主跨“直—直”档跨越长江主航道。工程共设有2座跨越塔和2座锚塔，其中2座跨越塔立于江中，塔全高约480m，塔基础采用钻孔灌注桩群桩+高桩墩台的联合基础方案。

我国幅员辽阔，江河密布，每当雨季到来山洪暴发时，加上地质环境灾害的影响，共同对塔基础安全造成威胁，塔基础水毁损失十分严重，因此，对塔基础阻水引起的局部冲刷进行切实有效的防护，是保持苏通长江大跨越工程安全与稳定环节中重要和必要的一环。塔基础局部冲刷和防护，已经成为提高大跨越工程塔基础安全度、确保工程稳定可靠的关键性技术问题。

目前国内外高速发展的通道建设对大型、特大型桩承台基础的使用已形成相当规模，如世界第一大跨径斜拉桥——苏通大桥的主墩采用了特大密集型高桩承台作为桥墩基础。本次苏通长江大跨越工程采用钻孔灌注桩群桩+高桩墩台的联合基础方案，而在大型群桩局部冲刷防护方面的认识和研究存在不足，因此结合生产建设实际、深入开展这方面的研究已成为当务之急。

二、国内外研究现状

（一）国外研究进展

国外对桥基局部冲刷防护工程研究起步较早，对桥基防护除了采用传统的护底措施，近年来逐步开展了以消能减冲措施为目标的研究，主要体现在以下方面：

1. 消能减冲措施

主要利用水与固体、水与气体、水与水体自身之间的碰撞掺混合摩擦剪应力的作用，即通过摩阻、冲击、漩辊、挑流、扩散和掺气等方式把急流或主流转化为扩散均匀的缓流，同时把过剩的动能转换为热能而消散。工程界在坝下游等消能工程中应用该原理取得了很大的成功，而在桥基冲刷防护方面，国外目前处于探索阶段，迄今为止进行了以下4种措施的探索：

（1）基础沉箱。研究显示，最佳方案是在墩下设置3倍墩柱直径的沉箱，沉箱顶部高程大约在天然河床下墩柱直径的1/2，其结构型式见图13-1，采用基础沉箱后冲刷将减少到只有单独墩柱时冲刷量的 1/3。

（2）上游减冲群桩。Chabert 和 Engcldinger（1956）曾研究在墩柱上游设置小群桩，主要目的是化解直冲桥基的水流，减弱产生冲刷的漩涡力度。影响减冲工效的因素有桩数 n、桩径 d、张角 α、群桩与桥墩距离 L 等。其结构见图 13-2，研究显示如布设适当可使局部冲深减少 50%。

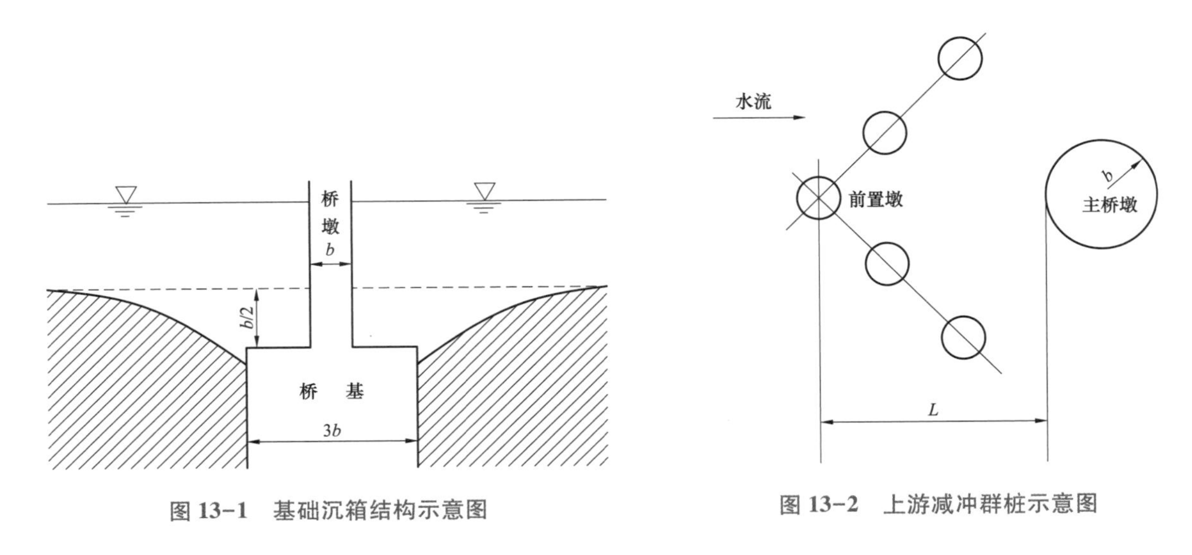

图 13-1　基础沉箱结构示意图

图 13-2　上游减冲群桩示意图

（3）墩柱开槽减冲。直接在墩柱上开槽，位置分上开槽和下开槽两种，减冲效果在 20%～30%，其结构见图 13-3。

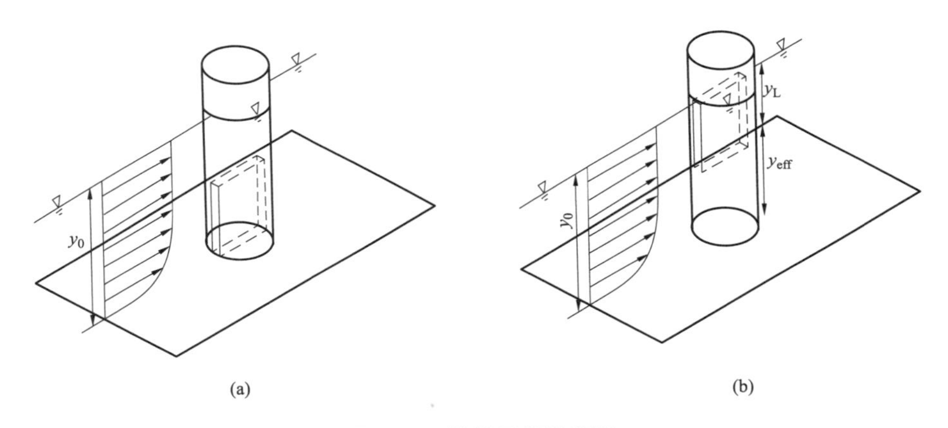

图 13-3　墩柱开槽示意图

（a）底面开槽；（b）表面开槽

（4）水下人工潜岛防护。把基础沉箱筑出河床之上形成水下潜岛，工程后使水流结构由三维改变成二维，使桥墩原有的垂向漩涡减少或消失，其结构见图 13-4。研究显示减少冲刷量可达 30%～50%。该方案虽有减冲防护作用，但如果潜岛工程顶部高程太高，体积过大，对河势会有影响，需要周密论证才能实施。

2. 抛石护底抗冲措施

国外学者和工程界进行抛石护底抗冲措施研究时，首先着重对抛石护底抗冲措施的结构和破坏机理的研究，其次重视对护底抗冲工程各分布结构的量化预报。

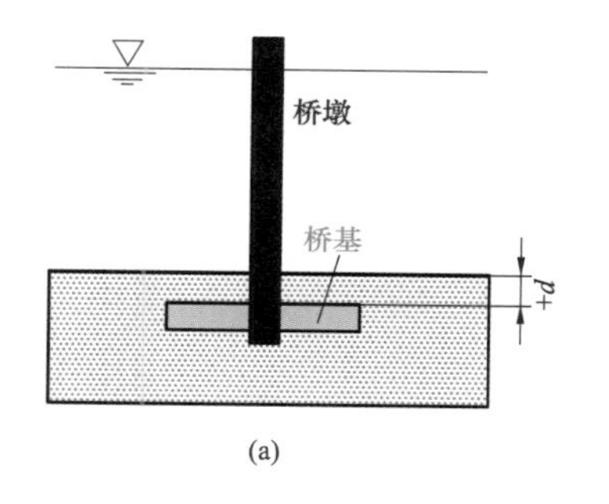

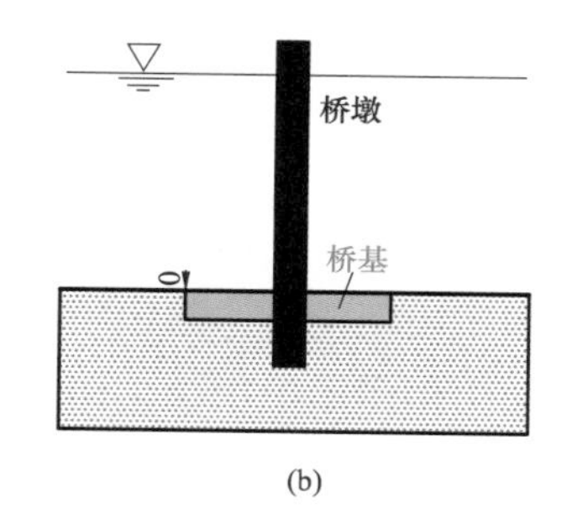

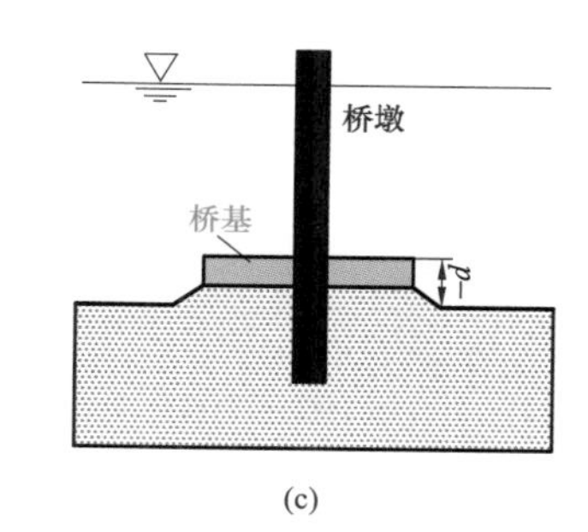

图 13-4 水下人工潜岛示意图

（a）埋入式；（b）表面开挖式；（c）填筑式

Yee-MengChiew（1995）研究了抛石护底结构破坏机理，总结抛石护底结构的破坏机理由以下三部分组成：

（1）抛石剪力破坏。抛石重量不足以抵抗墩前向下水流和马蹄形漩涡的综合剪力作用，称为剪力破坏。防止这种破坏可事先通过试验确定或采用设计流速计算。

（2）卷扬破坏。河床泥沙被向上紊流带动，穿过抛石孔隙卷扬流失，造成基层抛石坍塌，预防卷扬破坏要求设置合宜的反滤层。

（3）边缘破坏。抛石层边缘的不稳定性以及边缘河床泥沙易被冲刷成局部小冲坑从而影响抛石层的稳定，防止这种破坏要求设置边缘护坦。

综上所述，国外对上层抛石重量、下层反滤层结构和尺度、边缘护坦结构和尺度已有相关研究，但护底措施的量化预报和工程实施仍需深入研究。

（二）国内研究进展

国内桥基冲刷防护工程的研究主要集中在桥基的护底措施上，着重于对冲刷防护设计指导思想的探讨以及防护工程抗冲防护方式和材料的探求方面。

1. 桥基冲刷防护设计指导思路

铁道科学研院戴荣尧等人经调研总结后提出我国桥基冲刷防护设计的指导思想为：

（1）局部防护的主要作用在于防护或减小墩前向下漩辊所产生的局部冲刷，因此，一切局部防护措施都应以消除或减弱墩前向下漩辊，或阻止其冲刷墩周泥沙为目的。

（2）从冲刷发展及其结果来看，防护墩头与墩前两侧具有同等重要意义，防护尺寸也应大体相同。当墩头及两侧由于防护措施而不发生冲刷时，水流的冲刷作用势必延向墩后，试验显示漩辊水流向下传播较远，因此墩后的防护同样不能忽视。

（3）如果能阻止向下漩辊冲刷河床，墩周不产生冲刷坑，也就没有必要使平面防护冲刷坑内泥沙下陷范围也包括进去。苏联规范中规定平面防护范围应全部覆盖局部冲刷坑的平面大小，显然是不合理的。

（4）平面局部防护顶面标高务必设在一般冲刷线或略低，现场调查资料显示，平面局部防护被冲毁绝大部分是因标高设置太高的缘故。

2. 抗冲防护方式和材料

工程部门常采用的抗冲防护方式和材料为：

（1）抛石防护。选用合适的石料抛填于冲刷区，石块重量可按照设计流速进行计算，是最常用的防护方式。

（2）石笼、石袋防护：如流速大而石料粒径较小，可将小粒径石料装入铁丝笼或编制网袋中抛填，石笼和石袋的重量尺寸应大于公式计算的单颗石块的相应数值。

（3）软体沉排防护。先在河床上铺上土工布，再铺上沙肋软体排或混凝土连锁块等压载，软体排尺寸较大，需要专门设备，适用于水浅且河床平坦、防护范围大的地区。

（4）合金钢网石兜或网石箱。与石笼的区别是多个石兜连成整体，具有很大的柔韧性，采用机械吊装投放，整体抗冲性能好，合金材料具有强度高、使用寿命长的优点，是一种新型防护保护材料。

（5）异型块体堤头防护。国内曾在黄河用过混凝土四面体、混凝土四脚锥体来保护丁坝堤头。钱塘江河口涌潮是一种高速水流，大潮涌潮水流引起流速可达 7m/s，实测最大为 12m/s，运用异型块体于钱塘江汉口丁坝堤头冲刷防护已取得初步成功。

国内桥基的冲刷防护往往以抢险防护为主，针对大型群桩基的冲刷防护，从研究到实践均需大量且深入的工作来完成。

三、防护工程案例

南京以下的长江近口段，已建和拟建的长江大桥有 12 座，其中已建和在建的有 6 座。由于长江河口江面宽阔，大型和特大桥梁应运而生。同时，对桥梁基础的要求也越来越高，而桥梁局部冲刷和防护，已经成为提高桥墩基础安全度、确保工程安全可靠的关键性技术问题。

1. 苏通大桥

苏通大桥主墩外形为哑铃形，承台群桩结构。承台迎水面总宽 48.1m，顺水流总长 113.575m，两承台间采用 12.65m×27.1m 系梁连接。承台顶标高 6.324m，底标高−7.0m。南主墩河床高程−15m 左右，北主墩河床高程−27m 左右。

苏通大桥桥基冲刷兼有多项不利因素，即流急、底质抗冲刷性差、冲刷深度大且不均匀，对大桥主塔墩基础冲刷进行防护是必要的。苏通大桥主塔墩基础冲刷防护采用护底抗冲措施，平面布置根据各部分所处位置和功能作用，将整个防护区域分为核心区、永久防护区和护坦区三个部分。

南主墩总防护范围为 280m×350m。核心区防护平面尺寸为 100m×210m，防护结构为袋装沙 1.0m 厚+级配碎石 1.0m 厚+三层块石 1.5m 厚；永久防护区范围为核心区外 40m（顺水流向）、

45m（垂直水流向），防护结构同核心区；护坦区在永久区外30～60m，防护结构为袋装沙1.0m厚+级配碎石1.0m厚+五层块石3.15m厚或六层块石3.78m厚。

北主墩总防护范围为280m×380m，其中核心区防护同南主墩；永久防护区范围及结构同南主墩；护坦区在永久防护区外45m，防护结构为袋装沙1.0m厚+级配碎石1.0m厚+五层块石3.15m厚。

2. 沪通长江铁路大桥

沪通长江铁路大桥桥址水域的主航道水深流急，且河床底质多为易冲的细沙，作为大桥涉水主塔墩基础的29号沉井尺度巨大，在沉井施工期，尤其在下沉过程中会产生程度不同的局部冲刷，如果冲刷幅度较大，既对沉井的安全着床造成影响，也会对已着床的沉井基础的稳定形成严重威胁，因此对主塔墩29号沉井基础进行冲刷预防护时必要的。

冲刷预防护采用护底抗冲措施，防护的范围沿水流方向长度为117.3m（沉井纵向长度向上延伸20m，向下延伸10m），垂直于水流方向宽度在沉井上半部分为109.1m（沉井宽度向两侧各延伸25m），在沉井下半部分为79.1～109.1m。

防护层结构分为2层：下层（预防护层）为粒径1～6mm的砂石，厚度为1m；上层（反滤层）为粒径3～10cm的石子，厚度为1m。防护层边坡比为1：3，在防护层上游端设置2个抛石棱体，抛石棱体为正方形，边长均为35m，高度为2m，采用粒径6～10cm的石子进行抛填。

综上所述，长江大跨越塔塔基冲刷兼有多项不利因素，鉴于现有深水大型群桩基础的设计技术难度大、风险高，为提高塔基安全，必须对复杂水域的塔基进行工程防护。同时在主塔墩基础冲刷防护工程建设过程中，还要实施永久防护和施工期预防护的和谐统一，降低施工过程中的风险，并对永久结构的安全提供保障。

第二节 局部冲刷试验研究

一、试验条件

（一）水文条件

塔基局部冲刷试验是床面防护布置的基础，局部冲刷实验采用冲刷最不利的水文条件，采用设计洪水大潮（300年一遇）涨急和落急流速条件进行塔基局部冲刷试验，以此来反映最不利情况下塔基的冲刷。

根据数学模型和物理模型试验在300年一遇水文条件下计算的结果，涨落时刻水位分别为

3.5m 和 2.5m，经过统计分析得到局部冲刷试验条件见表 13-1。

表 13-1 塔基局部冲刷断面模型试验条件

塔基位置	水流	原型				模型		
		断面流量（m^3/s）	水位（m）	水深（m）	流速（m/s）	断面流量（L/s）	模型水深（cm）	流速（cm/s）
北塔基	落急	39 060	3.5	15.5	2.8	390.6	15.5	28
	涨急	32 630	2.5	14.5	2.5	326.3	14.5	25
南塔基	落急	18 720	3.5	8	2.6	187.2	8	26
	涨急	14 500	2.5	7	2.3	145	7	23

（二）边界条件

塔基局部冲刷断面模型实验的边界条件包括水流边界条件、模型边界和河床边界条件，前两者根据数学模型计算及物理模型试验结果确定，后者根据实测资料确定。

1. 水流条件的确定

根据塔基所在断面的平均单宽流量（根据物模、数模成果确定），推算出塔基冲刷试验水槽实际应施放流量，以水槽最终达到该流量下断面流速和水位要求为标准，经断面模型实验实际施放水量检验，确定水槽各施放流量，并根据塔基所处床面标高制定出试验水流条件。

2. 模型边界的确定

利用平面二维水流数学模型计算得到的典型流量的流场，在保障进出口流量守恒的前提下，确定典型流量下模型边界。

（三）相似条件

1. 几何相似

综合考虑试验研究目的、水槽供水能力、塔基占水槽宽度比等，最终确定平面比尺选用 100。

2. 水流运动相似

根据水流运动方程和连续性方程，引入相似理论，推得水流运动相似条件。

重力相似：流速比尺 $\alpha_v = \alpha_H^{1/2} = 10$。

水流连续律相似：流量比尺 $\alpha_Q = \alpha_L \alpha_H \alpha_v = 100\ 000$。

3. 其他限制条件

（1）紊流限制条件：模型雷诺数 $Re_m \geqslant 1000 \sim 2000$。

（2）最小水深限制条件：模型试验段的最小水深 $H_m > 1.5\text{cm}$。

（3）阻力平方区的要求。

4. 泥沙运动相似

本实验主要是研究塔基局部冲刷问题，泥沙运动相似主要满足起动相似和扬动相似。

（1）起动相似。启动相似应满足

$$\lambda_{v_0}=\lambda_v=\lambda_h^{1/2}=10 \tag{13-1}$$

$$\lambda_{v_0}=\frac{v_{0p}}{v_{0m}} \tag{13-2}$$

式中 v_{0p}——原型启动流速；

v_{0m}——模型启动流速。

（2）扬动相似。为了模拟河床冲刷过程中塔基局部冲刷情况，还应考虑满足泥沙的扬动相似条件，即 $\alpha_{v_f}=\alpha_{v_0}$。

北塔基泥沙扬动 v_f 采用窦国仁公式计算

$$v_f=1.5\ln\left(11\frac{h}{\Delta}\right)\sqrt{\frac{\gamma_s-\gamma}{\gamma}gd} \tag{13-3}$$

式中 Δ 为河床颗粒相对凸起度，$d\leqslant 0.5$mm 时 $\Delta=0.5$mm；$d>0.5$mm 时 $\Delta=d$。

当原型水深为 5～20m 时，北塔基模型沙计算得到扬动比尺平均值 10.3，基本满足要求。南塔基床面基质为淤泥质粉质黏土，由于天然条件下其启动流速和扬动流速难以用公式计算，因此，利用水槽试验确定扬动流速，进而可得，当原型水深在 5～10m 时，南塔基的扬动比尺平均值为 9.5，基本满足要求。

二、塔基结构模型

塔基局部冲刷模型实验在长 50m、宽 9m、高 0.85m 的矩形水槽中进行。根据塔基方案设计图，按 1∶100 几何比尺制作大跨越工程塔基，见图 13-5。

图 13-5 塔基结构模型图

三、局部冲刷试验结果

（一）塔基周边水流特征

南、北塔基建设前后周边流速变化见表13-2。

表13-2　　塔基建设前后周边流速变化表

塔基位置	水流	测点位置	流速（m/s）			变幅（%）
			工程前	工程后	变化	
北塔基	落急	迎水侧	2.8	1.78	-1.02	-36.43
		塔基两侧	2.8	3.21	0.41	14.64
		背水侧	2.8	0.45	-2.35	-83.93
	涨急	迎水侧	2.5	1.59	-0.91	-32.53
		塔基两侧	2.5	2.87	0.37	13.07
		背水侧	2.5	0.40	-2.10	-74.94
南塔基	落急	迎水侧	2.6	1.45	-1.15	-44.23
		塔基两侧	2.6	3.02	0.42	16.15
		背水侧	2.6	0.60	-2.00	-76.92
	涨急	迎水侧	2.3	1.39	-0.91	-39.57
		塔基两侧	2.3	2.65	0.35	15.22
		背水侧	2.3	0.60	-1.70	-73.91

1. 北塔基

在300年一遇水文条件下，塔基迎水侧出现一定的壅水现象，塔基两侧及背水侧有小幅度的跌水现象。落急时迎水侧壅水在塔基中轴线上游150m范围内较明显，两侧110m范围内较明显；塔基中轴线背水侧水流以缓流为主，影响范围在1200m内。涨急条件下，迎水侧的壅水、两侧及背水侧的跌水现象依然存在，但幅度及影响范围减小。

2. 南塔基

南塔基由于承台底部高程低于床面高程，其壅水作用较强，两种水流条件下，迎水侧壅水范围最大为220m，塔基两侧的跌水影响范围在轴线两侧150m以内。由于南塔基桩群在床面以下，桩群之间不过水，南塔基背水侧存在明显的漩涡，影响范围至下游1180m。

（二）极限冲刷深度

塔基的水流受到承台及承台下部桩群的阻挡，塔基两侧的绕流使水流急剧弯曲，床面附近形成漩涡，剧烈淘刷塔基周边的泥沙，形成局部冲刷坑。冲刷坑的边缘与塔基坑底的最大高差，就是极限冲刷深度。南、北塔基附近冲刷坑的极限冲刷深度统计见表13-3。北塔基南北侧最大冲刷深度分别为32.2m和29.3m，南塔基南北侧最大冲刷深度分别为10.8m和8.2m。

表13-3　极限冲刷深度统计表　m

塔基	床面高程	南侧		北侧	
		最深点高程	冲刷深度	最深点高程	冲刷深度
北塔基	-12	-44.2	32.2	-41.3	29.3
南塔基	-4.5	-15.3	10.8	-12.7	8.2

（三）冲刷坑形态及范围

1. 北塔基

北塔基在300年一遇水流条件下，冲刷照片见图13-6（a），冲刷坑等值线见图13-7。无防护时，北塔基涨落急时冲刷坑形态基本相似，但由于塔基轴线与水流方向不垂直，冲刷坑呈不对称的马蹄形，涨落急条件下冲刷坑的不同点主要体现在冲刷幅度和范围上。落急时，塔基南侧冲刷幅度和范围较大，塔基附近河床冲刷10m的范围在塔基中心上游115m、下游320m、南侧190m、北侧125m以内；涨急时，塔基北侧冲刷幅度和范围较大，附近河床冲刷10m的范围在上游290m、下游123m、北侧189m、南侧100m以内。

(a)

(b)

图13-6　塔基冲刷坑形态照片

（a）北塔基；（b）南塔基

2. 南塔基

南塔基冲刷坑形态照片见图13-6（b），其等值线见图13-8。由于南塔基附近床面高程高于塔基承台底部高程，初始时刻承台下部桩群不过水，冲刷一定时间后，下部桩群才会逐渐露出来，此外，南塔基床沙的启动流速远大于北塔基，因此，南塔基冲刷坑形态与北塔基不同。南塔基冲刷坑主要分布在塔基迎水面及两侧靠近迎水侧，且最大冲刷深度所在位置在迎水侧第一排桩前，涨落急条件下冲刷坑的不同点则主要体现在冲刷幅度和范围上。落急时，塔基南侧冲刷幅度和范

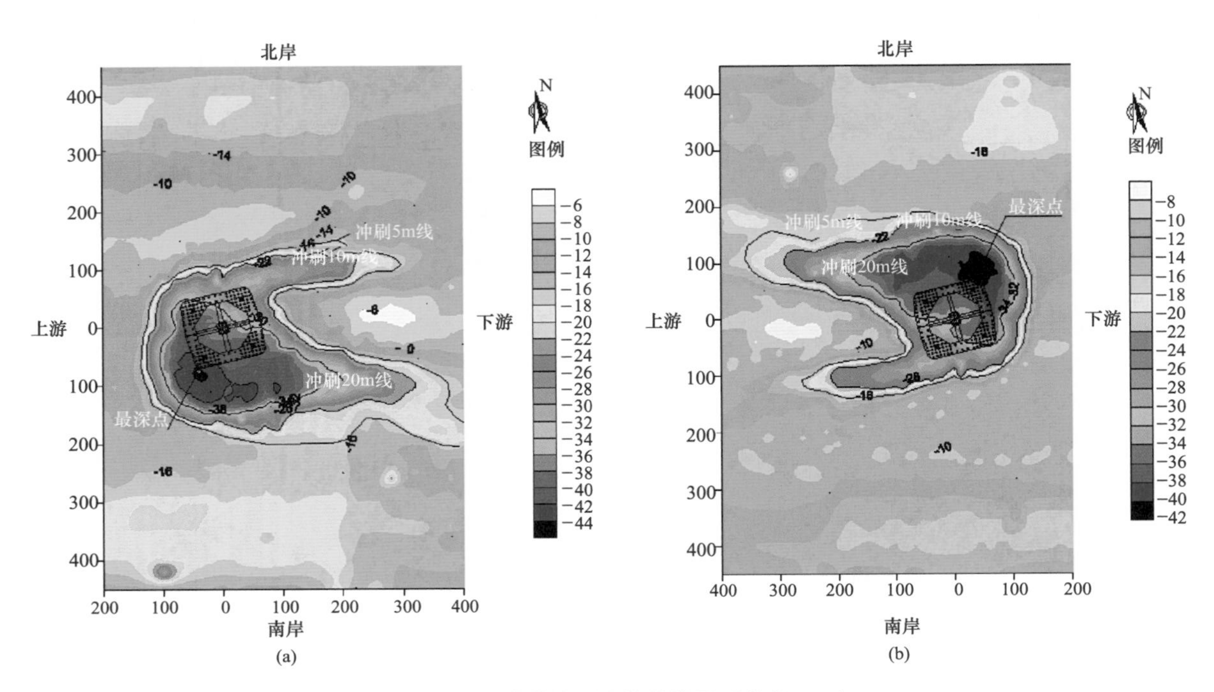

图 13-7　北塔基冲刷坑等值线图（单位：m）

（a）落急；（b）涨急

围较大，塔基附近河床冲刷 5m 的范围在塔基中心上游 95m、南侧 126m、北侧 125m 以内；涨急时，塔基北侧冲刷幅度和范围较大，附近河床冲刷 5m 的范围在塔基中心下游 96m、北侧 115m、南侧 105m 以内。

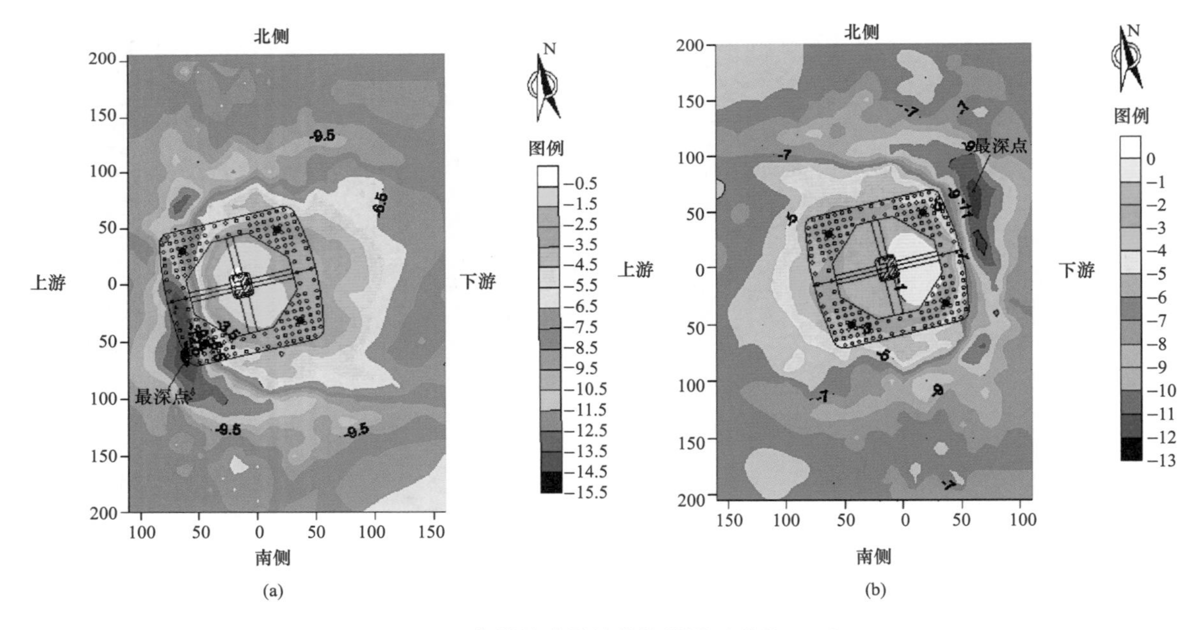

图 13-8　南塔基冲刷坑等值线图（单位：m）

（a）落急；（b）涨急

综上所述，由于江中拟建跨越塔塔基处水深流急，河床底质抗冲性较差，跨越塔建造后将会改变该处的水流流态，引起相当大的局部冲刷。为确保跨越塔基础的顺利施工和使用期的安全运

行，对塔基处床面采取恰当的冲刷防护措施是必要的。

（1）保证群桩基础顺利施工。针对近河口段易冲底床和大型群桩基础两大特点，在基础施工前主动采取冲刷预防护措施，可有效解决群桩基础施工引起的局部冲刷，变被动防护为主动防护，保证群桩基础施工的顺利进行，起到事半功倍的效果。

（2）为使用期跨越塔桩基与原状土共同作用提供保障。实施施工期防护和永久防护相结合的防护方案，施工期防护满足群桩基础的施工，永久防护为使用期群桩基础与原状土共同作用提供保障，两个阶段的防护设计、施工方案相互协调，有机结合。

（3）对塔基附近床面进行有效防护。针对长江近河口段底床主深槽的演变可能引起防护工程外侧边坡坍塌的特点，运用下沉护坦原理，使护坦与防护床面柔性接触和重新分布，在核心防护区外形成较有效的防护。

（4）保证苏通长江大跨越工程安全运行。苏通长江大跨越工程是华东特高压主网架的重要组成部分。该工程建成后，将形成全国首个1000kV特高压交流环网，对满足华东地区长三角经济社会发展和用电需要具有重要意义。防护工程实施后，将增大塔基周围的河床抗冲能力，减小塔基周围局部冲刷，保证塔基的埋置深度和稳定性，确保塔基在设计工况下安全运行。

第三节 床面防护设计

一、防护设计原则

鉴于苏通长江大跨越工程中，跨越塔塔基周边水深流急，底质抗冲性差，局部冲刷深度大范围广，为确保塔基安全，应对塔基进行工程防护。防护设计中应遵循以下原则：

（1）冲刷防护效果满足使用功能和设计标准。

（2）冲刷防护设计考虑施工期防护和永久防护相结合，设计应考虑施工中不可避免的不精确性对防护效果的影响。

（3）设计遵循物理模型试验的有关成果，考虑施工单位采用的施工工艺和施工力量。

（4）在满足防护结构可靠和防护效果的前提下，根据南、北主墩不同的地质条件，合理确定防护方案，尽可能降低工程投资。

（5）针对塔基处流速大及床沙活动性强的特点，冲刷防护方案应相对简单，防护工程对河床床面的高程变化没有严格的要求，同时具有河床变形自适应能力。

（6）动态设计。鉴于主塔基处自然条件的复杂性和施工过程的不断变化，根据防护监测成果，合理地调整设计。

二、防护设计标准

根据 GB 50201—2014《防洪标准》，对于电压 1000kV 的特高压架空输电线路，其防护等级应为Ⅰ级，防洪标准为水文重现期 100 年一遇。对于大跨越架空输电线路的防洪标准，可经分析论证提高。

苏通长江大跨越工程为 1000kV 交流特高压输变电工程的长江大跨越工程，主跨越档距达到 2600m，为国内最大跨距。大跨越工程下游约 1.5km 为苏通大桥，其桥墩基础防护标准为水文重现期 300 年。因此，根据 GB 50201—2014，并参考苏通大桥的桥墩基础防护标准，大跨越工程塔基防护标准为水文重现期 300 年。

根据 SL 252—2000《水利水电工程等级划分及洪水标准》，施工期防护标准为水文重现期 20 年。

三、防护型式选择

根据国内外研究成果，床面防护形式主要有消能减冲和护底抗冲两种。消能减冲在基础上、下游设置防护桩群，可以有效折减流速，将冲刷坑位置前移，从而减小基础范围内的冲刷深度。护底抗冲利用抛石、沙袋、软体排等结构对塔基础及周围进行防护，以有效抵抗塔前冲击水流产生的底部向下漩辊，将塔基侧绕流产生的最大流速区调整到防护区外围，并达到明显折减最大冲刷深度的效果。

本工程由于塔基处水深流急，水流对防护桩的冲击力十分大，加上防护桩局部冲刷也十分严重，使得防护桩本身难以维持稳定，因此在本工程条件下，采用消能减冲方案难度很大，拟采用护底抗冲措施对塔基进行防护。

四、防护平面布置

1. 防护分区

根据防护中心区适应群桩基础的施工、为群桩基础与原状土共同作用提供保障，在边缘地区能适应局部冲刷以及河床变形的特点要求，结合各部分所处位置和功能作用，将整个防护区域分为核心防护区和护坦区 2 个部分。

（1）核心防护区。群桩基础范围是局部冲深最大的区域，为满足冲刷防护功能必须防护的区域。核心防护区在桩基施工前首先要进行预防护，确保钻孔灌注桩钢护筒施工的顺利进行和现有床面免遭冲刷。

（2）护坦区。护坦区位于永久防护区外围，针对近河口段主深槽的演变可能引起防护工程外

侧边坡坍塌的特点，运用护坦与防护床面柔性接触和重新分布特性，在核心防护区外形成有效的防护，进而确保核心防护区范围的稳定。

2. 平面布置

北塔基中心距长江北岸约2100m，塔基处床面高程为-12.1～-12.7m，南跨越塔基础中心距长江南岸约1170m，塔基处床面高程为-4.5～-7.5m。由于南塔基处床面高程高于北塔基5～8m，且床面基质为淤泥质亚黏土，其抗冲性高于北塔基的亚沙土，因此南塔基的防护范围较北塔基可相应缩小。结合局部冲刷断面模型试验成果，南、北塔基防护总平面布置为：

（1）北塔基。北塔基平面尺寸为130m×120m，在300年一遇的特征水动力条件下，局部冲刷断面模型得出冲刷坑主要位于塔基周边约30m范围内，其中最深的冲刷坑位于塔基南侧，冲刷深度为32.2m。北塔基防护核心区范围为以塔基为中心，边长为180m的方形区域。

护坦区考虑充分发挥护面材料重新分布的特性，取防护床面宽度的1/2。防护床面宽度为总冲刷深度与稳定边坡之积，本防护工程拟定稳定边坡为1∶3，则护坦宽度为总冲刷深度的1.5倍，确定护坦区宽度为60m。根据局部冲刷断面模型试验中主要冲刷坑出现的位置，将塔基北侧下游及塔基南侧上游护坦宽度适当加宽，北塔基护坦区范围确定为核心区范围东西方向再向外扩展60m、南北方向再向外扩展70m的近似矩形区域。

（2）南塔基。南塔基平面尺寸为130m×120m，局部冲刷断面模型得出冲刷坑主要位于塔基周边约20m范围内，其中最深的冲刷坑位于塔基南侧，冲刷深度为10.8m，南塔基防护核心区范围考虑将冲刷坑主要出现的区域包含在内，确定为以塔基为中心，边长为160m的方形区域。

护坦区宽度为30m，考虑一定的安全富裕度，南塔基护坦区范围确定为核心区范围再向外扩展40m的方形区域。

塔基防护平面布置见图13-9。

五、防护结构设计

1. 防护结构选型

根据冲刷防护的功能要求，防护结构由反滤层和护面层组成。

（1）反滤层。反滤层的主要功能是保土和排水，即在反滤实施后被保护的河床基土免遭冲蚀。根据主塔墩所处位置水深、流急且防护区面积较大的特点，反滤层可采用袋装砂、级配石料或软体排。

1）软体排是较好的护底反滤结构，且是一种较为经济的护底材料，可以适应基床条件，起到整体防渗保护作用。但考虑到本工程塔基的施工条件（水深大、流速快以及定位难等实际情况）、施工设备和施工能力以及与塔基施工工期和工种之间干扰较大，施工船舶下锚危及软体排的整体性，故本防护工程设计中不予推荐。

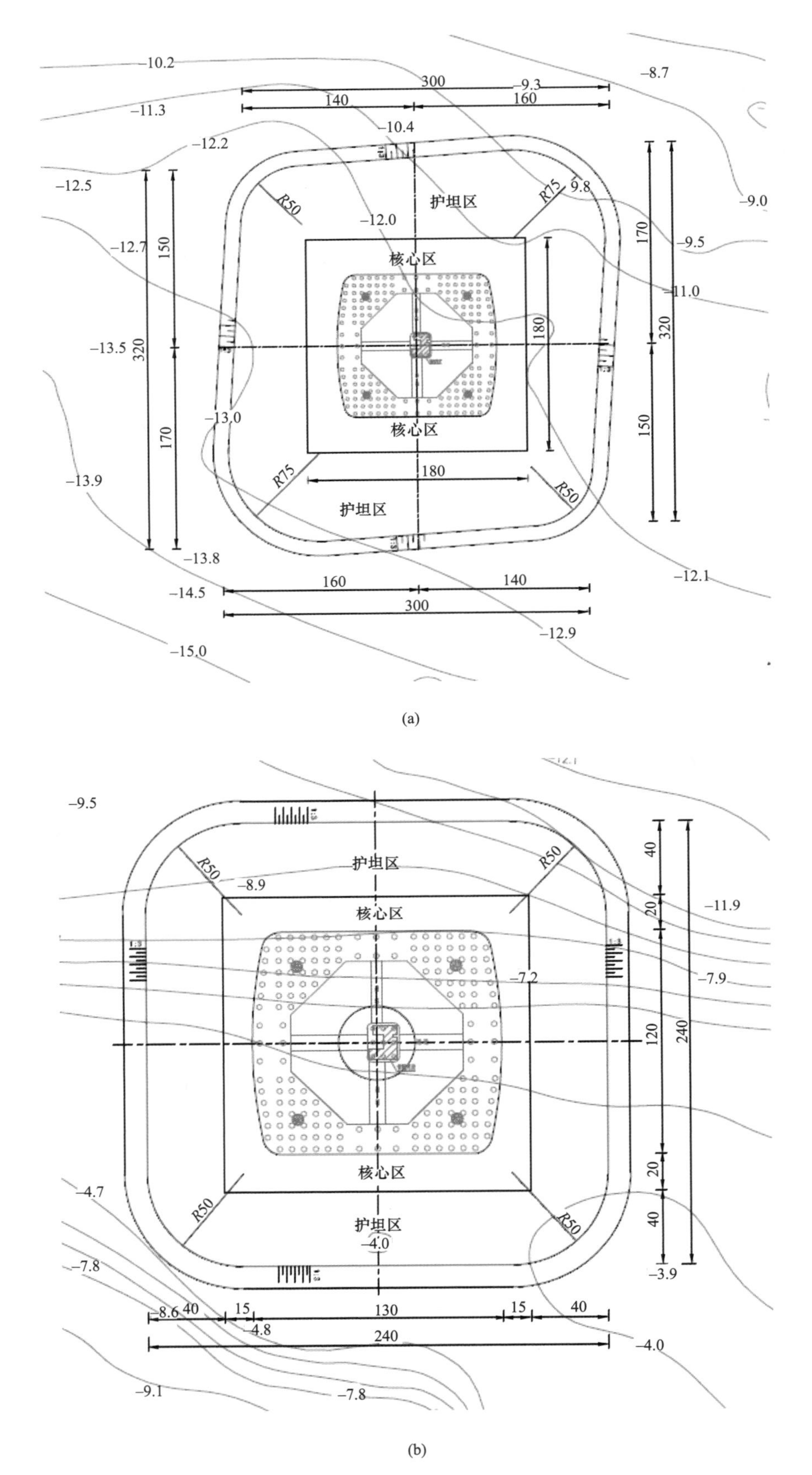

图 13-9　塔基防护平面布置图（单位：m）

（a）北塔基；（b）南塔基

2）袋装砂用土工织物制作，是一种常见又实用的护底结构，其允许施工中出现少量砂袋破坏而不影响整体结构，且在群桩基础间易于施工，因此砂袋是针对群桩施工和预防护较理想的护底结构。

本防护工程在核心区选用袋装砂作为预防护，级配石料作为反滤层；在护坦区直接采用级配石料作为反滤层。

（2）护面层。护面压载材料有块石、土枕、石笼、连锁混凝土板块压载等多种型式。选用的护面材料应具有适应变形能力强、施工快、与主塔墩基础施工间矛盾相对较小的特点，也利于今后对冲刷防护工程的维护。块石护面作为一种传统材料，具有施工快捷、造价较低的优点，是一种较为理想的选择。本防护工程采用块石作为护面材料。

2. 防护结构设计

（1）核心区防护结构。核心区首先需要满足塔基钻孔灌注桩的钢护筒沉设的要求，并使床面免遭冲刷，因此，先进行袋装砂预防护。根据物理模型试验成果，在20年一遇的特征水动力条件下，袋装砂预防护厚度取为1.0m，可以保护在塔基钻孔灌注桩施工期间床面免遭冲刷。

南塔基床面高程在-4.5～-7.5m，北塔基床面高程在-12.1～-12.7m，塔基封底混凝土高程为-5.0m。南塔基床面高程已接近封底混凝土高程，因此，南塔基核心区仅进行袋装砂预防护，北塔基核心区在袋装砂预防护完成后，还要进行永久防护，即级配石料找平后，再用块石护面。

计算块石折算粒径 $D=0.51$m，稳定块石质量 $m=194$kg。核心区块石护面按2～3层考虑，北塔基核心区块石护面厚度取1.5m。

南、北塔基核心区结构分层厚度见表13-4。

表13-4 南、北塔核心区结构分层厚度 m

塔位	床面高程	封底混凝土底标高	袋装砂预防护厚度	级配石料厚度	块石厚度
南塔基	-4.5～-7.5	-5.0	1.0	—	—
北塔基	-12.1～-12.7	-5.0	1.0	0.5	1.5

（2）护坦区防护结构。护坦区下层先采用袋装砂进行预防护，厚度为1.0m，然后为级配碎石反滤层，厚度0.5m，上层块石护面厚度按3～5层块石厚度确定，其中护坦区内侧块石护面按4层块石厚度考虑，外侧根据下沉护坦原理，考虑冲刷发生后，确保冲刷稳定边坡上有2层块石，适当加大块石护面厚度，按6层块石厚度考虑。防护层边坡为1∶3。护坦区分层厚度见表13-5。南、北塔塔基防护结构见图13-10。

表13-5 护坦区分层厚度 m

塔位	床面高程	袋装砂厚度	级配碎石厚度	内侧块石厚度	外侧块石厚度/宽度
南塔基	-4.5～-7.5	1.0	0.5	2.0	3.0/10
北塔基	-12.1～-12.7	1.0	0.5	1.0	2.0/10

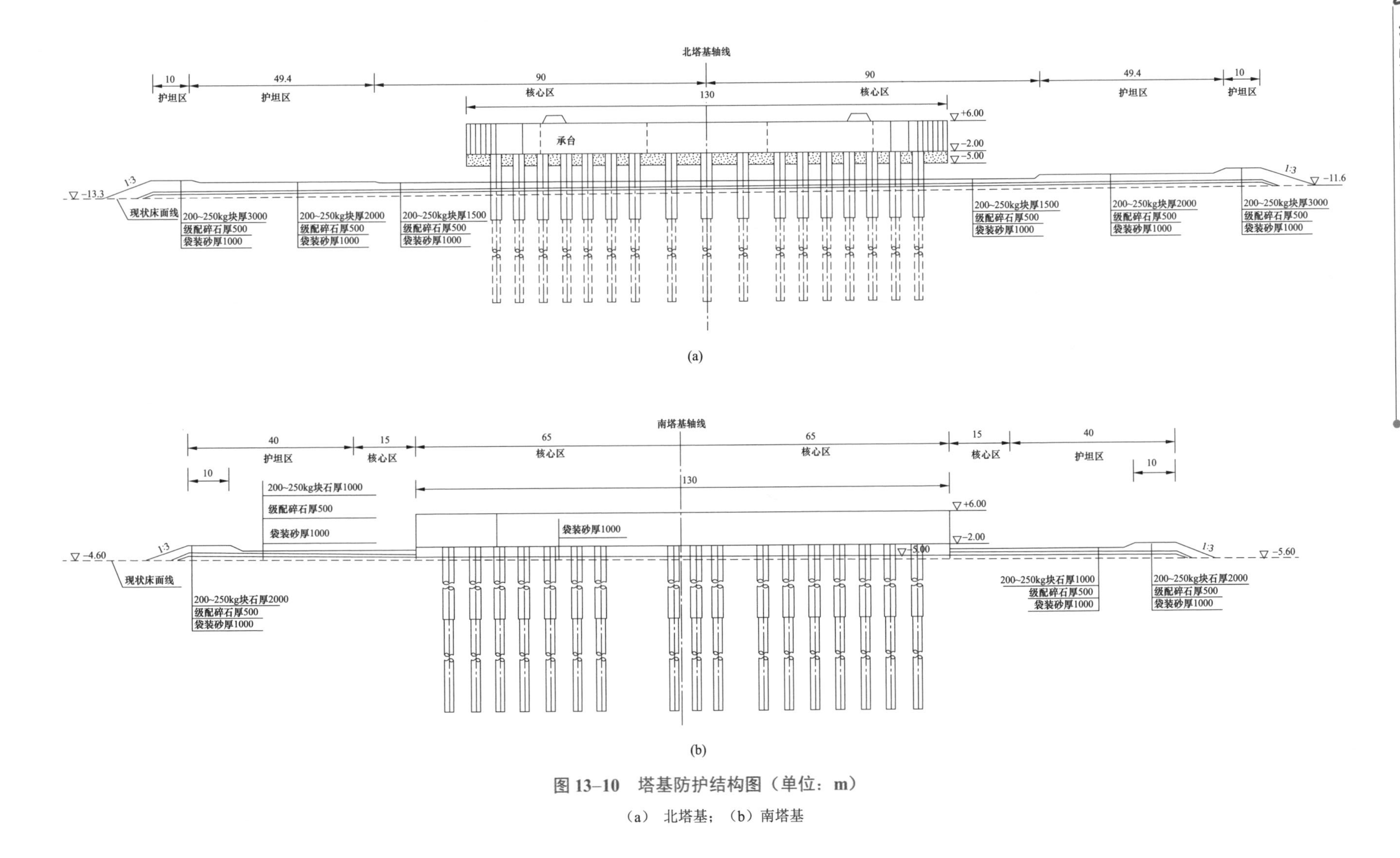

图 13-10　塔基防护结构图（单位：m）

（a）北塔基；（b）南塔基

3. 防护材料规格

（1）袋装砂。袋体材料需满足透水、保砂的功能要求，采用300g/㎡的针刺复合编织布。袋装砂充填砂料选用细砂，粒径小于0.005mm的黏粒含量小于5%，粒径大于0.075mm的砂粒含量大于85%。单只袋体容量约1.2m^3，袋体平面呈正方形或圆形，砂袋厚度在0.4～0.6m。

（2）级配碎石。级配碎石粒径3～25cm，其中粒径3～10cm占50%左右，粒径10～25cm占50%左右。

（3）护面块石。石料要求质地坚硬、无风化剥落和裂纹现象，饱和抗压强度大于50MPa，容重不得小于26kN/m^3。单个护面块石质量应不小于200kg/块。

六、床面防护效果分析及评估

1. 防护结构模型

模型中床面防护按照相似原则，通过计算确定采用粒径为6～8mm的瓜米石进行床面防护的模拟，见图13-11。

图13-11　塔基防护方案模型

2. 极限冲刷深度

防护前后的冲刷坑深度见表13-6。无防护时，北塔基南北侧最大冲刷深度分别为32.2m和29.3m，南塔基南北侧最大冲刷深度分别为10.8m和8.2m。塔基床面防护后，塔基局部冲刷主要在护坦区之外，极限冲刷深度大幅度减小，北塔基护坦区外南北侧最大冲刷深度分别为17.1m和15.6m，南塔基护坦区外南北侧最大冲刷深度分别为5.1m和3.9m。

表13-6　塔基附近冲刷坑的极限冲刷深度表　m

塔基	床面高程	无防护				防护后			
		南侧		北侧		南侧		北侧	
		最深点高程	冲刷深度	最深点高程	冲刷深度	最深点高程	冲刷深度	最深点高程	冲刷深度
北塔基	-12	-44.2	32.2	-41.3	29.3	-29.1	17.1	-27.6	15.6
南塔基	-4.5	-15.3	10.8	-12.7	8.2	-9.6	5.1	-8.4	3.9

3. 冲刷坑形态及范围

北塔基防护后冲刷坑形态见图13-12，冲刷坑范围见表13-7。防护区内河床基本保持稳定，核心区河床冲刷较小，幅度在2m以内，冲刷主要发生在护坦区两侧，且主要冲刷区域沿水流方向

移动，幅度200m左右，同时两侧的冲刷比未防护之前均匀。

整体而言，落急时，河床冲刷10m的范围为护坦区边缘南侧82m、北侧40m以内；涨急时，河床冲刷10m的范围为护坦区边缘南侧35m、北侧68m以内。

南塔基防护后冲刷坑形态见图13-13。核心区河床冲刷较小，幅度在0.5m以内，护坦区边缘

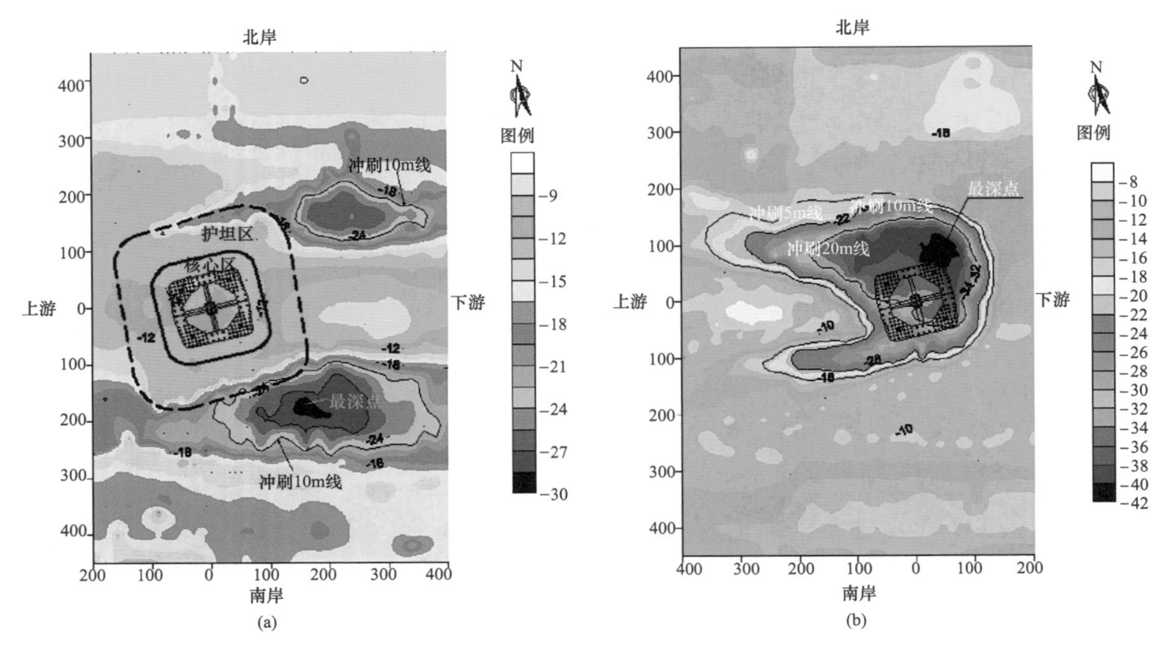

图13-12　北塔基防护后冲刷坑形态图（单位：m）

（a）落急；（b）涨急

表13-7　北塔基冲深10m的范围统计表　m

塔基位置	无防护				防护后			
	上游	南侧	北侧	下游	上游	南侧	北侧	下游
北塔基	290	190	189	320	—	225	211	—

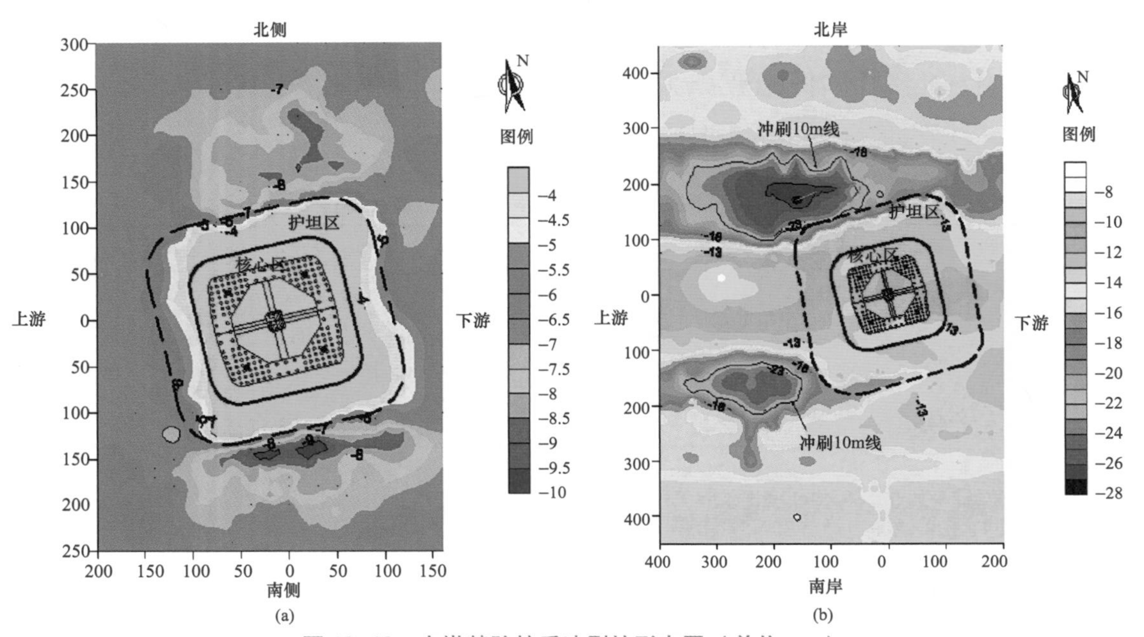

图13-13　南塔基防护后冲刷坑形态图（单位：m）

（a）落急；（b）涨急

及两侧发生一定程度的冲刷，且冲刷区域沿水流方向移动 100m 左右。就冲刷范围而言，落急时，塔基附近河床冲刷 3m 的范围在护坦区边缘外 87m 内；涨急时，塔基附近河床冲刷 3m 的范围在护坦区边缘外 55m 内。

4. 防护效果评估

南、北塔基防护区冲刷情况统计见表 13-8。南北塔基防护后，局部冲刷深度明显减小，且主要冲刷位置也外延至两侧护坦区以外。

表 13-8　塔基防护区冲刷情况统计表

塔基位置	潮流状态	核心区		护坦区		
		最大冲刷深度（m）	冲刷位置	最大冲刷深度（m）	冲刷位置	备注
北塔基	落急	2	塔基南侧	11.5	南侧护坦区边缘	自护坦区边缘 30m 内冲刷较大
	涨急	1.5	塔基北侧	10.4	北侧护坦区边缘	自护坦区边缘 25m 内冲刷较大
南塔基	落急	0.5	核心区前边缘	2.5	护坦区两侧边缘	塔基前后侧护坦区冲刷较大
	涨急	—	—	1.0	护坦区两侧边缘	塔基前后侧护坦区冲刷较大

北塔基核心区最大冲刷深度为 2m，护坦区最大冲刷深度为 11.5m，位于护坦区边缘，且由于护坦区外冲刷坑的存在，自护坦区边缘 30m 内的防护体出现滑动；南塔基核心区最大冲刷深度为 0.5m，护坦区最大冲刷深度为 2.5m，位于护坦区两侧边缘，且由于南塔基床面高程高于承台底高程，塔基前后护坦区 40m 范围内冲刷幅度较大。整体而言，南北塔基防护效果明显，其核心区冲刷幅度较小，在 2m 以内，护坦区边缘冲刷幅度略大，在 11.5m 以内。因此，南、北塔基的床面防护范围及平面布置基本合适，能够满足防护效果需要。

第四节　床面防护工程实施

一、施工步骤

防护工程施工过程中，首先进行核心区预防护的施工，预防护施工应在塔基施工平台施工前完成，主要为袋装砂的抛投施工，为塔基钻孔灌注桩钢护筒的施打做好准备工作；在塔基钻孔灌注桩钢护筒施工完毕后，即可进行永久防护工程的施工，主要包括护坦区的袋装砂、级配碎石、护面块石的施工以及核心区级配碎石、块石的施工。

永久防护工程的施工和钢护筒、钻孔桩的施工在工序上既存在先后关系，又存在交叉作业。在钢护筒下沉的同时可以进行护坦区袋装砂的施工，核心区在钢护筒下沉部分后，施工余下钢护筒的同时，上游侧的级配碎石找平层施工与之形成流水作业，后续的护面块石施工与级配碎石找平层施工形成流水作业。在钢护筒下沉到一定程度时进行护坦区级配碎石和护面块石的施工，施工时，尽量形成流水作业，在级配石施工到一定程度，开始进行护面块石施工，与其他部分的级配石施工形成流水作业。

二、施工流程

总体施工工艺流程见图 13-14。

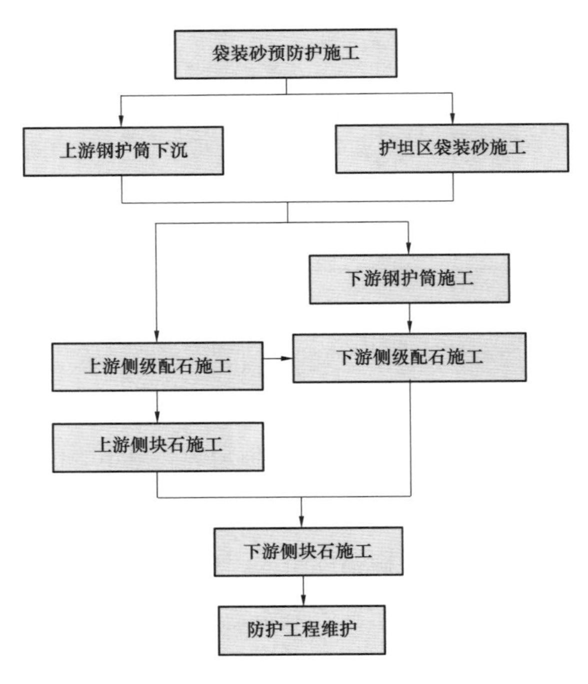

图 13-14　施工工艺流程图

三、施工方法及技术要点

1. 施工测量

（1）定位测量。定位测量采用 GPS 定位仪定位。平面位置由 GPS 接收机实时定位，采用 RTK 模式；河床高程由水面高程根据水深推算得出，水面高程由 GPS 接收机测量得出。欲抛投某小区时，需根据测得的流速、水深，结合实际情况和经验公式预确定抛投位置后，运用 GPS 确定定位船的位置，进行抛投。

（2）流速测量。根据涨、落潮情况利用常规流速仪测量流速、流向。在抛填期间，根据流速、流向的变化情况实时调整落点和抛投位置。

（3）水下地形测量。日常水下地形测量采用单波速测深仪，水下地形测量点用横断面法布设，测深断面线基本垂直于水流方向或垂直于主泓方向，测量断面间距取10m，采样点间距为5m。

2. 核心区预防护施工

（1）砂袋制作。采得的砂运至施工定位船后，运用装备在定位船上的高压水泵，通过水枪形成的高压射流将运砂船上的砂料冲成水砂浆，然后运用装备在运砂船上的泥浆泵抽吸，将水砂通过输送管道送入砂袋中。水和少量细砂从袋内泄出，较粗的砂粒很快沉积袋内，当砂料充满整个袋体，充填结束，拔出冲砂管，扎紧扎牢袖口，砂袋即制成。

（2）砂袋抛投。开体驳装满砂袋后，对定位船舶用GPS定位仪将抛投船舶定位到预定位置，定位通过收放锚缆钢丝绳来实现，抛投前对砂袋的质量及定位状况等进行检查，确认符合要求后即可进行砂袋抛投。抛投时将开体驳完全开体，砂袋自由落入江底，达到抛护目的位置。

3. 永久防护工程施工

永久防护工程主要是核心区级配碎石和护面块石以及护坦区袋装砂、级配碎石和护面块石的的施工，核心区的施工和外围护坦区的施工在总体上相互独立，同时施工。在级配碎石及块石抛投前，应进行工艺性试抛，获取相应的抛距计算系数，以指导施工。

（1）核心区施工。核心区塔基施工平台边缘外的局部区域可用开体驳直接进行抛投，抛投方式同预防护袋装砂抛投。在塔基施工平台区域范围内，需在钻孔灌注桩钢护筒下沉完毕、平台形成后才能进行级配碎石及护面块石的抛投，船舶无法进入施工区域，抛投时只能选择在平台上进行。此时，钻孔灌注桩的施工正在进行，因此两者在施工上存在着交叉，所采取的抛投方式为吊抛。吊抛充分利用平台空间，在平台的下层平联上设置操作台，在平台承重梁下部安装起吊行走系统进行级配石和块石的抛投。

装袋级配碎石通过运输船运至现场后，将运输船靠于平台侧面的待抛投区域，袋体通过电动葫芦吊运到抛投点对袋体划破进行级配石的散抛；块石用网兜装至施工现场后，运输船停靠在钻孔桩施工平台侧边，用电动葫芦将网兜块石吊至抛投点打开网兜进行块石的抛投。

（2）护坦区施工。护坦区袋装砂施工为核心区袋装砂防护的延伸，在核心区预防护基本达到设计要求后，及时进行护坦区袋装砂的施工，同时对核心区验收不足处进行补抛。护坦区的袋装砂施工由于受到平台施工的影响，在抛投定位方式上主要采取在抛投船舶上设置定位仪，抛投时将开体驳开至抛投点定位抛投，在其他施工方法上同核心区预防护的袋装砂施工相同。

护坦区级配碎石抛投采用移动式定位抛投和定点抛投两种方法。护面块石的抛投按照分层、分格法施工，分层厚度按照结构设计尺度要求实施。块石在运输上采用钢丝网兜，目的是为了便于转卸。在抛投方式上采用开体驳将石料运到抛投点定位抛投的方式。

4. 施工技术要点

（1）采用分格法进行施工抛投控制。对整个防护区域进行整体划分，单个小格的尺寸以15m×10m～20m×20m为宜。抛投时以单元格为单位在分区内进行抛投。工序转换时进行分区验收，验收分区以4～8个区域为宜。

（2）选择平潮期流速较小时进行施工。根据群体抛投试验所获得的抛投落距规律，分别确定出级配碎石和块石的抛投提前量（漂距）。通过试抛结果确定一次最小抛投量，对长江近河口段易冲底床上群体水抛冲防材料一次不得少于80m^3。

（3）核心区预防护工程完成后，应注意核心区下游的局部冲刷防护。钢护筒施工至一定阶段后，由于钢护筒的阻水和消能作用，水流主要的能量将向两侧转移，此时两侧的预防护应迅速跟上。

四、施工验收

基于在易冲底床进行冲刷防护材料抛投时，存在有冲陷和局部冲刷两种冲刷形式，以及抛投成型后的整体密实沉降，因此施工验收应以厚度为主。按以下三项验收原则和标准来进行验收：

（1）验收标准贯彻厚度、抛投量为主、高程为辅的方针。厚度验收标准的上下限值按设计要求为+1.0m和-0.5m，平面位置误差要求不超过2.0m。

（2）在成型厚度计算中应考虑抛投中的冲陷深度，冲陷深度应由现场监测和试抛来确定。

（3）验收合格的标准。对核心区验收应全部合格，对护坦区尤其是防护边缘区合格率应适当降低，以不低于85%为宜。

五、防护工程维护

水下冲刷防护工程的面层冲刷破损以破损率作为量化标准，对易冲底床上块石护面水下防护工程的破损率可以最大冲淤-1～+1m，即平均冲淤为+0.5～-0.5m范围以内为完好区，最大冲深大于1m的冲刷区作为破损区，进行破损率分析。

基于易冲底床上块石护面防护工程有面层冲刷破损和边坡坍塌破损两种破坏方式，应针对性地制定两种维护标准：

（1）核心区和护坦区的护面块石的破损主要是面层冲刷破损，冲刷防护工程趋稳后（一般为一年）的破损率如大于5%，应进行防护工程维护。

（2）如因主深槽冲刷演变而引起防护工程护坦边坡坍塌，冲刷防护工程趋稳后的稳定边坡1：2～1：2.5，如护坦边坡坍塌后的边坡小于1：2，应进行防护工程维护。

第五节　防护工程监测

一、施工期监测

1. 施工期监测目的和内容

（1）监测目的。以基于 DGPS RTK 定位的多波束测深系统进行防护区面状成型监测，可准确地反映反滤层和护面块石的抛投及成型状况，根据实测数据科学地指导防护工程施工，同时为防护工程验收标准的制定提供科学依据。此外，在工程验收时可用浅地层剖面仪测量防护工程垂向上的沉积层分布特征。

（2）监测内容。① 施工前防护区及周边局部地形扫测；② 施工期防护工程反滤层及护面块石成型情况监测；③ 施工期防护工程周边河床变化监测；④ 工程验收时的防护区浅地层剖面仪扫测。

2. 监测范围、测图比例和频率

（1）施工前防护区及周边局部地形扫测。① 范围：冲刷防护工程防护区范围及外侧 200m 区域；② 测图比例：1∶500；③ 监测次数：1 次。

（2）施工期防护工程反滤层及护面块石成型情况监测。① 范围：施工抛投区域及其周边局部范围；② 测图比例：1∶500；③ 监测次数：原则上半个月至少监测 1 次，防护施工时进行适时扫测，集中抛一批即扫测一次。

（3）工程验收时的浅地层剖面仪扫测。① 范围：防护区护坦周边；② 监测次数：在防护工程施工抛投结束后，进行 1 次防护区浅地层剖面扫测。

3. 施工期监测方法

（1）防护工程区及周边地形多波束扫测。测量平面定位采用高精度的大地测量型双频 GPS，在进行差分定位时，保持船体平稳行驶，能使动态定位始终处于 RTK 状态，使测量定位精度相对于基准站的中误差不超过 5cm。防护工程区及周边地形扫测采用高分辨率多波束回声测深系统。

（2）冲刷防护区浅地层剖面扫测方法。首先采用侧扫声纳获取沿着调查船两侧覆盖一定宽度的江底面声学影像，主要用来进行江底面地貌特征、江底面障碍物和江底面物质分布特性等的探测；再采用浅地层剖面仪系统进行江底及江底下面地层结构、土质特性等地质信息探测。

二、营运期监测

1. 营运期监测目的和内容

（1）监测目的。防护工程实施后，为确保工程区的河势稳定性和防护可靠性，在营运期对相应范围的河床地形进行监测是十分必要的。根据营运期监测结果，分析防护工程稳定性和防护效果，提出防护工程维护方案，为防护工程后期管理和维护提供科学依据。同时，根据工程区大范围河床地形的监测成果，进行防护工程与周边河势的适应性分析。

（2）监测研究内容。① 防护工程区及其周边河床地形扫测；② 工程区周边河床地形监测。

2. 监测范围、测图比例和观测时间

（1）防护工程区及其周边河床地形扫测。① 范围：冲刷防护工程防护区范围及外侧 200m 区域；② 测图比例：1：500；③ 观测时间：一年两次，一般安排在汛前和汛后。

（2）工程区周边河床地形监测。① 范围：工程区上、下 2km，两侧至-5m 等深线；② 测图比例：1：10 000；③ 观测时间：一年两次，一般安排在汛前和汛后。

3. 营运期监测方法

（1）防护工程区及周边地形多波束扫测，以多波束监测为主。

（2）工程区周边地形测量方法。水下地形测量采用横断面法施测。预置的横断面线与岸线或水流方向基本垂直，断面间距为 240m 左右，测点间距为 60～100m，深泓和陡岸河床加密测点。

第六节　结　　论

（1）拟建跨越塔塔基处水深流急，河床底质抗冲性较差，工程实施后将会改变该处的水流流态，引起较大局部冲刷。为确保跨越塔基础的顺利施工和使用期的安全运行，对塔基处床面采取恰当的冲刷防护措施是必要的。

（2）局部冲刷断面模型实验表明，在 300 年一遇水文条件下，北塔基南、北侧最大冲刷深度分别为 32.2m 和 29.3m，南塔基南、北侧最大冲刷深度分别为 10.8m 和 8.2m；北塔基附近河床冲刷 10m 的范围在塔基中心上游 290m、下游 320m、南侧 190m、北侧 189m 以内；南塔基附近河床冲刷 5m 的范围在塔基中心上游 95m、下游 96 m、南侧 126m、北侧 125m 以内。

（3）北塔基防护核心区为边长 180m 的方形区域，护坦区为核心区向外扩展 60～70m 的近似矩形区域；南塔基防护核心区为边长 160m 的方形区域，护坦区为核心区向外扩展 40m 的方形区域。

（4）防护结构采用护底抗冲措施。北塔基核心区结构为袋装砂 1.0m 厚预防护+级配碎石 0.5m 厚+块石 1.5m 厚，护坦区为袋装砂 1.0m 厚+级配碎石 0.5m 厚+块石 1.0m 厚；南塔基核心区为袋装砂 1.0m 厚预防护，护坦区为袋装砂 1.0m 厚+级配碎石 0.5m 厚+块石 2.0m 厚。

（5）冲刷防护实施后南、北塔基的稳定性较好，周边的冲刷外延到护坦区之外，极限冲刷深度大幅度减小。北塔基护坦区外南、北侧最大冲刷深度分别为 17.1m 和 15.6m，南塔基护坦区外

南、北侧最大冲刷深度分别为 5. 1m 和 3. 9m。由此，南北塔基的床面防护范围及平面布置合适，防护结构合理。

（6）由于工程区水位、流速变化大，底质极易冲刷，使得冲刷防护工程实施过程存在一定的不可预测性。因此，根据群桩基础施工的进展以及现场试抛和防护区域的监测情况，及时调整设计，确保防护工程的有效性。同时，加强河床监测确保防护工程的长治久安。

参考文献

[1] 江苏省苏通大桥建设指挥部，南京水利科学研究院．苏通长江公路大桥主塔墩冲刷防护工程技术总结报告［R］. 2005.

[2] 高正荣，黄建维，卢正一．长江河口跨江大桥桥墩局部冲刷及防护研究［M］. 北京：海洋出版社，2007.

[3] 陆浩，高冬光．桥梁水力学．北京：人民交通出版社，1992.

[4] 洪大林，张思和，高正荣，等．长江苏通公路大桥区原状淤泥质亚粘土起动试验研究［J］. 水科学进展，2003，14（3）：345-349.

[5] 南京水利科学研究院，苏通长江公路大桥桥墩局部冲刷模型试验报告［R］. 2002.

[6] 长江水利委员会长江科学院．淮南—南京—上海 1000 千伏交流特高压输变电工程苏通长江大跨越工程 潮流泥沙物理模型（动床）试验研究报告［R］. 2015.

[7] 长江水利委员会长江科学院. 淮南—南京—上海 1000 千伏交流特高压输变电工程苏通长江大跨越工程河势分析报告［R］. 2015，1.

[8] 许映梅，高正荣，杨程生．苏通大桥冲刷防护工程及桥区河床河势监测研究［J］. 现代交通技术，2013，10（5）：26-29.

第十四章

大跨越施工关键技术研究

第一节　引　　言

一、研究目的与意义

目前，常规输电线路大跨越铁塔均位于干流水系岸边或浅水区，主跨档距在2000m左右，跨越塔高均在300m以下，结构单一，多采用纯钢管结构，施工技术虽然已十分成熟，但难以在特高压大跨越施工中全面采用。苏通长江大跨越工程设计特殊、复杂，且地处长江深水航道，受限于地形，施工难度极大，深水区组立钢管高塔在国内、国际尚无先例，更无成熟经验和施工方法可循。

与以往大跨越塔设计数据比较，苏通长江大跨越史无前例，各项数据均突破记录。跨越塔位于长江深水航道内，具有底部根开大、顶部根开小、吊件重、结构空间尺寸大、构件尺寸长等特点，主管首次采用钢管+钢筋+高强自密实混凝土的组合结构，必须解决航道内455m高铁塔组立和混凝土灌注等施工难题。大跨越耐张段长度达5057m，主跨档距达2600m，必须采取特殊有效的施工技术措施克服大档距、大风气候等不利影响，安全顺利实现各级引绳和导线的跨江展放难题。因此，特殊的地理位置和设计特点给组塔架线施工技术和安全提出了更加严峻的挑战。开展苏通长江大跨越工程施工关键技术研究不仅能够有效破解长江深水区组塔架线施工技术难题，而且也将为今后跨越长江、黄河、淮河等重大干流水系和近海海域类似特大型输电线路大跨越工程的建设奠定坚实的技术保障基础。

二、国内外研究现状

国外，美国、苏联、日本和意大利都曾建成交流特高压试验线路，但在输电线路大跨越施工领域中，未见国外有类似工程报道。

国内，因河流、湖泊众多，输电线路建设过程中必然会遇到跨江、跨河工程，因此输电线路大跨越工程在我国得到很大发展，相关的组塔施工技术和施工装备发展较快，主要的组塔方案包括落地双摇臂抱杆方案、内外附着平臂塔式吊机方案、落地双平臂自旋转抱杆方案和以电梯井筒或电梯井架为基座的双摇臂自旋转抱杆吊装方案，各种组塔方案相继在多个工程中成功应用，施工工艺日趋成熟。架线施工方面，最关键的技术方案是牵引绳（导引绳）过江、河、海方案，分为封航和不封航方案。对于不通航或允许封航的大跨越主要采取抛江法、江中趸船对接方案、水面垫船牵引方案。对于不允许封航的大跨越，可采取飞行器展放法，包括直升机、无人遥控机。

以往大跨越封航架线施工通常采用抛江法、江中趸船对接方案，随着国内河流通航能力的提升，这两种方法逐步被水面垫船牵引方案取代。舟山与大陆跨海联网螺头水道大跨越工程采用了封航带张力不落水船拖展放方式，同相四分裂导线采用 2×“一牵 2”同步展放方式。不封航施工通常采用直升机和无人遥控机展放初级引绳，500kV 江阴长江大跨越采用不封航直升机展放初级引绳方案，±800kV 向上、锦苏线（K2 大跨越）采用无人遥控机展放初级引绳。

综上所述，以往大跨越工程耐张段长度均约 3000m，且跨越塔均位于陆上，除舟山与大陆联网工程外，跨越塔塔高均在 200m 左右，而苏通长江大跨越耐张段长度达 5057m，跨越塔位于长江深水航道，底部根开达 83m，塔高 455m，单基跨越塔重约 12 000t，单件最大控制性吊重达 40 余 t，长江深水航道内组塔架线施工在国内尚属首次，现有施工机具和施工方法无法满足，必须进行详细深入的研究。主要研究内容包括：① 组塔施工方案研究；② 钢管配筋施工工艺试验研究；③ 钢管混凝土施工方案研究；④ 架线施工方案研究；⑤ 特殊机具设计研究；⑥ 安全防护措施研究。

第二节　组塔施工方案

一、施工重难点、风险点分析

1. 施工环境恶劣、安全风险高

施工水域具有流速快、江浪高、潮差大、冲刷深等特点（见图 14-1），受流速、江浪、潮差、大风、浓雾、涨潮等天气影响大，组塔年有效天数不到 200 天，而组塔在长江深水区及高空进行，工效大打折扣，施工风险高。

图 14-1　施工水域江浪

2. 组塔设备起吊能力要求高

根据跨越塔初步设计资料，组塔主起吊设备估算起重力矩约为 2800t · m。截至目前，国内无此规格施工装备，需重新研制，研制周期较长，须解决一些设计、加工技术瓶颈和装备的现场安装、调试、拆卸等难题。

3. 跨越塔水平斜材钢管防沉施工难

跨越塔铁塔分节高度最大达 58m，最长水平材钢管长度约 76m，最长斜材钢管长度约 56m，须解决吊装过程中水平钢管的防沉问题。

4. 组塔施工场地狭小

由于跨越塔位于长江深水区，基础承台面积有限，必须搭设依附基础本体且稳固可靠的平台结构。高空安装时，主管的临时拉线必须特殊设计，以解决无法常规设置拉线难题。

二、组塔施工方案调研

为解决455m跨越塔组塔施工难题，开展了超高层建筑施工和输电线路大跨越工程施工调研，分析比较了动臂塔机、组合平臂塔式起重机、落地双摇臂抱杆、塔式吊机、落地双平臂抱杆、斜线式施工升降机等超高空吊装和垂直运输装备应用特点及相应施工方案。较常规大跨越线路而言，苏通长江大跨越无论是平面尺寸还是高度均属于特大超高型高耸结构，但限于电梯井筒截面尺寸的限制，现有以电梯井筒为基座的旋转摇臂抱杆吊装方案无法适用，也无法满足吊装工况下和非安装工况下的强度和刚度要求，极易引起事故。此外，以往大跨越工程采用的落地双摇臂抱杆主要由起吊系统、拉线系统、提升系统、调幅系统组成，需要设置抱杆稳定外拉线和吊件控制绳、提升卷扬机、调幅卷扬机和各类锚固装置，由于跨越塔位于长江深水航道内，施工平台场地狭小，外拉线和控制绳无法设置，各类卷扬机和锚固装置设置较难，传统落地双摇臂抱杆组塔方案很难应用。因此，跨越塔组塔施工方案可借鉴国内上海中心、深圳平安金融中心、广州电视塔等超高层建筑施工采用的动臂塔机吊装施工经验，也可借鉴高层建筑和大型桥梁主桥墩结构施工常用的平臂塔式起重机。此外，也可借鉴国内已经应用于特高压一般线路和大跨越施工的座地双平臂抱杆组塔技术。

基于以上调研、筛选，可比选的组塔施工方案包括：① 方案Ⅰ，履带吊+全座地式双平臂抱杆；② 方案Ⅱ，履带吊+平台式双平臂抱杆；③ 方案Ⅲ，履带吊+平台式动臂塔机；④ 方案Ⅳ，平头塔吊+平台式双平臂抱杆。

三、组塔施工方案比选

1. 施工准备

（1）材料的堆放、运输及组装。在江南江北陆地上面分别准备材料站及组装场地用于各类材料、机具的堆放，并配备130t汽车吊进行装卸，然后通过货运平板汽车（额定载重量不小于60t）运至码头，再由200t履带吊吊装至专用运输船舶（额定载重量1500t）上，最后由专用运输船舶运至跨越塔组装平台处，由现场的300t履带吊或600t起重浮吊卸至吊装点进行一次或二次组装。

（2）临时码头。江南江北分别设置一座施工用临时钢码头，码头则通过钢栈桥与陆地区域施工便道、材料加工堆放场地衔接，码头上配备200t履带吊装卸货物。码头、栈桥采用钢管桩基础、贝雷桁架结构。钢码头和栈桥见图14-2。

图 14-2　钢码头和栈桥

（3）江中施工平台的设置。利用基础施工时在跨越塔基础外围搭设的钢结构施工平台作为履带吊行走吊装作业场地及钢管构件组装平台。同时，在跨越塔承台基础内部设置外延钢平台，平台主要依附基础承台本体进行施工平台延伸，即沿承台周边布置钢管桩，再在钢管桩和基础承台之间搭设水平主钢梁，再在钢梁之间敷设钢板，以满足江中跨越塔内部隔面构件安装施工平台布置要求，平台钢管桩之间采用水平系梁（平联）连接，水平主钢梁之间采用次钢梁连接，以提高平台的整体刚度及承载能力。江中施工平台平面布置见图 14-3。基础外围钢平台结构布置见 14-4，基础内部外延钢平台结构布置见图 14-5。

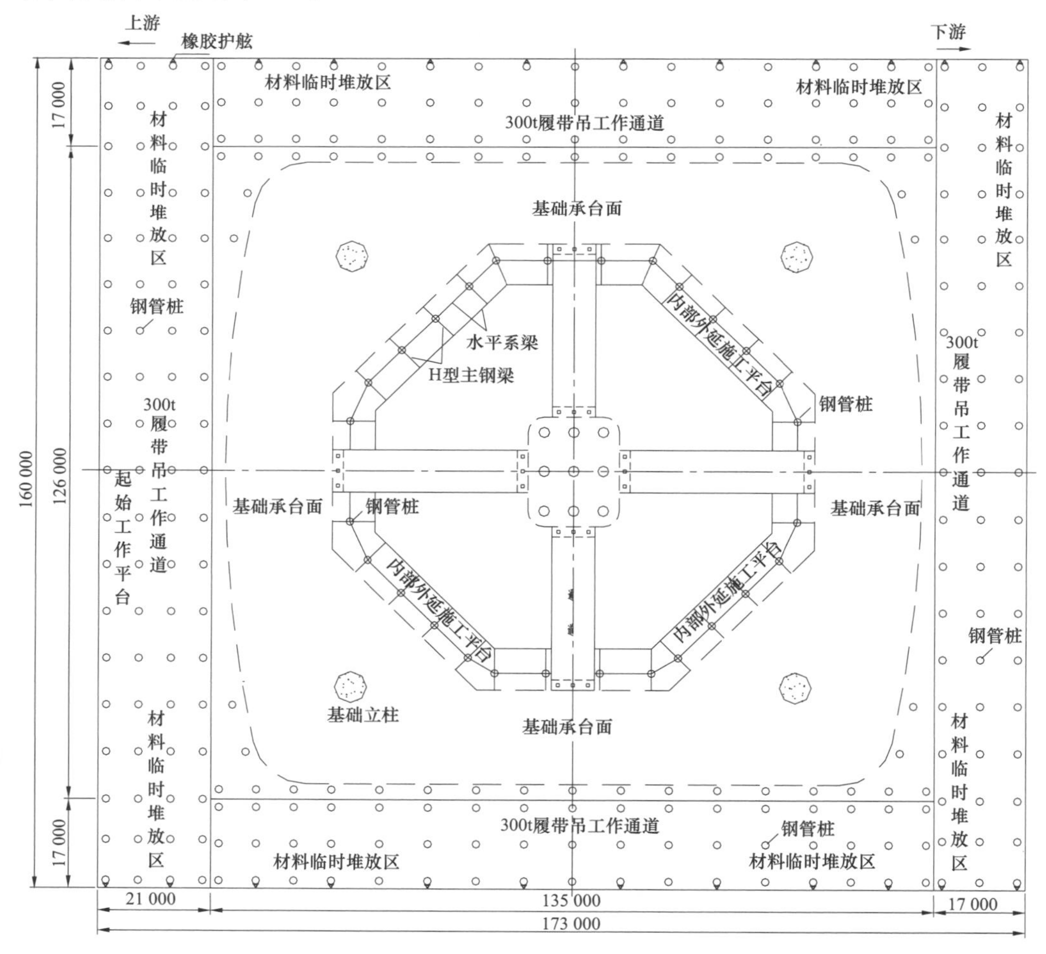

图 14-3　江中施工平台平面布置

注：本图尺寸均以 mm 计。

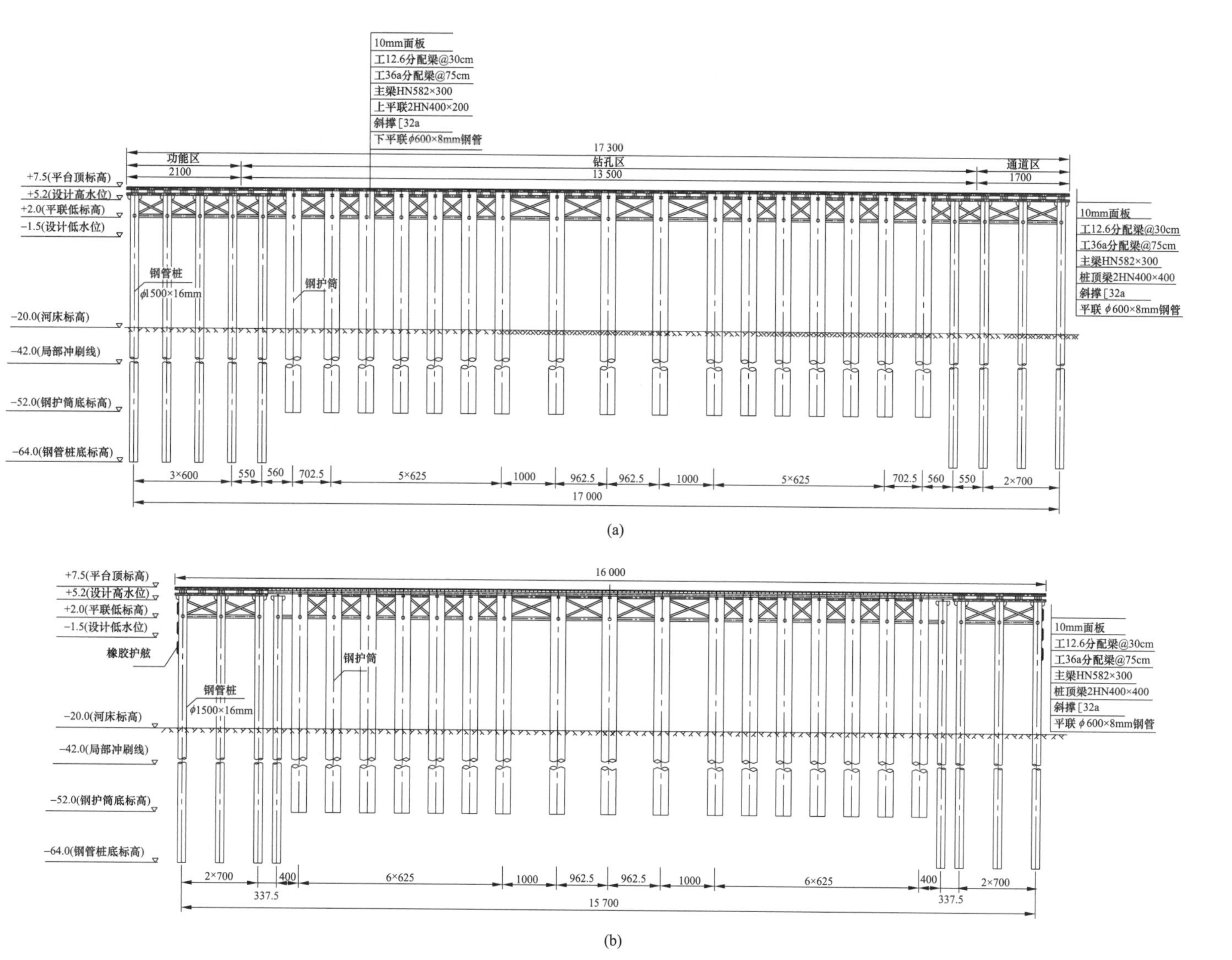

图 14-4　基础外围钢平台结构布置

（a）平台纵向结构断面示意图；（b）平台横向结构断面示意图

说明：本图尺寸除高程为m外，其余均以cm计。

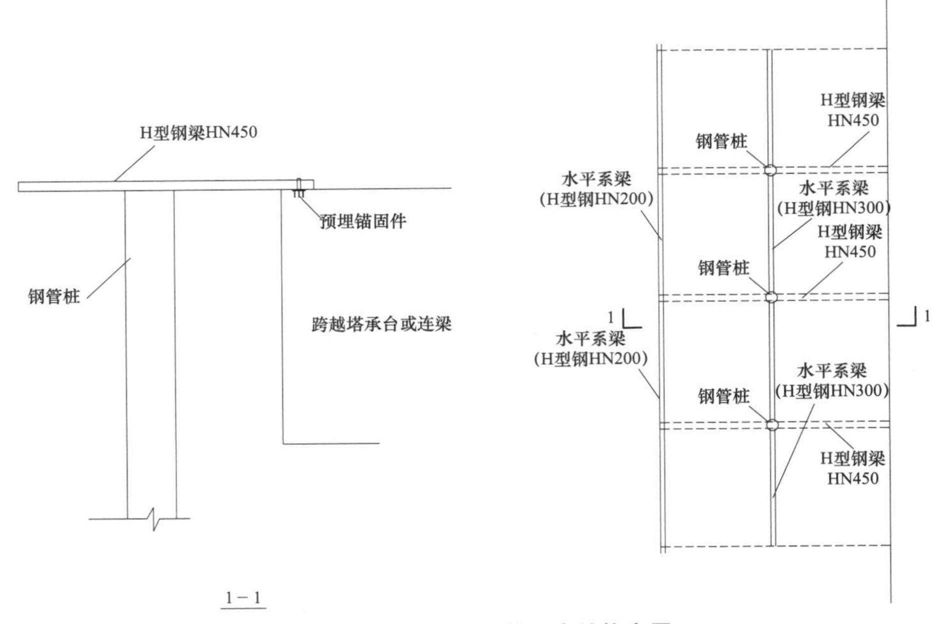

图 14-5　内部外延钢构平台结构布置

（4）施工水域布置及江中堆料场地设置。为确保各类船舶的航行安全和工程施工正常进行，施工水域将实行封闭管理。考虑大量工程船舶的作业需要，开工前向海事、航道管理部门申报，并设置施工水域及施工船舶航道线的导航、通航标志及航标和航运安全设施，保证施工安全和船舶航行安全，避免海事安全事故发生。组塔架线施工时，利用基础施工时搭设的钢结构施工平台作为江中塔材、机具临时堆放场地，跨越塔施工水域及江中堆料场地平面布置见图 14-6。

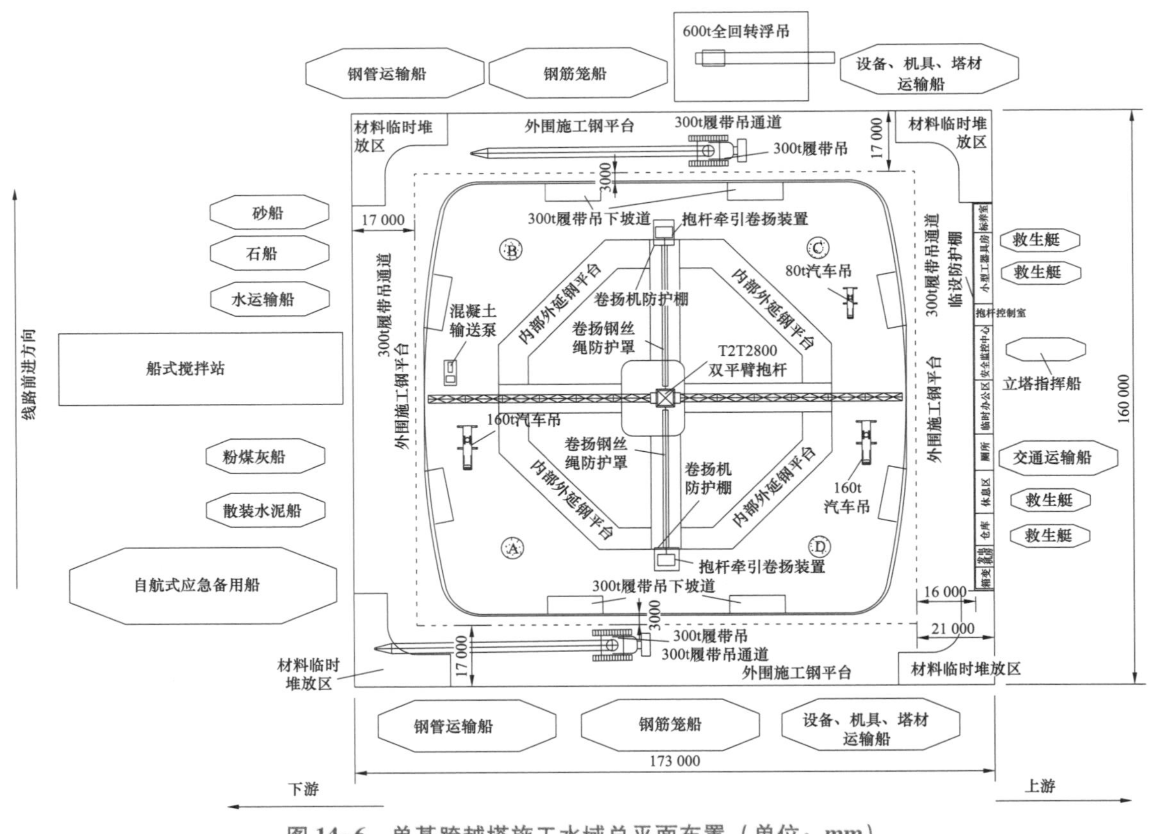

图 14-6　单基跨越塔施工水域总平面布置（单位：mm）

（5）施工升降机的设置。跨越塔组立完 40m 高度后，在 2 条塔腿主管上设置斜线施工辅助运输升降机用于高空作业人员及小型工器具的垂直运输施工升降机拟采用 SC120 型斜线施工升降机，见图 14-7。

图 14-7 斜线施工升降机

2. 履带吊+全座地式双平臂抱杆（方案Ⅰ）

（1）采用 600t 全回转浮吊将 160t 汽车吊、300t 履带吊部件、T2T2800 双平臂抱杆部件从运输船中卸至跨越塔基础承台面上。

（2）采用 160t 汽车吊安装 300t 履带吊。

（3）采用 300t 履带吊将 T2T2800 双平臂抱杆部件从运输船中卸至跨越塔基础承台面上。采用 300t 履带吊和 160t 汽车吊安装 T2T2800 双平臂抱杆 83m（至吊钩）独立工作高度。

（4）0～40m 塔身段采用 160t 汽车吊、300t 履带吊结合 T2T2800 双平臂抱杆安装，每一段主管和钢筋笼一同吊装，吊装平面布置见图 14-8。

（5）40～78m 塔身段采用 300t 履带吊结合 T2T2800 双平臂抱杆安装，每一段主管和钢筋笼一同吊装。

（6）78～98m 塔身段采用 300t 履带吊结合 T2T2800 双平臂抱杆安装，每一段主管和钢筋笼一同吊装。

（7）98m 以上塔身段采用 T2T2800 双平臂抱杆安装，282m 以下塔身主管和钢筋笼一同吊装。

（8）当塔身组立至 250m 标高时，设置好附着腰箍，并在 216m 标高处重型过渡加强节四周附近的水平隔面上设置 T2T2800 双平臂抱杆高空操作平台，将顶升套架安装固定于重型过渡加强节上，见图 14-9。高空操作平台可临时堆放小型机具和 2～3 节用于顶升加高抱杆的轻型标准节，结构采用下撑方案。全座地双平臂抱杆附着采用软硬附着相结合的方式。

由于部分水平钢管跨距较大，重量较重，为防止其下沉影响下方斜管就位，拟采取两种方案进行吊装：① 预先多吊装 1 节主管、打设防沉拉线的方法（见图 14-10），之后进行大斜管就位安装；② 利用两套起重滑车组对大斜管进行辅助安装就位（见图 14-11）。

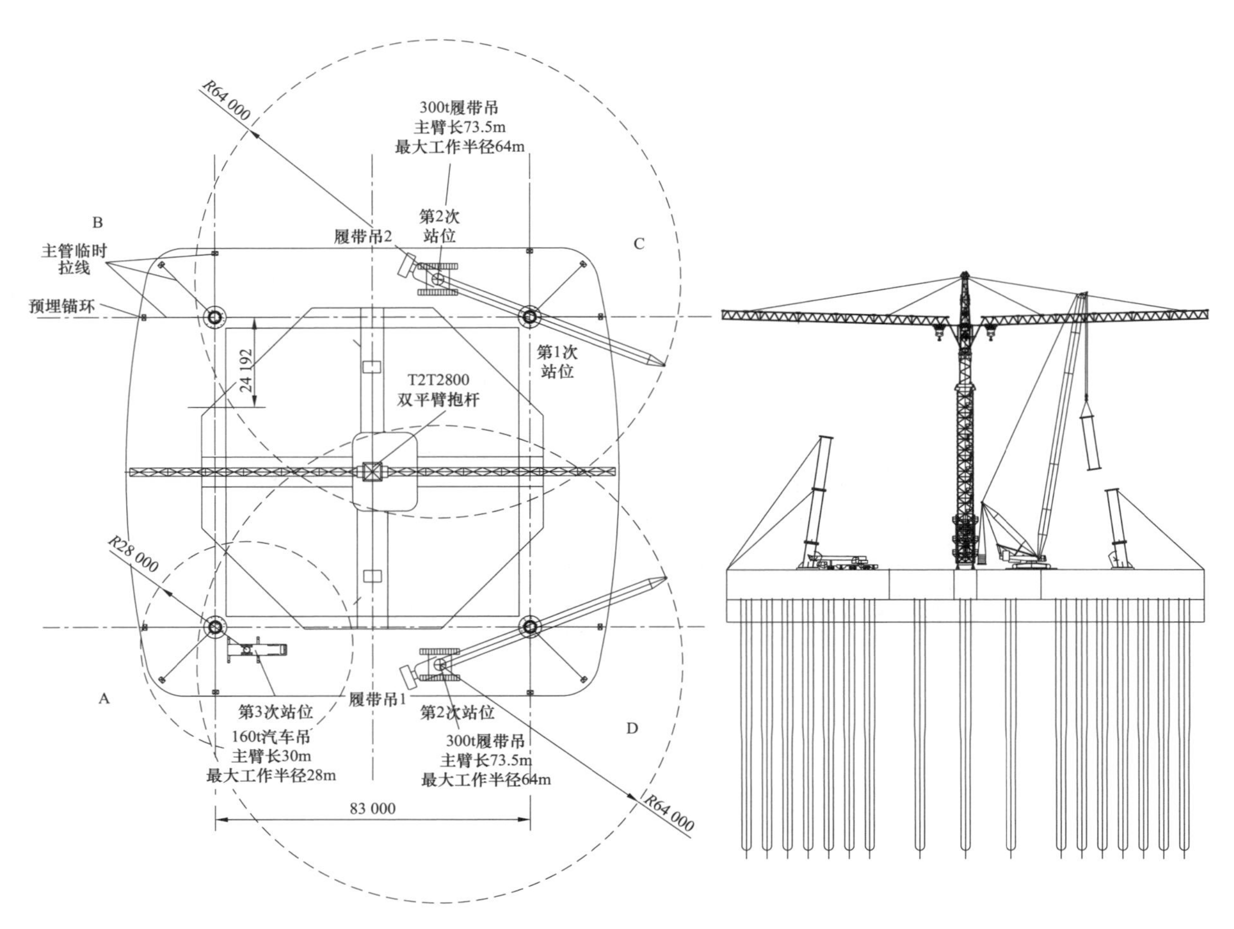

图 14-8　0～40m 塔腿主管吊装平面布置

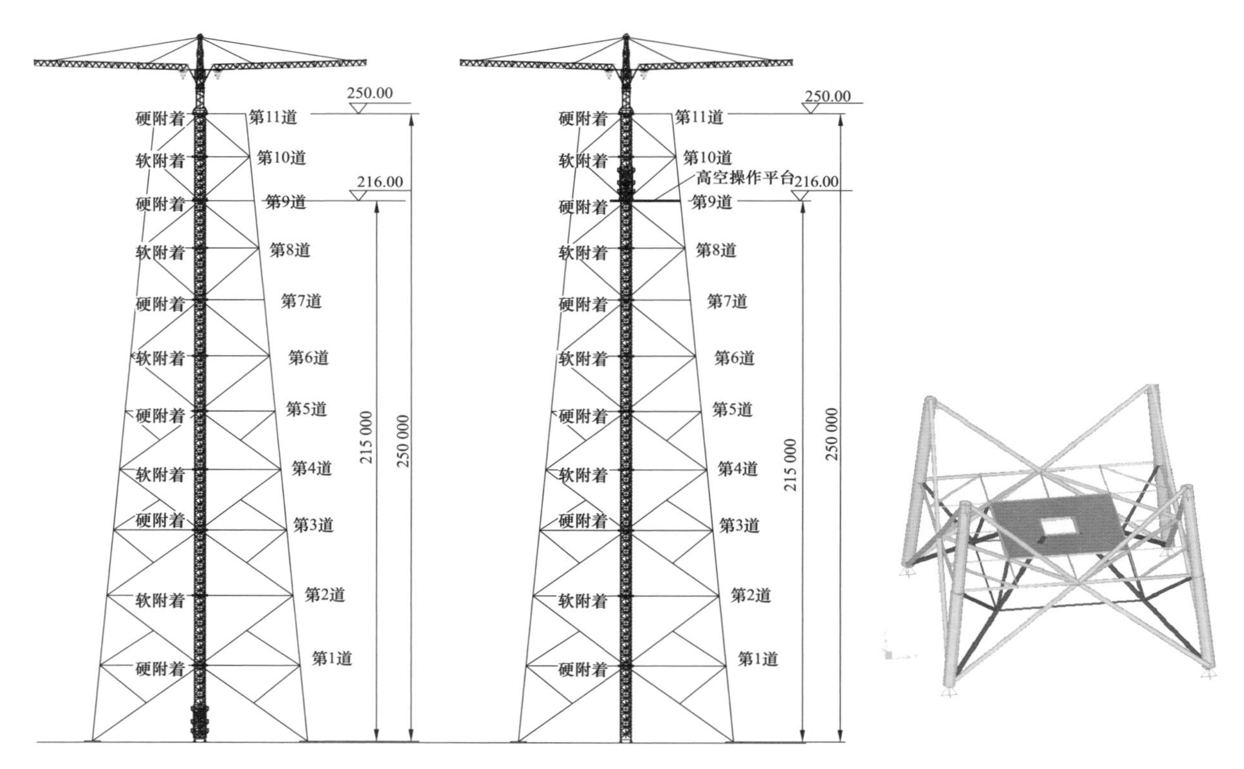

图 14-9　高空操作平台结构设置示意图

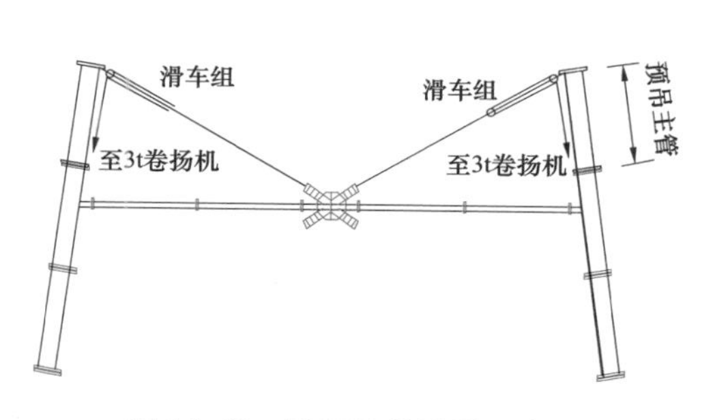

图 14-10　防沉拉线设置示意图

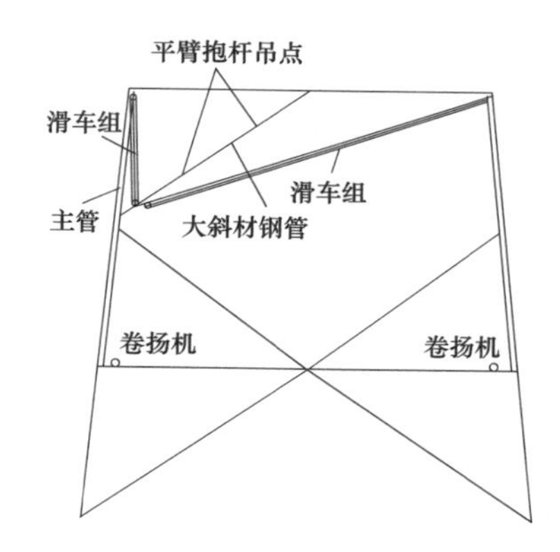

图 14-11　98m 以上塔身超长大斜管安装示意图

通过计算，抱杆附着水平反力达 100t 左右，同时由于下部塔身空间尺寸大，附着设置难度大，附着拉线或杆件长。因此，双平臂抱杆附着系统拟采用软附着+硬附着相结合的方式。软附着采用抱杆塔身附着框+钢索式液压拉伸装置。硬附着设置在跨越塔有水平隔面的标高处，结合塔身水平隔面的布置高度和根开尺寸，采取合理的水平隔面加固方案，减小硬附着杆件结构长度。硬附着设置示意见图 14-12。

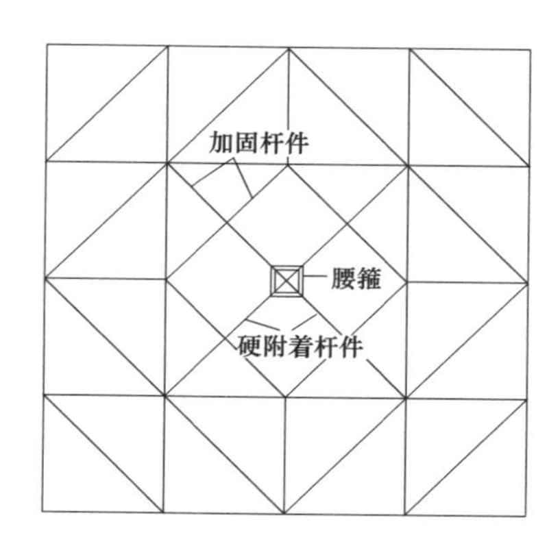

图 14-12　硬附着设置示意图

（9）横担吊装。横担在顺线路方向前后侧平台上组装。先吊装下横担，再吊装中横担，最后吊装上横担及地线支架。下横担分成 2 段利用 T2T2800 双平臂抱杆吊装。中横担分成 2 段利用 T2T2800 双平臂抱杆吊装。上横担及地线支架分成 3 段吊装，利用 T2T2800 双平臂抱杆吊装。

3. 履带吊+平台式双平臂抱杆组塔方案（方案Ⅱ）

（1）采用 600t 全回转浮吊将 160t 汽车吊和 300t 履带吊部件从运输船中卸至跨越塔基础承台面上。

（2）采用 160t 汽车吊安装 300t 履带吊。

（3）采用 300t 履带吊将 T2T2800 双平臂抱杆部件从运输船中卸至跨越塔基础承台面上。

（4）采用 300t 履带吊和 160t 汽车吊安装 T2T2800 双平臂抱杆 83m（至吊钩）独立工作高度。

（5）0～40m 塔腿段采用 160t 汽车吊、300t 履带吊结合 T2T2800 双平臂抱杆安装。

（6）40～98m 塔身段采用 300t 履带吊结合 T2T2800 双平臂抱杆安装，安装方法与方案 I 相同。

（7）98m 以上塔身段采用 T2T2800 双平臂抱杆安装。当塔身组立至 175m 和 311m 标高时，分别在 131m、282m 标高处设置 T2T2100 双平臂抱杆高空转换平台，将顶升套架安装固定于平台上。之后，拆除位于顶升套架以下的标准节和腰环，继续吊装塔身。高空转换平台具有顶升和操作功能，中部为平臂抱杆顶升加高平台，四周为施工人员操作和小型机具放置平台，高空转换平台的结构采用下撑+上拉方案，如图 14-13 所示。第 1 道、第 2 道高空转换平台设置示意分别见图 14-14。

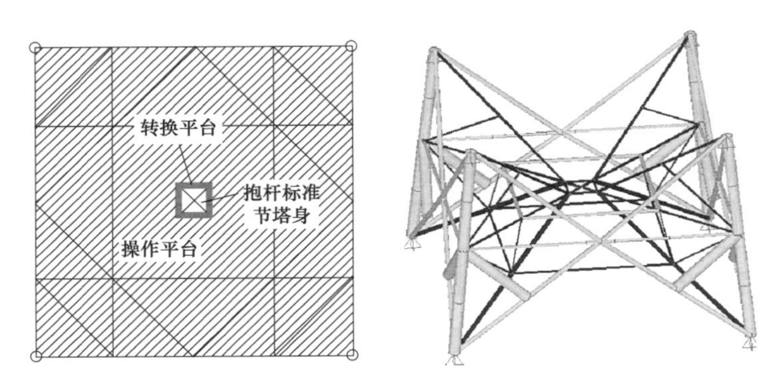

图 14-13　高空转换平台结构设置示意图

（8）横担顶架吊装。横担及顶架吊装方法同方案Ⅰ。

4. 履带吊+平台式动臂塔机（方案Ⅲ）

（1）采用 600t 全回转浮吊将 130t 汽车吊和 300t 履带吊部件从运输船中卸至跨越塔基础承台面上。

（2）采用 160t 汽车吊安装 300t 履带吊。

（3）采用 300t 履带吊将 ZSL2700 动臂塔机部件从运输船中卸至跨越塔基础承台面上。

（4）采用 300t 履带吊安装 ZSL2700 动臂塔机至 60m 独立工作高度。

（5）0～40m 塔身段采用 160t 汽车吊、300t 履带吊结合 ZSL2700 动臂塔机安装。

（6）40～98m 塔身段采用 300t 履带吊结合 ZSL2700 动臂塔机安装。

（7）98m 以上塔身段采用 ZSL2700 动臂塔机安装。当塔身组立至 175m 和 311m 标高时，分别在 131m、282m 标高处设置 ZSL2700 动臂塔机高空转换平台，将顶升套架安装固定于平台上。之后，拆除位于顶升套架以下的标准节和腰环，继续吊装塔身。高空转换平台设置位置及平面布置同方案Ⅱ。

（8）横担吊装。利用在横线路方向两侧连梁外侧面设置的平台进行组装。下横担分成 2 段利用 ZSL2700 动臂塔机吊装。中横担分成 2 段利用 ZSL2700 动臂塔机吊装。上横担及地线支架分成 3 段吊装，利用 ZSL2700 动臂塔机吊装。

（9）拆除动臂塔机（见图 14-15）。先利用 ZSL2700 安装 ZSL750 动臂塔机，再利用 ZSL750 动臂塔机拆除 ZSL2700 塔机，ZSL750 动臂塔机座于跨越塔主管上。利用 ZSL750 安装 ZSL380 动臂塔机，再利用 ZSL380 动臂塔机拆除 ZSL750 塔机，ZSL380 塔机座于 ZSL750 对角主管上。利用 ZSL380 安装 ZSL60 动臂塔机，再利用 ZSL60 动臂塔机拆除 ZSL380 塔机，ZSL60 塔机座于原安装 ZSL750 塔机的主管上。最后，ZSL60 动臂塔机利用自拆卸机构拆卸后通过施工电梯运至地面。

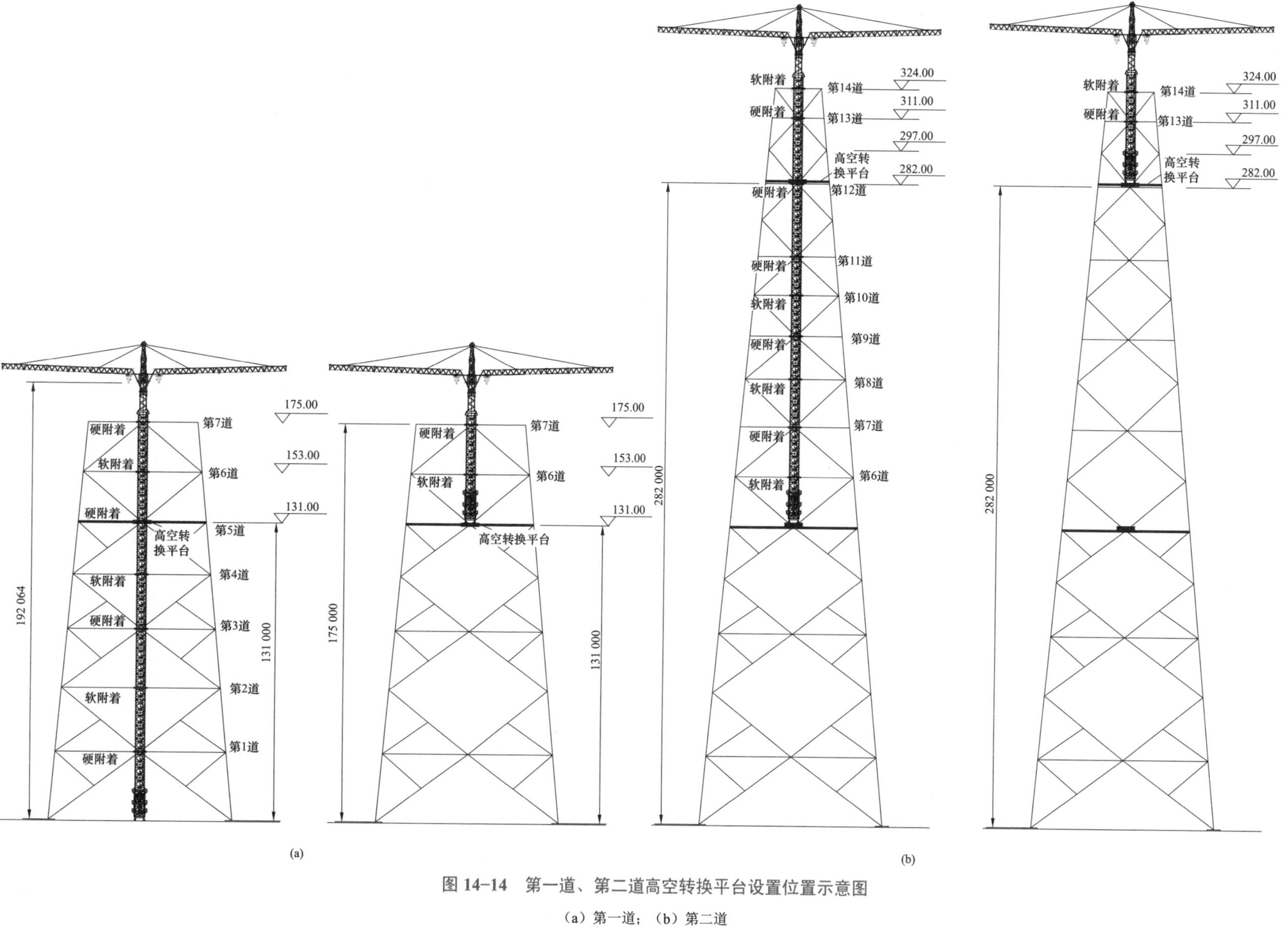

图 14-14　第一道、第二道高空转换平台设置位置示意图

（a）第一道；（b）第二道

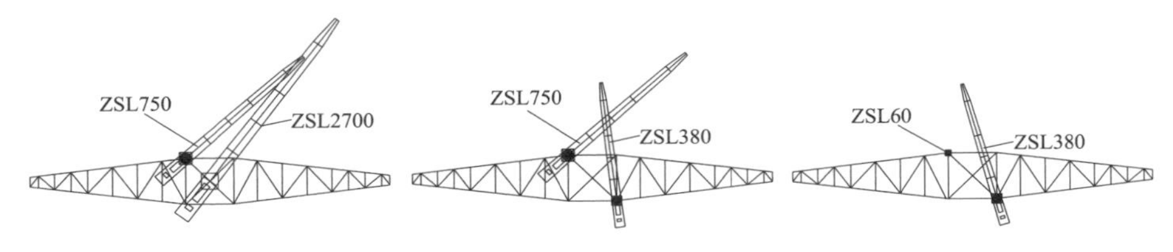

图 14-15　ZSL2700 动臂塔机拆除示意图

5. 平头塔吊+平台式双平臂抱杆组塔方案（方案Ⅳ）

（1）采用 600t 全回转浮吊将 160t 汽车吊、ZSC1400 平头塔吊部件从运输船中卸至基础承台面上。

（2）采用 160t 汽车吊安装 2 台 ZSC1400 平头塔吊至 60m 独立工作高度。

（3）0～40m 塔身段采用 160t 汽车吊、ZSC1400 平头塔吊安装。

（4）40～98m 塔身段采用 2 台 ZSC1400 平头塔吊安装。

（5）98～297m 塔身段采用 2 台 ZSC1400 平头塔吊安装。当塔身组立至 297m 标高时，在 250m 标高处设置 T2T1050 双平臂抱杆高空工作平台，平台平面布置同方案Ⅰ。同时，在 250m 标高处顺线路方向前后侧设置高空组装平台，见图 14-16。

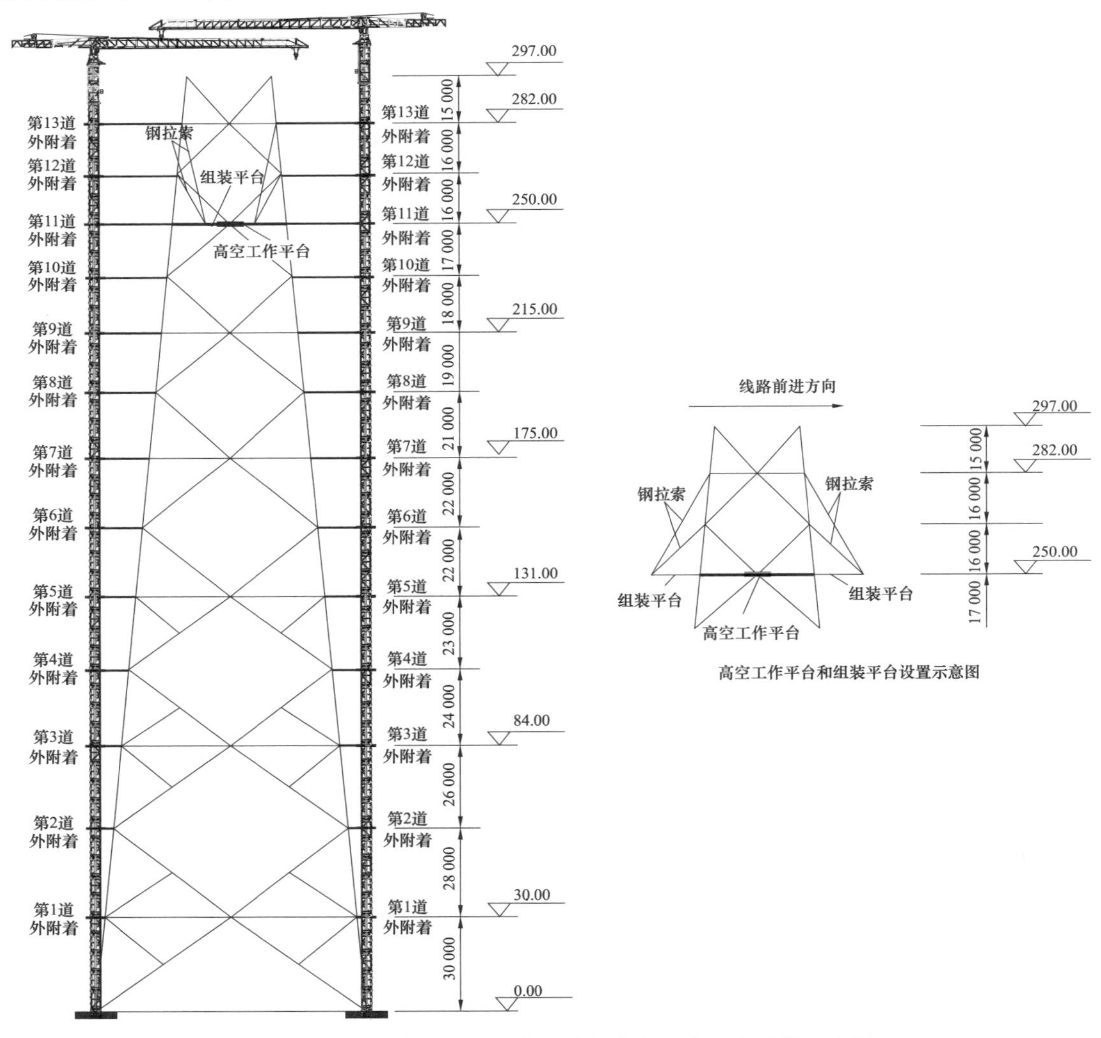

图 14-16　抱杆高空工作平台及塔材高空组装平台设置示意图

（6）当塔身组立至297m时，在250m标高处顺线路方向前后侧设置组装平台。然后，拆除一台ZSC1400平头塔吊，再采用另一台ZSC1400平头塔吊安装T2T1050双平臂抱杆座于高空工作平台之上，抱杆安装后状态示意见图14-17。之后，拆除ZSC1400平头塔吊。

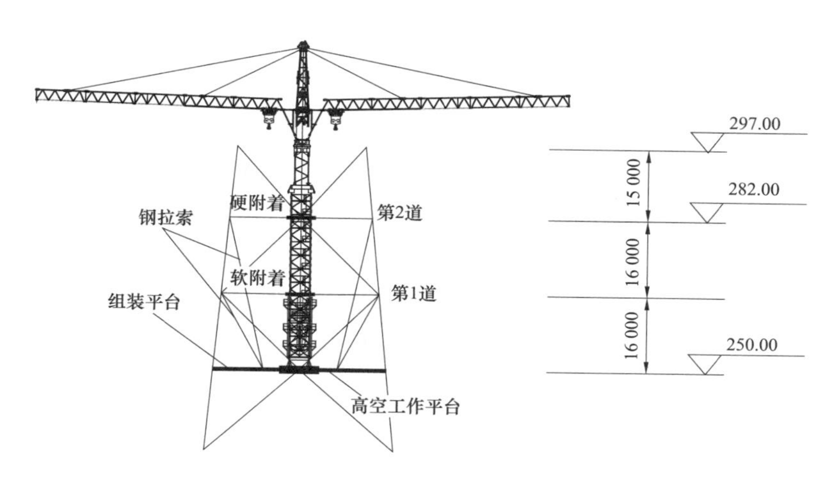

图14-17　T2T1050双平臂抱杆初始安装后状态示意图

（7）297m以上塔身段采用T2T1050双平臂抱杆吊装。

（8）横担顶架吊装。横担及顶架吊装方法同方案Ⅰ。

6. 工期测算

结合以往500kV江阴大跨越、500kV三江口大跨越、舟山大跨越工程施工工效和工期资料，上述4套组塔方案计划工期测算见表14-1。

表14-1　　各套组塔方案计划工期

项　　目	方案Ⅰ	方案Ⅱ	方案Ⅲ	方案Ⅳ
铁塔全高（m）	455	455	455	455
抱杆安装、调试天数（天）	10	15	10	10
0～40m塔身段吊装天数（天）	38	52	38	45
40～98m塔身段吊装天数（天）	93	108	93	93
98m以上塔身段吊装天数（天）	239	318	277	359
横担吊装天数（天）	24	24	24	24
落降抱杆、隔面材、电梯井筒安装天数（天）	40	40	40	40
不可预见因素影响天数（天）	30	30	30	30
合计测算施工天数（天）	474	512	601	587

7. 技术经济比较

四套组塔方案的优缺点分析汇总见表14-2。

表 14-2　四套组塔方案的优缺点分析

名称	优　点	缺　点
方案Ⅰ	（1）大大减少高空作业难度，抱杆的提升完全在地面进行作业，操作简便。 （2）两边平衡吊装，抱杆和铁塔受力合理，由于不设置高空转换承力平台，对跨越塔结构的影响小，安全风险低。 （3）自主研制、生产、购置抱杆，施工主动权掌握在自己手中，避免了租赁设备产生的经济纠纷。 （4）由于抱杆两侧进行平衡吊装，安装速度较快，能够确保施工工期	（1）由于抱杆关键技术参数响应值较高，技术实现存在不确定性，必须联合专业设备厂家重新设计、加工、试验。 （2）需要加工大量的重型标准节提高抱杆竖向承载能力。另外，抱杆附着拉线系统设置数量多
方案Ⅱ		（1）由于抱杆关键技术参数响应值较高，技术实现存在不确定性，必须联合专业设备厂家重新设计、加工、试验。 （2）由于设置高空转换承力平台，因此必须对平台位置处的铁塔结构重新设计，对主管及节点加固，这将增加铁塔加固和平台制作费用，同时增加一部分高空安装工作，平臂抱杆作业对平台和跨越塔结构产生较大的动荷载，存在较高的安全风险
方案Ⅲ	（1）动臂塔机施工技术日趋成熟，市场上可选用塔机型号较广泛。 （2）相对于落地双平臂抱杆、摇臂抱杆、平头塔吊采用的电源提供动力方案，动臂塔机采用柴油动力，解决了动力电源地面至高空压降补偿难题。 （3）安全性。动臂塔机自身控制系统简单先进，各种安全装置齐全，在其附着系统牢靠的前提下其自身安全性能优越	（1）动臂塔机单侧起吊安装，工效较低。 （2）动臂塔机工作状态下对铁塔产生的附加水平作用力大，存在一定的安全风险。 （3）由于设置高空转换承力平台，因此必须对平台位置处的铁塔结构重新设计加固，增加了高空安装工作量。 （4）由于动臂塔机自身通过上顶升套架框来加高，加装标准节、顶升操作均在高空进行，高空作业量大，存在较高的安全风险，发生安全事故的可能性较大。 （5）动臂塔机无法实现自拆卸，需要用其他装备在塔顶依次拆除，高空作业量大，风险高。 （6）由于塔机为外租，塔吊司机为塔机厂家工作人员，施工主动权不掌握在自己手中
方案Ⅳ	（1）成熟性。由于近 20 年来国内建筑业的迅速发展，塔吊施工技术日趋成熟，市场上可选用塔吊型号十分广泛。在跨越塔吊装过程中，地面施工现场布置简单，使用工器具较少，这些是双平臂、传统摇臂抱杆所不具备的。 （2）安全性。297m 以下塔身段吊装时，平头塔吊控制系统简单，各种安全装置齐全，影响安全的因素少。 （3）经济性。297m 以上塔身采取了高空组装平台进行高空组装，减少了作业半径，大大降低了最大起重力矩，因而双平臂抱杆的各项技术响应参数值将大幅下降，技术实现比较容易。尽管一次性投入重新研制平臂抱杆，但可在今后的大跨越工程中重复利用，长期效益显著	（1）由于平头塔吊本身是细长结构，自身稳定性差，达到一定高度后须由铁塔来保持塔机的稳定，非工作工况下塔吊承受大风荷载时的稳定较差。 （2）需要加工大量硬质附着杆件，施工成本高。 （3）平头塔吊最终升高至 305m（吊臂高度）共进行 13 道附着，通常要求为确保其稳定性，塔吊水平支撑附着框必须设置在标准节水平腹杆标高处，这与跨越塔水平隔面标高不一致，因此塔吊塔身部分标准节及附着系统需重新设计。 （4）由于设置高空转换承力平台和高空组装平台，因此必须对平台位置处的铁塔结构重新设计加固，增加了高空安装工作量。 （5）设置高空转换平台和组装平台并高空安装双平臂抱杆将耗费一段时间。此外，上部塔身塔材及横担塔材须吊装至高空平台组装成片成段后再二次吊装就位，工效差。因此，总体工期较长。 （6）由于塔机为外租，塔吊司机为塔机厂家工作人员，施工主动权不掌握在自己手中

8. 方案比选结论

四套方案的技术可行性、安全性、施工主动权、工期综合对见表 14-3。

表 14-3　　四套方案重要指标对比

序号	比较项目	方案Ⅰ	方案Ⅱ	方案Ⅲ	方案Ⅳ
1	技术可行性	可行，设备研制过程中会存在一些技术难关需克服	可行，设备研制过程中会存在一些技术难关需克服	可行，需与专业厂家共同研究、校验方案	理论可行，但操作很复杂。若要方案成立，需付出很大代价
2	安全性	安全	安全	高空作业量大，安全性较差	高空作业量大，安全性较差
3	施工主动权	自主研制生产抱杆，施工主动权掌握在自己手中	自主研制生产抱杆，施工主动权掌握在自己手中	塔机标准节需另外购买，费用较高。此外，塔吊司机由塔机厂家提供，施工主动权不掌握在自己手中	塔机标准节需另外购买，费用较高。此外，塔吊司机由塔机厂家提供，施工主动权不掌握在自己手中
4	工期	单基跨越塔组立施工工期 474 天（约 16 个月）	单基跨越塔组立施工工期 512 天（约 17 个月）	单基跨越塔组立施工工期 601 天（约 20 个月）	单基跨越塔组立施工工期 587 天（约 20 个月）

方案Ⅰ操作简单，可操作性强，安全性最好，工期较短，但方案Ⅳ工程施工费用较高。方案Ⅱ技术含量较高，具有一定的创新性，抱杆操作简单，工期较短，但平台安装的高空作业量较大，需要特殊设计，须考虑装备荷载对塔身结构的影响，存在一定的施工安全不可控因素。方案Ⅲ技术难度较大，对铁塔结构的影响较大，动臂塔机提升及拆除高空作业量大，风险高，施工主动权较差，工期较长。方案Ⅳ技术难度也较大，平头塔吊提升和外附着安装高空作业量大，双平臂抱杆高空转换和塔材高空组装平台的安装工作量大，作业风险高，施工主动权较差，工期较长，方案整体操作性过于烦琐。基于以上分析，推荐选择履带吊+全座地式双平臂抱杆（方案Ⅰ）作为组塔实施方案。

四、重点施工装备调研与选择

（一）T2T2800 双平臂抱杆

T2T2800 双平臂抱杆起重性能见表 14-4，主要技术参数见表 14-5。

表 14-4　　T2T2800 双平臂抱杆起重性能表

工作幅度 R（m）	3.0～56	57	58	59	60
允许吊重 Q（t）	50.0	48.4	46.9	45.5	44.1

表 14-5　　T2T2800 双平臂抱杆技术参数

参数	指　标
额定起重力矩（t·m）	2800
最大不平衡力矩（t·m）	840
起升高度（m）	最终使用高度 470；工作时最大独立高度 83
最大起重量（t）	50
悬臂自由高度（m）	48（至吊钩高度）
腰环最大间距（m）	58

续表

参数	指　　标
工况/非工况下最大水平力（kN）	1200/600
最大最小工作幅度（m）	60/3
起升机构	2 倍率，最大起重量 50t，速度 0～10.5 m/min，电动机功率 132kW；钢丝绳直径及规格：ϕ36mm，35W×7-30-1960
回转机构	回转速度 0～0.37 r/min，电动机功率 100kW
变幅机构	变幅速度 0～20m/min，电动机功率 68kW；钢丝绳直径及规格：ϕ20mm，6×29Fi+IWR-20-1770
顶升机构	顶升速度 0.3 m/min，电动机功率 75×2kW
总功率	300 kW（不含顶升机构功率）
风压	工作风压，≤250Pa；非工作风压，≤1300Pa；安装或爬升风压，≤100Pa

（二）600t 全回转浮吊

600t 全回转浮吊见图 14-18，起重性能参数见表 14-6。

图 14-18　600t 全回转起重船

表 14-6　600t 全回转起重船起重性能参数表

钩型	臂角（°）	固定作业	75	70	65	60	55	50	45	40	35	30
主钩	作业半径（m）	29	29	29	34	38	43	48	52	56	62	65
	允许负荷（t）	600	500	470	410	380	340	300	240	170	130	100
	水面以上吊高（m）	81	81	80	78	75	72	69	65	61	57	52
副钩	作业半径（m）		33	40	47	53	59	65	70	74	78	83
	允许负荷（t）		150	150	150	150	150	130	120	100	80	80
	水面以上吊高（m）		109	107	103	100	96	91	86	80	75	69

（三）300t 履带吊

300t 履带吊主要技术参数见表 14-7。跨越塔 40m 以下塔身段选用 73.5m 轻型主臂，40～98m

塔身段选用 115.5m 轻型主臂。轻型主臂最大起身高度达 113.5m，工作半径 9～92m。

表 14-7　　　　　　　　　XGC300 型 300t 履带吊主要技术参数

项　目		单位	数　值	
最大额定起重量	主臂工况	t	300	
	轻型臂工况	t	95.5	
	塔式副臂工况	t	135	
	固定副臂工况	t	130	
	盾构工况（双钩复合吊装）	t	172	
	臂端单滑轮工况	t	28	
最大起重力矩	主臂工况	t·m	1837	
	轻型臂工况	t·m	1533.4	
	塔式副臂工况	t·m	1836	
	固定副臂工况	t·m	1820	
	臂端单滑轮工况	t·m	1008	
尺寸参数	主臂长度	m	24～96	
	轻型臂	m	73.5～115.5	
	主臂变幅角度	（°）	-3～85	
	塔式副臂长度	m	24～66	
	塔臂变幅角度	（°）	20～75	
	固定副臂长度	m	12～42	
	主臂与固定副臂夹角角度	（°）	10、30	
	臂端单滑轮	m	1.8	
速度参数	起升机构最大单绳速度	m/min	120	110
	主臂变幅机构最大单绳速度	m/min	2×40	2×42.5
	塔臂变幅机构最大单绳速度	m/min	129	117
	最大回转速度	r/min	1.0	1.0
	最高行驶速度	km/h	1.0	1.0
整机质量（基于 300t 起重钩，HB24，转台配重 90t）		t	276	
平均接地比压		MPa	0.13	
爬坡度		–	30%	
运输状态单件最大质量		t	45（若拆解可小于 37）	
运输状态单件（转台）最大尺寸（长×宽×高）		m×m×m	13.5×3.0×3.3	

（四）GYT100 钢索式液压提升装置

T2T2800 落地双平臂抱杆软附着受力系统拟采用 GYT100 钢索式液压拉伸装置，其单缸额定提升力为 1000kN，液压缸活塞行程 200mm，额定压力 19MPa，提升速度 6～10m/h。额定载荷时，提升千斤顶安装 24 根钢绞线。GYT100 钢索式液压拉伸装置及应用见图 14-19。

（五）SC120 型斜线施工升降机

SC120 型斜线施工升降机用于高空作业人员及小型工器具的垂直运输，主要技术参数见表 14-8。

图 14-19　GYT100 钢索式液压拉伸装置

表 14-8　SC120 型斜线施工升降机主要技术参数

项　目	参　数　值
额定起重量（kg）	1200
额定提升速度（m/min）	变频控制，0～60
额定载人数	15
最大提升高度（m）	500
附着间距（m）	3～7
电动机功率（kW）	2×15kW
适用最大曲率（1/m）	0.005 8
可变角度（°）	-7～+21
标准节尺寸（mm）	650×450×1508

第三节　跨越塔钢管配筋施工工艺试验

一、试验目的

苏通长江大跨越工程跨越塔主管采用钢管+钢筋笼+高强自密实混凝土结构（见图 14-20），主管倾斜度较大，最大竖直倾斜度达 8°，主管钢筋笼的连接安装是一大难题。为降低管内连接作业安全风险，提升钢筋笼安装精度和主管整体安装质量水平，提高高空管内作业工效，急需对设计方案进行工艺试验验证，不仅能够验证各套设计方案的合理性，也为后续主管钢管配筋连接形式选择和组塔技术方案制定提供了科学依据。

二、钢管配筋连接工艺设计方案

跨越塔塔身 282m 以下主管采用内外双圈法兰连接，外法兰盘两层（见图 14-21），外法兰螺栓最大规格为 M72，长 1.22m，单根螺栓质量为 56kg，内法兰螺栓最大规格为 M68，长 1.2m，单根螺栓质量为 49kg，钢管内配钢筋笼最大主筋规格为直径 40mm 的 HRB400 钢筋。钢管配筋连接初步考虑采用整体式钢管-钢筋笼和钢筋笼导向下滑两套连接设计方案。

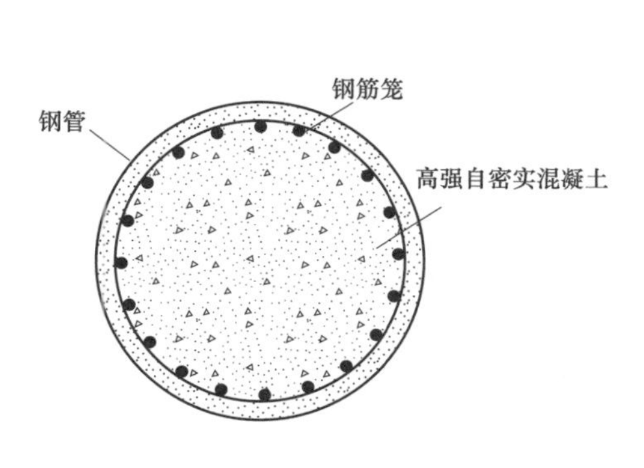

图 14-20　钢管配筋混凝土结构

图 14-21　主管内外法兰结构

整体式钢管-钢筋笼连接设计方案见图 14-22，即钢管和钢筋笼在工厂内组装成整体，在施工现场整体一次性吊装，上下钢筋笼采用短钢筋+直螺纹套管连接，连接点分别位于钢管法兰的上下两侧。工厂加工时，需在钢管内壁焊制数道钢筋定位环板，在主筋对应的位置开圆孔以便钢筋穿过。

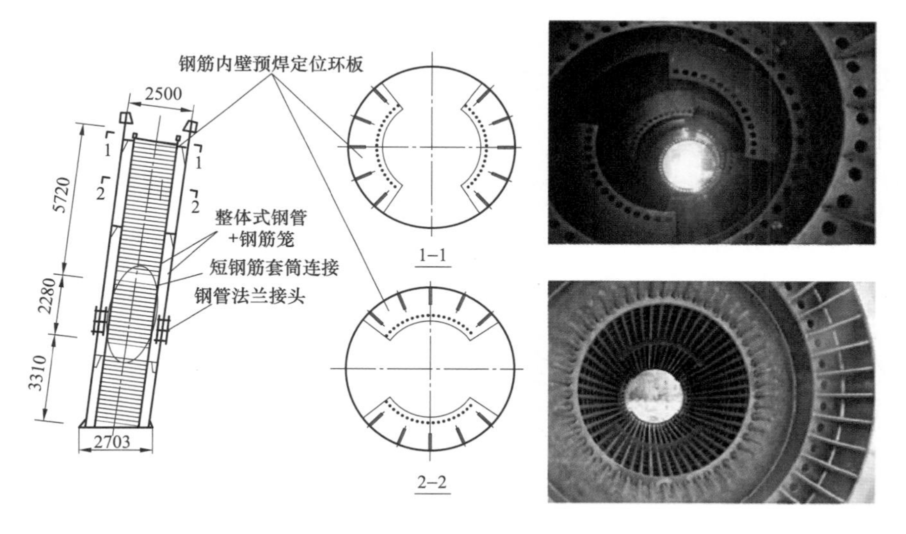

图 14-22　整体式钢管-钢筋笼设计方案

钢筋笼导向下滑连接设计方案见图 14-23，即上下钢筋笼采用法兰螺栓连接，连接点位于钢管法兰下方。钢管内部预焊滚轴，并在滚轴上安装套管，以便钢筋笼在钢管内滑动，滚轴长度应不小于 200mm，滚轴套管与两侧固定焊板之间需留有间隙，以便调节。钢筋笼加工方式为整体预制，先将主筋与两端法兰盘、中间环向钢板逐根焊接，再在外侧焊接角钢导轨，以减小钢筋笼滑动时与钢管内滚轴套管的摩擦力，同时提供一定幅度的调节能力。

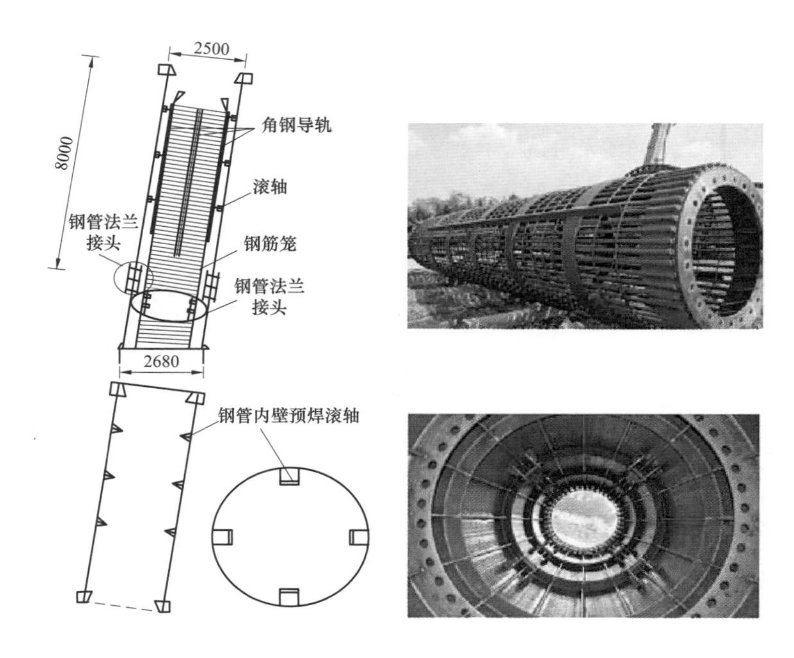

图 14-23　钢筋笼导向下滑设计方案

三、试验准备

试验现场选择地形较平坦地带，工艺试验现场施工平面布置见图 14-24，现场施工区域划分按平面图布置。

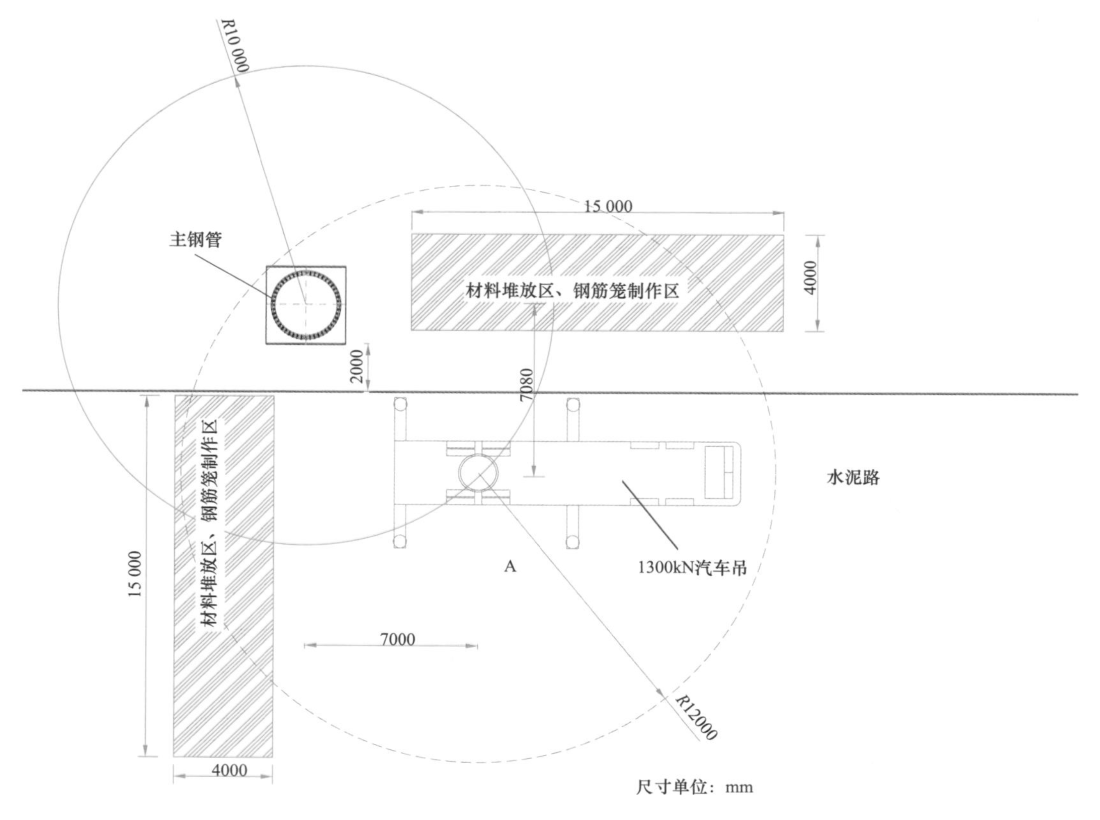

图 14-24　试验现场平面布置图

四、钢管配筋施工工艺

（一）整体式钢管-钢筋笼方案施工工艺（方案Ⅰ）

整体式钢管-钢筋笼方案施工工艺，即利用起重设备吊装焊装成整体的钢管-钢筋笼，当上下钢管高空安装对接时，先安装好外法兰螺栓，再安装好内法兰螺栓，最后利用直螺纹套管和短钢筋连接上下钢筋笼，并补装好连接段箍筋。

安装工艺流程示意如图 14-25 所示，主要步骤和方法如下：

（1）预先在下部钢管安装固定好管外临时工作平台和管内可拆卸简易工作平台，并设置好管内作业爬梯。

（2）上部钢管和钢筋笼吊装前，先在管内将内法兰螺栓临时固定于管内横向环板和内法兰螺栓孔之间，再将外法兰螺栓临时固定于两层外法兰板之间。

（3）起吊上部钢管和钢筋笼并缓慢下落就位，管外高空作业人员先安装紧固好钢管外法兰螺栓，再通过爬梯进入管内作业平台，安装紧固好内法兰螺栓。

（4）利用短钢筋和直螺纹套管分别连接上下两段钢筋笼主筋。

（5）将连接段的箍筋分散定位并与主筋绑扎，补装好内法兰螺栓安装施工空隙段的箍筋。

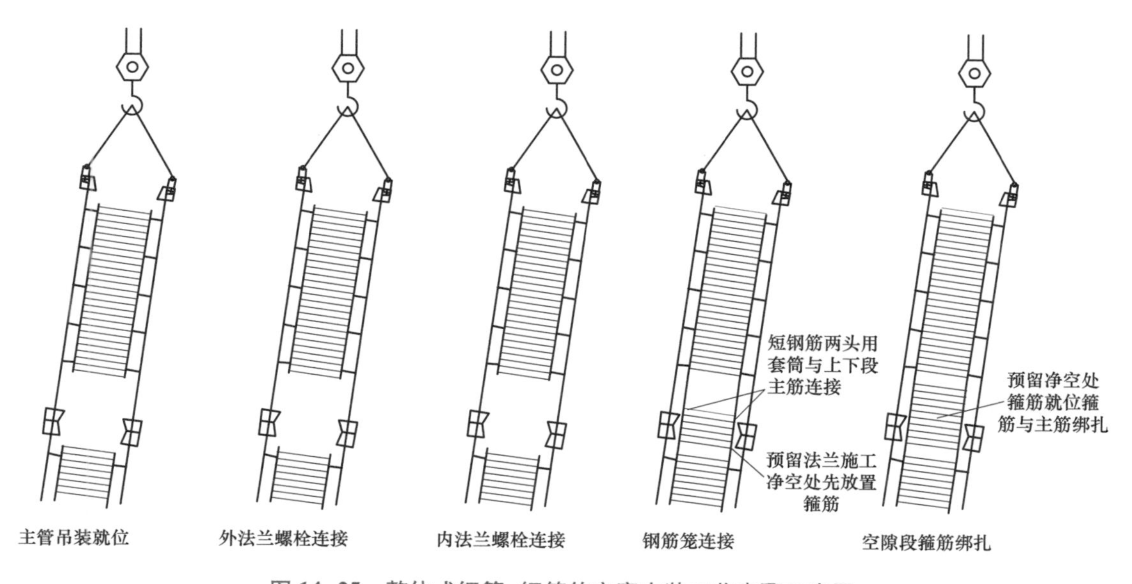

图 14-25　整体式钢管-钢筋笼方案安装工艺步骤示意图

（二）钢筋笼导向下滑方案施工工艺（方案Ⅱ）

钢筋笼导向下滑方案施工工艺，即预先加工好法兰式钢筋笼，并将钢筋笼临时固定于钢管上部法兰口，当上下钢管高空安装对接时，先安装好外法兰螺栓，再安装好内法兰螺栓，之后利用起重设备和调节机具将临时固定于管口的钢筋笼缓慢松放至设计安装位置，最后利用法兰螺栓连接上下钢筋笼。

安装工艺流程示意如图 14-26 所示，主要步骤和方法如下：

（1）预先采用临时固定钢销将钢筋笼临时固定于钢管内。为不影响内法兰螺栓安装，禁止将钢筋笼完全放下，必须留置一定净空高度以便管内安装，钢筋笼与钢管临时固定牢固后方可整体吊装。

（2）上部钢管和钢筋笼吊装前，临时固定好钢管内外法兰螺栓，安装好管内爬梯。为便于提放钢筋笼，事先在钢筋笼内部法兰孔和起重设备吊钩之间安装好 2 套调节系统（包括专用吊点螺栓、卸扣、钢丝绳套和链条葫芦）。

（3）起吊临时固定组装成整体的钢管和钢筋笼并缓慢下落就位，先安装紧固好外法兰螺栓，再安装紧固好内法兰螺栓。

（4）管外高空人员利用调节系统微微提起钢筋笼，松卸临时固定钢销，再利用起重设备将钢筋笼沿着管内滚轴缓慢下滑。为保证上下钢筋笼法兰对接时螺栓孔能够对齐，利用预先固定在下部钢筋笼法兰螺栓孔中的四根 2m 长导向螺杆对上部钢筋笼进行导向下滑就位。

（5）当上下钢筋笼法兰精确定位后，穿好法兰螺栓，戴好螺帽，拆除导向螺杆和螺帽，补装好对应的钢筋笼法兰螺栓，完成上下钢筋笼连接安装作业。

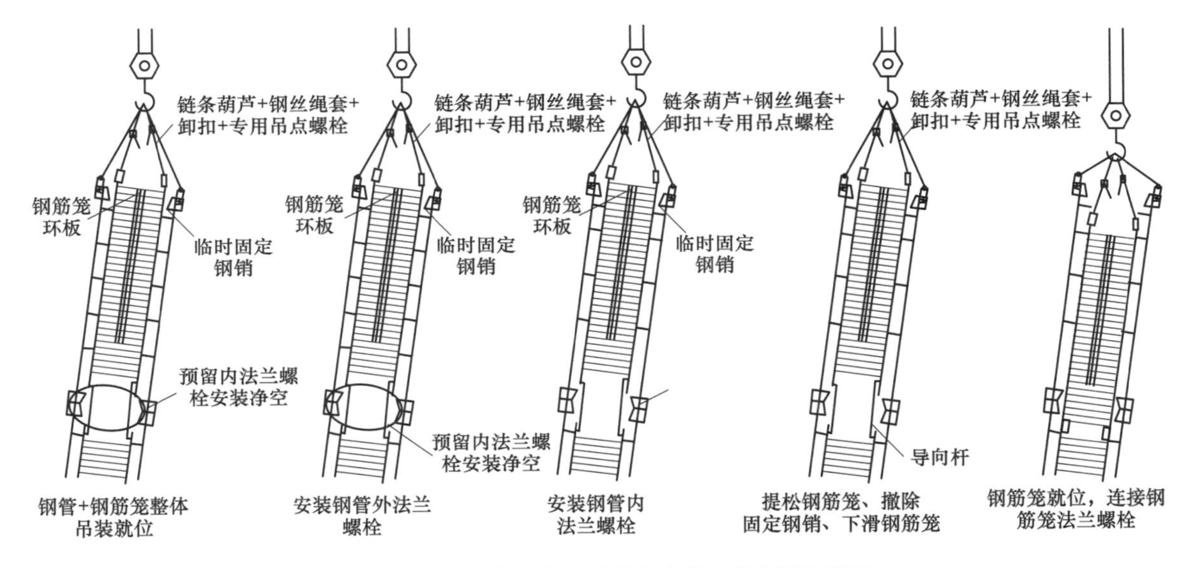

图 14-26　钢筋笼导向下滑方案安装工艺步骤示意图

五、试验实施

（一）方案Ⅰ试验

整个试验持续 5h，各关键安装工序试验如图 14-27 所示，试验持续时间见表 14-9。试验过程中发现的主要问题如下：

图 14-27　方案 I 关键安装工序试验过程

（a）外法兰螺栓安装；（b）管内法兰螺栓安装；（c）直螺纹套管连接；（d）管内箍筋绑扎

表 14-9　方案 I 关键安装工序步骤试验时间

工　序	开始时间	结束时间	持续时间（min）
外法兰螺栓安装	7:10	7:50	40
内法兰螺栓安装	7:50	8:40	50
直螺纹套管连接	8:40	11:40	180
箍筋绑扎	11:40	12:10	30

（1）内部钢筋笼主筋总计 52 根，最终有 11 根主筋无法通过直螺纹套管连接（见图 14-28）。主要原因包括：① 连接段安装空间尺寸在水平和垂直方向上存在偏差，导致部分加工定长的短钢筋无法封装进去；② 主筋丝牙部分损坏，直螺纹套管无法旋转连接；③ 上下连接主筋丝牙段起始点无法做到一致，直螺纹套管无法连接。

图 14-28　短钢筋无法封装

（2）内外法兰螺栓太重，人员操作困难，丝牙部分太长，上下法兰螺栓螺帽安装到位后若要满足齐帽的质量工艺安装要求比较困难。

（3）整体安装连接时间过长，达 5h，工效太低。

（4）试验时气温达 28℃，管内不通风，空气不流通，温度较高，作业人员无法坚持较长时间作业。

（5）管内空间有限，连接上下钢筋笼的短钢筋无位置摆放。

（二）方案Ⅱ试验

整个试验持续155min，各关键安装工序试验过程如图14-29所示，试验持续时间见表14-10。试验过程中发现的主要问题如下：

图14-29　方案Ⅱ关键安装工序试验过程

（a）外法兰螺栓安装；（b）提松钢筋笼及撤除临时固定钢销；（c）钢筋笼导向下滑；（d）钢筋笼内法兰螺栓连接

表14-10　　方案Ⅱ关键安装工序步骤试验时间

工　序	开始时间	结束时间	持续时间（min）
外法兰螺栓安装	8:40	9:20	40
内法兰螺栓安装	9:20	10:10	50
提松钢筋笼、撤除临时固定钢销	10:10	10:20	10
钢筋笼导向下滑就位	10:20	10:40	20
钢筋笼内法兰螺栓安装	10:40	11:15	35

图14-30　钢筋笼角钢导轨未做加长倒角

（1）主管钢筋笼角钢导轨过短，角钢下端未做“推八”倒角（见图14-30），临时固定安装钢筋笼时通过滚轴较困难。主管内部滚轴支承板未倒圆弧角，会触碰到钢筋笼箍筋和环板，影响钢筋笼临时固定安装。

（2）上下钢筋笼内法兰板不贴合，非面接触设计的平法兰，导致钢筋笼内法兰螺栓过长过重，由于管内作业空间有限，作业人员操作较困难。此

外，内法兰螺栓孔孔径调节余地较小，加大了钢筋笼导向下滑就位安装难度。

（3）由于上下管内作业空间有限，钢筋笼导向下滑时，管内作业的 2 人需站立在上部钢筋笼内法兰上辅助导向下滑，存在安全风险和隐患。

（4）钢筋笼导向下滑过程中，距离下部钢筋笼内法兰面还有 0.5m 时，由于钢筋笼内法兰螺栓孔中心存在偏差，孔径范围内调节度有限，导向过程中下部钢筋笼和 4 只导向杆被迫受到一定的水平横向力，致使导向杆固定螺栓较难拆卸。

六、试验方案比较与分析

方案Ⅰ、方案Ⅱ的主要验证项目数据和结果见表 14-11。方案比较见表 14-12。

表 14-11　　主要验证项目数据和结果

验证项目	方案Ⅰ	方案Ⅱ	备注
主管外法兰螺栓安装时间	整体安装 40min 单根安装约 1min	整体安装 40min 单根安装约 1min	不含螺栓紧固时间
主管内法兰螺栓安装时间	整体安装 50min 单根安装 1min 左右	整体安装 50min 单根安装约 1min	不含螺栓紧固时间
钢筋笼整体连接安装时间	3h	65min	方案Ⅱ不含钢筋笼内法兰螺栓紧固时间
钢筋笼整体连接安装难易度	较困难，52 根主筋中有 11 根主筋未连接上	相对容易，导向下滑就位时上下法兰螺栓孔中心存在偏差，现场调整较困难	
单根主筋直螺纹套管连接安装时间	270s	○	
单根主筋直螺纹套管连接安装精度（质量）	能够连接上的接头安装精度较好	○	
钢管连接就位空隙段箍筋绑扎时间	30min	○	
钢筋笼内法兰螺栓整体连接安装时间	○	35min	钢筋笼内法兰螺栓连接不含紧固时间
钢筋笼内单根法兰螺栓连接安装时间	○	90s	钢筋笼内法兰螺栓连接不含紧固时间
钢筋笼内法兰螺栓连接安装精度（质量）	○	较好	
管内施工安全性	较安全	不安全	
整体施工可控性	整体施工可控性较差，若主筋无法用直螺纹套管连接，必须采取应急备用连接方案，施工质量难以保证	整体施工可控性较好	
整体施工工效	高空管内作业人员 6 人，上下主管连接约 5h，整体施工工效较差	高空管内作业人员 4 人，上下主管连接约 2.5h，整体施工工效较高	

表 14-12 各方案比较

比较项目	方案Ⅰ	方案Ⅱ
钢筋笼连接节点数量	104 处	24 处
钢筋笼整体就位难度	整体吊装，就位难度小	整体就位相对容易
现场调节余地	无法调节，必须采取应急备用连接方案	调节余地较小
钢筋笼就位机具	人工	组塔主起吊设备及其他辅助机具
管内操作平台设置	可设置	可设置
管内施工安全性	较安全	钢筋笼整体导向下滑，需采取有效措施确保人员安全
施工可控性	可控性较差	钢筋笼结构、管内机构较复杂，存在一定的不可控因素，如滚轴定位尺寸偏差、法兰焊接变形等
质量控制项目	主筋直螺纹套管紧固	法兰螺栓紧固
整体安装工效	安装时间长，工效低	安装时间短，工效高

基于以上分析比较，可以得到以下结论和建议：

（1）方案Ⅰ安装时间长，工效较低，对钢筋笼加工定位精度要求高，管内连接点多，上下主筋的定位偏差将导致直螺纹套管无法连接，整体连接安装质量无法保证。方案Ⅱ钢筋笼能够整体顺利连接就位，安装时间较短，工效较高。总体而言，方案Ⅱ优于方案Ⅰ。

（2）为进一步提高方案Ⅱ钢管内钢筋笼导向下滑连接就位的可靠性，提高上下钢筋笼内法兰螺栓安装质量，建议采取以下改进措施：管内滚轴套管上加装滑轮以衬放导轨角钢；滚轴宽度应加宽至 2.5 倍钢筋笼内法兰螺栓孔中心距；滚轴两端支撑板应倒圆弧角，避免触碰到钢筋笼环板和箍筋；钢筋笼导轨角钢应加长，下部应做成推八字样式，便于通过滚轴；管内对角两两滚轴之间的安装净距应加大 2cm（单侧 1cm），便于钢筋笼整体临时固定安装。

（3）由于钢管内外法兰螺栓过长过重，建议通过优化设计来降低上下主管法兰板高度，进而缩短内外法兰螺栓的长度，减小螺栓直径和丝牙长度，减轻单根螺栓质量；建议内外法兰螺栓规格由 8.8 级提高至 10. 9 级，螺栓上下端的外侧螺帽改为半帽。

（4）建议加大主管法兰螺栓孔径，提高法兰螺栓孔与螺栓直径的比值，降低高空就位安装难度。

（5）建议主管内法兰和钢筋笼内法兰改为平法兰（即面接触法兰），减小螺栓长度和质量。同时，钢筋笼内法兰板螺栓孔径应加大，提高管内连接作业工效，降低施工安全风险。

（6）建议采取管内通风措施，即在跨越塔基础内埋设通风导管，一头引至简易鼓风装置，另一头引至塔脚钢管内部一侧，随着主管的安装升高，依次向上接装通风导管并向管内送风，保证管内的空气流。

第四节　钢管混凝土施工方案

一、施工重难点、风险点分析

1. 物料垂直运输难题

跨越塔钢管混凝土最大垂直输送高度达360m，垂直运输是一大难题。若采用组塔主起吊抱杆吊装混凝土，必须解决抱杆两侧料斗混凝土下落过程中产生的较大不平衡力矩和施工功效低等难题。若采用超高压泵送施工技术，必须解决超高压泵设备选型、泵管选型和附着安装、高空浇筑施工平台设置等难题。

2. 混凝土渗漏难题

浇筑钢管混凝土势必会对长江通航航道水域产生一定的安全、环境影响。因此，必须采取严密的防渗漏措施防止主管上下法兰连接处混凝土渗漏，防止污染长江水资源，保护生态环境。

二、浇筑施工方案调研

为解决江中跨越塔高强自密实混凝土浇筑难题，调研了国内广州电视塔、上海中心大厦、天津117大厦等超高层建筑和舟山大跨越工程钢管混凝土超高压泵送施工技术。基于调研分析，超高压泵送施工技术的实施效果主要与以下六大技术因素有关：① 超高压泵送设备能力；② 能够承受超高压力的泵管；③ 满足强度要求和泵送要求的混凝土配合比；④ 泵送管路的固定和密封效果；⑤ 泵送管路的清洗方法；⑥ 上下法兰处混凝土防渗漏措施。

三、浇筑施工方案选定

（一）浇筑方法比选

结合455 m高塔钢管混凝土结构设计特点，参考灌注桩水下混凝土施工原理，钢管混凝土浇筑可采用超高压泵送导管浇灌法和抱杆吊装导管浇灌法，两种方法的比较见表14-13。

表 14-13　超高压泵送导管浇灌法与抱杆吊装导管浇灌法分析比较

比较项目	泵送导管浇灌法	抱杆吊装导管浇灌法
适用性	适用于内部允许插入导管的钢管结构	适用于内部允许插入导管的钢管结构，受吊斗大小及起吊速度限制，单次灌注高度不宜超过 30 m
施工质量	利用混凝土自重顶升式不间断充填，免振捣，自密实性能好	利用混凝土自重顶升式充填，免振捣，自密实性能好；随着吊装高度增高，混凝土坍落度损失将随之增大，浇灌质量较难控制
施工安全性	混凝土泵送，大部分施工操作在灌注施工平台进行，安全性较好	混凝土由起重抱杆吊运，起重吊装及高空作业量大，安全风险较大
施工进度	混凝土泵送、下管连贯施工，灌注进度快	混凝土运送受起重抱杆运行速度及运送高度限制，灌注进度较慢；随灌注高度增加，进度下降更为明显
机具设备	须配置泵车、水平及垂直泵送管、主管内导管，机具设备投入较多	无须配置泵送车、水平和垂直泵送管，仅配置主管内导管、吊装吊斗，利用起重抱杆配合，机具设备投入相对较少

基于以上分析，超高压泵送导管浇灌法在灌注质量、施工安全及进度上均有较好保证，因此选用超高压泵送导管浇灌法。

（二）主要施工步骤和方法

1. 施工准备

（1）混凝土生产搅拌设备采用航工水上混凝土搅拌船（见图 14-31）。浇筑钢管混凝土前，由拖轮将水上混凝土搅拌船拖至现场停靠于基础承台附近，依托基础承台四周防撞装置作为靠船码头进行搅拌船停泊、就位。航工水上混凝土搅拌船料斗可容纳 2000m^{3}混凝土的原材料储备，同时搅拌船配置有砂石料进料系统，每加一次料可满足 2～3 个月的混凝土浇注。

图 14-31　航工水上混凝土搅拌船

（2）混凝土固定泵选用 HBT9035CH-5D 型固定泵。

（3）混凝土泵送管选用 ϕ125B 型 15mm 厚高压耐磨泵管。泵管采用 O 形密封圈结构，泵管采用活动法兰螺栓进行紧固连接，承载压力在 50MPa 以上。泵管规格分为 3、2、1m 三种，弯管有 90°、135°、150°、165°四种。现场根据工程需要，另外配备多种规格的异形管。为了控制混凝土泵送浇筑出现意外情况，另外在泵出口端水平管和塔脚钢管向上 2m 竖起管处各配备 1 套液压截止阀，阻止垂直管道内混凝土回流，便于设备保养、维修与水洗。液压截止阀设置示意见图 14-32、图 14-33。

图 14-32　泵出口处水平管安装液压截止阀

图 14-33　立管安装液压截止阀

（4）地面水平泵管布置必须有一定的长度，约为最大泵送高度的 1/4，即水平泵管地面长度须大于 90m，以减弱竖直输送管内混凝土的回流压力。

（5）地面水平泵管布置时，每根标准 3m 输送管、90°弯管在距连接处 0.5m 处用 2 个输送管固定装置牢固固定（在水泥墩中或地面预埋高强度钢板，输送管固定装置焊接于钢板上），防止管道因震动而松脱，水平输送管的固定示意见图 14-34。其他较短的输送管采用一个输送管固定装置牢固固定。

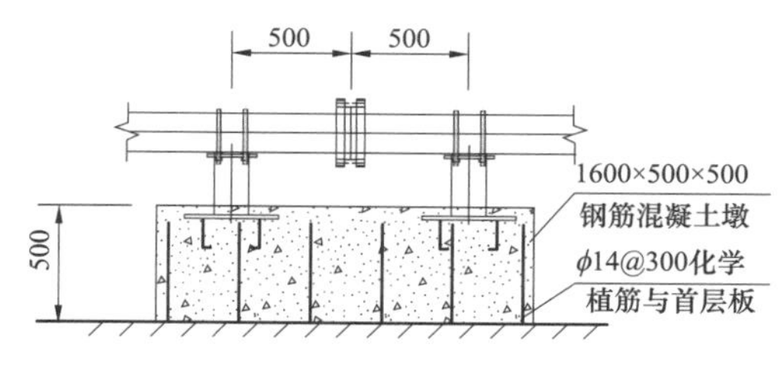

图 14-34　水平输送管的布置示意图

（6）水平转垂直处弯管采用三个以上输送管固定装置固定牢固，也可采用水泥墩支撑，见图 14-35。

（7）混凝土水平输送泵管的平面布置见图 14-36，主管分别设置 1 套泵管系统，共计 4 套，每套泵管系统的水平泵管长约 90m。

图 14-35 水平转垂直弯管固定

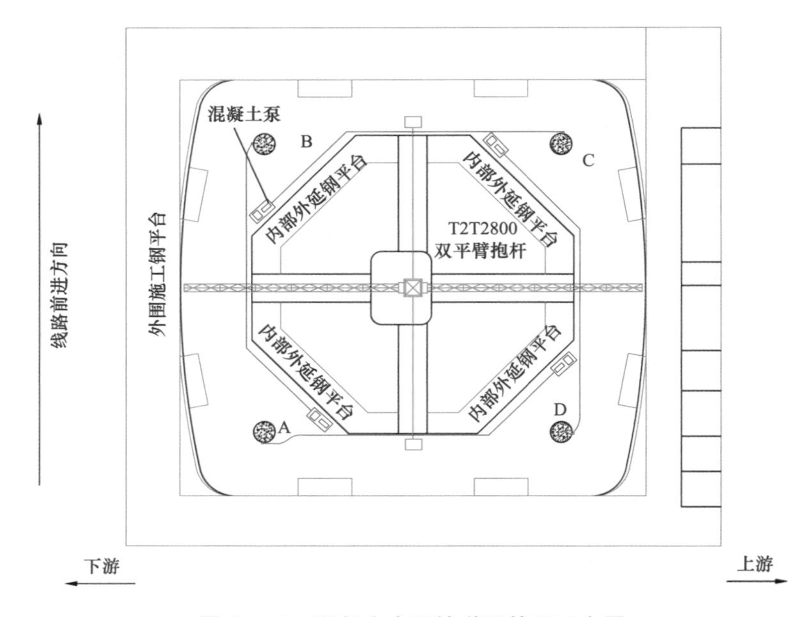

图 14-36 混凝土水平输送泵管平面布置

2. 混凝土泵管的钢管外附着设置

跨越塔每根主管设置一套输送泵管，沿主管 45°外侧靠爬杆布置。高塔钢管设计加工时，为考虑混凝土泵管的安装，事先应焊接安装铁件，并对加固混凝土输送管的孔径、间距做出规定，固定输送管的 U 型螺栓件根据图纸要求加工，采用 ϕ20 的圆钢，配备垫片、螺母，并镀锌处理。混凝土泵管附着结构和安装示意如图 14-37 所示。

3. 泵管安装

为减少安装和拆除泵管的次数，避免造成跨越塔钢管油漆的磨损，考虑在跨越塔每一根主管均敷设一套泵管。泵管安装时，利用跨越塔外围爬梯，随着跨越塔钢管的安装而逐渐接长。可预先在地面将泵管安装在塔身主管上，在塔身主管安装后，只需把泵管做少许调整，与下面的泵管相连接。连接时利用现场抱杆或塔机配合作业。每一基跨越塔敷设四套泵管，分别独立泵送工作，混凝土输送泵放置在基础承台上，并根据泵送的高度、位置进行适当调整。

图 14-37 泵管的钢管外附着结构和安装示意图

4. 混凝土浇筑平台制作

在跨越塔浇筑段顶面用 6 道长 5m、间距 100cm 的工 40 型钢支撑在钢管顶口（工 40 型钢之间用［32 槽钢设置平联成为整体），平台下口设置连接钢板用螺栓连接在高塔钢管顶端法兰上，其上端横向设置固定导管的导管夹，四周部位铺上木板，整体形成浇筑平台。浇筑平台上焊接［20 槽钢支架，在支架上安装导向滑轮，以便安装和拆除导管，浇筑平台在浇筑时用双平臂抱杆直接吊装到位。

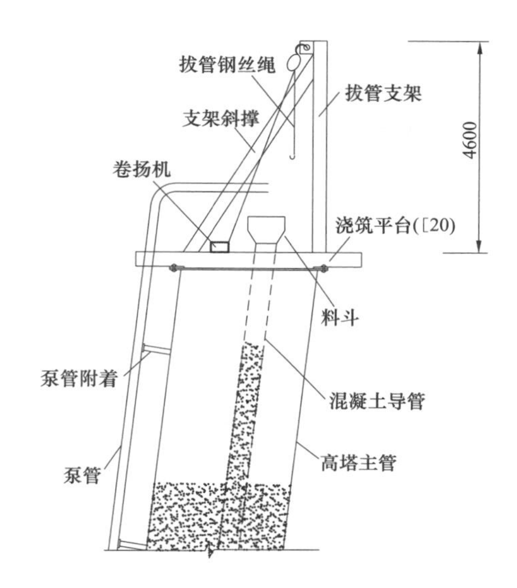

图 14-38 钢管顶部浇筑平台结构示意图

钢管顶部浇筑平台结构示意如图 14-38 所示。

5. 导管导向的设置与导管安装

由于跨越塔主管为倾斜结构，在高塔钢筋骨架中设计考虑下管、拔管用的导轨，在浇筑平台上制作吊装的导向装置，以利于安装和拆除导管。混凝土导管采用直径 208mm 的导管，壁厚 4mm，每节长度 2. 6m，便易安装，接头有导角，与预先安装在管内的导轨能够顺利地上下移动，摩擦阻力小。在下放和上拔导管时，现场采用 3t 卷电动扬机 2 台。经计算，每节导管质量为 55kg（含接头质量），10 节质量约 550kg，如考虑混凝土内部填满混凝土，混凝土约 0. 8m^3，重约 2t，卷扬机可以轻松地拔起，拔除的导管临时存放在浇筑平台上面，集中存放，混凝土浇注结束后，使用跨越塔安装起吊设备放到地面进行清洗，以备下次使用。

6. 混凝土搅拌、运输与泵送

混凝土搅拌采用搅拌船生产，混凝土的配料和搅拌采用自动计量装置。搅拌时需充足的搅拌时间，拌和均匀。混凝土泵送时需连续进行，如必须中断时，其中断时间不得超过混凝土从搅拌至浇筑完毕所允许的延续时间。泵送混凝土的运送延续时间不宜超过混凝土初凝时间 1/2，同时需以混凝土保持塑性状态进行控制。

7. 混凝土浇筑、导管拆除

混凝土浇筑之前，应使导管底部与前次混凝土顶面的距离为30～50cm，以确保混凝土顺利扩散且不造成离析。为保证钢管混凝土的密实性，浇筑过程中导管应埋入混凝土中至少0.8m。拆卸部分导管时，应保证钢管内导管的埋深不应小于0.8m，确保混凝土的密实性，防止出现空鼓现象。每次钢管混凝土浇筑后的顶面标高应控制在最顶部钢管法兰盘下1.2m处，以便于跨越塔主管和钢筋笼连接安装。浇筑前，先采用水和砂浆湿润泵管。浇筑完成后，多余混凝土利用混凝土泵处反泵抽回，及时回收处理，以免污染塔身及环境。

8. 主管上下法兰处混凝土防渗漏措施

主钢管采用内外双圈法兰连接，大直径法兰盘由于焊接变形或安装原因，其上下法兰盘间贴合存在一定间隙，由此可能带来浆水外漏，影响混凝土质量，也对塔身造成污染。为防止混凝土砂浆渗漏，采取的具体措施包括：

（1）主管吊装时，即在上下主管贴合面位置，沿主管壁厚位置，打设1圈连续贯通的玻璃胶，形成一道严密的阻隔墙，作为防渗漏的最直接措施。

（2）灌注施工前，逐段紧固主管的内外法兰螺栓并进行验收，保证螺栓紧固到位，法兰间隙不超规范要求。

（3）法兰螺栓紧固后，对上下主管内法兰贴合面的内边口先打玻璃胶封堵，再涂刷HCPE高氯化聚乙烯特种防腐油漆封堵防渗。

（4）考虑螺母与法兰面间存在间隙，砂浆可能由此沿螺栓孔、法兰面渗出主管。因此，对全部螺母与法兰结合面涂刷HCPE高氯化聚乙烯特种防腐油漆防渗。

9. 泵管的清洗

泵送结束时，应按混凝土→水泥砂浆→水的顺序泵送收尾。先泵送砂浆，再泵送水，上面砂浆出来后进行反泵抽吸，顶部抽空一定的长度之后，将输送泵的截止阀关闭，用泵出口与截止阀之间的分流阀将管道切换至水洗装置，打开截止阀，利用管道内砂浆的自重回流至输送泵料仓中。再重复上述步骤一次，即可完成泵管清洗。

10. 混凝土养护与顶面处理

混凝土浇筑完成后，清除表面浮浆，并适时洒水养护，确保养护期内混凝土面始终处于湿润状态，终凝之后可以对结合面进行凿毛处理，处理的混凝土用吊斗清运处理，以利于和下段混凝土连续性，待凿毛处理后，进行表面蓄水养护，进入下一道工序的施工。

11. 混凝土的抽样检测和控制

在混凝土搅拌机出料约1/4～3/4之间取样，装入试模，振捣密实，在初凝前抹平，并用湿麻包覆盖养护。每根钢管柱每次浇筑均应取样，取样数量为2组，测取7天和28天的抗压强度。混凝土搅拌机出料前坍落度抽检每台班不少于2次，坍落度损失不应大于20mm。

四、重点施工装备选择

（一）HBT9035CH-5D 型混凝土输送泵

HBT9035CH-5D 型超高压混凝土输送泵主要用于跨越塔 360m 以下主管混凝土的垂直泵送，技术参数见表 14-14。

表 14-14　　**HBT9035CH-5D 混凝土输送泵技术参数表**

参　数	指　标
技术参数整机质量（kg）	13 000
外形尺寸（mm）	7914×2490×2950
理论最大输送量（m^3/h）	100（低压）/78（高压）
理论混凝土输送压力（MPa）	19（低压）/35（高压）
最大骨料尺寸（mm）	40
主油泵排量（cm^3/r）	190×2
柴油机动率（kW）	273×2

（二）船式混凝土搅拌站

船式混凝土搅拌站用于跨越塔 360m 以下主管自密实混凝土的生产，船式混凝土搅拌站各项性能技术参数见表 14-15。

表 14-15　　**船式混凝土搅拌站性能参数**

<table>
<tr><td rowspan="3">船体性能参数</td><td colspan="3">船体尺寸（m）</td><td rowspan="2">满载吃水深度（m）</td><td rowspan="2">满载排水量（t）</td><td rowspan="2">淡水舱容量（t）</td><td rowspan="2" colspan="2">油舱容量（t）</td></tr>
<tr><td>总长</td><td>型宽</td><td>型深</td></tr>
<tr><td>75.6</td><td>23.4</td><td>5.45</td><td>3.6</td><td>6102.89</td><td>200</td><td colspan="2">250</td></tr>
<tr><td rowspan="2">料仓容积（m^3）</td><td>石料仓容积</td><td>砂料仓容积</td><td>水泥仓容积</td><td>粉料仓容积</td><td>生产淡水舱容积</td><td colspan="3"></td></tr>
<tr><td>1100</td><td>700</td><td>400</td><td>200</td><td>600</td><td colspan="3"></td></tr>
<tr><td rowspan="2">搅拌系统性能</td><td>主机型号</td><td>主机质量（kg）</td><td>搅拌主机功率（kW）</td><td>装机总功率（kW）</td><td>骨料最大粒径（mm）</td><td>出料容量（L）</td><td>进料容量（L）</td><td>工作周期（s）</td></tr>
<tr><td>JS1500E</td><td>5300</td><td>30×2</td><td>200</td><td>碎石 30/卵石 40</td><td>1500</td><td>2400</td><td>≤80</td></tr>
<tr><td rowspan="2">布料系统性能参数</td><td>型号</td><td>回转范围</td><td>布料半径（m）</td><td>布料管内径（mm）</td><td>液压系统工作压力（MPa）</td><td colspan="3"></td></tr>
<tr><td>HG36 布料机</td><td>360°全回转</td><td>36</td><td>125</td><td>35</td><td colspan="3"></td></tr>
</table>

第五节　架线施工方案

一、重难点、风险点分析

按照设计提供的资料和架线施工时不封航的原则，结合海事要求取最高船舶桅杆高度，最高通航水位 4.41m（1985 年黄海高程，下同）跨越长江主航道净空高度 62m 的尺度进行计算，即展放各级引绳及导线地线时，各类线索最低点在跨越长江主航道处的最小高程不低于 66.41m。计算的单根导线（光缆）牵张力成果见表 14-16。

表 14-16　导线和光缆牵张力计算结果表

控制档	通航高度（m）	相别	设定张力（N）	最大牵引力（N）
北跨—南跨	62	下相导线	131 000	151 500
	62	中相导线	116 000	138 000
	62	上相导线	104 000	127 500
	62	光缆	54 500	68 000

经调研国内外类似大跨越张力架线施工资料，本大跨越牵张段的长度、单根导线（光缆）牵张力均超过以往工程，没有可直接使用的施工方案，且部分主要工器具需定制。

经牵张力详细数值分析后，牵引下相导线时，牵张力达到最大值。做动态分析时，下相导线牵引过程中，对江面高度若从 62m 降低至 30m 时，最大张力由 131 000N 降至 119 500N，张力降低的比率为 8.78%。按照计算结果，张力机拟选用 2×120kN 级，该型机械国内外均无定型产品，目前国内外最大张力机为 2×80kN，因该机械两个张力轮并轮使用，张力波动为 8.78%，控制难度极大，风险极高，因此架线过程中导线对江面高度在 62～30m 的波动范围是正常状态，施工过程中需海事提供限制通航条件。

二、架线施工方案调研

按照可类比的原则，架线施工方案类比近期特高压大跨越工程施工计算数据，以±800kV 向上线、锦苏线 K2 长江大跨越和 1000kV 淮上南环淮河大跨越牵张力计算结果为参照，类比本工程计算结果，具体数据见表 14-17。

表 14-17　　类似工程特性比较表

大跨越名称	±800kV 向上线 K2 长江大跨	±800kV 锦线 K2 长江大跨	1000kV 淮上南环淮河大跨	1000kV 苏通长江大跨
主跨距/耐张段长度/通航高度（m）	1705/3401/24	1719/3124/24	1300/2445/18	2600/5057/75
导线型号	AACSR/EST-640/290	AACSR/EST-720/320	AACSR/EST-640/290	JLHA1/G6A-500/400
单位质量（kg/m）	4. 015 7	4. 512 1	4. 015 7	4. 567 4
单根导线最大张力/最大牵引力（N）	98 240/105 860	124 730/134 710	89 280/96 120	131 000/151 500
单根导线 0℃时紧线张力（N）	123 660	142 440	123 660	
主张力机型号和主参数	SPW28 最大牵引力 280kN	SPW28 最大牵引力 280kN	SPW28 最大牵引力 280kN	SPW28 最大牵引力 280kN
主牵引机型号和主参数	ZQT2×70 最大单根导线张力 140kN	ZQT2×70 最大单根导线张力 140kN	ZQT4×60 最大单根导线张力 120kN	ZQT2×120 最大单根导线张力 240kN

三、架线施工方案比选

按照苏通大跨越的初步设计资料，依据牵张力计算结果，主要比较导线采用一根牵引绳牵引 1 根导线（“一牵 1”）和一根牵引绳牵引 2 根导线（“一牵 2”）时，牵张力结果及主工器具选用情况。导线采用“一牵 1”和“一牵 2”时的特性比较见表 14-18。

表 14-18　　导线在不同牵引方式下的特性比较

控制档	通航高度（m）	相别	设定张力（N）	最大牵引力（N）	牵引绳规格	破断力（N）	安全系数
北跨—南跨（“一牵 1”）	62	下相导线	131 000	151 500	ϕ26	48 000	3. 16
	62	中相导线	116 000	138 000			3. 48
	62	上相导线	104 000	127 500			3. 76
北跨—南跨（“一牵 2”）	62	下相导线	131 000	303 000	ϕ32	78 000	2. 57
	62	中相导线	116 000	276 000			2. 82
	62	上相导线	104 000	255 000			3. 06

注　安全系数需大于 3。

根据表 14-18，选用“一牵 2”方式时，牵引绳及牵引机受力均超出国内（国际）现有最大设备的能力，需新定制，且牵引部分是张力架线施工的核心环节，牵涉的工器具及结构受力部位非常多，所有工器具及结构受力部位均需提高承载能力，若定制工器具和加强结构受力部位以满足“一牵 2”的要求，经济性和安全性均会变差。

确定了架线施工方式后，结合苏通长江大跨越工程的特点，施工的总体流程如下：

（一）前期准备工作

1. 施工许可及适航条件

在跨越长江架线施工前办理航道部门的施工许可和海事部门的施工许可。正式施工时请其派员监督维护，同时在长江航道上游 2km、下游 1km 处设水面观测站，观测过往船只的航速、高度等。

根据架线施工计算结果，为防止牵张机械出力波动造成对江面高度的跳跃变动，按照架线施工时各类绳索最低高距江面 30m 时的危险状态，设置对江面 62m 以下净空高度限制航行平面，限航平面内最高通航高度 30m，限制航行平面见图 14-39。

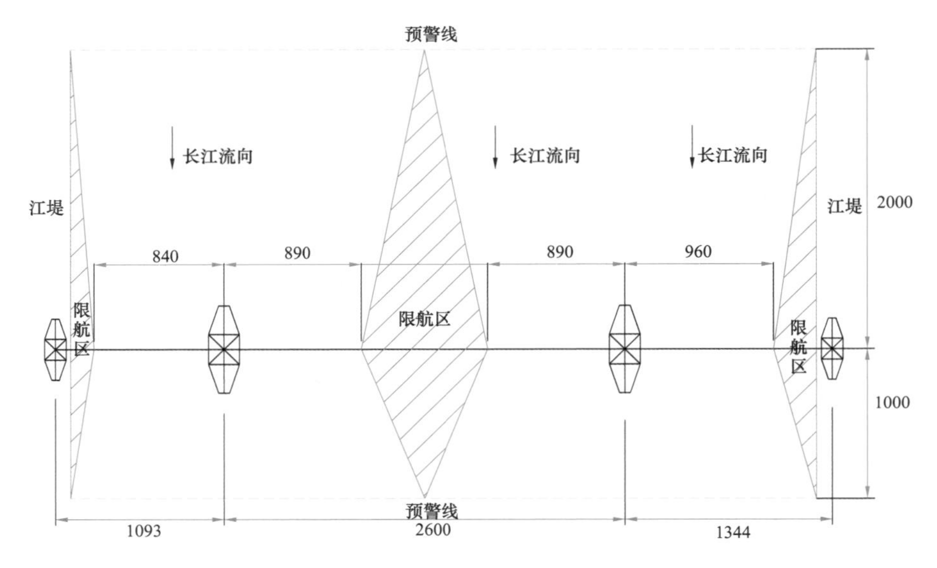

图 14-39　架线施工限制航行平面图

2. 放线滑车悬挂

在两基跨越塔上悬挂三轮导线放线滑车，每相导线用两串挂具悬挂 4 只导线放线滑画，在两基跨越塔上悬挂光缆放线滑车，每相光缆用一串挂具悬挂 2 只光缆放线滑车。具体导线光缆放线滑车悬挂方式见图 14-40。

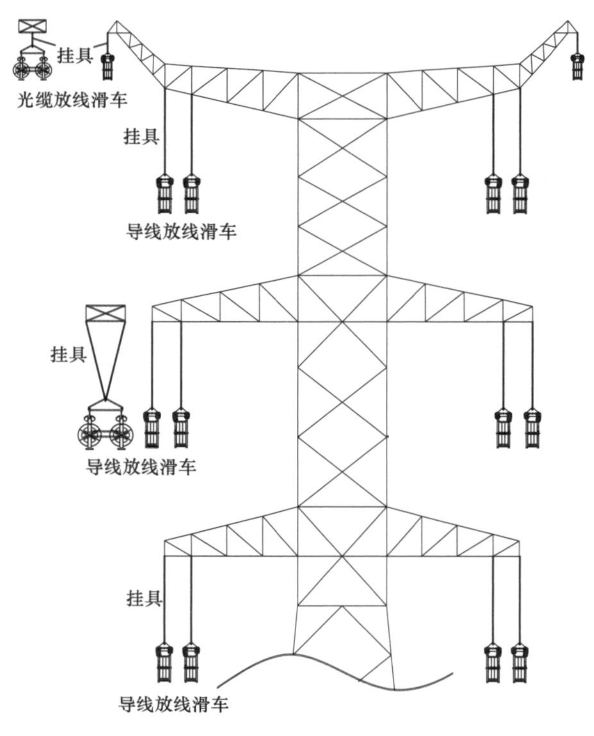

图 14-40　导线光缆放线滑车悬挂方式

3. 设置锚塔反向拉线

锚塔作为锚线塔和紧线塔，或两者兼之，在安装导线、地线之前设置临时拉线，临时拉线与所需平衡的导地线的方向一致，临时拉线上端挂在导地线横担挂点的专用拉线施工孔上，对地夹角小于45°，导线地线临时拉线平衡导线水平张力按照设计要求设定。

（二）初级导引绳展放

本工程架线期间无水面作业，采用直升机展放初级导引绳。展放的初级导引绳为 ϕ5 迪尼玛绳，起飞后的挂钩点选在江南锚塔，飞行方向由南向北，到北锚塔接绳后，切断挂点后抛绳。

（三）逐级牵引流程

直升机展放完 ϕ5 迪尼玛绳后，按照逐级牵引流程和水平垂直移位方法完成最后一级牵引绳的张力展放作业，逐级牵引流程见图 14-41。

（四）导线光缆的展放及各级引绳和导线锚线

1. 导线光缆的展放

（1）光缆展放采用主牵引机及一台主张力机，导线展放采用三台主牵引机及三台主张力机，导线、光缆采用液压钢制牵引端头与牵引系统连接。

（2）光缆采用 ϕ20 牵引绳“一牵 1”张力展放。

（3）导线采用三套 280kN 主牵引机、三套 2×120kN 主张机（并轮）进行展放，由 3 根 ϕ26 牵引绳“一牵 1”同步展放三根子导线。

2. 各级引绳和导线光缆锚线

（1）对已展放过江的 ϕ26 钢丝绳采用许用荷载为 120kN 级的锚线装置进行地面锚线，导线采用许用荷载为 200kN 级的锚线装置进行地面或高空锚线。

（2）ϕ20 钢丝绳及以下的迪尼玛绳采用许用荷载为 80kN 级的锚线装置。

（3）光缆采用二道许用荷载为 100kN 级的锚线装置进行地面或高空锚线。

（4）地面临锚时，定滑车连接在基础预埋锚环上（200kN 级），对于所有的牵引绳，需要过夜或长时间临锚的，需将绳尾穿过锚环后夹住，作为第二道保护。

（五）临时防振措施

对已展放过江的钢丝绳，以及已牵引到位但未完成附件安装的导线、光缆，需过夜的均安装满足防振要求的临时防振设施。

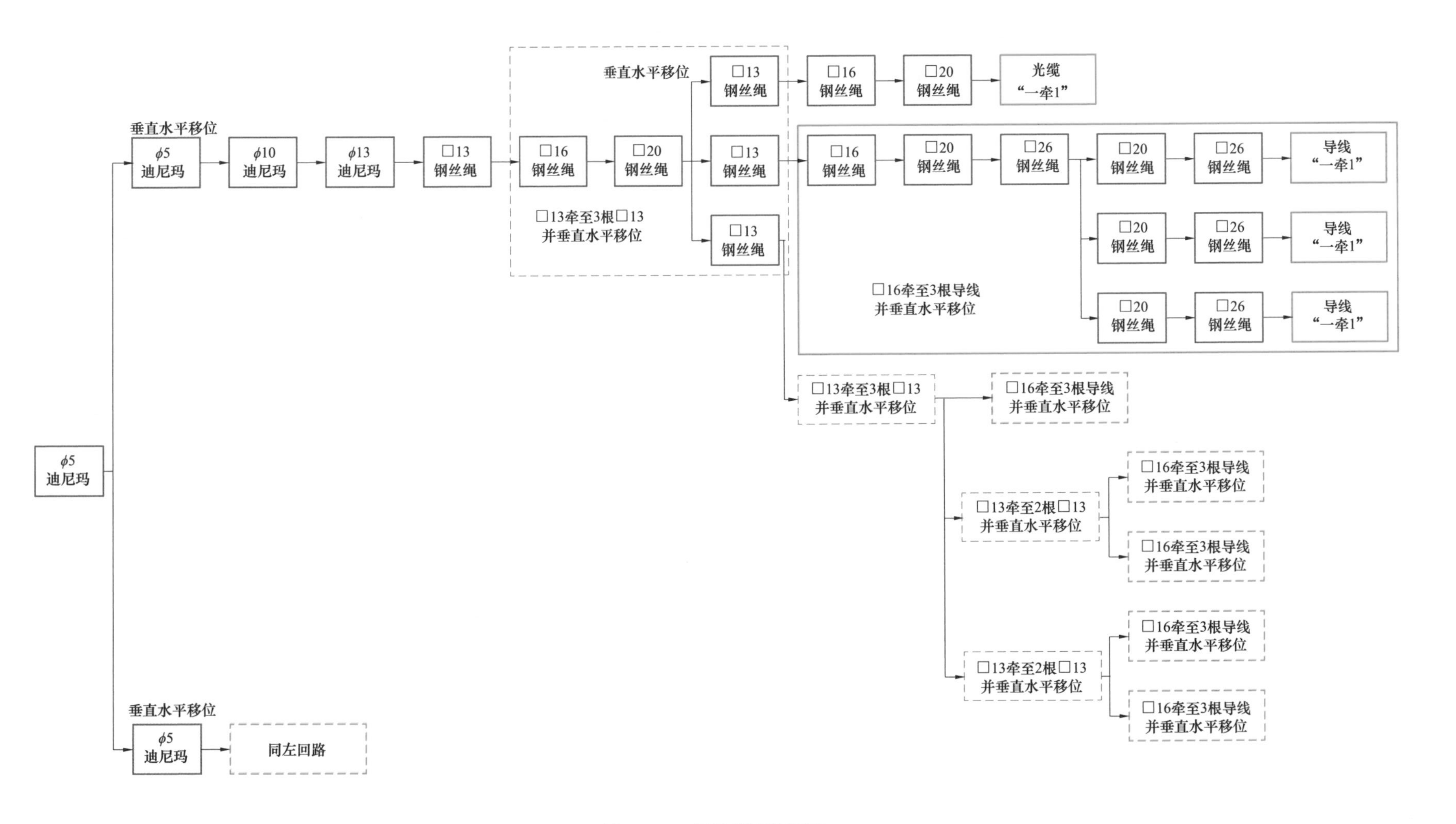

图 14–41　逐级牵引流程图

（六）导线光缆紧挂线

1. 光缆紧挂线

光缆展放后，在江北锚塔进行后尽头挂线，方法为：对牵引到位的光缆，用预先安装在耐张塔脚上的专用挂线滑车组进行临锚，然后进行耐张线夹安装，通过专用挂线滑车组和主牵引机相配合，带张力进行后尽头挂线的同时确保对江面的净空高度；在江南锚塔进行紧挂线操作，方法为：当光缆即将被牵引到位前（距离牵引机的长度由计算确定），将预先安装在锚塔上的高空紧线滑车组用紧线器连接在光缆上后，继续牵引到位。在江北锚塔完成后尽头挂线后，用 100kN 高空紧线滑车组对光缆进行紧挂线。

2. 导线紧挂线

导线展放后，在江北锚塔进行后尽头挂线，方法为：对牵引到位的导线进行耐张管地面压接后（开掉前端的 10m 导线），通过主牵引机和挂线滑车组带张力机互交替转换后，进行后尽头挂线。江南锚塔进行紧线和挂线的操作方法为：当导线即将被牵引到位前（距离牵引机的长度由计算确定），将江北锚塔导线耐张串上的高空紧线滑车组用紧线器连接在导线上后，继续牵引到位。当一相导线在江北耐张塔完成后尽头挂线后，用 6 套 200kN 高空紧线滑车组对 6 根子导线同时进行紧挂线。

（七）弧垂观测

导线和光缆弧垂观测采用档端角度法和平视法，在江南跨越塔上按平视法进行观测。为确保弧垂观测准确，在江北跨越塔下用档端角度法复核。

（八）线夹安装

导线、光缆紧挂线完成后随即进行附件安装。光缆用两副 50kN 级链条葫芦下连单线提线器提线，然后安装光缆悬垂线夹。导线用 12 副 200kN 单线提线器将 6 根导线从放线滑车中提出，然后安装导线悬垂线夹。

（九）防振设施安装

导线悬垂线夹安装完成后，随即进行导线间隔棒和防振设施的安装。导线间隔棒安装时，将安装人员和安装材料从跨越塔处利用自行飞车向耐张塔和跨越档中间处放下，边放边测量安装尺寸并做好印记，先安装耐张塔处或跨越档中间处间隔棒，然后自行飞车返回时逐个向跨越塔处安装。阻尼线在地面根据施工图预先进行模拟安装，标记上安装印记后再运送至高空按标记进行安装，以确保阻尼线安装的准确性和美观性。

（十）跳线安装

跳线用未受过力的导线，制作时参考设计提供的尺寸和弧垂，经实际比量后确定。跳线吊装时，在跳线串处各用一个吊点，利用两台 30kN 绞磨作为动力，用 ϕ13 钢丝绳作为起吊绳同步提升，同时在两边耐张线夹附近布置起吊滑车用白棕绳提拎跳线端，以防损伤跳线。

四、重点施工装备选择

根据施工方法，重点施工装备主要参数特性需满足施工要求，按照 DL 5009. 2—2013《电力建设安全工作规程　第 2 部分：电力线路》、DL/T 5290—2013《1000kV 架空输电线路张力架线施工工艺导则》的要求，主要施工装备的选择及主要特性见表 14-19。

表 14-19　　主要施工装备选择情况表

序号		名　称	规　格	单位	数量
直升机展放初级引绳	1	直升机	牵引力 200kgf，极限高度大于 2000m，续航时间大于 3h，最小持续平飞速度 20km/h	架	1
	2	磁力矩张力机	制张力 3kN，最大放线速度 30 km/h	台	3
	3	磁力矩牵引机	牵引力 6kN，最大牵引速度 10 km/h	台	2
	4	初级引绳专用滑车	带自动导向，牵放至 ϕ10 迪尼玛	只	4
导线地线滑车	5	导线滑车挂具	450kN 级 V 形挂具，高度 19m	套	24
	6	导线滑车	3×200kN 级 ϕ1160 三轮，轮槽内通过钢丝绳和导线	只	56
	7	光缆滑车	100kN 级 ϕ1160 单轮，轮槽内通过钢丝绳和光缆	只	16
牵张机械	8	主牵引机（含配套锚固工器具）	280kN 级	台	3
	9	主张力机（含配套锚固工器具）	2×120 kN 级	台	3

第六节　特殊机具设计

一、大吨位吊点螺栓

苏通长江大跨越工程中，跨越塔主管采用双层外法兰盘，施工时打点吊装困难，且容易磨损管壁，大吨位吊点螺栓结构简单，拆装方便，材质过关，安全防护可靠，可重复利用，能有效保护钢管表面完好，增强起吊安全。试制的 50t 吊点螺栓螺杆长度为 650mm，螺杆直径为 72mm，吊点孔径按最大吊装吨位 50t 卸扣规格匹配，吊耳及螺杆部分采用 35 号钢制造，其他板材选用 Q345B 钢制造，每个吊点螺栓配两个标准螺母，螺杆插入钢板部分必须焊透。加工好的 50t 大吨位吊点螺栓成功应用于苏通长江大跨越钢管配筋工艺试验中（见图 14-42）。

图 14-42　50t 大吨位吊点螺栓吊装钢管

二、可拆卸施工平台

跨越塔主管采用钢管配筋混凝土结构，管内作业须搭设可靠的施工平台，同时平台必须轻质、可拆卸，方便高空管内作业周转。可拆卸施工平台制作材料采用铝合金，既保证一定的承载强度，又减轻了重量，大大方便了高空管内的转移。平台组成部件包括通梁、切槽梁、垫板、支撑加强板、支撑圆钢、栅格网，这些部件经过简单的拼装后即可组成一个完整的施工平台（见图 14-43），平台通过通梁和切槽梁端部插入的可伸缩圆钢支撑在钢管横向加劲肋板上。加工好的可拆卸施工平台成功应用于苏通长江大跨越钢管配筋工艺试验中。

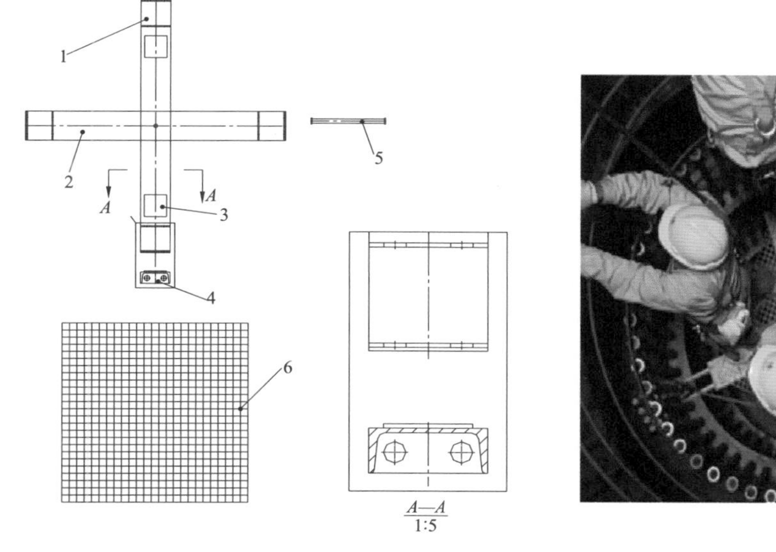

图 14-43　可拆卸施工平台

1—通梁；2—切槽梁；3—垫板；4—支撑加强板；5—支撑圆钢；6—栅格网

三、便携式站位踏板

便携式钢管站位踏板（见图 14-44）质量不超过 5kg，可轻松携带，安装方便，克服了传统环形全方位站位平台质量重、面积大、结构复杂等缺点，能够满足各种直径的管材安装使用，使用舒适，安装工效显著改善。便携式钢管站位踏板主要由铝制脚踏板、支撑板和卡装部组成，利用主管站位平台处焊接的 50mm×50mm×7mm 槽钢作为受力点，采用卡装部的双钢板夹住槽钢和 M16×50 螺栓固定的方式（双保险），将便携式钢管平台固定在站位平台处。加工好的便携式钢管站位踏板经过工程实际应用，活动空间满足高空操作需要，站位舒适度明显改善，既降低了劳动强度，又提高了劳动效率。

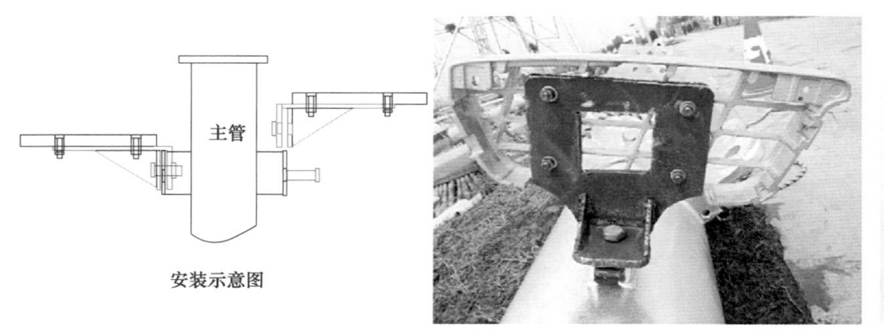

图 14-44　便携式钢管站位踏板

四、法兰螺栓紧固装置

苏通长江大跨越工程中跨越塔主管最大的 M72 法兰螺栓紧固扭矩初步值达到 5000N · m，采用电动扭力扳手高空紧固法兰螺栓采用存在诸多问题，包括：① 必须解决电源及其放置问题；② 存在高空用电安全风险；③ 电动扭力扳手笨重，高空转移困难，操作费力；④ 法兰螺栓紧固操作面狭窄，使用电动扭力扳手不方便。因此，必须研究设计其他的法兰螺栓紧固方法和装置。经过广泛收资调研，可采用力矩倍增器结合加力杆的方式解决高空大规格法兰螺栓紧固难题，提高工效，降低劳动强度。

扭矩倍增器通常和敲击扳手或扭矩扳手配合使用，见图 14-45 所示。

五、定位钢销

苏通长江大跨越工程跨越塔身主管采用法兰螺栓连接，上下主管法兰螺栓孔多，为避免上下法兰对接时螺栓孔位错位，提高上下主管连接的准确度，提升安装连接质量水平，有必要设计大

图 14-45　扭矩倍增器和敲击扳手或扭矩扳手配合使用

规格定位钢销解决法兰盘的精确定位难题。跨越塔主管最大法兰螺栓规格达 M72，考虑法兰板最大厚度和定位精度要求，设计最大法兰螺栓孔对应的定位钢销直径为 72mm，长度为 265mm，采用 Q235B 材质。定位钢销试制品见图 14-46。加工好的定位螺栓成功应用于苏通长江大跨越钢管配筋工艺试验中（见图 14-46），上下钢管吊装精确定位采用 4 根定位钢销，准确度高，工效提升明显。

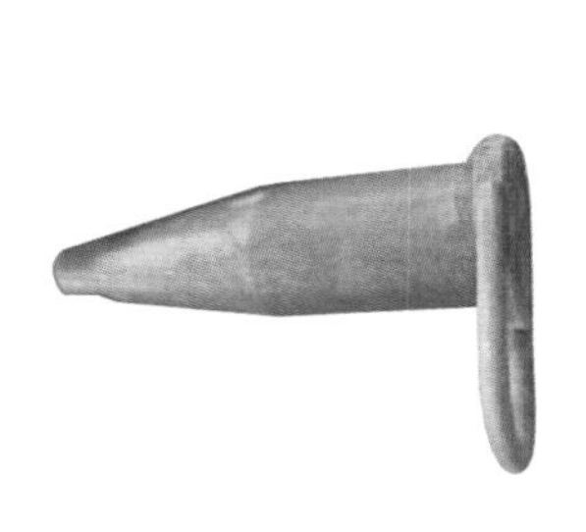

图 14-46　定位钢销及应用

六、法兰螺栓松放装置

苏通长江大跨越工程中，外法兰螺栓最大规格为 M72，长 1220mm，单根螺栓质量 56kg，螺栓两端均安装螺帽，完全依靠人力来安装法兰螺栓十分困难，必须采用一种简易松放装置解决法兰螺栓高空就位安装难题，方案包括：① 微型电动葫芦+ϕ5mm 迪尼玛绳扣或特质固定扣夹；② 速差器+ϕ5mm 迪尼玛绳扣或特质固定扣夹。微型电动葫芦见图 14-47，特质固定扣夹按照法兰螺栓螺杆直径来设计，见图 14-48。

图 14-47 微型电动葫芦

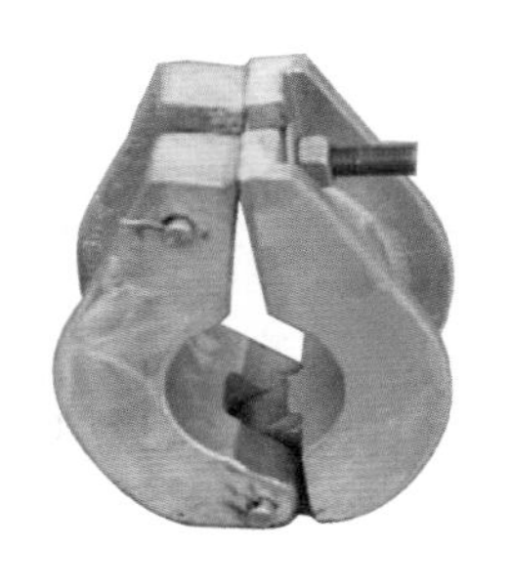

图 14-48 特质固定扣夹

在苏通长江大跨越工程钢管配筋工艺试验中，采用速差器和 ϕ5mm 迪尼玛绳扣松放大规格法兰螺栓，方便实用。简易法兰螺栓松放装置的应用如图 14-49 所示。

七、大截面导线高空压接操作平台

苏通长江大跨越工程耐张段每相导线采用 6×JLHA1/G6A-500/400 超特强钢芯高强度铝合金绞线，属于大截面导线，架线期间受长江航道通航的影响，导线展放施工组织遵循“展放一相，紧挂一相”的原则，因此紧线侧导线耐张管压接均在高空进行，由于单台压接机重，高空操作人员多，为提高高空压接作业工效，必须特殊设计高空压接操作专用平台提供人员和机具施工面，同时也要考虑压接机能够自行移动，减轻劳动强度。导线高空压接操作平台由 2 个 2m 长标准式铝合金平台和 1 个压接机用导轨式压接托架组成，组成示意如图 14-50 所示。压接机用导轨式压接托架和 2m 长标准式铝合金平台见图 14-51。

图 14-49 简易法兰螺栓松放装置的应用

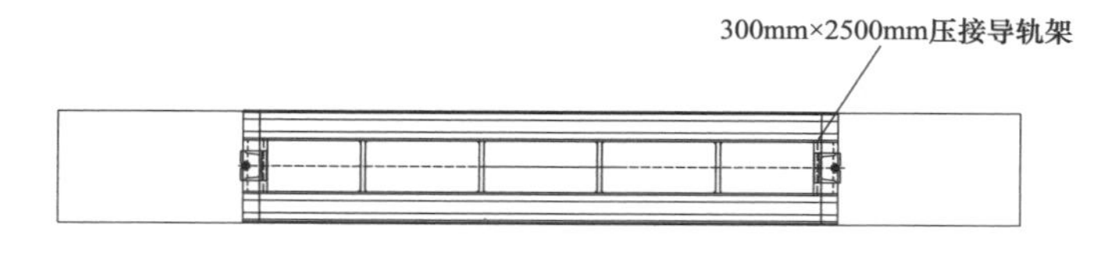

图 14-50 高空压接操作平台方案示意图

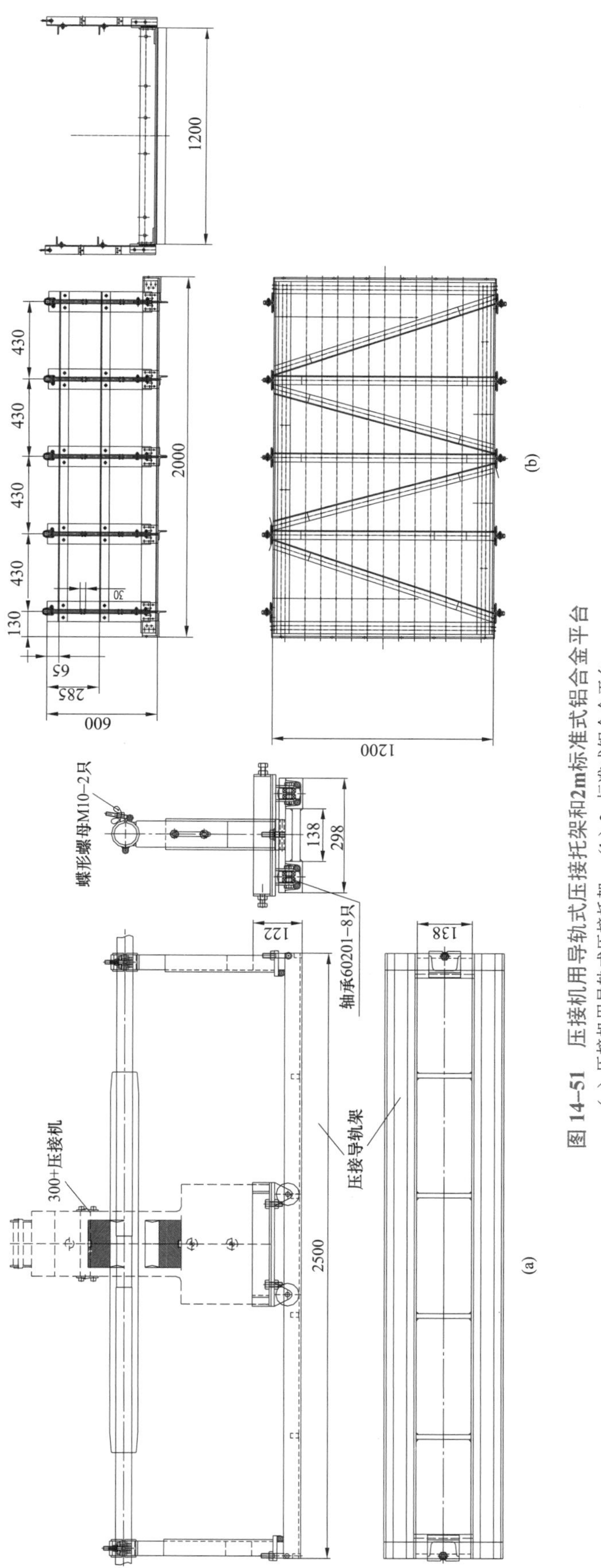

图 14-51　压接机用导轨式压接托架和2m标准式铝合金平台

（a）压接机用导轨式压接托架；（b）2m标准式铝合金平台

八、液压断线器

苏通长江大跨越工程导线采用 6×JLHA1/G6A-500/400 超特强钢芯高强度铝合金绞线，具有截面积大、抗剪强度高等特点，特别是导线内部的钢绞线单丝粗，根数多，均属高强度钢丝，采用一般液压剪刀无法开断，但可以利用普遍使用的机动液压泵作为液压动力。设计一种手提式液压断线器，使其与机动液压泵上的两根输油胶管连接，输出一定大小的剪断力即可满足切断导线的要求，完成导线的断线工作。为兼顾所有特高压、超高压输电线路施工中所有导线的断线要求，液压断线器刀腔包容直径设定为 ϕ55mm，断线器额定剪断刀应设定为 160kN，刀架采用嵌入式刀片插销式刀架。断线器试制品见图 14-52。

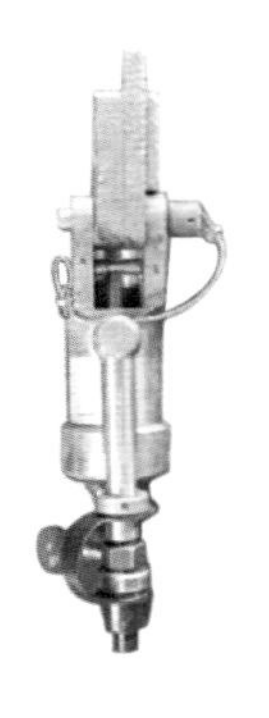
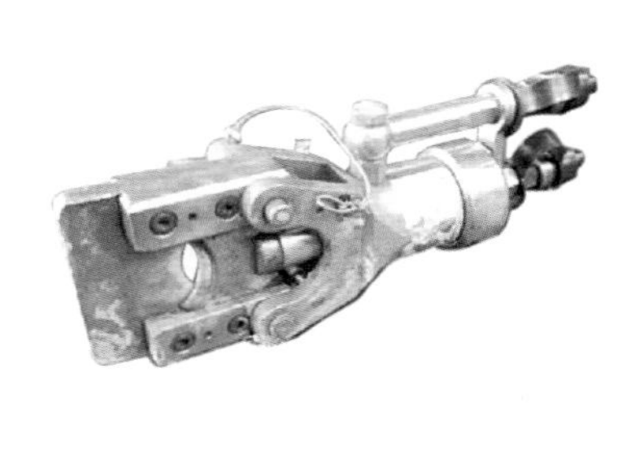

图 14-52　断线器试制品

第七节　安全防护措施

一、高空水平大安全网

高空大安全网为跨越塔组立施工防护装备（见图 14-53），上层为密目网，下层为锦纶绳网，上下网的结构尺寸一样，2 张网缝合在一起。上层密目网由多片单片网（单片网规格为 3m×6m）组成，材质为锦纶绳，目绳直径 5mm，网目为 80mm×80mm。边绳直径 12mm，托钢绳直径 10mm，托钢绳间距 750mm，托钢绳的端部设绳鼻，绳鼻通过 U 型卸扣与 GJ-70 钢绞线连接。根据跨越塔的结构特点，大安全网共设置十层，每层安全网设置在水平隔面处。

图 14-53　高空水平大安全网

二、高空伞形小安全网防护体系

高空伞形小安全网（见图 14-54），包括若干个安全网、若干个全网支撑架和锁紧机构。安全网以围绕钢管塔的主柱的轴线为基准线沿圆周方向分布，安全网的两侧均设置有全网支撑架，安全网的侧边均分别固定连接网支撑架，全网支撑架通过锁紧机构固定连接钢管塔的主柱。它增强了高空作业时对地面人员的防护作用，整个小安全网由四面大的扇形网和四面小的扇形网组成，见图 14-55。

图 14-54　伞形小安全网安装示意图

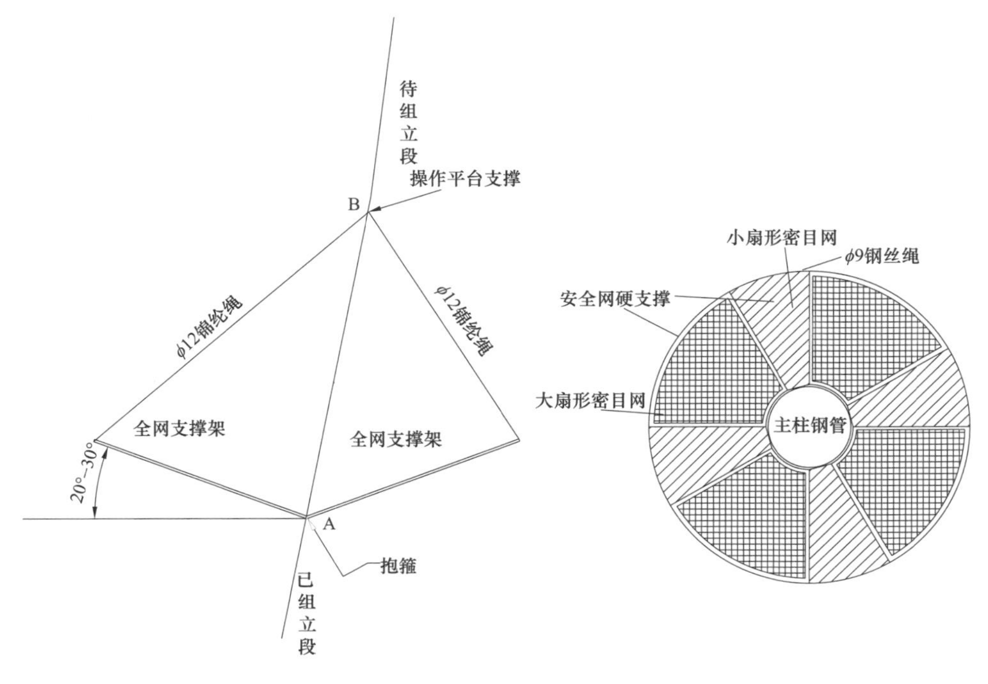

图 14-55　伞形小安全网设置平立面示意图

三、高空垂直和水平移动保护措施

高空垂直移动保护措施为在垂直方向设置攀爬自锁装置，见图 14-56。水平移动保护措施为在水平方向上设置水平扶手，见图 14-57。

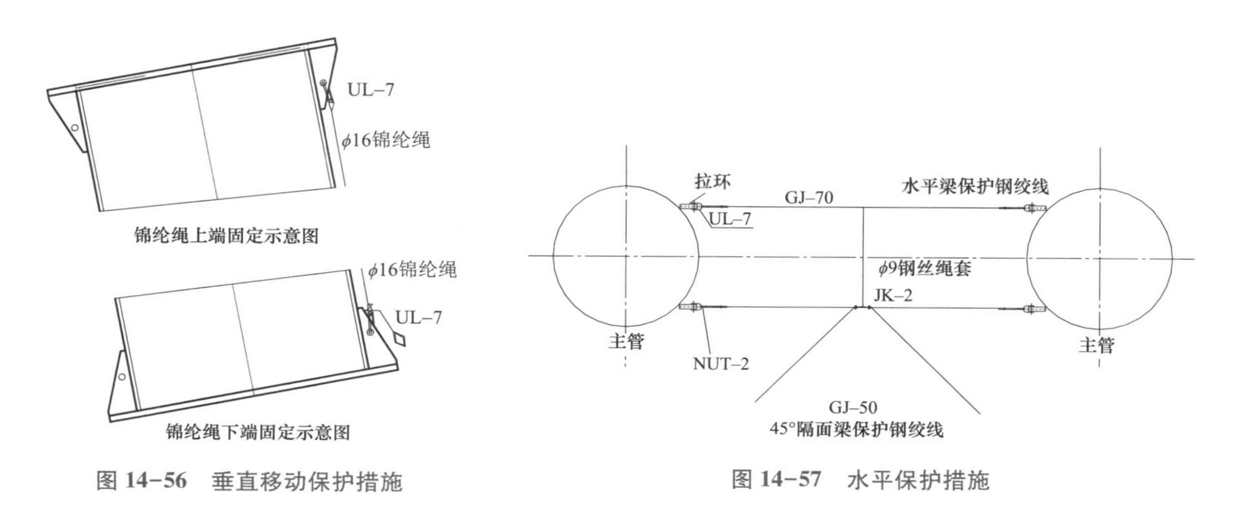

图 14-56　垂直移动保护措施　　图 14-57　水平保护措施

四、管内作业防护措施

在跨越塔主管内设置 2 道防护设施，即工作平台+防坠隔离网，在已安装好主管内钢筋笼上端部往下约 1.5m 位置处设置管内可拆卸工作平台，再从工作平台处往下约 1.2m 位置处设置防坠隔离网（见图 14-58）。

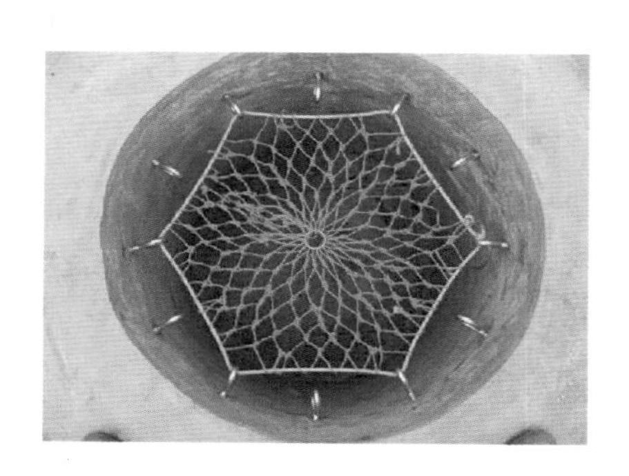

图 14-58　防坠隔离网示意图

五、管内通风、防高温及照明措施

（一）管内通风、防高温措施

跨越塔管内作业可采取沿主管埋设通风导管并接至基础承台面鼓风装置的通风措施，保证管内空气的循环流通，改善作业环境，确保作业人员的施工安全。同时，在管内增设通风软管和管顶增设简易机械通风装置（见图 14-59）。高温天气时，管内作业人员随身携带温度计，温度过高时，必须停止作业。

（二）照明措施

管内作业人员安全帽上佩戴应急照明头灯，应急照明头灯采用电池供应电源。应急照明头灯

图 14-59　小型工频离心风机和通风软袋

的佩戴见图 14-60。为增强管内作业能见度，管内横向肋板上安装 2 只摄像照明灯，摄像照明灯见图 14-61。

图 14-60　应急照明头灯佩戴

图 14-61　管内摄像照明灯

第八节　结　　论

通过对苏通长江大跨越跨越塔组立施工方案、钢管配筋施工工艺试验、钢管混凝土施工方案、架线施工方案、特殊机具设计和安全防护措施的研究，得到以下结论：

（1）跨越塔组立采用履带吊+全座地式双平臂抱杆组塔施工方案。

（2）跨越塔主管钢筋笼导向下滑连接设计方案优于整体式钢管-钢筋笼连接设计方案，但为提高管内钢筋笼导向下滑连接就位的可靠性，钢筋笼导向下滑连接设计方案须进一步优化改进，以提高安装工效。

（3）超高压泵送混凝土技术可应用于跨越塔钢管混凝土施工，实施时可采用泵送导管灌注法。

（4）跨越长江不封航架线时，采用直升机展放初级导引绳。导线张力展放采用“一牵 1”方式，分两次牵引展放完每相 6 根子导线（两次 3×“一牵 1”方式）。

（5）特制机具经过设计、试制和应用后，效果良好，安全可靠，可应用苏通长江大跨越工程和类似特大型输电线路大跨越施工中。

（6）高空作业可采取的安全防护措施包括高空全方位立体防护体系、管内作业降温、通风及防坠落措施和管内作业应急照明措施。

（7）跨越塔管内作业可采取沿主管埋设通风导管并接至基础承台面鼓风装置的通风措施，保证管内空气的循环流通，改善作业环境，确保作业人员的施工安全。

参考文献

[1] 李庆林．架空送电线路铁塔组立工程手册［M］．北京：中国电力出版社，2007.

[2] 国家电网公司交流建设分公司．架空输电线路施工工艺通用技术手册［M］．北京：中国电力出版社，2012.

[3] 朱天浩，徐建国，叶尹，等．输电线路特大跨越设计中的关键技术［J］．电力建设，2010，31（4）：25-31.

[4] 杜育斌．内附着塔吊组立高塔后塔吊的拆除［J］．广东输电与变电技术，2007，11（5）：21-24.

[5] 利小兵，张耀，宋洋，等．超高压输电线路大跨越利用座地双平臂抱杆组立钢管高塔施工技术［J］．广东电力，2011，24（6）：42-46.

[6] 黄海锋．500kV 湄洲湾海上跨越高塔组立施工关键技术［J］．电力建设，2009，30（12）：21-24.

[7] 熊织明，邵丽东，吴建宏，等．346.5m 输电高塔施工技术［J］．特种结构，2004，21（3）：8-21.

[8] 邱强华，徐敏建，叶建云，等．输电线路 370m 大跨越高塔组立施工技术［C］//超高压送变电施工技术信息网第十四届全网大会技术交流论文集．郑州：超高压送变电施工技术信息网，2011.

[9] 王淑红．大型钢管高塔虚拟组装新思路［J］．电力建设，2009，30（7）：102-103.

[10] 熊织明，钮永华，邵丽东．500kV 江阴长江大跨越工程施工关键技术［J］．电网技术，2006，30（1）：28-34.

[11] 叶建云，邱强华，段福平，等．广州西塔工程 C100 及 C100 自密实混凝土配制、生产及其超高泵送技术［J］．混凝土世界，2009，44（7）：31-34.

[12] 叶建云，邱强华，段福平，等．输电线路世界第一高塔钢管混凝土施工技术［J］．电力建设，2010，31（12）：79-83.

[13] 叶建云，邱强华，段福平，等．钢管杆法兰盘专用吊具强度验算［J］．湖北电力，2010，34（6）：54-55.

附录 项目大事记

2008 年，开始开展淮南—南京—上海工程规划和选线选站工作，同时开展可研设计、环评、水保、洪评等工作。

2009 年 6 月，淮南—南京—上海工程路径及大跨越点预审。

2010 年 6 月，可研报告评审。

2011 年 5 月，长江水利委员会评审通过防洪评价报告。

2012 年 8 月，取得国家能源局前期工作同意函（路条）。

2012 年 9 月，取得可研批复意见，并开始开展初步设计工作。

2012 年 12 月，评审苏通长江越江工程导地线、铁塔、基础三大主要设计技术原则，并确定工程方案按“2150m 跨距、500/280 导线、346m 组合钢管塔、钻孔灌注桩+圆形平台”的主要技术方案。

2012 年 12 月，开始评审第一批（6 项）涉水、涉航行政审批专项研究可研报告。根据交通部长江航务局和长江航道局的有关意见，涉水、涉航行政审批相关专项研究暂缓。

2014 年 4 月 21 日，淮南—南京—上海工程获国家发改委核准建设批复意见。

2014 年 4 月 27 日，完成大跨越塔结构方案的电规总院审查。

2014 年 5 月 8 日，淮南—南京—上海工程初步设计通过电规总院审查。

2014 年 5 月 20 日，与长江航道设计研究院沟通涉航审批。

2014 年 5 月 23 日，确立越江工程设计专题，开展可行性研究、立项和经费预算审查。

2014 年 5 月 29 日，组织召集水利、交通部门专家，召开苏通大跨越涉航涉水行政许可协议工作协调会。

2014 年 5 月 30 日，与长江水利委员会沟通，同意开展涉水行政审批相关专项研究。

2014 年 5 月 31 日，完成越江工程专题可研报告、经费预算书和合同草稿。

2014 年 6 月 4 日，开展涉水专题研究。

2014 年 6 月 8 日，与交通部水运局沟通。

2014 年 6 月 12 日，与交通部长江航务局沟通。

2014 年 6 月 13 日，国家电网公司总经理刘振亚拜会江苏省委省政府，商议共同推进淮南—南京—上海工程的建设。

2014 年 7 月 10 日，国家电网公司总经理助理孙昕拜会江苏省政府，并与江苏海事局协调。

2014 年 7 月 15 日，江苏省政府副秘书长形成纪要性汇报文件。纪要性文件依据与江苏海事局的沟通意见，建议对工程方案做出调整：包括：① 跨距由原来的 2150m 增大至 2600m 以上；② 通航高度由 72m 增大至 85m（含 10m 电气安全距离）；③ 按最大通航船舶设计防撞方案及措施；④ 大跨越线位尽量平行于苏通大桥线位布置。

2014 年 7 月 21～23 日，与民航华东局、南通机场协调。

2014 年 8 月，委托北京全抚顺开展飞行评估。

2014 年 8 月 29 日，国家电网公司总经理助理孙昕拜会民航华东局。

2014 年 9 月，完成飞行评估报告，并取得民航华东局批复意见。

2014 年 9 月 1 日，与南通市政府、江苏海事局协调北岸（南通）跨江段走向问题。

2014 年 9 月 12 日，国家电网公司总经理助理孙昕再次拜会省政府王志忠秘书长。

2014 年 9 月 16 日，国网江苏省电力公司致函省政府。

2014 年 9 月 27 日，江苏省政府组织专门协调会。

2014 年 10 月 11 日，启动开展涉航专题研究。

2015 年 1 月 4 日，跟江苏海事局协调。

2015 年 1 月 14 日，江苏省政府办公厅组织专门协调会议。

2015 年 2 月，确定基础设计的基础性参数，包括上部结构基础作用力、船舶撞击力、河床冲刷深度、水流波流力参数等。

2015 年 3 月，开展基础施工图设计、启动水下勘察作业，电力规划设计总院评审变更后的初步设计原则和技术方案。

2015 年 4 月，通过试验研究确定导线方案。

2015 年 5 月，通过专家咨询会议确定电梯方案。

2015 年 5 月 28 日，越江工程初步设计审查。

2015 年 6 月，确定概算费用编制定额测算依据，开展组塔试验，确定铁塔结构方案。

2015 年 7 月，确定两岸特高压连接线方案和大跨越电源方案，确定试桩大纲、确定工程量清单。

2015 年 8 月，涉水、涉航专题的试验部分取得成果，向交通部进行汇报。补充开展 VTS 影响的专题研究，开展基础施工招标文件的编制。

2015 年 10 月，完成涉水、涉航专题，在南通进行相关咨询和协调；同时完成第一版基础施工图，完成铁塔第一版计算书。

2015 年 11 月 26 日，交通部组织在南通召开“通航安全影响论证报告”评审会。

2015 年 12 月 4 日，国家电网公司总经理舒印彪听取过江方案的汇报。

2015 年 12 月 25 日，国家电网公司副总经理刘泽洪组织协调会议。同日，启动 GIL 过江方案研究工作。

2016 年 1 月 5 日，召开架空跨越和 GIL 隧道越江方案评审准备会议。

2016 年 1 月 6 日，召开架空跨越和 GIL 隧道越江方案评审会议。

2016 年 1 月 8 日，GIL 管廊工程可研启动；同步开展环评、水保、稳评、能评、涉水、涉航、核准变更等相关事宜。

2016 年 1 月 26 日，GIL 管廊工程可研评审。

2016 年 1 月 31 日，GIL 管廊工程涉水、涉航专题大纲评审。

2016 年 2 月 24 日，GIL 管廊工程可研收口评审。

2016 年 3 月 6 日，陆续完成 GIL 管廊工程环评、水保、稳评、能评、涉水、涉航等审批。

2016 年 3 月 11 日，启动 GIL 管廊工程勘测设计初步设计。

2016 年 4 月 28 日，完成 GIL 管廊工程总体设计评审。

2016 年 5 月 21 日，GIL 管廊工程隧道线位平断面评审。

2016 年 5 月 27 日，GIL 管廊工程岩土报告评审。

2016 年 5 月 28 日，GIL 管廊工程通风方案及管廊横断面布置评审。

2016 年 5 月 31 日，GIL 管廊工程初步设计评审。

2016 年 6 月 14 日，GIL 管廊工程管廊线位及引接站站址方案审查。

2016 年 6 月～2017 年 3 月，开展 GIL 管廊工程水域勘察。

2016 年 7 月 22 日，GIL 管廊工程纵断面及两岸引接线方案审查。

2016 年 7 月 29 日，GIL 管廊工程获得国家发改委的核准批复。

2016 年 8 月 4 日，GIL 管廊工程初设收口。

2016 年 8 月上旬，完成 GIL 管廊工程开工图纸。

2016 年 8 月 16 日，GIL 管廊工程开工动员。

2017 年 6 月 28 日，GIL 管廊工程盾构始发。

预计 2019 年 GIL 管廊工程建成投产。

后 记

自2014年年初开展涉水专项研究和2014年下半年开展涉航专项研究以来，随着专项研究的深入，架空跨越的越江方案尽管在技术上均可以实现，但由于需要在长江主航道两侧立两基高达455m的跨越塔，且其基础的范围达到了120m×130m，再考虑基础外围防撞设施，其范围更是达到了140m×162m。这对徐六泾缩窄段的长江航运安全、水流条件变化、河床的冲於变化等会带来或多或少的影响。

在2014～2015年两年时间内，国家电网公司、江苏省电力公司、华东院等单位先后多次就涉水、涉航研究取得的阶段性成果，向水利部长江水利委员会、民航华东局、交通部长江航务局、交通部长江航道局、交通部江苏海事局、江苏省水利厅、江苏省交通厅、两岸水利、交通、港口等行政部门进行了汇报和沟通。

2015年11月26日，交通部组织在南通召开会议，就《苏通长江大跨越工程航道条件与通航安全影响评价报告》（即“通航安全影响论证报告”，简称《评价报告》）进行评审，评审意见认为：《评价报告》资料翔实、内容全面，研究方法正确，论证较充分，符合《中华人民共和国航道法》等有关法律、法规和技术标准的要求，结论基本可信；基本同意加大跨径的方式跨越通航水域；基本同意《评价报告》关于通航孔（塔位）布置的论证意见；原则同意《评价报告》经论证提出的本工程建设后总体上对航道条件影响较小；原则同意《评价报告》有关通航安全影响分析和安全保障措施建议；补充论证本线位选择不可替代性的合理分析，并提供相关支撑性文件。

会后，国家电网公司高度重视，鉴于评审会提出的相关建议和意见，在繁忙的长江航道江中立塔架线，无论是在施工期还是在今后的运营期，对长江航运安全还是工程自身的安全，都具有风险。2015年12月，国家电网公司组织讨论过江方案，并要求启动GIL气体绝缘管道通过江底隧道输电的方案研究。由于2013～2014年间，国家电网公司已组织华东院开展了特高压GIL隧道方案的相关技术研究，在该研究的基础上，不到一个月即完成了“架空跨越方案”和“GIL隧道方案”的技术经济分析和方案比选报告。2016年1月6日，国家电网公司在北京组织召开专家评审会议，对两个越江方案进行了评审。评审意见认为：

（一）对于架空过江方案

（1）依据工程设计和地方政府规划意见，综合考虑涉水涉航行政审批支撑专题研究成果和评审意见，苏通长江过江架空跨越方案技术上是可行的。

（2）根据《航道条件与通航安全影响评价》《潮流泥沙物理模型试验研究》和《船舶撞击作用力标准与防撞方案研究》等专题研究成果，苏通长江架空跨越方案对南通港通海港区岸线规划、航道、通航、水流等具有不同程度的影响。但通过采取加大跨距、增大通航净空尺度、提高防撞标准、塔基床面防护等措施，可减小工程建设对长江航道、通航等不利影响。《航道条件与通航安全影响评价》已于 2015 年 11 月 26 日通过交通运输部组织的评审。专题研究成果及相关评审意见可支撑工程建设。

（二）对于 GIL 管廊方案

（1）根据特高压 GIL 电磁暂态研究和设备研制最新成果，借鉴我国在过江隧道方面的实践经验，GIL 管廊方案在设计、安装、运行等方面没有不可逾越的技术障碍，具备工程应用的可行性。

（2）国内的开关制造厂商已研制成功特高压交流 GIL 样机，通过了全套型式试验，并已在 1000kV 特高压变电站试运行，具备工程应用条件。

（3）基于国内同类规模隧道的盾构制造、设计、防水技术及施工的成熟经验，江底管廊技术上可行。

（三）方案比选

（1）工期和投资：两方案工期基本相当，架空方案总工期约 47～51 个月，GIL 管廊方案总工期约 54～56 个月；两方案造价接近。

（2）工程风险：GIL 管廊方案对长江航道、通航无影响；架空跨越方案对航道、河势、通航、水流均有一定的影响。GIL 管廊方案施工安全风险可控。架空跨越方案立塔高空作业危险高，施工可能对通航、过往船只造成影响。

（3）社会影响：GIL 管廊方案社会影响小，架空跨越方案对港口岸线规划、船舶交通管理系统（VTS）、航道淤积等均有不同程度影响。

（四）结论

综合考虑技术、安全、工期、投资、港口规划调整、社会影响等因素，专家组同意推荐采用 GIL 管廊过江方案，并建议尽快开展苏通长江过江工程可研工作，加快开展动床模型试验专题、深槽段最小覆土厚度专题研究和防洪影响评估工作，以确定最终的隧道线位和隧道纵断面；建议进一步梳理特高压 GIL 关键技术研究课题，分批次开展隧道技术、系统保护、安装、现场试验、运行维护等科研工作以确保工程顺利实施。鉴于工程的重要性，尽快开展超长距离 GIL 技术规范书编制，指导有关厂商尽快开展优化设计和有关验证试验，提升 GIL 的运行可靠性。

据此，华东院随即开展了 GIL 隧道越江方案的可行性研究，于 2016 年 1 月 26 日通过可研评审，2 月 24 日，完成可研收口。2016 年 3 月 11 日，启动初步设计工作、水域勘察工作。2016 年 4 月 28 日，完成总体设计评审。2016 年 5 月 31 日，通过初步设计评审。2016 年 7 月 29 日，GIL 隧道过江方案获得国家发改委核准批复。2016 年 8 月 4 日，完成初步设计收口。2016 年 8 月 16 日，在南岸常熟始发井现场召开开工动员大会。2017 年 6 月 28 日，盾构始发。

GIL（Gas-insulated Metal-enclosed Transmission Line）即气体绝缘金属封闭输电线路，具有传

输容量大、损耗小、不受环境影响、运行可靠性高、节省占地等显著优点，尤其适合作为架空输电方式或电缆送电受限情况下的补充输电技术。作为世界首个特高压 GIL 综合管廊工程，本工程盾构段长度 5468.5m，GIL 管线单相长度约 5820m，管廊断面内径 10.5m，外径 11.6m。1000kV GIL 额定电流 6300A，布置在管廊上腔，穿越长江。本工程具有管廊直径大、掘进长度长、管廊埋深大、地质条件复杂等特点，是穿越长江的大直径、长距离隧道之一，目前国内埋深最大（-74.83m）、水压最高（0.8MPa）的管廊工程。GIL 管线为世界首创，电压等级（1100kV）、单相总长以及可靠性要求均为世界第一。